Chercheurs d'or noir : une histoire de la recherche pétrolière française au XXe siècle

Histoire de l'énergie
Vol. 13

Radouan Andrea Mounecif

Chercheurs d'or noir : une histoire de la recherche pétrolière française au XXe siècle

Peter Lang
Bruxelles - Berlin - Chennai - Lausanne - New York - Oxford

Information bibliographique publiée par *Die Deutsche Nationalbibliothek.*
Die Deutsche Nationalbibliothek répertorie cette publication dans la *Deutsche Nationalbibliografie* ; les données bibliographiques détaillées sont disponibles sur le site http://dnb.d-nb.de.

Image de couverture : Travailleurs sur un appareil de forage en Algérie, juillet 1964 - Photothèque historique TotalEnergies, Jean Dieuzaide
Cet ouvrage est publié avec le soutien financier du Comité d'histoire de l'électricité et de l'énergie, Fondation Groupe EDF.

ISSN 2033-7469
ISBN 978-3-0343-4925-3
ePDF 978-3-0343-4926-0
ePUB 978-3-0343-4927-7
DOI 10.3726/ b21866
D/2024/5678/30

Publié par Peter Lang Editions Scientifiques Internationales - P.I.E. SA, Bruxelles, Belgique:

info@peterlang.com http://www.peterlang.com/

À nonno Natalino et nonna Delfina

« Un personnage, monsieur, peut toujours demander à un homme qui il est. Parce qu'un personnage a vraiment une vie à lui, marquée de caractères qui lui sont propres, ce qui fait qu'il est toujours quelqu'un. Alors qu'un homme – je ne parle pas de vous à présent –, un homme pris comme ça, en général, peut n'être personne. »

Luigi Pirandello, Six personnages en quête d'auteur

SOMMAIRE

LISTE DES SIGLES ET DES ABRÉVIATIONS

ADMA	Abu Dhabi Marine Area
ADNOC	Abu Dhabi National Oil Company
ADPC	Abu Dhabi Petroleum Company
AEE	Agence pour les économies d'énergie
AFPT	Association française des techniciens du pétrole
AIOC	Anglo-Iranian Oil Company
ALFLUID	Société algérienne des fluides de forage
ALFOR	Société algérienne de forage
ALGEO	Société algérienne de géologie
APOC	Anglo-Persian Oil Company
ARAMCO	Arab American Oil Company
ASBK	Association sur la surface d'Haoud Berkaoui-Ben Kala
ASCOOP	Association coopérative
BAP	Bureau algérien des pétroles
BASF	Badische Anilin und Soda Fabrik
BEICIP	Bureau d'études industrielles et de coopération de l'IFP
BIA	Bureau industriel africain
BP	British Petroleum
BRP	Bureau de recherches de pétrole
BRPM	Bureau de recherches et prospection minières du Maroc
CAMEL	Compagnie algérienne de méthane liquide
CEA	Commissariat à l'énergie atomique
CEO	Centre d'études d'organisation
CEDA	Caisse d'équipement pour le développement de l'Algérie
CFA	Chemins de fer d'Algérie
CFDPA	Compagnie française de distribution des pétroles en Afrique

CFP	Compagnie française des pétroles
CFP-A	Compagnie française des pétroles Algérie
CFP-G	Compagnie française des pétroles Gascogne
CFP-GR	Compagnie française des pétroles gestion et recherches
CFP-N	Compagnie française des pétroles Normandie
CFR	Compagnie française de raffinage
CGG	Compagnie générale de géophysique
CGT	Confédération générale du travail
CNP	Compagnie navale des pétroles
CNPF	Conseil national du patronat français
CNRS	Centre national de la recherche scientifique
COFIREP	Compagnie financière des recherches pétrolières
COMES	Société de commercialisation du méthane saharien
COMEX	Compagnie maritime d'expertise
COPETAO	Compagnie des pétroles Total en Afrique de l'Ouest
CORT	Compagnie d'organisation rationnelle du travail
CPA	Compagnie des pétroles d'Algérie
CREPS	Compagnie de recherche et d'exploitation du pétrole au Sahara
CPT-L	Compagnie des pétroles Total-Libye
DCAD	Direction centrale approvisionnement et distribution
DCEP	Direction centrale exploration et production
DDP	Direction du développement de la production
DEC	Direction de l'énergie et des carburants
DEP	Direction exploration production
DGO	Direction générale opérations
DICA	Direction des Carburants
DMO	Direction Moyen-Orient
DPAG	Direction personnel et administrative
DPA	Développement à pression atmosphérique
DRE	Direction des relations extérieures
DRHL	Direction de développement des ressources humaines locales

EGA	Électricité et gaz d'Algérie
ENSGN	École nationale supérieure de géologie de Nancy
ENSPM	École nationale supérieure des pétroles et des moteurs
ERAP	Entreprise de recherches et d'activités pétrolières
FINANCO	Société financière franco-belge de colonisation
FINAREP	Société financière des pétroles
FPC-A	French Petroleum Company of Australia
FPC-C	French Petroleum Company of Canada
GDF	Gaz de France
GP	Gestion prévisionnelle
GPRA	Gouvernement provisoire de la République algérienne
IAP	Institut algérien du pétrole
IFP	Institut français du pétrole
IOC	Iranian Operating Company
IPC	Iraq Petroleum Company
JAPEX	Japaneese Petroleum Exploration Company
MERIC	Middle East Industrial Relation Counselor
NIOC	National Iranian Oil Company
OAS	Organisation de l'armée secrète
OCRS	Organisation commune des régions sahariennes
OFP	Omnium français des pétroles
ONCL	Office national des combustibles liquides
OPEP	Organisation des pays exportateurs de pétrole
OS	Organisme technique de mise en valeur du Saharien
PDVSA	Petróleos de Venezuela
PROHUZA	Centre d'études et information des problèmes humains en zones arides
QPC	Qatar Petroleum Company
RAP	Régie autonome des pétroles
SAEM	Société anonyme d'exploitations minières de Péchelbronn
SAGR	Société auxiliaire de gestion et de recherche
SAM	Société des ateliers de la Méditerranée
SCP	Société chérifienne des pétroles

SEGANS	Société d'études du transport et de la valorisation des gaz naturels du Sahara
SEHR	Société d'exploitation des hydrocarbures d'Hassi R'Mel
SEP	Société européenne de propulsion
SERP	Syndicats d'études et de recherches pétrolières
SERPM	Syndicats d'études et de recherches pétrolières du Maroc
SERPT	Syndicats d'études et de recherches pétrolières de Tunisie
SETREL	Société d'études du transport du gaz de Hassi R'Mel par canalisation transméditerranéenne
SFPA	Société foncière de la place d'Auteuil
SMA	Service des méthodes administratives
SMF	Société de matériel de forage
SNMAREP	Société nationale de matériel pour la recherche et l'exploitation du pétrole
SNPA	Société nationale des pétroles d'Aquitaine
SNPLM	Société nationale des pétroles Languedoc-Méditerranée
SNREPAL	Société nationale des recherches et d'exploitation des pétroles en Algérie
SOMAÏR	Société des mines de l'Aïr
SONATRACH	Société nationale pour la recherche, la production, le transport, la transformation, et la commercialisation des hydrocarbures
SOPEFAL	Société pétrolière française en Algérie
SOPEG	Société pétrolière de gérance
SOTHRA	Société de transport du gaz naturel d'Hassi R'Mel à Arzew
SPAEF	Société des pétroles de l'Afrique équatoriale française
SPE	Société de prospection électrique
SPG	Société de prospection géophysique
SRA	Société de la raffinerie d'Alger
SRM	Service de recherches minières d'Algérie
STEP	Service training études planning

TAI	Total agrosystems international
TAO	Total Afrique de l'Ouest
TAT	Total assistance technique
TCI	Total coopération industrielle
TEP	Total exploration production
TMN	Total marine Norsk
TMO	Total trading Moyen-Orient
TOM	Total oil marine
TRD	Total raffinage distribution
TSG	Total service Golfe
TWI	Training Within Industry
UGEMA	Union générale des étudiants musulmans algériens
UGTA	Union générale des travailleurs algériens

INTRODUCTION GÉNÉRALE

Un derrick en acier se dresse sous le soleil ardent du désert. Le trépan diamanté descend dans le ventre de la terre guidé par la main experte du maître-sondeur. Des centaines de tuyaux serpentent dans une mer de sable, s'enfoncent dans le sous-sol et réémergent pour donner vie à un grand complexe industriel. Ici, le paysage sonore alterne les tintements métalliques avec les voix des ouvriers, étouffées par le souffle des flammes qui jaillissent des torchères. À des milliers de kilomètres de distance, le climat, la lumière et les couleurs changent, mais les mêmes éléments dominent la scène. Sur une immense plateforme ancrée au fond marin, le souffle du vent, la rumeur des vagues et les cris des travailleurs créent un contraste sinistre avec la mer en tempête qui domine l'extrême nord du monde. Un navire pétrolier s'approche de cette île en béton et en acier pour s'imprégner de la substance huileuse qui était emprisonnée à plusieurs centaines de mètres de profondeur. Le capitaine et son équipage peuvent alors reprendre leur navigation vers un grand port industriel où la précieuse cargaison nourrira la civilisation du pétrole.

Situées à mi-chemin entre la réalité et la science-fiction, ces images évoquent une représentation de l'industrie pétrolière largement partagée dans notre société. Mais comment celles-ci ont-elles réussi à marquer notre inconscient collectif ? Dans une époque caractérisée par la remise en cause de la société de consommation, questionner notre dépendance matérielle et culturelle aux énergies fossiles demeure très difficile. Alors que les débats sur l'environnement, la décarbonation et la transition énergétique se multiplient, nous continuons à consommer du pétrole et inconsciemment à y penser. Chaque jour, nous prenons des autobus, nous faisons le plein d'essence dans nos voitures et nous nous envolons en avion vers des destinations exotiques pour nos vacances. Nous portons des chaussures en caoutchouc, des habits en fibres synthétiques et nous achetons des appareils informatiques fabriqués grâce à la synthèse des matières plastiques. En somme, si au XXe siècle le pétrole a transformé radicalement nos vies, au XXIe siècle, il continue à façonner notre existence[1].

La construction de notre idée de modernité a fortement contribué à rendre le pétrole omniprésent. La théorie de la *Carbon democracy* nous a expliqué à quel point l'interdépendance entre la politique et la matérialité des ressources naturelles a façonné les systèmes démocratiques du monde occidental[2]. En même temps, la diplomatie économique des pétro-États nous a montré l'impact des choix politiques des pays producteurs sur l'économie globale[3]. Pour défricher l'histoire du pétrole au XXe siècle, plusieurs chercheurs ont étudié les conflits, les responsables politiques, les stratégies des entreprises, les marchés et « la manière dont l'argent du pétrole est converti en revenu public ou en richesse privée »[4]. En revanche, la dimension sociale et culturelle – dans le sens de la construction sociale des techniques[5], de la circulation des idées[6] et des représentations[7] – a été longtemps sous-estimée. Pourtant, l'histoire du pétrole est profondément influencée par les hommes et les femmes qui ont contribué à l'innovation dans le domaine des géosciences, de l'ingénierie industrielle, du management et de la gestion des ressources humaines. Celle du pétrole est une histoire des savoirs, des élites, de la contestation, de l'émancipation des ouvriers et des anciens colonisés qui ont lutté pour trouver leur place dans les hiérarchies socioprofessionnelles de cette industrie.

Le pétrole est souvent présenté comme un élément structurant de l'histoire humaine et un véritable vecteur de développement de la société de consommation[8]. Toutefois, cette perception dépend

---

1 Sheena Wilson, Adam Carlson et Imre Szeman (dir.), *Petrocultures, Oil, Politics, Culture*, Montréal, McGill-Queen's University Press, 2017.

2 Timothy Mitchell, *Carbon Democracy : Political Power in the Age of Oil*, New York, Verso, 2011.

3 Terry Lynn Karl, *The Paradox of Plenty: Oil Booms and Petro-States*, Berkeley, University of California Press, 1997 ; Giuliano Garavini, *The Rise and Fall of OPEC in the Twentieth Century*, Oxford-New York, Oxford University Press, 2019.

4 T. Mitchell, *Carbon Democracy*, *op. cit.*, p. 8.

5 Wiebe E. Bijker, Thomas P. Hughes et Trevor J. Pinch (dir.), *The social construction of technological systems: new directions in the sociology and history of technology*, Cambridge, MIT Press, 1987.

6 Michel Cotte, *Circulations techniques : en amont de l'innovation*, Besançon, Presses universitaires de Franche-Comté, 2004.

7 Pascal Ory, *L'histoire culturelle*, Paris, PUF, 2015.

8 Vaclav Smil, *Energy and civilization : a history*, Cambridge, MIT Press, 2017.

profondément des périodes historiques, des contextes géographiques et du vécu individuel. Si nous interrogeons la place du pétrole dans la société française, nous remarquerons que cette ressource est perçue comme un outil de domination économique, sociale et écologique, après avoir longtemps été considérée comme un élément essentiel pour la souveraineté économique et technique du pays. En revanche, cette perception est très différente dans les pays producteurs. Initialement présenté comme un outil d'émancipation, le pétrole est perçu davantage comme une des causes de la stagnation économique, du sous-développement et de la crise environnementale. Si l'or noir était évoqué pour justifier la marche vers l'indépendance et la modernisation, aujourd'hui il est perçu comme un objet de convoitise, une source de corruption et un moyen d'appropriation de la richesse nationale par la classe dirigeante.

La complexité politique, humaine et culturelle que nous venons de présenter est soumise à une simplification drastique, qui se transforme en véritable personnification. Dans l'imaginaire collectif, l'industrie du pétrole est la création du « chercheur d'or noir » tandis que le « chercheur d'or noir » est le produit de la civilisation du pétrole. Mais qui est cet aventurier qui part dans les contrées les plus inhospitalières de la planète à prospecter le sous-sol inconnu ? Qui est ce savant qui détient le monopole des techniques et assure la mise en exploitation des nouveaux gisements ? Qui est cet habile négociateur qui entretient des liens privilégiés avec les chefs d'État, les autorités militaires, les élites et la finance internationale ? Présenté comme le dépositaire des secrets de la modernité, le chercheur d'or noir est un personnage qui a profondément marqué l'histoire du XXe siècle. Cet aventurier au chapeau de cow-boy qui sillonne le désert à la recherche de nouvelles sources d'énergie est le produit de la propagande de l'État et des entreprises pétrolières mais, également, d'un processus de co-construction plus ou moins conscient qui implique directement les consommateurs. Assoiffés d'énergie, au cours du siècle dernier, nous avons fait l'éloge du chercheur d'or noir, fascinés par sa capacité de défier les forces de la nature grâce au gigantisme de ses appareils industriels. Durant les crises énergétiques, nous avons fait appel à son expertise technique pour chasser le fantasme de la pénurie et protéger notre modèle de consommation. En somme, si aujourd'hui l'histoire de la recherche pétrolière – celle des hommes, des représentations et des circulations des savoirs – semble être très éloignée de nos préoccupations, elle continue à influencer profondément notre société et notre vision du monde. Pour cette raison, elle mérite de faire l'objet d'une déconstruction.

Le pétrole : une histoire à humaniser

Au cours des dernières décennies, l'histoire du pétrole a été caractérisée par une forte « déshumanisation ». Cela est dû à la domination de certaines approches historiographiques, à la raréfaction des sources d'archives mais aussi à la place du pétrole dans le débat politique[9]. Depuis la moitié du XXe siècle, les premiers ouvrages sur l'histoire de l'industrie pétrolière étaient principalement des livres grand public commissionnés par les entreprises pétrolières et les organisations du secteur. Sans aucune ambition de scientificité, l'objectif de ces publications était d'alimenter la propagande des compagnies pétrolières dans une période caractérisée par le développement des marchés de consommation[10]. Dans les années qui suivent, les premiers chercheurs s'intéressent au pétrole en privilégiant une analyse par le haut qui se focalise sur l'organisation industrielle et sur la dimension financière de cette activité. Les *Business Historians* anglo-américains publient ainsi des travaux monographiques sur l'histoire de British Petroleum, de Royal Dutch Shell ou de la Standard Oil Company en posant une première pierre au nouvel édifice historiographique[11].

---

9 Radouan Andrea Mounecif et Natasha Pesaran, « Introduction : Hydrocarbons and human resources : histories of labor, social relations, and industrial culture in the oil and gas industry », *Journal of Energy History/Revue d'histoire de l'énergie* [en ligne], n° 9, décembre 2022.

10 Pour une analyse du rôle de persuasion de la propagande, voir David Colon, *Propagande : la manipulation de masse dans le monde contemporain*, Paris, Belin, 2019.

11 Frederik Carel Gerretson, *History of the Royal Dutch*, Leiden, Brill, 1953 ; Ralph Hidy et Muriel E. Hidy, *History of Standard Oil Company*, New York, Ayer Co Pub, 1955 ; Robert James Forbes et Denis R. O'Beirne, *The Technical Development of the Royal Dutch/Shell: 1890-1940*, Leiden, Brill, 1957 ; Henry Longhurst, *Adventure in oil: The story of British Petroleum*, London, Sidgwick and Jackson, 1959 ; James H. Bamberg, *The History of the British Petroleum Company*, vol. 2, *The Anglo-Iranian Years, 1928-1954*, Cambridge, Cambridge University Press, 1982 ; Ronald W. Ferrier, *The History of the British Petroleum Company*, vol. 1, *The Developing Years, 1901-1932*, Cambridge, Cambridge University Press, 1982 ; Thomas Corley, *A History of the Burmah Oil Company*, London, Heinemann, 1983 ; James Bamberg, *British Petroleum and Global Oil, 1950-1975 : The Challenge of Nationalism*, Cambridge, Cambridge University Press, 2000 ; Joost Jonker, Stephen Howarth, Jan Luiten Van Zenden, Keetie Sluyterman, Keetie

En France, c'est l'ouverture des archives bancaires qui contribue à l'émergence des premières recherches dans le domaine. À partir des années 1980, Éric Bussière s'intéresse à la stratégie d'investissements des grandes banques d'affaires françaises dans le secteur pétrolier tandis que Philippe Marguerat interroge le rôle de la Banque de Paris et des Pays-Bas dans l'industrie roumaine durant l'entre-deux-guerres[12].

Au tournant du XXIe siècle, la question pétrolière commence à attirer davantage l'attention des chercheurs. Cette fois-ci, c'est plutôt la dimension diplomatique et géopolitique qui est prise en compte. Dans un monde de plus en plus globalisé, les historiens s'intéressent aux relations entre pays producteurs et consommateurs, à la diplomatie des ressources et au rôle du pétrole dans les politiques de sécurité énergétique et des pays occidentaux[13]. En France, André Nouschi publie deux ouvrages de référence qui contribuent à l'évolution du champ d'études. Dans *Pétrole et relations internationales depuis 1945*[14], Nouschi met en évidence l'importance de cette ressource dans les conflits du XXe siècle en analysant le rôle des entreprises pétrolières françaises en tant qu'acteurs au service de la politique énergétique nationale. Néanmoins, c'est avec la publication de *La France et le pétrole: de 1924 à nos jours* qu'il apporte un éclairage sur l'histoire française dans une période caractérisée par une profonde restructuration du secteur industriel[15]. Dans cet ouvrage, le pétrole est présenté comme le moteur d'un récit d'histoire nationale qui

---

Sluyterman et Jan Luiten van Zanden, *The History of Royal Dutch Shell*, Oxford, Oxford University Press, 2007.

12 Éric Bussière, « La France et les affaires pétrolières au lendemain de la Première Guerre mondiale : la politique des groupes financiers à travers celle de la Banque de l'Union parisienne », *Histoire, économie & société*, 1-2, 1982, p. 313-328 ; Philippe Marguerat, *Banque et investissement industriel: Paribas, le pétrole roumain et la politique française, 1919-1939*, Neuchâtel, Faculté des lettres, 1987.

13 Fiona Venn et Wouter de Been, *Oil Diplomacy in the Twentieth Century*, Basingstoke, Hampshire, Palgrave HE UK, 1986 ; Daniel Yergin, *The prize: the epic quest for oil, money & power*, New York, Free Press, 1991 ; Stephen J. Randall, *United States Foreign Oil Policy Since World War I: For Profits and Security*, 2nd ed., Montréal, McGill-Queen's University Press, 2007 ; F. William Engdahl, *A Century of War: Anglo-American Oil Politics and the New World Order*, Progressive Press, 2012 ; David S. Painter, « Oil and the American Century », *The Journal of American History*, 99, 2012/1, p. 24-39.

14 André Nouschi, *Pétrole et les relations internationales depuis 1945*, Paris, Armand Colin, 1999.

15 André Nouschi, *La France et le pétrole: de 1924 à nos jours*, Paris, Picard, 2001.

met les pouvoirs publics, les technocrates et les entreprises au centre d'un mouvement d'émancipation politique, technologique et sociale.

La montée en puissance de l'histoire des entreprises et la facilitation d'accès aux archives privées contribuent à consolider l'histoire du pétrole en France. Au tournant du XXIe siècle, Alain Beltran et la jeune école d'histoire de l'énergie commencent à s'interroger sur le rôle de la France en tant que puissance pétrolière et à questionner les liens entre le pétrole, le gaz et l'électricité[16]. Cette orientation fait sortir l'histoire du pétrole du domaine exclusif des services de communication des compagnies pétrolières française et permet de créer un dialogue entre le monde de l'entreprise et le monde de la recherche[17]. Au fil des ans, les travaux en histoire du pétrole se multiplient en France, en s'intéressant davantage aux stratégies de gestion[18], à l'ancrage territorial[19] ou à la dimension internationale de l'industrie, avec une attention toute particulière pour les territoires de l'ancien empire colonial[20]. En dépit de ce nouveau

---

16 Alain Beltran, « Introduction – Pétrole et gaz: nouvelles perspectives et outils de recherche », *Bulletin de l'IHTP*, 84, 2004/11, p. 4-5 ; Alain Beltran, « Introduction : l'énergie dans l'histoire, l'histoire de l'énergie », *Journal of Energy History/Revue d'histoire de l'énergie* [en ligne], n° 1, mis en ligne le 4 décembre 2018, consulté le 26 janvier 2021 ; Alain Beltran, Jean-Pierre Williot, *Le noir et le bleu : 40 ans d'histoire de Gaz de France*, Paris, Belfond, 1992 ; Jean-Pierre Williot, *Naissance d'un service public : le gaz à Paris*, Paris, Rive droite, 1999.

17 Plusieurs ouvrages sur l'histoire du pétrole ont été publiés par les services de communication des entreprises françaises. Cf Emmanuel Catta, *Victor de Metz : de la CFP au groupe Total*, Paris, Total, 1990, in Gisela Blanc (dir.), *Elf-Aquitaine : des origines à 1989*, Paris, Fayard, 1998.

18 Mohamed Sassi, *La politique pétrolière de la France de 1861 à 1974 : à travers le rôle de la compagnie privée Desmarais Frères*, Paris, SPM, 2018 ; Constance Hubin, « Stratégie industrielle de la Compagnie Française des Pétroles (1945-1975) », Université Paris X, 2012.

19 René Walther, « Les activités pétrolières de Pechelbronn (1735-1970) », Thèse de doctorat, Université Marc Bloch, 2005 ; Morgan Le Dez, *Pétrole en Seine : 1861-1940. Du négoce transatlantique au cœur du raffinage français*, Bruxelles, Peter Lang, 2012.

20 Philippe Tristani, *L'Iraq Petroleum Company de 1948 à 1975 : stratégie et déclin d'un consortium pétrolier occidental pour le contrôle des ressources pétrolières en Irak et au Moyen-Orient*, Thèse de doctorat, Université Paris-IV, 2014 ; Jad Kabbanji, « La stratégie pétrolière de la France en Algérie, 1962-1971 » Thèse de doctorat, Université de Montréal, 2017 ; Samir Saul, « Politique nationale du pétrole, sociétés nationales et « pétrole franc » », *Revue historique*, vol. 638, n° 2, 2006, p. 355-388 ; Samir Saul, *Intérêts économiques français et décolonisation de l'Afrique du Nord, 1945-1962*, Genève, Droz, 2016.

dynamisme, les individus demeurent toujours les grands absents de ce récit, éclipsés par les nouvelles approches matérialistes.

La publication the *Carbon Democracy* de Timothy Mitchell[21] donne un nouvel élan à l'histoire du pétrole en contribuant à l'ouverture de nouveaux chantiers historiographiques qui s'intéressent à la matérialité de cette ressource[22]. L'attention se déplace donc vers les processus de production, de transformation et de distribution d'énergie, ainsi que sur la dimension technopolitique des structures et des infrastructures industrielles. De nouvelles recherches questionnent alors le rôle du pétrole dans la reconfiguration des villes et des espaces urbains[23], tout comme l'impact politique[24] et environnemental[25] de l'activité industrielle.

---

[21] Timothy MITCHELL, *Carbon Democracy : Political Power in the Age of Oil*, New York, Verso, 2011.

[22] Radouan Andrea MOUNECIF et Natasha PESARAN, « Introduction : Hydrocarbons and human resources : histories of labor, social relations, and industrial culture in the oil and gas industry », *Journal of Energy History/Revue d'histoire de l'énergie* [en ligne], n° 9, décembre 2022.

[23] Nelida FUCCARO, *Histories of City and State in the Persian Gulf: Manama since 1800* Cambridge, Cambridge University Press, 2009 ; Nelida FUCCARO, « Introduction : Histories of Oil and Urban Modernity in the Middle East », *Comparative Studies of South Asia, Africa and the Middle East*, 33-1, 2013, p. 1-6 ; Farah AL-NAKIB, *Kuwait Transformed: A History of Oil and Urban Life*, Palo Alto, Stanford University Press, 2016 ; Carola HEIN (dir.), *Oil Spaces: Exploring the Global Petroleumscape*, New York, Routledge, 2021 ; Carola HEIN, « Oil spaces : The global petroleumscape in the Rotterdam/The Hague area », *Journal of Urban History*, 44, 2018/5, p. 887-929 ; Carola HEIN et Mohamad SEDIGHI, « Iran's Global Petroleumscape : The Role of Oil in Shaping Khuzestan and Tehran », *Architectural Theory Review*, 21, 2016/3, p. 349-374.

[24] Toby Craig JONES, *Desert Kingdom – How Oil and Water Forged Modern Saudi Arabia*, Cambridge, Harvard University Press, 2010 ; *Lifeblood : oil, freedom, and the forces of capital*, Minneapolis, University of Minnesota Press, 2013, 288 p. ; Marta MUSSO, « Towards an independent European energy policy : the oil industry in the aftermath of the Algerian War », Thèse de doctorat, University of Cambridge, 2016.

[25] Tyler PRIEST, « Shrimp and Petroleum : The Social Ecology of Louisiana's Offshore Industries », *Environmental History*, 21, 2016/3, p. 488-515 ; Myrna I. SANTIAGO, *The Ecology of Oil: Environment, Labor, and the Mexican Revolution, 1900-1938*, Cambridge, Cambridge University Press, 2009 ; Hannah C APPEL, « Walls and white elephants : Oil extraction, responsibility, and infrastructural violence in Equatorial Guinea », *Ethnography*, 13, 2012/4, p. 439-465 ; Michael WATTS, « Resource curse? governmentality, oil and power in the Niger Delta, Nigeria », *Geopolitics*, 9, 2004/1, p. 50-80.

En même temps, d'autres chercheurs se concentrent sur la dimension techno-scientifique en s'intéressant en particulier à la circulation des techniques, des savoirs et des experts qui ont contribué à la structuration de l'industrie du pétrole et du système économique international[26]. La dimension humaine commence donc à être plus présente, même si les ouvriers, les techniciens, les ingénieurs et les experts qui ont participé au développement de cette industrie ne sont pas encore les principaux objets d'investigation.

Alors qu'en 2024 la France célèbre son « siècle pétrolier », le temps est venu de mettre l'humain au centre de l'histoire de l'énergie. Si les directions de la communication des grandes entreprises ont continué pendant plusieurs années à construire leur *storytelling* sur les aventures des pionniers[27], il est nécessaire aujourd'hui d'écrire une histoire sociale et culturelle de pétrole qui aille au-delà des romans d'aventures ou des biographies des grands patrons[28]. Des recherches récentes ont démontré que les travailleurs et les travailleuses, ainsi que les identités professionnelles et les relations sociales, sont des éléments structurants pour le développement de cette industrie[29]. Néanmoins, l'inaccessibilité des archives ne facilite pas la tâche des historiens qui s'orientent vers

---

[26] Christopher R. W. Dietrich, *Oil Revolution : Anticolonial Elites, Sovereign Rights, and the Economic Culture of Decolonization*, Cambridge, United Kingdom ; New York, Cambridge University Press, 2017 ; Roberto Cantoni, *Oil exploration, diplomacy, and security in the early Cold War : the enemy underground*, New York, Taylor and Francis, 2017 ; Rüdiger Graf, *Oil and Sovereignty : Petro-Knowledge and Energy Policy in the United States and Western Europe in the 1970s*, New York, Berghahn Books, 2018 ; G. Garavini, *The Rise and Fall of OPEC in the Twentieth Century, op. cit* ; Philippe Pétriat, *Aux pays de l'or noir : une histoire arabe du pétrole*, Paris, Gallimard, 2021.

[27] Willy Bruderer, *La Chasse aux bougies : né avec le siècle, un géologue pétrolier raconte l'aventure de sa vie*, Paris, ILEM, 1985 ; Étienne Dalemont, *Pèlerinage à travers le XXe siècle : souvenirs et témoignages*, Neuilly-sur-Seine, Dalvor, 2005 ; Patrice Teisserenc, *Mon aventure pétrolière : le témoignage d'un géologue en Afrique et au Moyen-Orient (1955-1975)*, Paris, L'Harmattan, 2019 ; Tristan Gaston-Breton, *Total, un esprit pionnier*, Paris, Textuel, 2019.

[28] François Pelletier, *Ernest Mercier, le pétrole et la France*, Thèse de doctorat, Université Paris I, Université de Montréal, 2016 ; Jonathan Conlin, *Mr Five Per Cent : The many lives of Calouste Gulbenkian, the world's richest man*, London, Profile Books Ltd, 2019.

[29] Peyman Jafari, « Oil, labour and revolution in Iran : a social history of labour in the Iranian oil industry, 1973-1983 », Leiden University, 2018 ; Touraj Atabaki, Elisabetta Bini et Kaveh Ehsani (dir.), *Working for Oil : Comparative Social Histories*

ces questionnements[30]. Pour écrire une histoire sociale du pétrole, les chercheurs doivent donc recourir aux sources orales, iconographiques et audiovisuelles et s'appuyer sur les technologies numériques. En adoptant une démarche d'ingénierie historique, ils doivent participer activement à la « fabrique alternative d'archives »[31] et collecter les récits de vie et de carrière qui aideront à faire émerger à la surface une autre histoire du pétrole[32]. C'est donc avec cette ambition que notre recherche a été conçue : contribuer au débat historiographique, méthodologique et mémoriel à travers la déconstruction du récit épique des chercheurs d'or noir.

Les chercheurs d'or noir : moteurs de l'histoire de l'énergie ?

Au début du XXe siècle, la création de la Compagnie française des pétroles (CFP) fait basculer la France dans la modernité. Fortement impacté par la pénurie de carburants, après la Première Guerre mondiale, le pays obtient une participation dans les gisements du Moyen-Orient, ce qui permet de construire un embryon d'industrie pétrolière nationale. À la différence de la Grande-Bretagne et des États-Unis, la France ne dispose que d'une faible quantité de ressources pétrolières propres puisque la pénurie d'ingénieurs, de connaissances techniques et d'équipements industriels entrave le démarrage de la recherche autonome de pétrole dans les territoires de l'Empire. Dans l'entre-deux-guerres, l'industrie pétrolière se structure autour des entreprises de distillation de carburants et de lubrifiants qui assurent principalement les besoins de l'armée. Le nouveau secteur est dominé par les raffineurs, des entrepreneurs qui ne

of Labor in the Global Oil Industry, 1st ed., New York, Palgrave Macmillan, 2018 ; Elisabetta Bini et Francesco Petrini, « Labor politics in the oil industry : new historical perspectives », *Labor History*, 60, 2019/1, p. 1-7 ; T. Atabaki, E. Bini et K. Ehsani (dir.), *Working for Oil*, *op. cit.* ; Kaveh Ehsani, « The social history of labor in the Iranian oil industry : the built environment and the making of the industrial working class (1908-1941) », Leiden University, 2014.

30 S. Wilson, A. Carlson et I. Szeman (dir.), *Petrocultures*, *op. cit.*

31 Véronique Fillieux, Aurore François et Françoise Hiraux, *Archiver le temps présent : les fabriques alternatives d'archives*, Louvain-la-Neuve, Presses universitaires de Louvain, 2021.

32 Florence Descamps, *Archiver la mémoire : de l'histoire orale au patrimoine immatériel*, Paris, Éditions EHESS, 2019.

maîtrisent guère les techniques de prospection et de production mais qui fondent leur apparat productif sur des réseaux d'approvisionnement. Au début de la Seconde Guerre mondiale, la France est donc encore dépendante de l'étranger pour le ravitaillement en pétrole et l'achat de technologies industrielles.

Après la Libération, l'ambition d'indépendance énergétique du gouvernement français donne l'impulsion à une véritable ruée vers l'or noir. La mise en place d'une politique de recherche et d'extraction du pétrole dans son territoire permet à la France de devenir un des premiers producteurs au monde en l'espace d'une décennie. Cette politique se fonde sur l'acquisition de technologie et d'équipements, sur le financement des programmes de recherche scientifique, mais surtout sur la formation des techniciens chargés d'accompagner le développement industriel. Après avoir prospecté la région du Sud-Ouest, l'exploration pétrolière se développe sur le continent africain, plus particulièrement en Afrique du Nord. Avec les premières découvertes, le Sahara devient le territoire du nouveau programme industriel, un espace où les entreprises françaises peuvent développer un savoir-faire national dans le secteur.

À partir des années 1960, l'effondrement du système colonial et les nationalisations proclamées par les gouvernements indépendants remettent en cause le positionnement des entreprises pétrolières dans les pays producteurs. Les rapports de force qui s'instaurent au tournant des années 1970 ont un impact majeur sur l'accessibilité des ressources sahariennes et sur le contrôle d'un système industriel qui est la destination principale de la technologie et des capitaux français. En effet, loin d'être une simple source de ravitaillement, le Sahara est un terrain d'essai, un lieu de formation et un espace d'innovation qui garantit le développement et l'expansion des entreprises pétrolières françaises vers de nouvelles zones d'activité. Le changement de contexte politique et la conjoncture économique des années 1970 et 1980 imposent un effort d'adaptation technique, humaine et organisationnelle pour assurer la continuité d'un secteur stratégique pour le rayonnement international de la France. Seule l'émergence de nouvelles formes d'interaction avec les pays producteurs permet de stabiliser la présence et la circulation de la technique et des techniciens français à travers le monde.

À la lumière de ces observations liminaires, la question qui oriente cette recherche doit être clairement posée : comment la Compagnie française des pétroles a-t-elle réussi à construire une des plus puissantes industries d'exploration et de production d'hydrocarbures au monde ?

Comment les ingénieurs et les techniciens français ont-ils contribué à façonner et à adapter ce secteur industriel ? Mais, surtout, pourquoi l'histoire de la recherche pétrolière a-t-elle influencé à tel point notre présent ?

Pour mieux analyser cette complexité, nous allons adopter une démarche qui met les chercheurs d'or noir au centre de l'histoire du pétrole. Le présent travail s'inscrit donc dans la continuité des recherches en histoire de l'innovation qui analysent la technique en tant que construction sociale et les systèmes industriels en tant qu'un produit de l'interaction entre différents acteurs[33]. Nous proposons donc de mettre l'accent sur la continuité et les ruptures techniques qui accompagnent l'avènement et l'affirmation d'un système énergétique fondé sur la production et sur la consommation de pétrole. Selon notre hypothèse, le chercheur d'or noir est un véritable moteur de la transition. Il accompagne l'avènement en France d'un système fondé sur le pétrole tout en remettant en cause la place attribuée aux autres énergies. Dans ce mouvement économique, politique et culturel qui traverse le XXe siècle, la définition de « chercheur d'or noir » assume plusieurs significations. D'une part, « les chercheurs d'or noir » sont les membres d'un corps de métiers qui fondent leur identité sur la maîtrise des techniques de recherche et d'exploitation des ressources pétrolières. D'autre part, « le chercheur d'or noir » est un personnage de fiction présenté dans la presse, dans les films et dans les romans d'aventures comme une icône de la modernité. En conjuguant les dynamiques de l'innovation et de la domination socio-économique, son action héroïque annonce l'avènement d'une nouvelle ère énergétique et d'un nouveau modèle de consommation.

Acteur de l'innovation et du développement industriel, le chercheur d'or noir – dans sa double dimension de personne et de personnage – devient le principal vecteur de circulation de la culture technique et du savoir français. Formés dans les grandes écoles d'ingénieurs ou initiés

---

33 François CARON, *La dynamique de l'innovation : changement technique et changement social, XVIe-XXe siècle*, Paris, Gallimard, 2010 ; François CARON, *Les deux révolutions industrielles du XXe siècle*, Paris, Albin Michel, 1997 ; Wiebe E. BIJKER, Thomas P. HUGHES et Trevor J. PINCH (dir.), *The social construction of technological systems : new directions in the sociology and history of technology*, Cambridge, MIT Press, 1987 ; Alain BELTRAN et Pascal GRISET, *Histoire des techniques aux XIXe et XXe siècles*, Paris, Armand Colin, 1990 ; Pascal GRISET et Yves BOUVIER, « De l'histoire des techniques à l'histoire de l'innovation. Tendances de la recherche française en histoire contemporaine », *Histoire, économie & société*, 31, 2012/2, p. 29-43.

au métier sur les gisements sahariens, les pétroliers contribuent au ravitaillement énergétique du pays tout en assurant l'expansion de l'industrie nationale à travers le monde. L'espace de leur action participe donc à la construction d'un groupe socioprofessionnel au même titre que leurs interactions avec l'organisation industrielle et la structure des entreprises. Le besoin de s'adapter aux contraintes de l'environnement, aux dynamiques du marché et au changement de contexte socio-économique impose aux chercheurs d'or noir d'assurer la reproduction d'un modèle industriel qui se présente comme un véritable outil de domination. Pour répondre à nos questionnements de départ, nous proposons donc d'explorer trois axes principaux : la gestion des ressources humaines ; l'innovation et la circulation des savoirs ; les représentations et la construction de l'espace. Cette analyse multidimensionnelle permettra de définir le profil des chercheurs d'or noir et de comprendre le rôle joué par ces acteurs dans l'histoire de l'industrie française d'exploration et de production de pétrole.

Hommes, savoirs, représentations

Dans un système d'industrie intégrée, la conduite des activités d'exploration et de production de pétrole impose de maîtriser les techniques les plus modernes pour ravitailler l'outil de raffinage et le réseau de distribution au meilleur prix de revient[34]. Si l'histoire du secteur aval est dominée par les ouvriers des raffineries et par les pompistes des stations à essence, le secteur amont trouve sa personnification dans la figure du chercheur d'or noir. Protagoniste de la culture du XXe siècle, ce personnage fait son apparition en France dans l'après-guerre, quand les besoins énergétiques imposent de se doter d'une nouvelle élite industrielle pour acquérir un savoir-faire national dans ce domaine. L'exploitation des ressources naturelles présentes dans le sous-sol de l'Empire français est donc une opportunité pour lancer le développement industriel des territoires coloniaux tout en réduisant les risques de divorce[35].

---

[34] Étienne Dalemont, *Le pétrole*, Paris, Presses universitaires de France, 1979 ; Étienne Dalemont et Jean Carrié, *L'économie du pétrole*, Paris, Presses universitaires de France, 1994 ; Étienne Dalemont, *L'Industrie du pétrole*, Paris, Presses universitaires de France, 1982.

[35] Jacques Marseille, *Empire colonial et capitalisme français : histoire d'un divorce*, Paris, Albin Michel, 2015.

Entre les années 1940 et les années 1960, le Sahara fournit à la CFP un terrain idéal pour développer un savoir pétrolier français grâce à une synthèse originale des connaissances existantes[36]. Cela permet à l'entreprise de se doter d'un puissant secteur amont et de compléter ainsi l'intégration d'une structure industrielle encore trop dépendante du raffinage. Les gisements sahariens assurent donc la formation des travailleurs et l'apprentissage des méthodes industrielles, tandis que la commercialisation de cette production permet de financer l'expansion de l'entreprise vers de nouveaux contextes géographiques. Pour assurer la continuité opérationnelle en dépit d'événements majeurs, comme l'indépendance, la nationalisation et les chocs pétroliers, la CFP et ses partenaires publics doivent donc réimaginer leurs stratégies industrielles. Dans ce contexte, les stratégies de gestion des ressources humaines et les plans de formation du personnel local jouent un rôle primordial.

Pour répondre aux demandes du nouveau gouvernement algérien, la CFP met en place une véritable politique de régionalisation en remplaçant les travailleurs français avec du personnel autochtone. Fondé sur la gestion prévisionnelle des ressources humaines et sur les méthodes de formation modernes[37], ce dispositif stabilise la position de la CFP en Algérie durant cette phase de transition. La société peut se conformer aux revendications politiques et sociales du pays producteur tout en redressant son équilibre financier par la réduction des frais d'activité. Dans une période caractérisée par la généralisation de l'assistance technique et de la coopération internationale, le nouveau positionnement de la CFP accélère la diffusion des techniques, des brevets et de la culture industrielle française. Au moment de l'implantation de l'entreprise en Indonésie dans les années 1960, le plan d'algérianisation se transforme en plan d'indonésianisation. Plus tard, entre les années 1970 et 1980, la même stratégie assure la formation d'ingénieurs et de techniciens locaux

---

[36] F. Caron, *La dynamique de l'innovation*, *op. cit.*, p. 438.

[37] Patrick Gilbert, *La gestion prévisionnelle des ressources humaines*, Paris, La Découverte, 2012 ; Jean Fombonne, *Personnel et DRH : l'affirmation de la fonction personnel dans les entreprises : France, 1830-1990*, Paris, Vuibert, 2001 ; Raymond-Bertrand Thibert, *La gestion prévisionnelle et contrôlée de l'entreprise*, Paris, Dunod, 1958 ; Albert Douillet, *De l'organisation à la gestion prévisionnelle*, Paris, Éditions d'Organisation, 1970 ; Franck Nasser, *Gestion prévisionnelle de l'ingénierie*, Paris, Technip, 1985 ; Lucien Matrat et Fondation Nationale des Entreprises Publiques, *Gestion prévisionnelle et valorisation des ressources humaines : politique, méthode, procédures, outils*, Paris, Éditions d'Organisation, 1982.

dans plusieurs pays d'Afrique, d'Amérique latine, du Moyen-Orient et du nord de l'Europe. En somme, la construction, l'adaptation et la circulation du modèle du chercheur d'or noir à la française se révèlent des conditions fondamentales pour l'expansion de TotalEnergies à travers le monde.

Comme nous l'avons souligné, le développement de l'industrie française d'exploration et de production a été fortement conditionné par les limites du savoir technique et par la domination technologique des entreprises anglo-américaines. L'absence de capitaux, d'experts et de ressources naturelles facilement accessibles n'a guère encouragé les entreprises à investir dans le développement de matériaux, d'outils ou de procédés industriels. Les mythes fondateurs de l'industrie pétrolière nationale font souvent l'éloge de la contribution française à l'innovation dans le domaine de la géophysique et du raffinage, toutefois très peu de récits mettent l'accent sur le retard cumulé par la France dans le domaine de la recherche pétrolière au début du XXe siècle. L'histoire de Pechelbronn évoque rarement la contribution des ingénieurs allemands au développement du gisement alsacien. Au même titre, le récit de la découverte du champ pétrolier de Kirkūk ne précise pas que les techniciens français n'ont guère participé à la mise en production des premiers puits dès 1927. Il faut en effet attendre l'après-guerre pour que les premiers Français soient formés aux métiers de l'exploration et de la production de pétrole grâce à l'encadrement des experts étrangers.

Dans les années 1950, les découvertes de pétrole dans les territoires coloniaux permettent d'inaugurer ainsi un cycle d'innovation. Après une phase de démarrage, les disponibilités financières accompagnent le développement de programmes de collaboration entre les universités, les écoles d'ingénieurs, les entreprises et les centres de recherche comme l'Institut français du pétrole (IFP). Au moment de la décolonisation, l'adaptation des techniques devient donc un enjeu crucial pour la CFP qui souhaite renforcer sa présence sur les terrains d'activité. Les recettes du pétrole saharien contribuent à financer les nouveaux programmes de recherche pour anticiper les grands bouleversements politiques. Alors qu'entre 1964 et 1965 les gouvernements français et algérien négocient des accords d'association, la CFP réalise à Hassi Messaoud les premiers tests d'étanchéité sur les têtes de puits destinées à la production sous-marine sur les permis *offshore* au Sénégal et en mer du Nord. Au port d'Arzew, dans le nord de l'Algérie, des expériences concluantes permettent de breveter le procédé de liquéfaction pour le transport du gaz naturel par navire méthanier. En même temps, les recherches sur les techniques de soudure, la corrosion des matériaux et la robotisation des procédés contribuent à constituer un important capital technologique qui accompagne la diversification de l'activité de l'entreprise.

À partir des années 1970, l'augmentation des prix du brut encourage l'ouverture d'un nouveau cycle d'innovation fondé sur la coopération technique et scientifique avec des sociétés parapétrolières comme TECHNIP et COMEX. Au-delà des domaines stratégiques comme la recherche et la production *offshore*, la CFP commence à diversifier son activité dans le secteur des mines, de l'énergie solaire et de l'agriculture industrielle tout en mettant en place des dispositifs de coopération et d'assistance technique avec les pays producteurs. Cette stratégie garantit la permanence de techniciens français sur les terrains d'activité et contribue à redresser l'image d'une entreprise perçue comme un outil au service du colonialisme français. En dépit du succès de cette stratégie, la chute des prix du baril conséquente au contre-choc pétrolier des années 1980 impose de réorganiser la structure du secteur amont. Le redimensionnement des budgets et la réduction de la masse salariale anticipent l'externalisation progressive des cycles d'innovation et le développement de l'activité de *trading*.

L'histoire de la recherche pétrolière française que nous souhaitons raconter se déroule dans l'espace des entreprises, des organisations qui fournissent un cadre de vie et de travail aux chercheurs d'or noir. Depuis le XIXe siècle, les compagnies pétrolières ont été associées au gigantisme et à l'extension tentaculaire de leurs réseaux industriels et financiers, ce qui se résume dans l'allégorie de la pieuvre géante souvent utilisée pour représenter la Standard Oil Company. Développé dans le monde anglo-saxon, ce modèle d'organisation industrielle arrive en France à la fin de la Seconde Guerre mondiale et il est adopté progressivement par les entreprises pétrolières françaises. Alors que le processus d'américanisation se diffuse dans tous les secteurs industriels[38], l'influence des structures

[38] Harm G. Schröter, « What is Americanisation? : Or about the use and abuse of the Americanisation-concept », *in* Dominique Barjot, Isabelle Lescent-Giles et Marc de Ferrière (dir.), *L'américanisation en Europe au XXe siècle : économie, culture, politique*, vol. 1, Lille, Publications de l'Institut de recherches historiques du Septentrion, 2018, p. 41-57 ; Matthias Kipping et Nick Tiratsoo, « The "americanisation" of European companies, consumers and cultures : contents, processes and outcomes », *in* Mathias Kipping (dir.), *Americanisation in 20th*

préexistantes comme l'armée et les grands corps de l'État contribue à l'émergence d'une synthèse originale des systèmes de gouvernance.

L'évolution des modes d'organisation est particulièrement visible tout au long de l'histoire de la CFP. Au moment de sa création en 1924, la société est conçue comme un *trust* financier chargé de gérer les intérêts de l'État français et de protéger les investissements des grands groupes bancaires au Moyen-Orient. C'est au démarrage des programmes de recherche pétrolière au Sahara que la CFP commence à développer ses activités d'exploration et de production de pétrole. La création de la Compagnie française des pétroles Algérie (CFP-A), la première grande filiale du secteur amont, est accompagnée par l'entrée dans la société de plusieurs « familles de métiers », des groupes socioprofessionnels qui s'appuient sur des réseaux de solidarité, des trajectoires professionnelles et des filiations intellectuelles. Intégrés au sein de la même organisation, géologues, géophysiciens, ingénieurs de construction, juristes et financiers donnent vie à une synthèse originale des savoirs, qui accompagne la naissance et l'évolution du corps des pétroliers. Cette dynamique montre que la notion de pétro-savoir, dans le sens d'expertise stratégique fonctionnelle à garantir l'approvisionnement et la souveraineté énergétique, ne peut pas être limitée au domaine des élites pétrolières, des diplomates, des économistes et des technocrates[39]. Au contraire, elle doit être élargie à tous les niveaux d'expertise mobilisés au sein de l'industrie, en partant des niveaux opérationnels jusqu'aux plus hautes sphères hiérarchiques. Le développement et la circulation du pétro-savoir accompagnent en effet l'évolution des relations sociales et des rapports de force qui existent entre les cadres, les agents de maîtrise et les ouvriers – qu'ils soient expatriés ou autochtones – dans une période caractérisée par la transition entre colonisation, indépendance et nationalisation.

L'organisation de la CFP et la décentralisation des structures permettent de territorialiser un modèle industriel qui se veut ontologiquement déterritorialisé. Ainsi, la fabrication de lieux de vie et de

---

Century Europe : business, culture, politics, vol. 2, Lille, Publications de l'Institut de recherches historiques du Septentrion, 2018, p. 7-23 ; Luc Boltanski, « America, America… », *Actes de la recherche en sciences sociales*, 38, 1981/1, p. 19-41.

39 R. Graf, *Oil and Sovereignty*, *op. cit.* ; Rüdiger Graf, « Expert Estimates of Oil-Reserves and the Transformation of "Petroknowledge" in the Western World from the 1950s to the 1970s », *in* Frank Uekötter et Uwe Lübken (dir.), *Managing the Unknown*, New York, Berghahn, 2022, p. 140-167, p. 181.

travail, réels ou imaginaires, fournit une assise spatiale qui accompagne la construction et la reproduction identitaire du chercheur d'or noir[40]. La base Maison Verte d'Hassi Messaoud est l'exemple le plus emblématique de la territorialisation de ce modèle technique. La construction en plein désert d'une cité verdoyante et dotée de tous les conforts du monde moderne répond certes à des besoins fonctionnels, mais également à des exigences de communication et de construction identitaire[41]. Adapté aux contraintes de l'environnement marin lors du démarrage de la recherche *offshore*, cet espace permet de matérialiser les valeurs et les modèles relationnels qui caractérisent le corps des pétroliers[42]. En même temps, la cité pétrolière et la plateforme deviennent de véritables *u-topos* du chercheur d'or noir et fournissent un cadre idéal pour accompagner la construction de l'épopée du pétrole français.

Des personnes ou des personnages en quête d'auteur ?

Étudier les travailleurs de l'industrie française d'exploration et de production nous a mis devant une question existentielle : les chercheurs d'or noir sont-ils des personnes ou des personnages qui incarnent les valeurs d'une époque historique ? En effet, les représentations qui ont influencé notre imaginaire au fil des ans ne permettent pas de bien saisir la frontière entre la réalité du quotidien et la mise en scène du mythe de l'or noir. D'une part, les récits individuels et collectifs des travailleurs du pétrole sont profondément influencés par les romans et les films d'aventure qui ont présenté cette catégorie professionnelle au grand public. D'autre part, les valeurs projetées sur les chercheurs d'or noir par les consommateurs semblent véhiculer une vision déformée de l'histoire de la recherche pétrolière. Ce constat a été formulé au moment du démarrage de ce projet de recherche, quand nous avons commencé à défricher et fabriquerles sources nécessaires pour répondre à nos

---

40 Miguel Tinker SALAS, *The Enduring Legacy: Oil, Culture, and Society in Venezuela*, Durham, Duke University Press, 2009, p. viii.

41 T. MITCHELL, *Carbon Democracy*, *op. cit.*, p. 149 ; Robert VITALIS, *America's Kingdom : Mythmaking on the Saudi Oil Frontier*, Londres, Verso, 2009.

42 Kristin ROSS, *Rouler plus vite, laver plus blanc : modernisation de la France et décolonisation au tournant des années soixante*, Paris, Flammarion, 2006 ; Céline PESSIS, Sezin TOPÇU et Christophe BONNEUIL, *Une autre histoire des Trente Glorieuses*, Paris, La Découverte, 2016.

questionnements. Le traitement archivistique du fonds de la CFP-A que nous avons réalisé chez TotalEnergies à partir de 2016[43] a permis de mettre au jour des archives inédites sur l'histoire du secteur amont entre les années 1940 et 1980. Oublié pendant plusieurs années dans une salle de conservation, ce fonds offre plusieurs pistes pour reconstituer le quotidien de l'entreprise et de ses travailleurs. Parfois lacunaires, les informations retrouvées ont été complétées par la consultation d'autres fonds conservés dans des centres d'archives publiques et privées[44].

Si les archives papier nous ont permis d'accéder à ce terrain de recherche, ce sont les sources orales qui font l'originalité de ce travail. En 2017, la rencontre avec des anciens salariés de TotalEnergies nous a permis de lancer un projet d'archives orales et de collecter ainsi les témoignages de 21 travailleurs et travailleuses ayant contribué au développement des activités de recherche et de production du pétrole au Sahara et dans d'autres pays du monde entre les années 1940 et 2000. La réalisation de plus de cinquante heures d'entretiens semi-directifs a permis de recueillir les récits de carrière des agents[45] et de questionner leur perception du rôle des pétroliers dans la société française. Dans le cadre de la collecte, la participation à certains événements de la vie de l'association comme le couscous annuel des anciens d'Algérie nous a permis, par ailleurs, de mieux étudier la complexité identitaire et relationnelle de ce groupe social en adoptant une posture d'observateur participant.

---

43 Identifié sous la cote 18V01807, le fonds de la Compagnie française des pétroles Algérie a été complètement classé et inventorié par nos soins dans le cadre de notre activité d'archiviste. Aujourd'hui, le fonds se compose de 721 dossiers pour un volume de 70 mètres linéaires. Il est consultable aux Archives historiques de TotalEnergies.

44 Nous avons exploité plusieurs fonds conservés aux Archives historiques de TotalEnergies, qui conservent aujourd'hui l'ensemble des archives de la Compagnie française des pétroles d'Elf Aquitaine, de PetroFina, et de l'Iraq Petroleum Company. En complément, nous avons réalisé des recherches aux Archives nationales de Pierrefitte-sur-Seine, au Centre des Archives diplomatiques de Nantes et de La Courneuve, aux Archives nationales d'Outre-Mer d'Aix-en-Provence, à la Bibliothèque nationale de France et au Centre de documentation de l'Institut français du pétrole de Rueil-Malmaison.

45 Florence DESCAMPS, François MONNIER et Dominique SCHNAPPER, *L'historien, l'archiviste et le magnétophone : de la constitution de la source orale à son exploitation*, Paris, Comité pour l'histoire économique et financière de la France, 2001.

La rencontre avec les chercheurs d'or noir dans le cadre de ce projet d'archives orales nous a encouragé à interroger plus en profondeur l'influence de la communication institutionnelle sur l'émergence de ce groupe socioprofessionnel. À ce propos, la conduite d'un projet de rationalisation des fonds iconographiques et audiovisuels de TotalEnergies et la mise en place d'un logiciel de Digital Asset Management (DAM) à vocation patrimoniale nous ont permis d'intégrer un grand nombre de sources inédites au corpus[46]. Grâce à l'exploitation de films de commande[47], de publicités, de photographies et d'affiches publicitaires, nous avons pu reconstruire l'univers culturel qui sous-tend le mythe du pétrole français de la seconde moitié du XXe siècle. Cela a été complété par l'analyse de documents annexes comme les contrats passés avec les réalisateurs, les sociétés de production audiovisuelle et les photographes, ce qui nous a permis de peaufiner la critique des sources et de mieux comprendre les contextes de production.

L'adoption d'une approche d'ingénierie historique et patrimoniale, qui intègre les méthodes de gestion des projets d'archivage, les recours aux technologies numériques et la démarche de recherche scientifique, a été essentielle pour la réalisation du présent travail. À notre sens, l'historien d'aujourd'hui et de demain ne peut pas se contenter d'être un utilisateur passif des archives existantes. L'absence voire la raréfaction des sources doit être comblée par une démarche proactive, c'est-à-dire une co-construction (ou bien une reconstruction) qui se fonde sur les signes éphémères et sur la mémoire latente. Par ailleurs, pour répondre à des questionnements complexes, il doit croiser différentes typologies de sources, ce qui impose de réfléchir à une synthèse harmonieuse de plusieurs récits parallèles. Autrement dit, si les archives papier fournissent des informations sur les événements et le contexte, les archives orales offrent un aperçu des trajectoires personnelles, tout en apportant une dimension humaine à l'histoire. En même temps, les archives iconographiques et audiovisuelles permettent de comprendre comment la communication influence les mentalités et contribue à créer des « personnages vivants […] profondément marqués par des caractères qui leur sont propres »[48].

---

46 Ces projets, tout comme la collecte d'archives orales, nous ont été confiés dans le cadre du dispositif CIFRE mis en place avec TotalEnergies entre 2018 et 2021.

47 Georges Pessis, *Entreprise et cinéma : cent ans d'images*, Paris, La Documentation française, 1997.

48 Luigi Pirandello, *Sei personaggi in cerca d'autore*, Torino, Einaudi, 1993.

Dans ce sens, la référence aux chercheurs d'or noir exprime notre volonté de présenter l'altérité et l'identité – au sens métaphysique du terme – des témoins et des personnages, tout en évitant de tomber dans le piège de la célébration nostalgique d'une histoire idéalisée. En adoptant cette démarche, il nous semble que la question posée par Luigi Pirandello sur la relation que l'auteur doit entretenir avec les personnages de sa narration est d'actualité. Jusqu'à quel point l'auteur doit les accueillir dans sa fantaisie et leur permettre de prendre le dessus sur les acteurs de la comédie humaine ?

Plan de l'ouvrage

Le présent travail est organisé autour d'un plan chronothématique divisé en trois parties et neuf chapitres. Cette structure a été choisie pour permettre au lecteur de découvrir l'histoire de la recherche pétrolière française entre la création de la CFP en 1924 et la fusion avec Elf-Aquitaine qui a donné naissance au groupe Total en 2003. En effet, notre histoire des chercheurs d'or noir se déroule principalement au sein de cette entreprise qui est chargée d'assurer l'expansion de l'industrie pétrolière française à travers le monde. Bien que notre périodisation repose sur une chronologie *a priori* institutionnelle, nous avons essayé de développer la narration grâce à un entrelacement de récits officiels, individuels et collectifs. Le temps et l'espace sont donc dilatés et adaptés en fonction des lieux et des moments historiques sans pourtant abandonner l'espace pétrolier par excellence : le Sahara.

Dans la première partie, nous présentons la naissance de l'industrie française d'exploration et de production en termes de stratégie industrielle et de politique publique entre 1924 et 1964. Le premier chapitre introduit la création de la CFP et la naissance de l'industrie d'exploration et de production d'hydrocarbures dans l'après-guerre. En particulier, nous expliquons comment l'apprentissage du travail industriel a accompagné le démarrage de la recherche pétrolière au Sahara dans les années 1940. Dans le deuxième chapitre, nous montrons comment l'acquisition des techniques de travail et d'organisation les plus modernes a assuré l'émergence de l'industrie pétrolière saharienne et la création du mythe du chercheur d'or noir. En suivant les récits de carrière des anciens travailleurs du secteur, dans le troisième chapitre, nous expliquons de quelle manière la création de ce secteur stratégique pour l'économie française et algérienne a assuré la continuité des activités industrielles en dépit des bouleversements politiques qui caractérisent la période de décolonisation.

La deuxième partie de notre ouvrage se concentre sur le rôle des méthodes de gestion du personnel dans la mise en œuvre de nouvelles formes d'interaction avec les pays producteurs entre 1964 et 1973. En effet, dans un contexte caractérisé par le mouvement d'émancipation des pays du tiers-monde, l'Algérie devient un véritable laboratoire pour le développement de nouvelles formes de coopération. En mettant en évidence le rôle des pouvoirs politiques et du mouvement syndical, le chapitre quatre montre comment la mise en place de dispositifs de formation pour le personnel local en 1964 facilite les négociations entre les anciens colonisateurs et les anciens colonisés tout au long de cette décennie. Dans le chapitre cinq, nous expliquons comment la stratégie de gestion des ressources humaines de la CFP-A permet de renforcer l'interdépendance entre France et Algérie. Après cela, nous abordons dans le chapitre six l'histoire de la nationalisation du pétrole algérien sous un angle nouveau. Ainsi, nous démontrons que le Sahara n'est pas seulement un espace convoité, mais un terrain idéal pour la mise en place de la stratégie d'assistance technique qui sera déployée par la CFP dans d'autres zones d'activité.

In fine, dans la troisième partie, nous expliquons comment l'institutionnalisation du transfert de technologie permet de rééquilibrer les relations avec les pays producteurs entre 1973 et 2003. Après avoir analysé les conséquences financières, culturelles et humaines du choc pétrolier, nous abordons dans le chapitre sept la stratégie d'adaptation de l'entreprise en termes d'organisation, de communication et de diversification des sources d'approvisionnement. Cette ouverture entre le Sahara et le monde permet d'introduire, dans le chapitre huit, les dispositifs d'assistance technique et de coopération industrielle et d'expliquer le rôle joué par ceux-ci dans la stratégie d'élargissement et de diversification des activités de l'entreprise. Pour conclure, le chapitre neuf présente les stratégies mises en place par l'entreprise dans la période qui précède les contre-chocs pétroliers des années 1980. Dans ce sens, la formation de personnel local dans les différentes zones d'activité et le lancement des plans sociaux marquent la fin de l'ère du chercheur d'or noir français. La restructuration de la branche amont, l'évolution des métiers et le changement d'orientations stratégiques complètent la métamorphose de la société en groupe multinational.

PARTIE 1

LA NAISSANCE DE L'INDUSTRIE FRANÇAISE D'EXPLORATION ET PRODUCTION D'HYDROCARBURES : FORMATION DES TRAVAILLEURS ET APPRENTISSAGE INDUSTRIEL (1924–1964)

Le développement d'une industrie pétrolière nationale devient une nécessité pour la France dans l'entre-deux-guerres. L'échec du ravitaillement vécu durant la Première Guerre mondiale et la dépendance excessive à l'égard des alliés anglo-américains encouragent le gouvernement à envisager un plan de modernisation énergétique. La participation à l'exploitation des gisements du Moyen-Orient obtenue en vertu du traité de San Remo n'est pas suffisante pour garantir l'indépendance du pays sur le long terme. La France doit lancer un véritable programme de recherche pétrolière dans les territoires de l'Empire. Pour faire cela, le pays doit donc se doter de technologie et de savoir-faire. Autrement dit, les sociétés du secteur doivent s'équiper en matériel de forage et assurer la formation d'ingénieurs et techniciens du pétrole. Après avoir envoyé ses ingénieurs en Roumanie pour se familiariser aux méthodes les plus modernes, la CFP participe au démarrage de l'exploration pétrolière en Afrique et en métropole. Néanmoins, ces projets sont interrompus par l'éclatement de la Seconde Guerre mondiale. Seule la fin des hostilités permettra de redémarrer les activités de terrain dans le cadre de la nouvelle politique de recherche de « pétrole national ».

À la fin des années 1940 – en pleine période de reconstruction nationale–, la politique du nouveau gouvernement encourage le redémarrage du plan de développement industriel. Le Sahara devient donc un terrain privilégié pour la recherche de pétrole et pour l'expérimentation de nouvelles techniques pétrolières. En l'espace de dix ans seulement, les entreprises françaises découvrent d'immenses gisements dans le sous-sol du désert. L'exploitation des ressources sahariennes doit alors faire face aux équilibres politiques des années 1950. Le mouvement de décolonisation et le conflit sanglant qui déchire l'Algérie entre 1954 et 1962 semblent remettre en cause la continuité du nouveau secteur industriel. Néanmoins, l'effet cumulé des négociations, des programmes d'innovation et des politiques de formation du personnel permet de stabiliser la situation. En dépit de l'indépendance de l'Algérie, les entreprises françaises peuvent continuer à exploiter les gisements sahariens et assurer ainsi le ravitaillement énergétique de la France.

CHAPITRE 1

LE DÉMARRAGE DE LA RECHERCHE PÉTROLIÈRE FRANÇAISE : POLITIQUES PUBLIQUES ET INVESTISSEMENTS PRIVÉS

L'absence de ressources énergétiques facilement exploitables est une des causes principales du retard industriel de la France dans l'entre-deux-guerres. Durant cette période, le pays reste très dépendant de ses partenaires étrangers pour le ravitaillement en carburants et en lubrifiants. Après avoir obtenu un droit de participation aux concessions pétrolières du Moyen-Orient, le pays décide de commencer l'exploration des vastes territoires de son empire. Néanmoins, l'éclatement de la Seconde Guerre mondiale interrompt brusquement les projets d'émancipation énergétique. Ce n'est qu'après la Libération que la mise en place d'une politique pétrolière nationale ouvre de nouvelles perspectives pour la recherche pétrolière. Les financements publics, ainsi que les plans d'équipement et de formation des techniciens français, permettent de cumuler l'expertise nécessaire pour lancer la recherche autonome de ressources pétrolières. La CFP et les autres entreprises du secteur décident alors de se tourner vers le Sahara. Les indices collectés par les premières missions géologiques laissent envisager la présence d'hydrocarbures dans le sous-sol de ce territoire.

A. La Compagnie française des pétroles et la stratégie d'approvisionnement nationale

La création de la Compagnie française des pétroles et la participation au jeu pétrolier du Moyen-Orient

La création de la Compagnie française des pétroles (CFP) le 24 mars 1924 est considérée comme le grand tournant de l'histoire de l'industrie française. Fondée au lendemain de la Première Guerre mondiale, la nouvelle société serait la solution aux problèmes de ravitaillement qui avaient lourdement menacé l'indépendance du pays durant les combats[49]. Cette fiction chronologique a nourri le mythe de l'indépendance énergétique de la France durant les Trente Glorieuses et contribué à idéaliser les providentielles acquisitions des nouvelles sources d'énergie. Une tendance à l'héroïsation qui renvoie à l'histoire du « colonel » Edwin Drake et à la découverte de pétrole à Titusville, en Pennsylvanie, le 27 août 1859. Évoqué comme événement fondateur de la moderne industrie pétrolière[50], le forage de Drake est loin d'être le premier à atteindre un réservoir d'intérêt commercial. En 1846, treize forages mécaniques réalisés à Bakou en Azerbaïdjan avaient permis de développer une production industrielle d'hydrocarbures[51]. Six ans plus tard, le professeur Georg Christian Konrad Hunäus, de l'École polytechnique de Hanovre, avait décelé un gisement de gaz à une profondeur presque double par rapport à celle atteinte par la sonde de Drake[52]. Dans ce sens, la création du « mythe de l'or noir », dans la littérature et dans l'imaginaire collectif, a contribué à mettre l'accent sur l'idée de découverte inattendue sans mentionner l'évolution technique et humaine qui a permis l'acquisition et la circulation de savoir-faire dans ce domaine industriel.

La naissance de la CFP est le résultat d'une longue négociation entre industriels, établissements bancaires et pouvoirs publics. Dans une période où le ravitaillement pétrolier français est assuré par « un cartel d'importateurs placés sous la dépendance étroite de la Standard Oil »[53], les banques d'affaires parisiennes et la Banque de Paris et des Pays-Bas commencent à investir dans le secteur[54]. Le polytechnicien Ernest

---

49 Roberto Nayberg, « La politique française du pétrole à l'issue de la Première Guerre mondiale : perspectives et solutions », *Guerres mondiales et conflits contemporains*, 224, 2006, p. 111-133.

50 Matthieu Auzanneau, *Or noir : la grande histoire du pétrole*, Paris, La Découverte, 2016.

51 Mir-Yusif Mir-Babayev, « Brief History of the First Oil Drilling Wells in Baku Region », en ligne : http://noema.crifst.ro/ARHIVA/2018_04_04.pdf, consulté le 25 janvier 2020.

52 Pierre M. Edmond Schmitz, *L'épopée du pétrole : enfance et destins d'un géant*, Paris, R. Pichon et R. Durand-Auxias, 1947, p. 20 et ss.

53 Éric Bussière, « La France et les affaires pétrolières au lendemain de la Première Guerre mondiale : la politique des groupes financiers à travers celle de la banque de l'Union parisienne », *Histoire, économie et société*, 1982, vol. 1, n° 2, p. 313-328.

54 François Pelletier, *Ernest Mercier, le pétrole et la France*, Thèse de doctorat, Université Paris I, Université de Montréal, 2016.

Mercier est initialement chargé d'accompagner l'entrée de la Banque de Paris et des Pays-Bas dans l'industrie pétrolière de Roumanie[55]. Peu de temps après, c'est le gouvernement qui fait appel à lui pour jeter les bases d'une nouvelle politique nationale fondée sur le développement d'une production sous contrôle français dans les régions où le pays obtiendra des concessions[56]. Pour atteindre cet objectif, il faudra donc mobiliser des compétences diplomatiques et financières mais, encore plus important, il faudra se familiariser avec les techniques pétrolières les plus modernes.

La création de la nouvelle société est directement liée à l'acquisition d'intérêts sur les concessions pétrolières du Moyen-Orient. En juillet 1924, le gouvernement attribue à la CFP 25 % du capital de la Turkish Petroleum Company (TPC). Détenues auparavant par la Deutsche Bank, ces actions sont confiées à la France à l'issue des accords Sykes-Picot et des négociations pétrolières conduites par le sénateur Henri Béranger, président du Comité général du pétrole, avec le ministre britannique du Pétrole Walter Long. Tout en renonçant à étendre sa zone d'influence sur le *vilayet* de Mossoul, le gouvernement français obtient des droits sur l'exploitation des ressources irakiennes, dont la production sera confiée à une société privée[57]. Le Traité de San Remo confirme cet accord de principe et signe la naissance d'une nouvelle politique interalliée du pétrole fondée sur l'accord entre gouvernements et industriels[58]. Celle-ci confirme les intérêts de la France dans les concessions pétrolières internationales[59] mais elle ouvre, en même temps, l'exploration des territoires de l'Empire français aux entreprises étrangères[60].

Au cours des premières années de son existence, l'activité de la CFP au sein de la TCP est extrêmement limitée. Au-delà de la surveillance géologique, la société française n'est pas directement impliquée dans la

---

55 *Ibid.*, p. 8-36.

56 *Ibid.*, p. 36.

57 James Barr, *A line in the sand: Britain, France and the struggle for the mastery of the Middle East*, Londres etc., Simon & Schuster, 2011. Comme prévu par l'article 7 du Traité de San Remo, « si l'exploitation des champs pétrolifères de Mésopotamie était faite par une société privée, le gouvernement britannique mettrait à la disposition du gouvernement français une participation dans cette société ».

58 Henry Victor Bérenger, *Le pétrole et la France*, Paris, Flammarion, 1920.

59 R. Nayberg, « La politique française du pétrole à l'issue de la Première Guerre mondiale », art. cit.

60 André Nouschi, *La France et le pétrole : de 1924 à nos jours*, Paris, Picard, 2001, p. 89.

découverte du gisement de Kirkūk en octobre 1927[61]. Dans cette phase, la priorité de la CFP est l'intégration des raffineurs dans la nouvelle société et l'approbation des lois sur la protection douanière et le statut du raffinage, des événements qui anticipent la création de la Compagnie française de raffinage (CFR) en 1929[62]. Le 31 juillet 1928, la signature du *Group Agreement* marque le début de la vie industrielle de la CFP[63]. Cet accord reconnaît à la CFP, à la Royal Dutch Shell, à l'Anglo-Persian Oil Company[64] et à la Near-East Development Corporation[65] des parts de 23,75 % dans le capital de la société, tandis que les 5 % restants sont attribués à Calouste Gulbenkian, facilitateur du négoce[66]. Autrement connu sous le nom de *Red Line Agreement*, cet accord fixe un périmètre sur les frontières de l'ancien Empire ottoman et engage les actionnaires à remettre à la TPC toutes les ressources découvertes dans ces territoires[67].

61 AH TotalEnergies, 92AA060/203, Historique CFP/IPC période antérieure au Group Agreement (1928), sdnl.

62 Morgan Le Dez et Alain Leménorel, *Pétrole en Seine 1861-1940 : du négoce transatlantique au cœur du raffinage français*, Bruxelles, Peter Lang, 2012 ; Marcel Amphoux, « Une nouvelle industrie française : le raffinage du pétrole », *Annales de géographie*, 44-251, 1935, p. 509-533.

63 AH TotalEnergies, 04AH026-6, Suivi de l'IPC et des compagnies associées par le bureau de la direction du Moyen-Orient à Londres – Accords, conventions et contrats entre partenaires de l'IPC – Group Agreement – Accord entre les cinq sociétés de la TPC baptisé Group Agreement : acte, 1928.

64 Devenue ensuite *Anglo Iranian Oil Company* (AIOC) et *British Petroleum* (BP).

65 Near East Development Corporation est un consortium qui rassemble les sociétés américaines : Standard Oil Company of New Jersey, Standard Oil Company of New York, Pan American Petroleum & Transport Company, Atlantinc Refining Companu et Gulf Oil corporation of Pennsylvania.

66 Pour une analyse du rôle de Gulbenkian dans le pétrole du Moyen-Orient, cf. Jonathan Conlin, *Mr Five Per Cent: The many lives of Calouste Gulbenkian, the world's richest man*, London, Profile Books, 2019.

67 André Nouschi, *Luttes pétrolières au Proche-Orient*, Paris, Flammarion, 1970.

Photo 1. Éruption du puits de Baba Gurgur à Kirkuk, 1927 – Photothèque Iraq Petroleum Company

La création de l'Iraq Petroleum Company (IPC) – un consortium de production attributaire des concessions de la TCP – permet de développer les recherches et de construire un pipeline pour évacuer l'huile de Kirkūk vers la Méditerranée. En 1932 commencent les travaux de construction de deux conduites de 12" pour relier les puits producteurs et les terminaux de cargaison de Tripoli et Haïfa[68]. La première livraison d'huile arrive en France en juillet 1934, dix ans après la création de la CFP. Cela signifie que, durant toute cette période, la société est dépourvue de ressources propres et ne peut guère compter sur les bénéfices de la production. Pour faire face à cette situation, elle continue à financer l'IPC à travers deux

[68] AH TotalEnergies, 92AA060/203, Historique CFP/IPC: période antérieure au Group Agreement (1928), sdnl.

augmentations de capital – la première en 1930 et la seconde en 1931 – soutenues grâce à l'entrée de l'État dans l'actionnariat de la CFP. La transformation de la société en holding financier chargé de gérer la chaîne pétrolière pour le compte de l'État encourage également la restructuration du secteur aval. En prévision d'une augmentation de la production de l'IPC, la CFR inaugure deux nouveaux ensembles industriels à Gonfreville-l'Orcher en 1933 et à Châteauneuf-les-Martigues en 1935 pour assurer le raffinage du brut du Moyen-Orient. La structure de la société est complétée par la création de la Compagnie navale des pétroles (CNP), une filiale chargée de transporter la production entre Tripoli et les raffineries métropolitaines[69]. Après une phase de démarrage, entre 1934 et 1940, la CFP commence à rémunérer ses actionnaires et s'engage à côté des autres membres du consortium pour développer au maximum les possibilités de production dans le périmètre de la ligne rouge. Entre 1937 et 1938, l'IPC demande de nouveaux permis en Syrie, à Chypre, en Transjordanie et en Palestine et rachète le permis de Mossoul à la British Oil Development Company. La rentabilité commerciale d'un tel système encourage le groupe français à « rechercher dans les colonies françaises et ailleurs d'autres possibilités d'implantation »[70]. Néanmoins, l'occupation allemande et l'instauration du régime de Vichy marquent un coup d'arrêt au développement de la société. Les livraisons de brut sont interrompues et les actions françaises mises sous séquestre en vertu d'un embargo américain.

Privée de ses droits à l'huile, durant la Seconde Guerre mondiale la CFP doit préserver son outil industriel. Cet objectif se révèle extrêmement difficile à réaliser en raison de la pénurie de ressources humaines et financières. Comptant une vingtaine de salariés, le personnel de la société est presque complètement mobilisé dans les combats ou déployé dans les organismes chargés du ravitaillement énergétique de l'armée[71]. Du point de vue financier, la participation dans l'IPC est préservée par le cabinet d'avocats britannique Denton, Hall & Burgin qui administre

69 Benoît Doessant, *Le transport maritime d'hydrocarbures. Les compagnies pétrolières françaises entre impératifs économiques et obligation de pavillon (1918-1998)*, Thèse de doctorat, Université Paris-Sorbonne, 2016, p. 125.

70 AH TotalEnergies, 92AA060/203, Historique CFP/IPC : période du Group Agreement à la déclaration de guerre (1928-1939), sdnl.

71 H. L'Huillier, « La stratégie de la Compagnie Française des Pétroles durant la Seconde Guerre mondiale : sauvegarder l'essentiel », *Histoire, économie & société*, 11-3, 1992, p. 463-478, ici p. 648.

la part française gelée et assure la liaison entre le consortium et les directeurs de la société[72]. Il faudra attendre février 1945 pour que les représentants de la CFP soient à nouveau admis aux réunions du conseil de l'IPC et que le séquestre des actions françaises soit officiellement levé. En septembre, Victor de Metz est nommé président de la société pour remplacer Jules Mény, déporté par la Gestapo et disparu durant la guerre. Les livraisons de brut irakien recommencent et avant la fin de l'année plus de 800000 tonnes de brut irakien sont transportées vers les ports français. Une longue négociation entre les partenaires de l'IPC conduit à la signature du *Head of Agreement* en 1948. L'Arabie Saoudite, où d'importants gisements ont été découverts à Dukhān, est exclue du périmètre de la ligne rouge tandis que la CFP obtient une indemnisation pour le brut séquestré durant la guerre et la levée des restrictions sur le quota de production. Si la mainmise américaine sur le pétrole saoudien peut être perçue comme une spoliation des droits des partenaires[73], la CFP peut finalement se ravitailler à un prix inférieur à celui du marché, ce qui garantit de bonnes marges de développement de la société[74].

Tableau 1. Importation de brut d'Irak par la CFP (1934–1940)

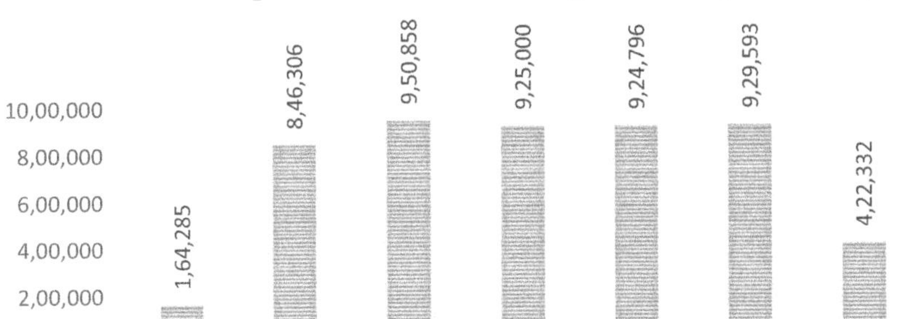

Source : AH TotalEnergies, 92AA060/203, Historique CFP/IPC

72 AH TotalEnergies, 92AA060/203, Historique CFP/IPC : période allant de la déclaration de la guerre jusqu'à l'occupation de la France (1941-1945), sdnl

73 André Nouschi, *Les origines de la C.F.P. jusqu'en 1924*, Université de Nice, 2001, p. 89.

74 Constance Hubin, *Stratégie industrielle de la Compagnie Française des Pétroles (1945-1975)*, Université Paris X, Thèse de doctorat, École doctorale, 2012, p. 35.

La formation des pétroliers français en Roumanie

Berceau du pétrole français, Péchelbronn ne fournit pas aux techniciens français un terrain adapté au développement industriel sur grande échelle. Exploité depuis le XVIIe siècle, le gisement alsacien assure une production équivalente à 5 % de la consommation du pays en 1920[75]. Même si Péchelbronn avait servi de laboratoire pour le développement des techniques pétrolières, la conformation géologique de ses réservoirs et le déclin de son système industriel n'assurent pas de possibilité de dévalement dans l'entre-deux-guerres. C'est donc dans les champs pétroliers de Roumanie que les ingénieurs français découvrent un modèle d'industrie pétrolière moderne qui intègre les activités de production, de raffinage et de distribution. Durant les années 1920, cette région d'Europe centrale est le théâtre d'une exploitation pétrolière à grande échelle, financée par la bourgeoisie industrielle roumaine et par les banques étrangères[76]. La Roumanie devient alors un fournisseur privilégié des raffineurs de l'Hexagone et un terrain d'essai pour les techniciens français grâce au rôle joué par la Steaua Romana. Fondée en 1895 sur l'initiative des banques allemandes, puis passée sous le contrôle d'un groupe anglo-franco-roumain[77] en vertu du Traité de San Remo[78], la Steaua Romana est un syndicat de production où chaque partenaire dispose d'un droit de reprise du brut proportionnel à sa participation au capital. Dans un tel système, les intérêts français sont représentés par la Steaua Française, une société contrôlée par la Banque de Paris et des Pays-Bas, la Banque Mallet, l'Omnium international des pétroles, la Banque Mirabaud, la Société d'études et d'entreprise et un groupe d'entrepreneurs liées à Ernest Mercier[79].

Ernest Mercier joue un rôle primordial dans le développement des intérêts pétroliers français en Roumanie. Si le fondateur de la

---

[75] René WALTHER, *Les activités pétrolières de Péchelbronn (1735-1970)*, Thèse de doctorat, Université Marc Bloch, 2005, p. 330-331.

[76] Mircea Adrian MUNTEAN, *La France, la Roumanie et la question pétrolière dans l'entre-deux-guerres*, Sorbonne Université, 2018, p. 27.

[77] 50,1 % du capital social sont détenus par les banques roumaines tandis que les 49,9 % restants sont partagés entre un groupe français et un groupe britannique (cf. AH TotalEnergies, 83ZW544/52, Note sur la Steaua Romana, Paris, décembre 1920).

[78] AH TotalEnergies, 83ZW544/52, Steaua Romana SA, Bucarest, Paris, 13 décembre 1934.

[79] AH TotalEnergies, 83ZW544/52, copie de rapport sans titre, 1920.

CFP ne maîtrise pas les problèmes techniques du pétrole, ses qualités d'organisateur et de négociateur se révèlent essentielles pour structurer le nouveau système. Par ailleurs, les liens tissés avec les autorités militaires et les familles industrielles roumaines lors de sa permanence dans le pays durant la guerre lui fournissent un terrain propice pour concrétiser ses projets[80]. En Roumanie, Mercier trouve donc un contexte idéal pour former la nouvelle élite pétrolière française et assurer ainsi la progression des jeunes ingénieurs et techniciens de la CFP[81]. Cela est par ailleurs facilité par l'intensification des programmes de développement de la Steaua Romana, qui déterminent une forte augmentation des besoins de personnel. Entre 1920 et 1930, le total cumulé des forages passe de 4 250 mètres à 62 000 mètres annuels, tandis que la production passe de 230 000 tonnes par an en 1920 à 1,5 million de tonnes en 1936. Cette augmentation impose donc d'agrandir les installations de stockage, de transport et de raffinage et de développer le réseau commercial de la société[82].

Les organigrammes de la Steaua Romana montrent que la quasi-totalité des positions d'encadrement de la société sont occupées par des agents de nationalité roumaine formés aux métiers du pétrole dans les instituts techniques du pays. Ce n'est qu'après 1921 que le discours sur le recrutement et la formation d'ingénieurs et de géologues français commence à être évoqué[83]. Pour favoriser ce recrutement, les représentants français utilisent un argument de type économique : l'emploi de personnel étranger pourrait contribuer à réduire les frais de fonctionnement des chantiers[84]. En effet, dans un contexte caractérisé par la dévaluation du franc, le salaire d'un agent expatrié est nettement inférieur à celui d'un ingénieur roumain. Par l'intermédiaire d'Ernest Mercier, la CFP commence donc à recruter en France des ingénieurs qui sont détachés en Roumanie. À partir des années 1930, des stages de formation sont

80 F. Pelletier, *Ernest Mercier, le pétrole et la France*, *op. cit.*, p. 112 ; Richard F. Kuisel, *Ernest Mercier: French technocrat*, Berkeley, University of California Press, 1967, p. 11.

81 Emmanuel Catta, *Victor de Metz : de la CFP au groupe Total*, Paris, Total Éditions Presse, 1990, p. 40.

82 AH TotalEnergies, 83ZW544/52, Note sur la Steaua Romana, 17 novembre 1944.

83 AH TotalEnergies, 83ZW544/49, Note pour M. Mallet, 18 juin 1921 ; 83ZW544-48, lettre de Jules Mény à M. Osiceanu, Paris, 8 novembre 1929.

84 AH TotalEnergies, 83ZW544/49, Mémento : Questions à régler à Bucarest, 1921.

organisés par la Steaua Romana qui commence à accueillir des jeunes de la CFP, de la CFR ou d'autres sociétés françaises[85]. Le recrutement des Français reste, cependant, très limité puisque la société doit garantir un équilibre entre la réduction des coûts et le maintien des capacités techniques afin de limiter le risque d'augmentation du prix pour les raffineurs français[86].

L'apprentissage sur le terrain roumain se déroule dans un contexte de profonde innovation des techniques pétrolières. Dans une période où, à Péchelbronn, on forait au battage rapide – un procédé mis à point par Anton Raky en 1894–, la Steaua Romana commence à introduire des procédés « très modernes et conformes à la technique américaine »[87]. Sur les gisements de Roumanie, les ingénieurs français découvrent le forage par circulation, dit *rotary*, une méthode qui permet d'atteindre plus de 3 000 mètres de profondeur. En même temps, ils se familiarisent à l'extraction par éruption captée, par gaz-lift et par pompage, des techniques qui assurent la production de pétrole tout en limitant la perte des parties légères[88]. En Roumanie, les Français assistent également à la première application à grande échelle du procédé de prospection électrique pour les mesures de résistivité[89]. Mise au point en Alsace par Conrad Schlumberger, cette technique permet de dresser des cartes du sous-sol qui mettent en évidence la présence de couches géologiques potentiellement productives. En 1923, la Steaua Romana découvre grâce à la prospection électrique le gisement d'Aricesti. Elle célèbre ainsi le premier succès de la méthode géophysique à l'échelle mondiale[90]. L'amélioration des méthodes sismiques et gravimétriques contribue à l'essor des premières sociétés de services, comme Schlumberger et la

---

85 AH TotalEnergies, 83ZW544/47, Stage d'ingénieurs français en Roumanie, mars 1933.

86 AH TotalEnergies, 83ZW544/48, Lettre de Jules Mény à M. Osiceanu, Paris, 8 novembre 1929.

87 *Ibid.*

88 *Ibid.*

89 Louis Allaud et Maurice Martin, *Schlumberger: The History of a Technique*, New York, Wiley, 1972 ; Ken Auletta, *The Art of Corporate Success : The Story of Schlumberger*, Newburyport, Open Road Media, 2015.

90 Willy Bruderer, *La chasse aux bougies : né avec le siècle, un géologue pétrolier raconte l'aventure de sa vie*, Paris, ILEM, 1985, p. 66.

Société de prospection électrique (SPE), et à la création du premier noyau de l'industrie parapétrolière d'Europe[91].

Photo 2. Appareils de forage à Câmpina en Roumanie, est. 1930 – Photothèque historique TotalEnergies, 17V00549-318, Droits réservés – Total ©

Dans un contexte d'extrême dynamisme industriel, Ernest Mercier commence à s'entourer de jeunes ingénieurs qui marquent ainsi leurs premiers pas dans l'industrie pétrolière. Le premier est Jules Mény, qui rejoint en 1920 l'équipe de la Steaua Romana. Polytechnicien et ingénieur du Corps des mines, Mény avait servi comme artilleur et aviateur durant la Première Guerre mondiale. Après avoir occupé le poste d'ingénieur des mines à Douai, il est recruté comme directeur et représentant français à Bucarest et chargé de réorganiser les services techniques de la société[92]. Huit ans plus tard, Mény est transféré à Paris pour s'occuper du développement de la CFP, avant de prendre la tête

91 Anne Gruner Schlumberger, *La boîte magique ou les sources du pétrole*, Paris, Fayard, 1977.

92 F. Pelletier, *Ernest Mercier, le pétrole et la France*, *op. cit.*, p. 116; *Annales des Mines*, mai 1948, pp. 2-4; AH TotalEnergies, 83ZW544/47, Lettre du ministre des Travaux publics au ministre des Affaires étrangères, Paris, 25 janvier 1921.

de la société lors des démissions de Mercier en 1940. Avec Jules Mény installé à Paris, Mercier recrute en 1928 le jeune Victor de Metz comme adjoint au comité de direction et chargé de la division technique[93]. Polytechnicien et ingénieur des mines à Alès, de Metz est fasciné par ce secteur industriel, mais il est réticent à l'idée d'abandonner le service des mines[94]. La décision de renoncer au statut de corpsard au moment de son recrutement à la Steaua Romana contribue à faire de lui l'un des pères fondateurs du Corps des pétroliers dans l'après-guerre. En 1929, après une première période de formation, de Metz est nommé directeur de la société. À l'instar de son prédécesseur, il continue à introduire en Roumanie de nouvelles techniques comme le carottage électrique, un procédé inventé en Alsace et développé aux États-Unis par les équipes de Schlumberger[95].

Rappelé au siège de la CFP en 1936, Victor de Metz est remplacé par un autre jeune polytechnicien et ingénieur des mines : Pierre Angot. Ce dernier continue à entretenir des relations étroites avec les entreprises américaines pour faciliter le transfert de technologie dans les domaines du forage et de la production[96]. Néanmoins, le contexte de la fin des années 1940 est très différent par rapport à celui de la décennie précédente. Après l'invasion de la Roumanie, Angot est appelé à participer à la conception du plan de destruction de l'industrie pétrolière roumaine pour empêcher la mainmise des troupes nazies sur les chantiers de la Steaua Romana[97]. Le plan de sabotage dévoilé, Angot est expulsé de Roumanie en 1940 avec d'autres ingénieurs français comme René de Panafieu et Jean de Montelbert. Arrivés à Paris, ces derniers intègrent l'effectif de la CFP alors que d'autres ingénieurs sont affectés au Comité d'organisation des combustibles ou aux nouvelles sociétés de recherche pétrolière comme la Régie autonome des pétroles (RAP) et de la Société nationale des pétroles d'Aquitaine (SNPA)[98]. Dans ce contexte, le remplacement du personnel

---

93 AH TotalEnergies, 83ZW544/47, Lettre de Victor de Metz à René de Montaigu, Paris, 7 décembre 1927.

94 *Ibid.*

95 AH TotalEnergies, 83ZW544/47, Lettre de Victor de Metz à Jules Mény, Câmpina, 3 novembre 1930.

96 AH TotalEnergies, 11AH0166/300, Pierre Angot 1902-1945, in *Bulletin de l'École des Mines*, sdnl (est. 1947).

97 *Ibid.*

98 AH TotalEnergies, 83ZW544/47, Indemnisation du personnel français de la Steaua Romana, Bucarest, 5 mars 1941.

français par du personnel local se généralise à d'autres sociétés comme la Colombia, entreprise franco-roumaine contrôlée par l'Omnium français des pétroles[99]. Si la guerre signe la fin de la diaspora française dans l'industrie pétrolière de Roumanie, la cessation des hostilités ne change pas la donne. À partir de 1945, les sociétés comme la CFP refusent de détacher leur personnel qui doit désormais conduire les nouvelles campagnes de recherche en France et dans les territoires coloniaux[100].

La recherche pétrolière dans l'Empire français

Le récit officiel a contribué à mettre le pétrole du Moyen-Orient au centre de l'histoire de la CFP alors que, du point de vue technique, la contribution de la société française au développement des champs pétroliers d'Irak est extrêmement limitée. En raison du manque de techniciens qualifiés, la CFP se limite à participer aux réunions des partenaires qui se tiennent régulièrement à Londres, au siège de l'IPC. Toutefois, dans cette même période, une histoire moins connue se déroule à l'extérieur du périmètre de la ligne rouge. Dès la fin des années 1920, la CFP commence à s'intéresser à l'Amérique latine, aux États-Unis et à d'autres régions potentiellement pétrolières situées dans les colonies d'Afrique et dans les protectorats de Tunisie et du Maroc. Mise en place par l'intermédiaire de sociétés et syndicats de recherche, cette stratégie permet aux premiers techniciens français de se mesurer aux problèmes de terrain et de prendre conscience de l'écart technique existant.

Encouragé par le gouvernement et soutenu par les banques françaises, Ernest Mercier propose alors de créer un syndicat d'études pétrolières[101] pour associer capitaux publics et privés à la recherche de pétrole dans ces territoires. Si ce projet est bloqué par la réticence des raffineurs, l'idée de prospecter le sous-sol de métropole et de l'outre-mer n'est pas abandonnée. Au contraire, c'est la CFP qui est chargée de développer la recherche des nouvelles ressources nationales. Incapable de conduire en autonomie des campagnes d'exploration, la nouvelle société commence à

99 AH TotalEnergies, 83ZW544/52, Note sur la société Colombia, 15 novembre 1944.

100 AH TotalEnergies, 83ZW544/47, Lettre signée illisible à Anderson, Bucarest, 6 février 1945 ; Lettre de Poitault à G F Cance ingénieur à Câmpina, Câmpina, 3 septembre 1945 ; Lettre de Cance à De Metz, Paris, 25 septembre 1945.

101 AH TotalEnergies, 92AA060/187, Historique de la CFP (1920-1958) : événements en France et liens avec les groupes anglo-américains, sdnl.

prendre des intérêts dans différentes provinces pétrolières. En décembre 1924, elle engage des pourparlers pour obtenir une concession en Union soviétique dans la mer Caspienne occidentale et participe à la construction du pipeline entre Bakou et Batoum. Par la suite, entre 1925 et 1930, elle commence à s'intéresser à la Colombie et au Venezuela, mais la forte concurrence et les prix prohibitifs des surfaces productives découragent son installation en Amérique du Sud jusqu'à l'après-guerre.

La création de l'Office national des combustibles liquides (ONCL) par la loi du 10 janvier 1925 donne un nouvel élan aux projets de prospection pétrolière dans l'Empire français. Chargé de remplacer le Comité général du Pétrole d'Henry Bérenger[102], l'ONCL est appelé à mettre en œuvre le programme de développement défini en 1923 par le Commissariat aux essences coordonner et financer la recherche pétrolière et encourager l'enseignement technique dans ce domaine industriel[103]. Présidé par Louis Pineau, un ancien officier de l'aviation qui avait dirigé les services d'achat et d'importation de pétrole de l'armée[104], l'ONCL commence à prendre des intérêts dans certaines sociétés et à encourager la création des premiers syndicats de recherche dans les colonies.

La conformation géologique du sous-sol et la réforme du droit minier font du protectorat du Maroc le terrain idéal pour cette nouvelle coopération entre public et privé. Après la guerre, la Compagnie chérifienne de recherches et de forages, filiale de la Société de recherches et de forages, avait commencé la prospection de la région de Petitjean. En 1920, la Compagnie française des pétroles du Maroc[105] prend la suite dans les activités d'exploration, mais le faible apport en capitaux et en équipements empêche la réalisation de campagnes de forages profonds. En 1928, sous l'impulsion du secrétaire général du protectorat Erik Labonne et de Louis Pineau, on assiste à la création du Bureau de

---

102 Daniel Murat, *L'intervention de l'État dans le secteur pétrolier en France*, Paris, Technip, 1969, p. 270.

103 Art. 6 de la loi du 10 janvier 1925 relative au régime des pétroles et portant création d'un Office national des combustibles liquides. *Ibid.*, p. 271.

104 Note Personnalité Louis Pinault, in *Industrie de la parfumerie*, n° 10, octobre 1950, p. 471, en ligne: http://clio.ish-lyon.cnrs.fr/patrons/AC000008001/AC000008001Doc1599.pdf, consulté le 6 mars 2020.

105 La Compagnie française des pétroles du Maroc est créée par le patron de la société Lille-Bonnières et Colombe Alexandre Palliex. En dépit de l'assonance du nom, elle ne dépend pas de la Compagne française des pétroles, qui ne sera créée que quatre ans plus tard.

recherches et prospection minières du Maroc (BRPM), un organisme chargé de coordonner le développement du secteur. La CFP s'associe au BRMP et à l'ONCL pour créer la Société chérifienne des pétroles (SCP)[106] tandis que le nouveau Syndicat d'études et de recherches pétrolières du Maroc (SERPM) assure le financement des programmes de recherche[107].

L'organisation de la SCP est la première tâche assurée par le nouveau directeur général Paul Baugé – qui dirige également l'Office chérifien des phosphates (OCP) – et par son adjoint Léon Migaux, ingénieur du Corps des mines et directeur du BRMP. Chargé des questions techniques, Migaux est envoyé sur les chantiers de la Steaua Romana pour étudier la prospection électrique et gravimétrique, les méthodes de forage et les modalités d'organisation du service géologique de l'entreprise. Persuadé de leur fiabilité, le futur directeur de la Compagnie générale de géophysique (CGG) décide de généraliser le recours à ces procédés sur les terrains du Maroc[108]. L'obtention des premiers permis d'exploration en 1930 permet à la SCP de commencer les forages dans le Gharb avec un appareil pennsylvanien à câble acheté à la Oilwell Supply Company. Néanmoins, les rapports techniques de la SCP mettent en évidence la difficulté à trouver les techniciens pour réaliser les sondages, ce qui oblige la société à faire appel quasi exclusivement à des spécialistes recrutés en Roumanie[109]. Afin d'assurer la continuité des chantiers, trois autres appareils à battage et un appareil *rotary* appartenant aux autres sociétés sont donc confiés à la SCP qui devient la seule société opératrice sur les terrains marocains[110].

---

106 AH TotalEnergies, 85ZW246/7, La Société chérifienne des pétroles 29 avril 1929-29 avril 1949.

107 Le syndicat est créé par la Société financière franco-belge de colonisation (Financo), dont le capital est détenu par différentes banques de France et de Belgique comme la Banque de Bruxelles, la Banque de Paris et des Pays-Bas, la Banque Transatlantique et la Banque Lambert.

108 AH TotalEnergies, 85ZW246/1, Procès-verbal du conseil d'administration de la SCP, Paris, 17 juillet 1929 ; Procès-verbal du conseil d'administration de la SCP, Paris, 13 septembre 1929 ; Procès-verbal du conseil d'administration de la SCP, 28 janvier 1931 ; Procès-verbal du conseil d'administration de la SCP, 9 juillet 1931.

109 AH TotalEnergies, 85ZW246/1, Procès-verbal du conseil d'administration de la SCP, 12 juin 1930 ; 85ZW246-7 ; La Société chérifienne des pétroles 29 avril 1929-29 avril 1949.

110 AH TotalEnergies, 85ZW246/7, Rapport du conseil d'administration de la SCP sur l'exercice 1935, sdnl.

La nouvelle organisation du secteur permet de réaliser les premières découvertes. En 1934, au moment de l'arrivée en France de la première cargaison d'huile de Kirkūk, un appareil de forage de la SCP découvre un réservoir potentiellement productif à 380 mètres de profondeur à proximité du Djebel Tselfat. À la suite d'une violente explosion, un incendie se propage sur le puits TS 26[111]. Willy Bruderer, géologue de la SCP formé en Galicie et en Roumanie, se trouve sur le site du forage au moment de la découverte. Le futur géologue de la CFP explique que l'éruption du puits confirme l'efficacité des méthodes géophysiques, même si le réservoir du Djebel Tselfat ne se révèle pas productif[112]. Néanmoins, le nuage créé par l'incendie attire l'attention de l'opinion publique et des autorités françaises :

> « Résident général en tête, les personnalités firent bientôt du chantier un lieu de pèlerinage et d'excitation : ministres et députés français comme géologues des grandes compagnies anglo-saxonnes venaient admirer le monstre éructant, côte à côte avec les fellahs médusés »[113].

Photo 3. Incendie du puits TS 26 à Tselfat, 1934 – Photothèque historique TotalEnergies, 98.01/7, Willy Bruderer ©

---

111 AH TotalEnergies, 85ZW246/1, Procès-verbal du conseil d'administration de la SCP, 27 mars 1934.

112 W. Bruderer, *La Chasse aux bougies*, *op. cit.*, p. 159.

113 *Ibid.*, p. 159.

Au milieu des années 1930, la recherche pétrolière commence à élargir ses périmètres. Des programmes de prospection sont lancés en Tunisie et au Madagascar par les nouveaux Syndicats d'études et de recherches pétrolières (SERP) constitués par les autorités coloniales, l'ONCL et la CFP. En dépit des demandes d'augmenter l'effort de recherche avancées par les pouvoirs publics, la CFP garde une approche prudente pour limiter les risques d'un engagement financier trop aléatoire. D'une part, ces investissements auraient pu compromettre la participation française dans les gisements du Moyen-Orient. D'autre part, comme l'explique Jules Mény, le manque d'expérience des jeunes ingénieurs des SERP n'offrait pas de garanties suffisantes[114]. Alors que dans cette période la priorité de la CFP est de rémunérer ses actionnaires et d'achever la construction de la société, Mény considère inacceptable de réaliser de grandes dépenses pour des campagnes d'exploration peu fructueuses, comme cela avait été le cas pour le Maroc. Par ailleurs, il souligne le besoin de limiter le budget destiné aux forages de reconnaissance pour faire appel davantage aux méthodes géophysiques et consolider ainsi la connaissance du sous-sol[115]. En somme, les premières expériences de recherche pétrolière dans l'Empire français font émerger deux approches opposées. Fondée sur la vision des ingénieurs de mines, la première approche privilégie le recours massif aux forages d'exploration – connus dans le monde pétrolier sous le terme de *wildcat* – pour obtenir des informations stratigraphiques. La seconde, partagée par les ingénieurs de la CFP et d'autres compagnies pétrolières internationales, fait appel aux nouvelles méthodes géophysiques pour limiter le coût des prospections mécaniques.

Au-delà de la dimension technique, le financement de la recherche pétrolière reste au cœur des préoccupations des pouvoirs publics à l'aube de la Seconde Guerre mondiale. Sollicitée par le gouvernement, la CFP accepte de soutenir l'ONCL dans le programme d'achat de matériel de forage *rotary*[116]. Cependant, l'augmentation du nombre d'appareils simultanément mis en service impose de renforcer le dispositif de formation du personnel[117]. Les surfaces de la SCP se présentent alors

114 AH TotalEnergies, 85ZW245/69, Lettre d'Ernest Mercier au sous-secrétaire d'État des Mines, électricité et combustibles liquides, 7 octobre 1936 ; Prospection dans les colonies, 19 mai 1931.

115 AH TotalEnergies, 85ZW245/69, Lettre de Mény à Cayron, Paris, 8 juillet 1937.

116 AH TotalEnergies 85ZW245/69, Cinquième réunion plénière des Syndicats d'études et de recherches pétrolières, Paris, 5 janvier 1937.

117 *Ibid.*

comme un contexte idéal pour permettre aux techniciens de se familiariser aux nouvelles méthodes, même si les possibilités de formation restent largement au-dessous des besoins. Les partenaires commencent alors à envisager différentes solutions pour combler le manque de personnel. Le ministère des Colonies propose de faire appel au personnel allemand réfugié ou à des experts américains tandis que Jules Mény suggère de former des agents sur les nouveaux permis de l'IPC en Syrie. En même temps, Schlumberger propose de mobiliser tout foreur en activité dans le gisement de Péchelbronn capable d'utiliser un appareil *rotary*[118]. L'éclatement de la Seconde Guerre mondiale, la mobilisation du personnel et les déportations ne permettent pas de mettre en œuvre le programme envisagé. Il faudra donc attendre la Libération pour que la prospection des colonies puisse recommencer dans le cadre de la nouvelle politique énergétique nationale.

Tableau 2. Dépenses pour l'exploration des territoires coloniaux en 1937 (en francs)

	Madagascar	Gabon	Tunisie	Maroc	Algérie	Total
CFP	7 160 228	6 749 999	3 400 000	20 050 000	635 000	37 995 227
ONCL	4 698 561	11 183 332	11 400 000	40 350 000		67 631 893
Autorités coloniales	3 467 211	5 716 666	3 400 000	40 350 000		52 933 877
Total	15 326 000	23 649 997	18 200 000	100 750 000	635 000	158 560 997

Source: AH TotalEnergiesEnergies, 85ZW245/69.

B. Former, financer et moderniser : la politique énergétique nationale dans l'après-guerre

Réorganisation industrielle et recherche du « pétrole-franc »

La pénurie énergétique vécue durant la Seconde Guerre mondiale impose aux pouvoirs publics de repenser l'organisation de l'industrie pétrolière nationale. Développés pour satisfaire les besoins énergivores de l'armée et de l'aviation en temps de guerre, les carburants de remplacement n'étaient

118 AH TotalEnergies, 85ZW245/69, Septième réunion plénière des Syndicats d'études et de recherches pétrolières, Paris, 9 septembre 1939.

plus une solution viable en temps de paix[119]. Par ailleurs, les institutions chargées de la politique pétrolière comme l'OCNL n'étaient plus adaptées aux nouveaux objectifs stratégiques. Avec le décret du 20 mars 1939, le gouvernement crée au sein du ministère de l'Industrie une direction des Carburants (DICA). Cette nouvelle structure est chargée de mettre en œuvre une politique pétrolière nationale à travers l'élaboration de mesures de réglementation et l'organisation de programmes de recherche et d'exploitation[120]. En 1944, Pierre Guillaumat est nommé à la tête de la DICA[121]. Polytechnicien, ingénieur des mines en Indochine et Tunisie, Guillaumat joue un rôle majeur dans la conception de la politique du « pétrole franc »[122], une stratégie fondée sur la production de ressources commercialisable en monnaie nationale afin de limiter l'impact de l'importation d'énergie sur la balance commerciale. Pour réaliser cela, il commence à rassembler au sein de la DICA de jeunes ingénieurs et à renforcer les liens entre l'administration et les industriels. Pierre Guillaumat devient alors la figure de référence de la nouvelle élite industrielle : le « pape » de la « chapelle du Corps des mines »[123] dans le domaine du pétrole[124]. Homme de confiance de Charles de Gaulle, il encourage la création du Comité supérieur des carburants, une instance consultative qui regroupe les ministères, l'état-major de la défense nationale et les entreprises pétrolières[125]. Dans un contexte caractérisé par les nationalisations, le nouveau pacte entre l'armée, le gouvernement, le Corps des mines et les industriels devient un des piliers de la reconstruction industrielle de l'après-guerre.

---

119 Camille MOLLES et Mathieu FLONNEAU, *La fin du pétrole : histoire de la pénurie sous l'Occupation*, Paris, Descartes & Cie, 2010.

120 D. MURAT, *L'intervention de l'État dans le secteur pétrolier en France*, *op. cit.*, p. 69.

121 Cf. Jean-Louis BEFFA, Christian STOFFAËS et INSTITUT D'HISTOIRE DE L'INDUSTRIE, *Pierre Guillaumat : la passion des grands projets industriels*, Paris, Institut d'histoire de l'industrie, Éditions Rive droite, 1995.

122 Pour une définition de « Pétrole franc » : Samir SAUL, « Politique nationale du pétrole, sociétés nationales et "pétrole franc" », *Revue historique*, 638, 2006, p. 355-388.

123 Laurence BADEL, *Les administrations nationales et la construction européenne : une approche historique (1919-1975)*, Bruxelles, Peter Lang, 2005, p. 293.

124 Éric KOCHER-MARBOEUF, *Le Patricien et le Général. Jean-Marcel Jeanneney et Charles de Gaulle 1958-1969*, vol. 1, Vincennes, Institut de la gestion publique et du developpement économique, 2013.

125 AH TotalEnergies, 07AH0024/74, Ordonnance N45-1812 du 14 août 1945 portant création d'un comité supérieur des carburants.

La mise en place de la nouvelle politique impose de renforcer les structures de gouvernance et de combler le manque de coordination qui avait caractérisé l'activité de l'ONCL. D'une part, le recours massif aux capitaux privés n'avait pas garanti la stabilité de financement nécessaire à rentabiliser les efforts de recherche. D'autre part, l'obligation de recourir à l'instrument législatif pour assurer la participation dans les sociétés de recherche avait limité la réalisation d'un programme cohérent. Créé par l'ordonnance du 12 octobre 1945, le Bureau de recherche des pétroles (BRP) devient la clé de voûte du nouveau système d'interventionnisme d'État. Cette organisation est donc chargée d'établir le programme national de recherches de pétrole en collaboration avec les entreprises pétrolières, de répartir les fonds mis à sa disposition par le gouvernement et de coordonner les activités du secteur[126]. Toutefois, l'ordonnance de création interdit au BRP de participer directement aux activités de recherche et réserve à cet organisme un rôle pivot dans la nouvelle politique. Dans sa relation avec les syndicats et les sociétés pétrolières, le BRP se positionne plutôt comme un actionnaire et prêteur qui doit défendre les intérêts de l'État et assurer l'exécution des programmes établis[127].

Du point de vue opérationnel, le BRP est composé de comités de spécialistes chargés de dresser un état des connaissances géologiques et d'envisager des solutions à tous les problèmes techniques et administratifs. Inspirée par le BRPM du Maroc, la structure du nouvel organisme doit permettre de coordonner les efforts financiers et techniques et de fixer les priorités de la politique pétrolière nationale[128]. Sous l'initiative de Pierre Guillaumat, le BRP définit un premier programme quinquennal qui prévoit la réalisation de 300 forages en métropole et dans l'Union française pour un budget compris entre 8,5 et 10,5 milliards de francs pour la période 1946–1950. Cette tentative de planifier le développement de la recherche pétrolière n'est pas une initiative isolée dans cette période. Lors de la conception du premier plan quinquennal de modernisation et d'équipement – également connu sous le nom de plan Monnet–, le financement des sociétés pétrolières est également considéré comme une

---

126 AH TotalEnergies, 07AH0024/74, BRP, 1er rapport annuel du Comité supérieur des carburants, 23 juin 1947.

127 D. Murat, *L'intervention de l'État dans le secteur pétrolier en France*, op. cit.

128 S. Saul, « Politique nationale du pétrole, sociétés nationales et "pétrole franc" », art. cit.

priorité nationale[129]. Une commission de modernisation des carburants composée d'industriels, de fonctionnaires et de représentants des syndicats commence à discuter un programme de reconstruction et de développement alternatif à celui de la DICA. Ce programme souhaite destiner entre 5 et 6 milliards de francs par an à la mise en service d'une centaine d'appareils de forage *rotary*, la formation de 1000 ingénieurs géologues, ingénieurs de forage et maîtres sondeurs et de 2000 ouvriers foreurs spécialisés[130]. Hostile à la démarche lancée par Jean Monnet, Pierre Guillaumat parvient à conserver le pilotage du projet de développement de l'industrie pétrolière[131]. En effet, l'absence de véritables sources de financement pour les actions envisagées et les demandes de nationalisation avancées par la CGT au sein de la commission de modernisation des carburants favorisent la signature d'un accord entre la DICA et les industriels[132].

Dans un contexte de pénurie de devise étrangère, les financements de l'*European Recovery Plan* assurent le démarrage du plan quinquennal de recherches sous l'égide du BRP. Plus de 10 % des fonds du plan Marshall sont destinés à l'industrie pétrolière, ce qui confirme l'importance du secteur dans les projets de reconstruction[133]. Ces fonds permettent à la fois de lancer les campagnes de forage, de remettre en service les raffineries et la flotte pétrolière endommagées durant la guerre mais aussi d'assurer le ravitaillement en carburant durant cette phase de transition[134]. Au-delà du transfert financier, les entreprises importent des États-Unis

---

129 Philippe Mioche, *Le Plan Monnet: genèse et élaboration, 1941-1947*, Paris, Publications de la Sorbonne, 1987, p. 259 et ss.

130 AH TotalEnergies, 07AH0008/10, Commissariat Général du Plan de Modernisation et d'Équipement, Premier rapport de la commission de modernisation des carburants, Paris, octobre 1946.

131 P. Mioche, *Le Plan Monnet*, *op. cit.*, p. 260.

132 Gérard Bossuat, « Plan Monnet et plan Marshall : la rencontre de deux ambitions », *in La France, l'aide américaine et la construction européenne 1944-1954*, vol. 1, Vincennes, Institut de la gestion publique et du développement économique, 2013, p. 231-251.

133 Il s'agit en effet de la partie la plus importante du budget du plan Marshall, destinée à un secteur industriel spécifique ; cf. Timothy Mitchell, *Carbon Democracy: le pouvoir politique à l'ère du pétrole*, Paris, La Découverte, 2017, p. 48.

134 Comme l'explique Benoît Doessant, c'est dans le cadre de la sous-commission des transports pétroliers du Plan Monnet que la stratégie de reconstruction de la flotte pétrolière française se met en œuvre. Cf. B. Doessant, *Le transport maritime d'hydrocarbures. Les compagnies pétrolières françaises entre impératifs économiques et obligation de pavillon (1918-1998)*, *op. cit.*, p. 188 et ss.

des méthodes de gestion fondées sur l'organisation rationnelle du travail et sur la productivité, tandis qu'un nouveau modèle de consommation basé sur les hydrocarbures s'instaure rapidement en Europe[135]. À la différence du Plan Monnet, qui avait imaginé un modèle d'intégration européenne fondé sur le charbon, le Plan Marshall contribue à rendre le système énergétique du Vieux Continent de plus en plus dépendant du pétrole[136]. Cela permet de limiter le poids des syndicats, de faire barrage aux politiques de nationalisation qui touchent le secteur des mines et de l'énergie et d'augmenter la demande de biens et d'équipements destinés à la recherche pétrolière[137].

Pour soutenir la mise en place du plan quinquennal du BRP, une nouvelle structure est chargée de coordonner l'importation, la réparation et la distribution d'équipements et matériel de forage. À partir de 1946, la Société nationale de matériel pour la recherche et l'exploitation du pétrole (SN Marep) commence à confisquer des appareils de forage en Allemagne afin de les transférer sur les chantiers de la SNPA en Aquitaine[138]. En même temps, la société réalise des études sur la normalisation des tiges, des tubes et des trépans de forage et à élaborer un programme de production de matériel pour la recherche pétrolière en France[139]. L'objectif de la SN Marep est de se positionner comme intermédiaire unique dans le marché des équipements de forage. Pour réaliser cela, des conventions sont signées avec les sociétés de recherches comme la SAEM, la SNPA, la SNPLM, la RAP, la SCP et la CFP[140]. Cette orientation semble devenir de plus en plus stratégique à partir

135 Régis Boulat, *Jean Fourastié, la productivité et la modernisation de la France : années trente-années cinquante*, Thèse de doctorat, Université de Besançon, 2006; Luc Boltanski, « America, America... », *Actes de la recherche en sciences sociales*, 38-1, 1981, p. 19-41 ; Matthias Kipping et Ove Bjarnar (dir.), *The Americanisation of European business: the Marshall Plan and the transfer of US management models*, Londres, Routledge, 1998.

136 T. Mitchell, *Carbon Democracy*, *op. cit.*, p. 45 et ss.

137 *Ibid.*, p. 47.

138 AH TotalEnergies, 07AH0008/15, Compte rendu d'une visite faite le 2 juillet 1946 à un appareil de sondage TRAZU1 récupéré d'Allemagne et entreposé à Péchelbronn, juillet 1946; 07AH0008-15, Lettre du président de SNPA à M. Taranger de la DICA, Paris, 4 juillet 1946.

139 AH TotalEnergies, 07AH0179/2, Rapport n° 1 au conseil d'administration, 20 septembre 1945.

140 AH TotalEnergies, 07AH0179/2, Rapport n° 2 au conseil d'administration, 8 octobre 1945.

de 1948 quand la réduction du crédit d'importation risque de ralentir les programmes de recherche[141]. Toutefois, en dépit des tentatives de développement commercial, la formation des foreurs français sur les appareils américains limite fortement l'émergence d'une production nationale concurrente[142].

Former les ingénieurs et les techniciens : l'Institut français du pétrole et de l'École nationale supérieure des pétroles et des moteurs (ENSPM)

Le développement de la recherche et de l'enseignement technique est un volet stratégique pour la nouvelle politique énergétique nationale. Pourtant, le besoin de former des ingénieurs et des techniciens français du pétrole émerge bien avant 1945[143]. C'est à partir de 1919 qu'Henri Gault, professeur de chimie et directeur du laboratoire du pétrole à l'Université de Strasbourg, suggère d'intégrer les connaissances des chimistes et des géologues à celles des techniciens de Péchelbronn pour « [...] faire face à la nécessité absolue où nous nous trouvons au niveau national de former un personnel spécialisé apte à se substituer éventuellement aux techniciens étrangers[144] ». La proximité des gisements et de la raffinerie alsacienne permet donc d'envisager la création d'un premier centre de recherche et d'enseignement spécialisé au sein de l'Université de Strasbourg[145]. Avec le support de Georges Friedel, directeur de l'École des mines de Saint-Étienne et de l'Institut de géologie de Strasbourg, et Paul de Chambier, directeur général des Mines de Péchelbronn, la création de l'Institut

141 AH TotalEnergies, 07AH0179/2, Procès-verbal du conseil d'administration de la SN Marep, 16 janvier 1948.

142 AH TotalEnergies, 07AH0179/2, Procès-verbal du conseil d'administration de la SN Marep, 20 novembre 1953.

143 Centre Documentation IFP, Henry Gault, « Aperçu historique relatif à la création des enseignements du pétrole à l'Université de Strasbourg », L'Hydrocarbure, n° 77, novembre-décembre 1962 (Bulletin de l'association amicale des ingénieurs diplômés de l'École nationale supérieure des pétroles et des moteurs à combustibles internes).

144 Centre Documentation IFP, Henry GAULT, « Aperçu historique relatif à la création des enseignements du pétrole à l'Université de Strasbourg », *op. cit.*

145 Azzedine ALI BEN ALI, *Naissance et développement de l'École nationale supérieure du pétrole (E.N.S.P.) : 1919-1955. Étude socio-historique*, Thèse de doctorat, EHESS, 2021, p. 101 et ss.

du pétrole de l'Université de Strasbourg est formalisée en mars 1922. Grâce au soutien de Louis Pineau, l'institut obtient la reconnaissance du ministère du Commerce et de l'Industrie et, après la création de l'ONCL, il est transformé en une École supérieure des pétroles et des combustibles liquides.

Sous la direction d'Henri Weiss, la nouvelle école commence à organiser les enseignements et à définir sa structure. Un conseil d'administration de dix-huit membres est nommé par le ministère et par l'Université de Strasbourg selon une répartition qui reflète les équilibres de pouvoir du secteur[146]. Trois administrateurs représentent l'ONCL, deux le Service des mines et sept l'industrie pétrolière, dont le président de la CFP. Siègent également au conseil le doyen de la Faculté des sciences, le directeur de l'école, deux professeurs et un représentant de la ville de Strasbourg[147]. Entre 1925 et 1947, les élèves titulaires d'un diplôme d'ingénieur des mines, d'ingénieur chimiste, d'ingénieur électricien ou d'une licence ès sciences suivent un parcours de spécialité en chimie, exploitation et géologie[148]. Toutefois, dans cette phase de démarrage, la formation des agents de maîtrise n'est pas considérée comme prioritaire puisque l'objectif de l'école est de constituer une élite technique et d'encourager la recherche fondamentale[149]. En dépit des ambitions initiales, les salaires peu compétitifs offerts par l'industrie pétrolière dans l'entre-deux-guerres et l'absence de bourses d'études n'encouragent pas les jeunes ingénieurs français à s'engager pour une année d'études supplémentaire. Pour cette raison, au cours des premières années de son existence, l'établissement recrute principalement des étudiants provenant de Pologne, de Roumanie, de Tchécoslovaquie et d'Union soviétique[150].

La situation de l'École des pétroles change radicalement après l'occupation de la ville de Strasbourg. Le 26 août 1939, Henri Weiss

---

146 R. Walther, *Les activités pétrolières de Péchelbronn (1735-1970)*, *op. cit.*, p. 334.

147 *Ibid.*

148 Centre Documentation IFP, Henri Weiss, « Les deux premières décennies de l'école du pétrole (1925-1947) », *L'Hydrocarbure*, n° 77, novembre-décembre 1962 ; Annales de l'Office national des combustibles liquides, Société d'éditions techniques (Paris), 1926, p. 229.

149 Comme l'explique Walter, dans cette période, une école pour la formation des maîtres sondeurs est créée en dehors de sa structure par l'initiative de la SAEM et de l'Institut technique de Haguenau.

150 Centre Documentation IFP, Henri Weiss, « Les deux premières décennies de l'école du pétrole (1925-1947) », *ibid.*

décide de transférer les services de l'école à la Faculté des sciences de Clermont-Ferrand, dirigée par son ancien camarade de la Sorbonne Emmanuel Dubois. Quelques mois plus tard, l'ingénieur en chef des mines de Toulouse Jean-Julien Durand propose d'accueillir certains services dans le Sud-Ouest, où plusieurs membres de l'école étaient détachés pour suivre le démarrage des forages à Saint-Marcet. La scission de l'école en deux – avec la section chimie repliée à Clermont-Ferrand et les sections géologie et forages à Toulouse – met en évidence une nouvelle géographie de l'industrie pétrolière[151]. Si l'activité d'enseignement reste très limitée, l'effort de formation est soutenu par l'Association française des techniciens du pétrole (AFTP), présidée dans cette période par René Navarre. Centralien et ancien élève de l'École des pétroles Navarre avait travaillé pour la Standard franco-américaine où il avait participé à la mise en route de la raffinerie de Port Jérôme. Nommé président de l'AFPT en 1944, il commence à organiser des cours et des séminaires de perfectionnement destinés au personnel de l'industrie pétrolière[152].

Avec le lancement de la politique du «pétrole franc», le 13 juin 1944, on assiste à la création de l'Institut français du pétrole (IFP), un établissement chargé de réorganiser la recherche et l'enseignement technique dans un secteur en pleine expansion. En prévision des besoins de reconstruction du pays, les milieux scientifiques et professionnels envisagent un système de division du travail qui puisse garantir à la France une place d'avant-garde dans l'application des techniques pétrolières[153]. Le rapprochement entre le Centre national de la recherche scientifique (CNRS), l'AFTP et l'ancienne École des pétroles se révèle nécessaire pour assurer ce développement technologique. Rattaché à la direction des Carburants, l'IFP est donc appelé à «remplir une faille existant dans l'organisation du secteur»[154]. Dès sa création, l'institut

151 AN, 19800284/221, Henri Weiss, Lettre à Pierre Auger, directeur de l'Enseignement supérieur, 25 mars 1946.

152 AN, 19800284/221, AFTP, Lettre de René Navarre, 30 avril 1945; AFTP, René Navarre AFTP, Cours de perfectionnement destiné aux ingénieurs français du pétrole, sdnl.

153 AN, 19 800 284/221, Henri Weiss, «Introduction à une discussion sur les propriétés scientifiques industrielles et sur leur influence sur l'efficacité des travaux de recherche», Clermont-Ferrand, 7 décembre 1944; Lettre du directeur du CNRS Rivière au président de l'AFTP Navarre, Paris, 28 novembre 1945.

154 AN, 19 800 284/221, Navarre aspect professionnel de l'Institut du Pétrole, sdnl.

dresse un état des connaissances sur les techniques pétrolières dans le monde et commence à tisser des liens avec des entreprises, des universités et des centres de recherche en France et à l'étranger[155]. En parallèle, il met en place un dispositif de formation pour accompagner la création d'un nouveau corps professionnel : les pétroliers français. Cette mise en place est possible grâce à la transmission des connaissances techniques, des « qualités morales », mais aussi à la circulation des techniciens, ces derniers étant considérés comme de véritables ressources au service de la nation.

Le premier conseil d'administration de l'institut est nommé en 1945 à la suite d'une longue négociation entre le CNRS, le ministère de l'Éducation nationale, l'armée, le ministère de l'Industrie et les industriels. Jules-Astride Antoine, mieux connu sous le nom de colonel Antoine, est nommé directeur général de l'institut[156]. Polytechnicien et ingénieur des Ponts et des Chaussées, le colonel Antoine avait commencé son expérience industrielle à Électricité de Strasbourg et au groupe Empain avant d'être nommé président de l'Office professionnel du pétrole durant la guerre[157]. Nouveau président du CNRS, le prix Nobel pour la chimie Frédéric Joliot-Curie est également nommé administrateur à l'instar de l'ancien directeur de l'École des pétroles Henri Weiss. En revanche, Pierre Guillaumat décide de ne pas siéger au conseil et attribue sa place à Jean-Julien Durand, le président de la société chargée de la recherche pétrolière dans le Sud-Ouest : la Régie autonome des pétroles (RAP). Du côté des industriels, plusieurs entreprises, comme la CFR et la Standard Française des Pétroles, sont représentées au conseil d'administration. Mais en dépit des besoins de représentativité, cette nouvelle configuration ne satisfait guère les attentes du milieu scientifique. Si le conseil d'administration reconnaît à l'institut une grande autonomie dans la définition des programmes d'enseignement, les membres du CNRS craignent une

---

155 Au-delà du Centre de documentation, une revue de l'Institut français du pétrole sera éditée à partir de 1949 avec des articles et des études spécifiquement dédiés à la technique pétrolière, principalement des traductions en français d'articles techniques publiés dans la presse anglophone spécialisée. Cf. AN, 19800284/221, Institut Pétrole quelques commentaires sur la définition de l'institut, sdnl.

156 Alain Beltran, « La politique énergétique française : un héritage de la France Libre ? », in Sylvain Cornil-Frerrot et Philippe Oulmont (dir.), *Les Français Libres et le monde*, Paris, Fondation de la France Libre et Nouveau Monde éditions, 2015, p. 7.

157 AN, 19800284/221, Note pour Monsieur Joliot, sdnl (est. 1945).

surreprésentation des intérêts des industriels au sein de la nouvelle organisation[158].

À partir de 1945, l'École des pétroles se retrouve au centre du nouveau projet de développement de l'IFP[159]. Si au début on envisage le maintien de l'école à Strasbourg et son rattachement à la DICA, les nouvelles exigences géographiques imposent de centraliser sa structure[160]. En dépit de l'opposition d'Henri Weiss, le conseil d'administration de l'institut décide d'installer en région parisienne les laboratoires et le centre de formation pour les ingénieurs et les agents de maîtrise[161]. Une convention passée avec le ministère de l'Industrie confirme le rôle d'encadrement scientifique attribué à l'Université de Strasbourg en dépit de la réunification des services à Rueil-Malmaison. Dans sa nouvelle configuration, l'institut se dote d'un centre de documentation technique et commence à réaliser des études sur les besoins de personnel des sociétés pétrolières françaises. Par ailleurs, il conduit des missions d'information dans les grandes écoles du pays pour présenter aux étudiants les opportunités offertes par l'industrie du pétrole[162].

Sous l'impulsion du nouveau directeur de l'IFP René Navarre, les premiers programmes de formation sont définis et la nouvelle École nationale supérieure des pétroles et des moteurs (ENSPM) ouvre officiellement ses portes en 1946. Cinq parcours de spécialisation sont institués : ingénieurs de prospection (géologues et géophysiciens) ; ingénieurs de forage et production ; ingénieurs de recherche chimique et physico-chimique (dont la formation se tient à Strasbourg) ; ingénieurs d'exploitation des établissements pétroliers ; ingénieurs d'utilisation des dérivés du pétrole[163]. Ces programmes sont conçus pour compléter la

158 AN, 19800284/221, Note pour Monsieur Joliot, sdnl (est. 1945).

159 A. Ali Ben Ali, *Naissance et développement de l'École nationale supérieure du pétrole (E.N.S.P.), op. cit.*, p. 520 et ss.

160 AN, 19800284/221, Note de Weiss à Joliot, juin 1945 ; Lettre à Pierre Auger, directeur de l'enseignement supérieur, 27 mars 1946.

161 AN, 19800284/221, Procès-verbal du conseil d'administration de l'IFP, 5 février 1946.

162 AN, 19800284/221, Procès-verbal du conseil d'administration de l'IFP, 18 octobre 1946, p. 2.

163 Centre Documentation IFP, Rapport annuel 1946, « René Navarre, Activités de l'Institut français du pétrole – Réalisations de 1946 – Projets pour 1947 et les années suivantes », 29 janvier 1947.

formation technique avec l'apprentissage des méthodes d'organisation et de gestion financière dans l'objectif de réduire la période d'inefficacité des jeunes ingénieurs en début de carrière. Par ailleurs, au-delà du rôle de vecteur de diffusion des connaissances techniques, l'école confirme son ambition de favoriser le développement d'un véritable esprit de corps[164].

Le recrutement de la promotion 1947–1948 permet de former 110 ingénieurs et 70 agents de maîtrise de forage, un nombre qui n'est pas suffisant pour répondre aux besoins des sociétés pétrolières[165]. L'école commence donc à organiser des cours et des stages de perfectionnement en partenariat avec la University of Tulsa, la Missouri School of Mines et les sociétés actives en France. Des écoles de formation pour les techniciens de forage sont également créées grâce à l'accord et au financement des industriels. Au-delà de ces initiatives, l'IFP se concentre sur l'amélioration de l'attractivité et de la connaissance de la profession. À titre d'exemple, à partir de 1946 des fiches présentant les métiers du pétrole, les possibilités d'avancement de carrière et les conditions de rémunération sont diffusées dans les écoles et les instituts techniques, tandis que des campagnes de presse commencent à s'adresser au grand public.

Tableau 3. Affectation des élèves de l'ENSPM de la promotion 1949/1950

Organisme d'Affectation	Boursiers	Non-boursiers	Total
Min. Défense nationale et marine		3	3
Sociétés françaises de recherche	34	1	35
Sociétés françaises de raffinage	20	6	26
Sociétés étrangères	2	9	11
IFP	5		5
2de Année ENSP	10	1	11
Cours de perfectionnement à l'étranger	3		3
Service militaire	7		7
Non diplômés	5		5
Total	86	20	106

Source: AN, 19800284–221.

Le processus de recrutement des ingénieurs sortis de l'école est mis en évidence par plusieurs sources écrites et orales. Parmi les premiers

164 *Ibid.*

165 AN, 19800284-221, Procès-verbal du conseil d'administration de l'IFP, 28 septembre 1948.

étudiants de la promotion 1947–1948, nous retrouvons Alain Perrodon, futur responsable du service géologique d'Elf-Aquitaine. Géologue de grande renommée[166], Alain Perrodon avait commencé des études d'agronomie avant la guerre, mais après la déportation et le service de travail obligatoire en Allemagne il décide de s'orienter vers une nouvelle discipline :

> « En ce moment-là, à mon retour, entre discussions d'étudiants, on voyait que le monde était à reconstruire et qu'il y avait beaucoup de possibilités dans la recherche des matières premières et des énergies et ça m'a donné l'idée de faire de la géologie… de passer du sol au sous-sol »[167].

Il s'inscrit alors à l'École nationale supérieure de géologie de Nancy (ENSGN) où il découvre la géologie pétrolière, la paléontologie et la stratigraphie appliquée grâce aux enseignements des formateurs américains. Une fois la formation terminée, Perrodon obtient une bourse d'études de l'ENSPM puis il est recruté à la SN Repal à Alger en 1948[168]. Si cette destination pouvait sembler intéressante à ses yeux, la liberté de choix était très limitée dans cette période :

> « À la sortie de l'École des pétroles on ne choisissait pas. C'étaient les directeurs qui choisissaient et qui venaient, je dirais, presque à piquer les candidats […] Quand je suis entré à la Repal en 1948, j'étais dans une équipe qui était dirigée par un Suisse et qui avait déjà à côté de lui deux géologues suisses… Petit à petit, les Français ont remplacé les étrangers »[169].

---

166 Alain Perrodon a été membre fondateur de l'Union française des géologues et professeur à ENSGN et à l'ENSPM. Il est l'auteur de nombreux ouvrages de géologie et techniques pétrolières, notamment : *Histoire des grandes découvertes pétrolières : un certain art de l'exploration*, Pau, Elf-Aquitaine, 1985 ; *Profession géologue pétrolier*, Pau, Elf Aquitaine, 1987 ; *Géodynamique pétrolière : genèse et répartition des gisements d'hydrocarbures*, Paris, 1980 ; *Quel pétrole demain ?*, Paris, Technip, 1999 ; *Cours de géologie du pétrole*, Nancy, École nationale supérieure des Mines et de la Géologie, 1960 ; *Dynamics of oil and gas accumulations*, Pau, Elf-Aquitaine, 1983 ; *L'Homme et le pétrole*, Paris, Le Léopard d'or, 1990 ; *Quel pétrole demain ? op. cit.* ; Alain Perrodon, Société géologique de France et Association française des techniciens du pétrole (dir.), *Les techniques pétrolières : 5 novembre 1985*, Paris, Société géologique de France, 1987.

167 AH TotalEnergies, AO011919, Archives orales de la Compagnie française des pétroles Algérie (CFP-A), Récit de carrière d'Alain Perrodon, Vaucresson, 15 février 2019.

168 AN, 19800284/221, Procès-verbal du conseil d'administration de l'IFP, 28 septembre 1948.

169 AH TotalEnergies, AO011919, Archives orales de la Compagnie française des pétroles Algérie (CFP-A), Récit de carrière d'Alain Perrodon, Vaucresson, 15 février 2019.

En effet, en dépit des possibilités d'embauche, c'est l'IFP qui décide de l'affectation des diplômés de l'ENSPM et assure la « francisation » du personnel des entreprises françaises, c'est-à-dire le remplacement des étrangers par les Français.

Les entreprises pétrolières et la formation des techniciens de forage

À côté des organismes publics, les sociétés pétrolières contribuent directement à la formation du personnel nécessaire aux programmes de recherche. En particulier, le contrôle des opérations sur les permis marocains offre à la SCP un rôle de vivier de techniciens français spécialisés. Après avoir fait appel au personnel polonais et roumain dans la phase de démarrage, le concours du BRPM et de l'IFP permet de mettre en œuvre des programmes de formation pour remplacer le personnel étranger[170]. Pour accumuler le capital humain nécessaire à implémenter sa stratégie industrielle, la société recrute donc de jeunes diplômés des écoles d'ingénieurs et des instituts techniques grâce aux relations privilégiées entretenues avec certains établissements. À titre d'exemple, les liens avec le professeur Lugeon de l'Université de Lausanne facilitent le recrutement des géologues. Dirigé par Jean Lacoste[171], l'auteur de la première carte géologique du Maroc, le service géologique de la SCP compte huit géologues, dont cinq de nationalité française en 1938. À côté du Suisse Willy Bruderer, le jeune géologue canadien Michel Tenaille, futur vice-président de SN Repal, marque ses premiers pas sur les terrains sédimentaires du Gharb. Dans le domaine du forage, la société emploie également dix ingénieurs français sous la direction d'Henri Debregas, vétéran de la recherche en Roumanie et en Pologne. Parmi les cadres recrutés à travers le réseau des Écoles nationales supérieures des arts et métiers et des Écoles des mines, on trouve Fernand Leca qui rejoint la société en 1934 comme chef de chantier avant d'être nommé directeur technique en 1947[172].

---

170 AH TotalEnergies, 85ZW246/10, Lettre de Chartan à de Vriès, Rabat, 6 février 1939.

171 Yves Lacoste, *Aventures d'un géographe*, Paris, Éditions des Équateurs, 2018.

172 AH TotalEnergies, 85ZW246/10, Tableau des employés aux forages de la Société chérifienne des pétroles, mars 1938.

La francisation du personnel de la SCP est un processus qui rencontre plusieurs difficultés. Dès le début, la cohabitation entre Roumains et Français ne semble pas facile et les archives mettent en évidence des sabotages, des contestations et des épisodes d'insoumission des ouvriers français aux contremaîtres étrangers. À titre d'exemple, en 1930, un ancien quartier-maître de marine est licencié pour avoir saboté les opérations d'installation d'un chantier de forage. L'ouvrier français contestait le fait que « les Roumains avaient des salaires supérieurs au sien [et que] le chef de camp n'était plus lui-même, mais un Roumain »[173]. Le recrutement de personnel des sociétés de forage roumaines comme la Foraky Romaneasca de Mislea[174] se réduit à la fin des années 1930 puisque la fluctuation des taux de change rend inabordables les salaires des spécialistes étrangers. Toutefois, la francisation du personnel prend toute son ampleur après la guerre grâce à la formation « sur le tas » de jeunes ingénieurs et la promotion interne de « candidats paraissant présenter les aptitudes physiques, intellectuelles et morales indispensables pour réussir comme ouvrier, puis comme maître-sondeur »[175].

---

173 AH TotalEnergies, 85ZW246/10, Dossier personnel de Pseudonyme, Note pour Monsieur le directeur, 28 août 1930.

174 Pintilie Dan, « Istoricul societăţii petroliere "Foraky Românească" 1922-1942 », en ligne : https://www.academia.edu/17024912/Istoricul_societ%C4%83%C5%A3ii_petroliere_Foraky_Rom%C3%A2neasc%C4%83_1922-1942, consulté le 11 janvier 2018.

175 AH TotalEnergies, 85ZW246/7, La Société chérifienne des pétroles, 29 avril 1929-29 avril 1949, p. 33.

Photo 4. Visite d'un forage pétrolier à Petitjean (Maroc) – Photothèque historique TotalEnergies, 17V00546-132, Droits réservés – Total ©

En présence d'un noyau d'ingénieurs expérimentés et d'équipements modernes, les chantiers de la SCP se transforment en un véritable centre de formation. Après la signature d'un accord avec l'IFP, l'installation d'une école pour maîtres-sondeurs à Sidi Slimane permet de recruter 20 élèves par an parmi les jeunes sortis des écoles professionnelles ou les ouvriers ayant déjà quelques années d'expérience dans le secteur. Après un pré-stage de six mois, les aspirants maîtres-sondeurs sont intégrés aux chantiers de la société et alternent des cours théoriques à un entraînement pratique sur un appareil de forage. Les résultats de ce dispositif sont estimés très satisfaisants. L'emploi des étudiants de la sonde-école permet de former des jeunes et, en même temps, d'exploiter les gisements marocains à un coût relativement faible puisque les performances techniques des élèves sont comparables à celles du personnel expérimenté[176]. Au contraire, dans cette période, plusieurs records de vitesse de forage sont mis en évidence.

176 *Ibid.*

Entre 1949 et 1950, on passe de 276 à 557 mètres forés par jour, tandis qu'en 1953 on arrive à forer 2964 mètres durant le seul mois d'octobre, alors qu'en 1947 le cumul annuel des forages était de 2316 mètres.

Jean-Pierre Strobel fait partie des élèves de la sonde-école de Sidi Slimane entre 1952 et 1953. Originaire de Péchelbronn, Strobel avait commencé sa carrière sur le gisement alsacien, employé d'abord comme mineur de fond puis comme foreur. Après une formation à l'école de maîtres-sondeurs d'Haguenau, il réalise un stage sur les chantiers de la Société Languedocienne de Forages et, en 1952, il arrive au Maroc pour se familiariser au forage sur les appareils *rotary*:

> « [À Sidi Slimane] on changeait le boulot tous les jours : le premier jour vous étiez manœuvre, le deuxième jour vous étiez second maître-sondeur et le quatrième jour vous étiez maître-sondeur… chaque jour on changeait les postes pour apprendre le métier »[177].

Sur la sonde-école de Sidi Slimane, Strobel découvre que l'apprentissage du travail de foreur ne se limite pas aux gestes techniques, mais il s'étend aux relations sociales et aux modes d'interaction sur le chantier. Le jeu de rôle des élèves commence dès le déplacement entre la base et les chantiers quand « […] dans la fourgonnette la personne qui était désignée maître-sondeur montait devant et le reste de l'équipe montait derrière »[178]. Comme tous les élèves français, Strobel est allocataire d'une bourse de l'IFP qui lui permet de couvrir les frais de formation. Logés dans un camp à l'extérieur de la base, les apprentis maîtres-sondeurs vivent dans des conditions précaires par rapport aux autres ouvriers de la société. Néanmoins, après leur formation, ils bénéficient de bonnes possibilités d'insertion professionnelle et d'un avancement de carrière extrêmement rapide :

> « On avait une bourse d'environ 20 000 anciens francs par mois… On était logés gratuitement dans des baraques, mais il fallait se nourrir, il fallait faire sa propre cuisine… On était deux par chambre, mais on ne travaillait pas les mêmes postes. Un était de jour et l'autre était de nuit. Je vous garantis qu'avec 20 000 francs, une fois que vous aviez mangé et vous aviez bu une

177 AH TotalEnergies, AO011901, Archives orales de la compagnie française des pétroles Algérie (CFP-A), Récit de carrière de Jean-Pierre Strobel, La-Celle-Saint-Cloud, 18 avril 2018.

178 Ibid.

> bonne bouteille de vin à la fin du mois, vous étiez raide… vous n'aviez plus un sou… il fallait presque qu'on vous envoie de l'argent de la maison »[179].

Au même titre que la SCP, la découverte de Saint-Marcet et la création de la RAP déterminent un profond changement dans l'organisation de l'industrie nationale des hydrocarbures. Équipée d'appareils *rotary* et attributaire des périmètres de recherche, la RAP devient le nouvel instrument de la recherche pétrolière française. Néanmoins, si la création de la SNPA et de la SNPLM réduit le périmètre d'intervention de la régie, son effectif est décuplé en l'espace de dix ans. En 1946, la RAP compte 1 010 employés dont 70 cadres et 30 agents de maîtrise formés principalement par des techniciens ayant transité par la Roumanie ou le Maroc, ce qui confirme les trajectoires de circulation des spécialistes pétroliers dans cette phase de démarrage industriel[180].

Dans ce contexte, la RAP passe un accord avec l'IFP pour créer sa propre sonde-école et former les techniciens de forage destinés à assurer la rotation du personnel dans les sociétés actives dans le Sud-Ouest[181]. L'expérience de la RAP met en évidence le besoin de coordination en matière de gestion du personnel pour l'ensemble des sociétés. En effet, en dépit des efforts, le manque de techniciens de forage reste tellement important que la RAP doit faire travailler ses maîtres-sondeurs pendant 12 heures et faire appel à des agents hollandais pour assurer la continuité des forages[182]. Par ailleurs, l'introduction du travail la nuit et les jours fériés augmente le besoin de main-d'œuvre et détermine un changement radical dans l'organisation du travail. Jean-Pierre Strobel se souvient du mode d'organisation qui se généralise à partir de l'après-guerre :

> « À Péchelbronn jusqu'à avant la guerre on ne forait pas le samedi et le dimanche… on s'arrêtait le vendredi soir […] dans la saison des moissons

179 *Ibid.*

180 AH TotalEnergies, 07AH0138/88, Rapport annuel de la RAP, 1946 ; 07AH0138-87, la recherche de Pétrole en France – Réalisations de la Régie Autonome des Pétroles, juin 1949.

181 AH TotalEnergies, 07AH0138-83, Procès-verbal du conseil d'administration de la RAP, 20 février 1947.

182 AH TotalEnergies, 07AH0138-83, Procès-verbal du conseil d'administration de la RAP, 17 janvier 1946 ; Procès-verbal du conseil d'administration de la RAP, 23 septembre 1947.

> si le forage était dans les champs et si un des foreurs avait un champ à côté, toute l'équipe s'arrêtait pour couper le blé »[183].

La recherche pétrolière dans le Sud-Ouest est la première bénéficiaire de l'effort conjoint de l'ENSPM, la RAP et la SCP en matière de formation. Commencés en 1942 durant l'occupation allemande, les forages de la SNPA n'avaient guère avancé durant la guerre[184]. Seulement, les financements du nouveau plan quinquennal permettent de relancer l'activité et de recruter un premier noyau de spécialistes pétroliers formés par la CFP en Roumanie. Parmi eux, on trouve des gadzarts comme Raymond Arnould, ancien officier mécanicien de la Compagnie auxiliaire de navigation, ou Georges Cance, futur responsable des relations industrielles de la SN Marep. Au-delà du chef géologue Henri Vautrin, détaché par la CFP en 1942, d'autres techniciens rejoignent la SNPA dans cette période. En 1946, l'effectif de la société s'élève à 114 employés et 267 ouvriers déployés sur neuf chantiers de forage actifs dans la région. Cependant, le manque de foreurs impacte fortement l'activité de la SNPA qui décide de créer sa propre sonde-école à la fin des années 1940. Détachés par l'IFP, six maîtres-sondeurs américains commencent à former les ouvriers recrutés dans la région tandis que six maîtres-sondeurs français sont envoyés à suivre des cours de spécialisation aux États-Unis[185]. En dépit des efforts pour le redémarrage des activités, la pénurie de personnel et d'appareils ne permet pas de réaliser des forages de grande profondeur. Les limites matérielles et le besoin de faire circuler les techniciens expliquent pourquoi la découverte du gisement de Lacq supérieur en 1949 à 700 mètres de profondeur a été suivie, seulement trois ans plus tard, par la découverte du gisement de Lacq inférieur. C'est en effet la réduction des activités de la RAP qui permet enfin de détacher les hommes et les puissants appareils *rotary* sur les permis de la SNPA pour atteindre ainsi de plus grandes profondeurs.

---

183 AH TotalEnergies, AO011901, Archives orales de la compagnie française des pétroles Algérie (CFP-A), Récit de carrière de Jean-Pierre Strobel, La-Celle-Saint-Cloud, 18 avril 2018.

184 AH TotalEnergies, 11AH0166/3, Gilbert Rutman, *Quelques éléments pour l'histoire de la Société nationale des Pétroles d'Aquitaine (SNPA) de 1941 à 1976*, Pau, 1993.

185 AH TotalEnergies, 07AH0138-83, Procès-verbal du conseil d'administration de la RAP, 15 mai 1946.

C. La Compagnie française des pétroles à la conquête du Sahara

Les opportunités pétrolières de l'Algérie et les risques d'ingérence étrangère

En dépit d'une conformation géologique favorable, les terrains algériens ne font pas l'objet de prospection pétrolière dans l'entre-deux-guerres. Le manque de réglementation et l'absence d'organismes de contrôle limitent en effet l'intérêt des investisseurs et des sociétés de recherche[186]. Pourtant, des tentatives d'exploration sur petite échelle sont réalisées au début du siècle, ce qui permet de mettre au jour des indices de la présence d'hydrocarbures[187]. En 1903, dans la région de Dahra, la société anglaise The Gran Concession Ltd découvre le gisement d'Ain-Zeft à partir de suintements naturels d'huile. Toutefois, malgré les efforts pour développer ce petit bassin, la production s'arrête définitivement en 1914. En même temps, la Société algérienne des pétroles de Tliouanet exploite un gisement qui fournit plus de 25 600 tonnes entre sa découverte en 1921 et 1939. En dépit de la taille du réservoir, la production de Tliouanet se révèle stratégique pour ravitailler le parc automobile algérien, composé principalement de véhicules fonctionnant à l'éthanol, mais qui nécessitent quelques gouttes d'essence pour le démarrage du moteur[188].

C'est la découverte du gisement de Tselfat en 1934 qui relance l'activité pétrolière dans ce territoire. La CFP demande 23 permis d'exploration dans la région d'Oran mais le lancement de campagnes de forage impose de réaliser au préalable un programme de prospection géologique pour collecter des informations sur le sous-sol algérien. En août 1941, le géologue de l'Université d'Alger Robert Lafitte est chargé de réaliser la première carte géologique d'Algérie tandis que l'ingénieur en chef des mines d'Alger Armand Colot demande au jeune géologue de la SCP Michel Tenaille de présenter un rapport sur les problèmes

[186] ANOM, FM 81F 2067, Lettre du directeur de travaux publics des chemins de fer et des mines du Gouvernement général d'Algérie au secrétaire d'État à l'intérieur, Direction des Affaires départementales et communales, Sous-direction de l'Algérie de Vichy, Alger, 28 janvier 1941.

[187] ANOM, FM 81F 2067, Note sur la prospection des combustibles liquides en Algérie, Alger, sdnl.

[188] AH TotalEnergies, Alain Perrodon, « Préface » inédite du livre sur l'histoire de la SN Repal.

pétroliers en Algérie en précisant les besoins financiers pour le lancement d'un programme de recherche[189]. Tenaille élabore un programme qui préconise la prospection géophysique du Chélif, la reconnaissance des concessions de Messila, l'exploitation des suintements pétrolifères d'Amzeft et de Sidi Aissa et la continuation des travaux géologiques à grande échelle[190]. Pour conduire les opérations, les autorités de Vichy envisagent de créer un syndicat de recherche pétrolière et de stipuler une convention entre le Gouvernement général d'Algérie et la RAP[191]. Néanmoins, la réplique du modèle du syndicat de recherche déjà adopté au Maroc et en Tunisie aurait imposé la participation d'une société privée comme la CFP, ce qui n'était pas souhaité par les pouvoirs publics[192]. Le débarquement allié en Afrique du Nord interrompt les projets de développement et un nouveau programme est proposé par Tenaille en 1944. Celui-ci se fonde sur le déploiement de quatre appareils légers, quatre appareils moyens et cinq appareils lourds capables de forer entre 2 000 et 4 000 mètres de profondeur[193]. Toutefois, en raison de la pénurie de personnel expérimenté, seuls deux des quatre appareils de forage présents en Algérie sont mis en fonction, les autres étant utilisés comme stock de pièces de rechange[194].

Pour donner un cadre stable aux projets de développement, Michel Tenaille propose de transformer la section pétrole du Service de recherches minières d'Algérie (SRM) en société nationale ou en société anonyme et d'obtenir le support technique de la SCP et la RAP, les seuls organismes capables de fournir le personnel nécessaire au démarrage des activités[195]. Néanmoins, cette proposition trouve

---

189 ANOM, FM 81F 2068, Les recherches de pétrole en Algérie, p. 6.

190 ANOM, FM 81F 2067, Lettre du ministre secrétaire d'État à l'intérieur au directeur des carburants secrétaire d'État à la production industrielle, « Financement de la recherche de pétrole en Algérie », 20 septembre 1941.

191 *Ibid.*

192 ANOM, FM 81F 2067, Lettre du directeur des carburants de Cotard à l'ingénieur en chef des Mines d'Algérie Armand Colot, 19 septembre 1942.

193 ANOM, FM 81F 2068, Note du chef de la section pétrole du Service de recherche minière Michel Tenaille pour le gouverneur général de l'Algérie, « Note sur la recherche de pétrole en Algérie », Tliouanet, 5 mai 1945.

194 Il s'agit de deux appareils légers de production italienne *Massarenti* et de deux *Idéal NS* qui provenaient des prises de guerre anglaises en Tripolitaine. Cf. ANOM, FM 81F 2068, note sur la prospection des hydrocarbures en Algérie.

195 ANOM, FM 81F 2068, Les recherches de pétrole en Algérie, sdnl, p. 6. ; Note du chef de la section pétrole du Service de recherche minière Michel Tenaille pour

l'opposition de Roger Goetze, directeur général des Finances au Gouvernement général d'Algérie[196]. Après de longues négociations, une société anonyme au capital détenu à 50 % par le Gouvernement général et à 50 % par le BRP est créée le 16 novembre 1946. Roger Goetze est invité par Armand Colot et par le gouverneur général à devenir président de la nouvelle Société nationale des recherches et d'exploitation des pétroles en Algérie (SN Repal[197]). Deux vice-présidents représentant les intérêts des actionnaires sont également nommés : le directeur du Commerce, de l'Énergie et de l'Industrie du Gouvernement général Salah Bouakouir et le vice-président du BRP Paul Moch. Majoritairement composé d'ingénieurs des mines, le conseil d'administration de la nouvelle société réunit plusieurs spécialistes pétroliers comme le professeur Robert Lafitte et Léon Migaux, ce dernier étant devenu entre-temps le président de la Compagnie générale de géophysique. Installée à Alger dans le quartier d'Hydra, la direction de la SN Repal est confiée à Armand Colot et à son adjoint Michel Tenaille tandis que Fernand Leca est nommé directeur technique.

En 1947, le programme d'exploration de la SN Repal peut donc commencer. Trois nouveaux appareils *rotary* sont importés des États-Unis, mais leur mise en fonction est subordonnée à la finalisation des études de reconnaissance. En effet, dans cette période, seule la US Air Force dispose d'informations géostratégiques sur le territoire puisque des campagnes de photographie aérienne avaient été réalisées au Sahara durant la guerre[198]. Les sociétés étrangères commencent donc à manifester leur intérêt pour la recherche pétrolière en Algérie. L'Anglo Iranian Oil Company souhaite installer dans le pays une

---

le gouverneur général de l'Algérie « Note sur la recherche de pétrole en Algérie », Tliouanet, 5 mai 1945.

196 Roger Goetze, Florence Descamps et Agathe Georges-Picot, « L'aventure pétrolière de la SN Repal (novembre 1946-juin 1966) », *in* Nathalie Carré de Malberg (dir.), *Entretiens avec Roger Goetze, haut fonctionnaire des Finances : Rivoli-Alger-Rivoli. 1937-1958*, Vincennes, Institut de la gestion publique et du développement économique, 2014, p. 301-326.

197 Afin de simplifier la lecture, nous utiliserons la forme du nom « SN Repal » qui est plus utilisé dans les sources originales par rapport à l'acronyme en majuscule SNREPAL. En particulier, dans le discours oral, les personnes font référence à l'entreprise en l'appelant simplement « Repal ».

198 Roberto Cantoni, *Oil exploration, diplomacy, and security in the early Cold War: the enemy underground*, New York, Taylor and Francis, 2017, p. 102.

filiale opérationnelle tandis que la Standard Oil demande une autorisation pour envoyer une mission géologique dans le pays[199]. L'intérêt étranger pour l'obtention de plusieurs permis d'exploration suscite l'étonnement et la contrariété du Gouvernement général[200]. Mais si à Alger on craint la concurrence des sociétés étrangères, à Paris on considère cette coopération plus que nécessaire. Selon le ministre de l'Industrie Robert Lacoste, « les ressources financières, techniques et humaines dont disposent la métropole, l'Algérie et l'ensemble de l'Union française sont et resteront inférieures à celles qui nécessiteraient un développement rationnel des travaux »[201]. Au-delà des bénéfices sur le plan des investissements, Pierre Guillaumat estime que « la fréquentation de gens ayant une connaissance approfondie des problèmes pétroliers »[202] aurait facilité l'apprentissage des modernes techniques par les ingénieurs français. Par ailleurs, ces sociétés auraient pu favoriser le recrutement de personnel local pour limiter les frais de transplantation de techniciens étrangers.

Le Gouvernement général reste extrêmement méfiant vis-à-vis de la Gulf Oil et de la Standard Oil. La surveillance accrue des géologues étrangers se révèle pourtant bénéfique, puisque cela permet de collecter des informations sur les surfaces d'intérêts prioritaires qui seront attribués à la SN Repal[203]. Au même titre que ses concurrents, la société algérienne poursuit le programme de reconnaissance géologique dans l'Atlas saharien et réalise une première campagne de prospection géophysique entre Biskra et Touggourt en 1948. Les indices identifiés encouragent à accélérer la demande de permis, même si les augmentations de capital réalisées par le BRP et le Gouvernement général ne sont pas suffisantes pour soutenir les besoins opérationnels. Les 352 personnes employées par la SN Repal en 1949 assurent le fonctionnement

---

199 ANOM, FM 81F 2067, Note du ministère de l'Intérieur au ministre de l'Économie nationale « investissements britanniques en Algérie », 13 août 1947.

200 ANOM, FM 81F 2067, Télégramme du gouverneur général de l'Algérie Yves Chataigneu au ministre de l'Intérieur, 24 mai 1947.

201 ANOM, FM 81F 2067, Lettre de Robert Lacoste au gouverneur général de l'Algérie Yves Chataigneu, 17 avril 1947.

202 ANOM, FM 81F 2067, Procès-verbal de la conférence tenue le 19 juin 1947 à la sous-direction de l'Algérie au sujet des activités étrangères en Algérie en matière de pétrole.

203 ANOM, FM 81F 2068, SN Repal : compte rendu des géologues étrangers en Algérie, mars 1948 ; SN Repal : compte rendu des géologues étrangers en Algérie, mai 1948.

de seulement quatre appareils sur les six présents, un nombre largement insuffisant pour réaliser un programme de recherche à grande échelle[204]. Pour faire face au manque d'équipements et de personnel, la société se met à la recherche d'un partenaire. Après des échanges préliminaires, la CFP décide d'envoyer en Algérie ses représentants pour évaluer l'opportunité d'une participation à la recherche pétrolière au Sahara[205].

La Compagnie française des pétroles entre adaptation organisationnelle et besoins de ravitaillement

À la fin de la Seconde Guerre mondiale, l'orientation stratégique de la CFP change drastiquement. La compagnie continue à assurer sa mission de « raffineur d'État » en produisant des carburants et des lubrifiants à partir du brut du Moyen-Orient. Cependant, cette source de ravitaillement est insuffisante pour répondre à l'augmentation des demandes de consommation liées aux besoins de reconstruction industrielle. Pour diversifier sa stratégie d'approvisionnement, la CFP commence à prendre des participations dans les sociétés de recherche et à élargir ses débouchés commerciaux dans les colonies grâce à la création de la Compagnie française de distribution des pétroles en Afrique (CFDPA). Après les missions réalisées par Victor de Metz au Venezuela entre les années 1920 et 1930, un accord est signé avec Pantepec Oil Company le 4 novembre 1946. Celui-ci prévoit l'achat du brut de l'entreprise vénézuélienne pour une période de quatre ans et la participation à une campagne de forage en contrepartie d'un droit de 50 % sur les découvertes éventuelles. La société s'engage initialement à acheter un million de tonnes par an, mais la quantité de brut chargée à Puerto La Cruz se révèle nettement inférieure, en raison de l'augmentation des royalties et des difficultés de trésorerie[206]. Par ailleurs, l'accord de participation est remis en cause par la nouvelle loi pétrolière de 1948 qui interdit « à tout gouvernement étranger de participer directement ou par personne interposée à des concessions au Venezuela »[207]. Avec l'émergence

204 ANOM, FM 81F 2068, Les recherches de pétrole en Algérie, sdnl, p. 8-13.

205 ANOM, FM 81F 2068, Les recherches de pétrole en Algérie, sdnl, p. 16.

206 AH TotalEnergies, Compagnie française des pétroles, Documents sur l'exercice 1948, sdnl, E. Catta, *Victor de Metz*, *op. cit.*

207 AH TotalEnergies, Compagnie française des pétroles, Documents sur l'exercice 1948, sdnl.

du nouveau « modèle vénézuélien »[208], les concessions de la CFP sont donc susceptibles de révocation en raison de la participation de l'État français au capital de la société. La CFP envisage alors de créer une filiale locale, la Compañía anónima petrolera del Zula, mais les résultats défaillants des campagnes de recherche suggèrent d'interrompre les investissements en Amérique du Sud[209].

La CFP repose alors ses espoirs dans la recherche pétrolière en Aquitaine. Entrée à la SNPA au moment de sa création, la société participe aux augmentations du capital pour s'assurer une partie des découvertes éventuelles. Toutefois, le manque de liquidité remet en cause la faisabilité du programme de développement. La SNPA se dote alors d'un service de comptabilité industrielle chargé de réduire les frais d'activités et de renforcer la surveillance des opérations, mais cette initiative n'est pas suffisante[210]. Conscient de ces difficultés financières, en 1947, Victor de Metz propose à la SNPA un accord de cession d'huile pour une période de dix ans. En dépit de sa réticence initiale, la SNPA signe un contrat qui réserve à la CFP 70 % de la production disponible jusqu'à 200 000 tonnes, 35 % entre 200 000 et 600 000 et 17,5 % entre 600 000 et un million de tonnes par an[211]. Néanmoins, la découverte en 1949 d'un brut non adapté aux installations de raffinage de la CFR désengage la maison mère de toutes ses obligations en raison d'une clause de l'accord.

La reprise des affaires au Moyen-Orient et le démarrage des programmes de recherche pétrolière imposent à la CFP de recruter du personnel pour consolider son organigramme. Pour assurer le suivi du contentieux avec l'IPC, la société crée en 1947 un service juridique, dont la direction est confiée à Frédéric Abelous. En même temps, la restructuration du secteur amont et la création de la CFDPA en coopération avec Desmarais Frères, Lille-Bonnières Colombes, la Société algérienne des pétroles Mory et la Société française des carburants imposent une profonde réorganisation. Le secrétaire général Édouard Van den Broek d'Obrenan et son adjoint Jean Duroc Danner sont donc chargés de centraliser les fonctions administratives et la gestion

208 Giuliano Garavini, *The Rise and Fall of OPEC in the Twentieth Century*, Oxford-New York, Oxford University Press, 2019, p. 53 et ss.

209 AH TotalEnergies, Documents sur l'exercice 1949, p. 103-104.

210 AH TotalEnergies, 07AH0170-39, Procès-verbal du conseil d'administration de la SNPA, 18 septembre 1946.

211 AH TotalEnergies, 07AH0170-39, Accord entre SNPA et CFP, juillet 1948.

du personnel auparavant déléguée à la CFR[212]. La société commence également à embaucher des spécialistes pétroliers pour augmenter l'effectif des services techniques. En avril 1946, Victor de Metz recrute Jaques Bénézit « pour le seconder, en particulier, dans le secteur des affaires nouvelles »[213]. Polytechnicien et ingénieur du Corps des mines, Jacques Bénézit avait été membre des cabinets ministériels de Lepercq, Mendes-France et Pleven, avant de partir aux États-Unis pour suivre une formation pétrolière[214]. Dès son arrivée, il est chargé de suivre les affaires de la CFP dans la SNPA et la SCP, ainsi que d'explorer les possibilités pétrolières dans les autres régions du monde.

La création d'un département d'affaires nouvelles sous la responsabilité de Jacques Bénézit modifie « l'organigramme idéologique de la CFP »[215]. À côté des juristes et des financiers chargés de gérer les intérêts de la société dans l'IPC, on assiste à l'apparition des premières équipes de géologues qui participent à la recherche de nouvelles opportunités pétrolières. Un service géologique se construit autour d'Henri de Cizancourt, un géologue recruté par la CFP dans l'entre-deux-guerres qui avait participé aux missions en Galicie, en Roumanie, au Moyen-Orient et en Afrique du Nord. En 1946, le service intègre Henri Vautrin, un ingénieur des mines qui avait travaillé comme géologue pour le Haut-commissariat de France en Syrie et au Liban, avant de conduire une mission d'exploration en Afghanistan[216]. Quelques mois plus tard, le service recrute également deux géologues de la SNPA, Jacques Dupouy-Camet et Jacques Schœffler, et un de la SCP, le jeune Willy Bruderer. Arrivé du Maroc, Bruderer raconte ainsi ses premiers pas dans la nouvelle société :

> « Au service géologique [de la CFP], je ne rencontrais que mon ancien collègue de Galice [Henri Vautrin], à présent mon supérieur, et une secrétaire. Pas de dessinateur. Pas même de bureau. Il fut convenu que je m'installerais dans la pièce occupée par la secrétaire, une vaste bibliothèque au plafond

---

212 AH TotalEnergies, Rapport annuel CFP 1948, sdnl.

213 E. Catta, *Victor de Metz*, *op. cit.*, p. 104.

214 AH TotalEnergies, Notes d'Hervé L'Huillier : biographie des personnalités du groupe.

215 C. Hubin, *Stratégie industrielle de la Compagnie Française des Pétroles (1945-1975)*, *op. cit.*, p. 81.

216 AH TotalEnergies, 00AH003/13, Notes et mémoires en mémoire d'Henri Vautrin ; AH TotalEnergies, Rapport annuel CFP 1946, sdnl.

> très haut. Une galerie, aménagée sous le plafond, en faisait le tour, que l'on atteignait en empruntant les escaliers. Ne voyant aucun endroit susceptible de m'accueillir, je prenais place dans les marches de cet escalier. Il ne me restait plus qu'à m'adapter, tel un naufragé échoué sur une plage. Jamais depuis le début de ma carrière je n'avais connu un service géologique aussi précaire… et pourtant derrière cette façade se cachait le potentiel du fameux champ pétrolier de Kirkuk en Irak »[217].

La comparaison entre le tapuscrit original de Willy Bruderer[218] et le texte amendé par la direction de la communication en vue de la publication du livre *La chasse aux bougies* laisse transparaître la même impression. Dans cette phase de démarrage, les conditions matérielles de la CFP sont extrêmement précaires et les géologues ne sont pas suffisamment équipés pour conduire les missions de terrain. Dans son témoignage, Jacques Schœffler souligne qu'en l'absence de moyens motorisés les premières missions géologiques se faisaient à vélo[219], une condition qui est confirmée également par l'ancien géologue de la Compagnie française des pétroles Normandie (CFP-N) Jean-Pierre Bouju :

> « [En 1956] je faisais du terrain dans la région de Pavilly, enfin la région du pays de Bray… tous ces coins de Normandie… J'ai commencé à faire du terrain à vélo, après la société a payé une moto et après une 2CV »[220].

Les témoignages mettent en évidence les moyens extrêmement modestes de la CFP dans la période des grandes découvertes, ce qui crée un décalage entre l'imaginaire de richesse de l'industrie pétrolière et les contraintes réelles des terrains d'exploration.

---

217 W. Bruderer, *La chasse aux bougies*, *op. cit.*, p. 177.

218 AH TotalEnergies, 18V01807/149, Tapuscrit de Willy Bruderer sur l'histoire de la recherche pétrolière en Algérie et en Afrique du Nord, sdnl ; Willy Bruderer, *Pétroles de Mésopotamie et d'Afrique du Nord : journal d'un géologue, 1947-1975*, Paris, Beaulieu, 1976, p. 128.

219 Jacques Schœffler, « Propos d'autrefois et d'aujourd'hui », in *La recherche pétrolière française (actes du 118e congrès national des sociétés historiques et scientifiques, Pau 25-29 octobre 1993)*, Paris, Éditions du CTHS, 1994, p. 449.

220 AH TotalEnergies, AO011915, Archives orales de la Compagnie française des pétroles Algérie (CFP-A), Récit de carrière de Jean-Pierre Bouju, La Défense, 12 décembre 2018.

Le partenariat avec la SN Repal et le début de la recherche pétrolière au Sahara

Dans la première moitié du XXe siècle, la connaissance du territoire saharien est très limitée. La majorité des renseignements avaient été collectés durant les missions topographiques de l'armée et les expéditions savantes, comme celle du géologue ardéchois Conrad Kilian. Chargé de dresser une carte géologique du Sahara, Kilian contribue à définir les frontières du « Sahara français » en mettant son discours au service de la politique coloniale à l'instar du géographe Robert Capot-Rey[221]. Célébré comme l'inventeur du pétrole saharien, Conrad Kilian a fait l'objet d'un processus de mythification dans la période des grandes découvertes[222]. Par ailleurs, les conditions de son décès ont contribué à nourrir les théories d'un complot des majors anglo-américaines contre la France et ses richesses sahariennes. Sans participer directement aux activités de recherche, Kilian confirme l'existence de conditions géologiques favorables à la formation de gisements pétroliers. Grâce à son étude des formations paléozoïques de la marge nord du Hoggar[223], il affirme que le Sahara pourrait abriter des ressources intéressantes, même si cette hypothèse n'est pas confirmée par des indices géologiques visibles en surface[224].

À la fin des années 1930, l'étude des séries géologiques du Sahara est reprise par le directeur du Centre de recherches sahariennes Nicolas Menchikoff. Celui-ci confirme l'intuition de Kilian en mettant en évidence la présence d'anticlinaux, de matières organiques et de séquences stratigraphiques où pourraient se cacher des hydrocarbures[225]. Les explorations géologiques continuent sans grands résultats[226] jusqu'à ce

---

221 Robert Capot-Rey, *L'Afrique blanche française*, tome 2, *Le Sahara français*, Paris, Presses universitaires de France, 1953.

222 Euloge Boissonnade, *Conrad Kilian, explorateur souverain*, Paris, France Empire, 1971 ; Pierre Fontaine, *La mort étrange de Conrad Kilian, inventeur du pétrole saharien*, Paris, Les Sept Couleurs, 1959 ; Yves Salgues, *L'or noir du Sahara : la pathétique aventure de Conrad Kilian*, Paris, Fayard, 1958.

223 Alain Perredon, « Historique des recherches pétrolières en Algérie », *in La recherche pétrolière française*, *op. cit.*, p. 325.

224 *Ibid.*

225 *Ibid.*, p. 326.

226 AH TotalEnergies, 07AH0008/38, Comité géologique du BRP, séance n° 21 du 2 juin 1948 ; Comité géologique du BRP, séance n° 20 du 12 avril 1948 ; Comité géologique du BRP, séance n° 19 du 1er mars 1948 ; Comité géologique du BRP, séance n° 18 du 19 janvier 1948.

qu'en 1948 une mission de la SN Repal, composée par Michel Tenaille, Armand Colot, Jacques Follot, Robert Lafitte et Nicolas Menchikoff – devenu entre-temps le nouveau directeur du laboratoire de géologie de la Sorbonne – se charge d'explorer la bordure de l'Atlas saharien. La CFP décide d'y détacher son géologue Willy Bruderer, grand connaisseur des problèmes pétroliers de l'Afrique du Nord :

> « En novembre 1948, deux jeeps conduisirent notre petit groupe, à travers la Kabylie, jusqu'à Laghouat, à la lisière du Sahara. De là, un petit avion nous permit de survoler les amples plis de l'Atlas pour atteindre Colomb-Béchar, où nous attendent deux autres jeeps et un camion. Notre mission y étudie le carbonifère puis se dirigea vers le sud en longeant les dunes fantastiques de l'Erg occidental. Elle fit une incursion dans le cœur de l'Hoggar (Tamanrasset, sans intérêt du point de vue pétrolier) ; elle emprunta des pistes solitaires pour sillonner le Sahara en tous sens et retourna vers le Nord en passant par In Salah, Ouargla, Ghardaïa et Laghouat »[227].

Cinq mois de travail de terrain sont nécessaires pour dresser une carte géologique du Sahara et mettre en évidence la « succession favorable de roches-magasins et de marnes formant couverture et ayant le caractère de roches mères »[228]. Cependant, l'absence d'indices de surface et la profondeur des séries géologiques d'intérêt pétrolier imposent de réaliser de vastes campagnes géophysiques pour orienter l'emplacement des premiers forages. Après avoir consulté la CFP, le 12 mars 1949, la SN Repal communique au Gouvernement général d'Algérie la volonté d'obtenir des permis de recherche au nord du Sahara, une information qui est rapidement transmise à Paris.

---

227 AH TotalEnergies, 18V01807/149, Tapuscrit de Willy Bruderer sur l'histoire de la recherche pétrolière en Algérie et en Afrique du Nord, sdnl.

228 W. Bruderer, *Pétroles de Mésopotamie et d'Afrique du Nord*, *op. cit.*, p. 130.

Photo 5. Mission d'exploration de la SN Repal et la CFP au Sahara, 1947 – Photothèque historique TotalEnergies, 17V00537-74, Willy Bruderer

Les négociations entre la SN Repal et la CFP au sujet de la recherche saharienne continuent dans le plus grand secret tout au long de l'année. Il semble que même Pierre Guillaumat n'est pas au courant de la volonté des deux sociétés[229], ce qui confirme leur attitude de prudence dans cette phase. Les pourparlers sont conduits personnellement par Jacques Bénézit et Roger Goetze[230], anciens camarades de promotion au Lycée Carnot de Paris et membres du cabinet de Pierre Mendès-France au ministère de l'Économie entre 1944 et 1945. Comme le raconte Goetze, après sa formation aux États-Unis, « [Bénézit] était revenu tout excité par le Sahara, il m'avait rapporté des quantités de graphiques et

229 AH TotalEnergies, 07AH0024/74, Lettre de Pierre Guillaumat au ministre de l'Intérieur au sujet des recherches pétrolières en Algérie, 4 janvier 1951.

230 Une intense correspondance conservée dans les archives est mise en évidence par Samir Saul; cf. S. Saul, « Politique nationale du pétrole, sociétés nationales et "pétrole franc" », art. cit.

d'autres éléments qui montraient qu'il fallait explorer le Sahara »[231]. Son optimisme est alors confirmé par les résultats de la mission géologique, même si les indices collectés sont encore insuffisants pour convaincre Victor de Metz à s'engager dans une campagne aux résultats incertains. Ce dernier ne souhaite pas exposer ses actionnaires aux risques d'une recherche aléatoire puisque, explique-t-il, la CFP n'est pas une entreprise publique qui puise ses ressources dans les caisses de l'État[232]. Bénézit doit donc rassurer son président sur la fiabilité de l'opération et sur le retour pour la CFP en cas de découvertes, tout en proposant des solutions pour limiter le risque d'un engagement financier trop important[233]. Pendant ses voyages de repérage au Sahara, il étudie la possibilité de réduire les frais d'activité par la conversion des forages secs en puits d'eau, en vue de leur utilisation pour la culture du palmier dattier dans les oasis[234]. Par ailleurs, il envisage de vendre l'eau extraite du sous-sol durant les forages pour soutenir les projets de développement industriel dans les secteurs de l'acier, du nitrate et des carburants synthétiques[235].

Le 25 février 1950, le Gouvernement général donne son accord pour une association entre la CFP et la SN Repal et, le 28 juillet 1950, deux pétitions pour l'octroi des permis de recherche sont déposées auprès des autorités algériennes[236]. En dépit de cet accord, Pierre Guillaumat s'oppose au principe d'autonomie des deux sociétés dans la direction technique des travaux et suggère de créer une société mixte contrôlée directement par la

---

231 Roger Goetze, Florence Descamps et Agathe Georges-Picot, « L'aventure pétrolière de la SN Repal (novembre 1946-juin 1966) », in Nathalie Carre De Malberg (dir.), *Entretiens avec Roger Goetze, haut fonctionnaire des Finances : Rivoli-Alger-Rivoli. 1937-1958*, Vincennes, Institut de la gestion publique et du développement économique, 2014, p. 301-326.

232 AH TotalEnergies, Willy Bruderer, « L'épopée pétrolière de la CFP : d'Abou Dhabi au Sahara », *Total information*, n° 100, printemps 1985.

233 AH TotalEnergies, AO011918, Archives orales de la Compagnie française des pétroles Algérie (CFP-A), Récit de carrière de Jean Laherrere, La Défense, 7 février 2019.

234 AH TotalEnergies, 18V01807/496, Note sur les palmiers : Voyage de M. Bénézit, mars-avril 1950, 2 mai 1950.

235 *Ibid.*

236 Dans la correspondance administrative, cette demande porte la date du 9 août ; cf. AH TotalEnergies, CFP, « Négociations avec la SN Repal. Demande de permis de recherches dans le Sahara algérien », in Documents sur l'exercice 1951.

CFP et la SN Repal ou par la CFP et le BRP[237]. Le directeur des carburants est en effet obsédé par le risque de perdre le contrôle d'une filiale dont 50 % du capital serait détenu par l'administration coloniale et avec un président qui ne dépendrait pas du ministère de l'Industrie. Le contrat préliminaire d'association est finalement signé le 21 juin 1951. Celui-ci confirme la liberté d'investissement de chaque société sur ses propres permis ainsi que le cofinancement d'un programme de prospection géologique et géophysique. Au-delà du partage des informations stratégiques sur chaque permis, une répartition des coûts et des bénéfices à la hauteur de 51 % pour le concessionnaire et de 49 % pour l'associé est également imposée[238]. Si le contrat formalise le système d'interaction entre la CFP et la SN Repal, les témoignages collectés laissent transparaître une incompréhension des conséquences opérationnelles d'un tel dispositif. Comme l'explique René Gourgouillon, ancien secrétaire général de la CFP-A, le système de partage 49–51 % permet « de travailler pour le même objectif »[239]. Néanmoins, ce mécanisme n'est pas compris par le personnel d'exécution qui évoque une forte concurrence entre les deux sociétés et le fait que « chacun travaillait de son propre côté »[240].

Les permis d'exploration sont finalement octroyés le 16 octobre 1952. Après de longues négociations avec le Gouvernement général et le Conseil supérieur des mines d'Algérie, la taille des surfaces est fixée à 116 800 km^2. D'autres conditions d'activité engagent par ailleurs les permissionnaires. La CFP et la SN Repal doivent réaliser des dépenses minimales pour les travaux de recherche, établir une capacité de raffinage en Algérie et garantir que les éventuelles découvertes de gaz seront mises au profit de l'économie algérienne[241]. La CFP décide donc de fonder une nouvelle filiale basée à Alger qui serait responsable de la mise en œuvre

237 AH TotalEnergies, 07AH0024/74, Lettre du ministre de l'Industrie au ministre de l'Intérieur au sujet des recherches de pétrole en Algérie, 4 janvier 1951.

238 AH TotalEnergies, CFP, « Négociations avec la SN Repal. Demande de permis de recherches dans le Sahara algérien », in Documents sur l'exercice 1951, p. 122.

239 AH TotalEnergies, AO011905, Archives orales de la Compagnie française des pétroles Algérie (CFP-A), Récit de carrière de René Gourgouillon, Aix-en-Provence, 27 juin 2018 (Discussions en marge de l'enregistrement).

240 AH TotalEnergies, AO011901, Archives orales de la Compagnie française des pétroles Algérie (CFP-A), Récit de carrière de Jean-Pierre Strobel, La-Celle-Saint-Cloud, 18 avril 2018.

241 AH TotalEnergies, CFP, « Accords avec la SN Repal. Permis de recherches dans le Sahara algérien », in Documents sur l'exercice 1952, p. 180.

du programme de recherche. Financée grâce à l'ouverture du nouveau *pipeline* entre Kirkūk et Banias, la Compagnie française des pétroles Algérie (CFP-A) est créée le 27 janvier 1953. Jacques Bénézit est alors nommé président de la première filiale d'exploration et production de la CFP. Dans ce contexte, la RAP signe un accord avec la Royal Dutch Shell pour obtenir des permis d'exploration au sud du Sahara et créer deux filiales communes : la Compagnie de recherche et d'exploitation du pétrole au Sahara (CREPS) et la Compagnie des pétroles d'Algérie (CPA)[242]. Une fois les acteurs et les permis attribués, les sociétés commencent à organiser leurs structures opérationnelles pour assurer le démarrage des travaux.

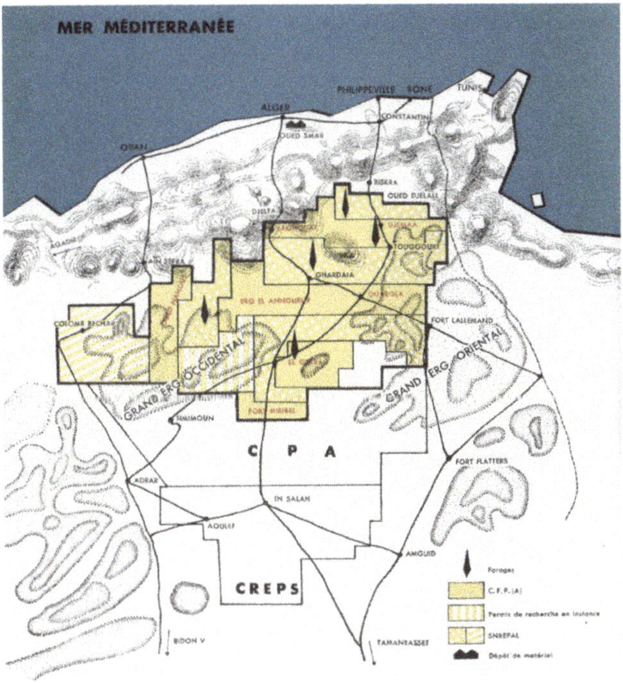

Carte 1. Permis d'exploration de la CFP-A et de la SN Repal[243]

242 AH TotalEnergies, 07AH0138-89, Rapport annuel de la RAP 1952.

243 AH TotalEnergies.

CHAPITRE 2

LA COMPAGNIE FRANÇAISE DES PÉTROLES ET L'INVENTION DE L'ÉPOPÉE SAHARIENNE

L'optimisme sur la présence de pétrole au Sahara commence à se généraliser au tournant des années 1950. Afin d'assurer le démarrage des activités de terrain, la CFP doit adapter sa structure, former son personnel et acquérir les compétences techniques nécessaires à la conduite des travaux. Auparavant axée sur les secteurs du transport et du raffinage, la structure de la CFP commence à se développer dans le secteur amont. La société crée la CFP-A, une filiale chargée de la recherche pétrolière au Sahara, et une direction centrale qui doit coordonner la politique d'exploration et de production de pétrole. Après avoir recruté le personnel spécialisé, la nouvelle filiale commence les activités de forage qui conduiront à la découverte du champ pétrolier d'Hassi Messaoud et à celle du champ gazier d'Hassi R'Mel en 1956. En pleine guerre d'Algérie, le besoin de mettre en production ces deux gisements impose de réaliser des investissements considérables. Pour cette raison, la CFP lance une intense action de propagande pour diffuser l'épopée du pétrole saharien auprès du grand public.

A. La filialisation du secteur amont et le démarrage de la recherche d'hydrocarbures

Le rôle de la filialisation dans la gestion du personnel

La création de la CFP-A et le début de la recherche d'hydrocarbures au Sahara imposent de réorganiser la CFP trente ans après sa fondation. Pour ancrer la nouvelle filiale dans la structure de la maison-mère, la CFP crée une direction centrale exploration production (DCEP) chargée de coordonner la recherche pétrolière et de limiter les risques d'autonomisation. La réforme est complétée par le renforcement des lignes hiérarchiques et la création d'un système de mandarinat s'appuyant sur des « chefs des métiers » qui assurent la liaison entre les cadres opérationnels et le « patron de droit divin »[244] Victor de Metz. En vertu du contrat d'association, en 1951, la SN Repal commence les travaux d'intérêt commun sur ses surfaces. Toutefois, le manque de personnel, d'équipement ainsi que d'une structure adaptée limite les possibilités opérationnelles de la CFP. La société se limite donc à financer 49 % du forage implanté par la SN Repal à Berriane et une première campagne sismique[245]. Les cadres de la CFP réalisent plusieurs voyages pour suivre les travaux d'intérêt commun, même si Victor de Metz estime que le déploiement d'ingénieurs expérimentés sur les surfaces sahariennes constitue un frein au développement des activités du groupe L'effectif réduit ne permet pas d'assurer le suivi des projets en cours au Moyen-Orient et au Sahara et de conduire en même temps une réflexion globale sur la stratégie d'écoulement du brut et des produits raffinés[246]. En somme, la multiplication des besoins opérationnels accélère le processus de filialisation de la société.

Au-delà de la CFR et la CNP, au début des années 1950, la structure de la société est fortement centralisée. Celle-ci s'appuie sur un siège parisien et sur des bureaux installés à Londres, New York et Caracas, qui permettent d'assurer la liaison avec l'IPC et le milieu pétrolier international. Cette configuration est une expression de la « stratégie de raffineur », un mode d'action fondé sur la prise d'intérêt dans des sociétés de recherche existantes, qui a initialement limité les besoins de ressources humaines. La volonté d'investir dans le secteur amont met donc la CFP devant une de ses plus grandes contradictions : l'augmentation des effectifs. En effet, la limitation du personnel au nombre de 50 agents est une préoccupation majeure[247]. Cette stratégie avait l'objectif de limiter l'application des ordonnances du 22 février 1945 et de la loi du 16 mai 1946 qui imposent aux sociétés de plus de 50 employés de constituer un comité d'entreprise et d'ouvrir la gestion de l'entreprise aux représentants syndicaux. Émergée dans le cadre de la gestion de la CFR, où la continuité de la production avait souvent été soumise aux négociations avec les travailleurs, cette attitude antisyndicale était partagée à la fois

---

244 Cette expression est utilisée par Louis Deny, ancien vice-président de la CFP interviewé par Constance Hubin ; cf. C. Hubin, *Stratégie industrielle de la Compagnie française des pétroles (1945-1975)*, *op. cit.*

245 Cf A. Perrodon, *Histoire des grandes découvertes pétrolières*, *op. cit.*

246 *Ibid.*

247 AH TotalEnergies, CFP Documents de l'exercice, de 1946 à 1953.

par les actionnaires privés et par l'État. La participation des syndicats aux décisions stratégiques n'aurait pas permis à la CFP de jouer son rôle d'instrument privilégié de la politique internationale.

Dans cette phase de démarrage industriel, l'expérience des entreprises nationales avait montré l'impact des revendications syndicales sur la recherche pétrolière. Au-delà des demandes de nationalisation du secteur avancées par la CGT, de longues négociations sur les conditions de travail se déroulent au sein des comités d'entreprise de la RAP et la SNPA. À titre d'exemple, l'introduction du travail continu sur les chantiers de forage trouve une forte opposition des syndicats qui réclament une majoration de la rémunération horaire de 100 % pour travailler le dimanche et les jours fériés[248]. Par ailleurs, lors de la promulgation du décret du 14 juin 1946 portant création du statut du mineur, les mobilisations et les blocages des chantiers se multiplient et les grévistes réclament l'élargissement à l'ensemble du secteur pétrolier « des conditions de classement et de rémunération du personnel des entreprises de recherche minière »[249]. Des négociations entre les syndicats et les directions des sociétés publiques permettent d'obtenir des augmentations salariales au détriment des prix de revient des forages pétroliers. Administrateur de la SNPA et très impliqué dans l'activité de la RAP, Victor de Metz comprend le besoin de réorganiser le recrutement du personnel technique et de mettre en place un système de gestion du personnel de recherche alternatif à celui des filiales du BRP. Forte de sa structure de société privée, la CFP décide de déléguer à une nouvelle filiale la gestion du personnel et la répartition des agents dans les différentes zones géographiques.

La participation de la CFP à la construction du pipeline de l'IPC entre Kirkūk et Banias est un terrain idéal pour tester le nouveau dispositif de déploiement des ressources humaines. Pour répondre aux nouveaux besoins, la Société auxiliaire de gestion et de recherche (SAGR) est chargée de la gestion des ingénieurs et du personnel technique détachés au sein des filiales opérationnelles et des sociétés où la CFP détient des intérêts spécifiques[250]. Héritière de la Société de prospection géophysique (SPG) – une entreprise spécialisée dans la prospection géophysique qui

248 AH TotalEnergies 07AH0138/83, Procès-verbal du conseil d'administration de la SNPA, 17 janvier 1946.

249 AH TotalEnergies 07AH0138/83, Séance du 20 juin 1946.

250 AH TotalEnergies, Documents exercice 1952 « Personnel – Relations publiques – Aménagement du siège social », p. 224.

opérait pour le compte de la Steaua Romana et de l'IPC–, la SAGR transfère l'ensemble de ses actifs à la Compagnie générale de géophysique (CGG) et commence à élargir son champ d'intervention[251]. Approuvé en 1952, le nouveau statut de la société précise que celle-ci « ne s'occupe plus de géophysique »[252], mais qu'elle est désormais chargée « de tout problème relatif à la gestion technique, administrative et commerciale de sociétés intéressées à la recherche, à l'exploitation, au traitement, à la transformation, au transport et à la vente de produits minéraux »[253]. Dénommée Compagnie française des pétroles gestion et recherches (CFP-GR) en 1953, la filiale affirme son rôle dans la gestion des ressources humaines pour faire face à des besoins non permanents d'activité[254]. La CFP-GR se configure comme un véritable vivier de techniciens qui doit favoriser l'accumulation et la circulation de savoirs au sein du groupe CFP. Installée à Londres, la nouvelle filiale joue un rôle stratégique auprès de la direction Moyen-Orient, dans un moment où cette dernière invoque le détachement d'un nombre toujours majeur d'agents français sur les chantiers de l'IPC.

Organiser une filiale de recherche : le recrutement du personnel technique

À l'instar de la CFP-GR, la CFP-A commence à recruter le personnel pour coordonner les travaux de recherche dès février 1953. Parmi les premiers numéros de matricule, on trouve celui du directeur des opérations, Pierre Germes, qui est embauché en avril 1953 comme responsable du bureau d'Alger. Polytechnicien et ancien élève de l'ENSPM, Germes avait fait son expérience dans le forage à la SNPA, avant de partir au Gabon comme directeur adjoint de la Société des pétroles de l'Afrique Équatoriale Française (SPAEF) en 1951. Au cours de la première année, explique-t-il, l'effectif de la société passe de 15 à 153 employés :

---

251 AH TotalEnergies, 85ZW243/9 Contrat entre SPG et IPC, Paris, 19 janvier 1934.

252 AH TotalEnergies, 85ZW243/2, Note à Victor de Metz, 11 décembre 1952.

253 AH TotalEnergies, 85ZW243/2, Art. 2 du Statut de la Société Auxiliaire de Gestion et Recherches.

254 AH TotalEnergies, Documents de l'exercice 1954, « Compagnie Française des Pétroles (Gestion et Recherches) », p. 220.

« Tout d'abord, nous avons fait appel à des géologues de la CFP – qui n'étaient alors qu'une demi-douzaine – et nous en avons embauché quelques autres, ainsi que de jeunes ingénieurs diplômés de l'École des pétroles. Et surtout nous avons engagé sur place des hommes des Travaux publics ayant une grande expérience du désert comme les ingénieurs et les techniciens de l'EGA, l'EDF algérienne qui avaient participé à la construction de la centrale électrique de Bône et d'un certain nombre de barrages en Algérie »[255].

En 1953, Jacques Bénézit et Pierre Germes décident de recruter Louis Ramette comme chef des services techniques. Ramette est mentionné à plusieurs reprises durant les entretiens réalisés avec les anciens agents en raison du rôle qu'il a joué durant la phase de démarrage de la société. Dans les témoignages, l'ancien directeur technique est présenté comme la personnification du « pionnier » et de « l'homme à tout faire » qui a contribué à former « sur le tas » la première génération d'ingénieurs et techniciens. Surnommé « le lion » en raison de son caractère rude et de sa ténacité, il est le protagoniste de la plupart de récits de l'époque des grandes découvertes. Née en 1920, Ramette fait ses études au Lycée Voltaire de Paris puis à l'École des arts et métiers à Châlons-sur-Marne et à Angers entre 1939 et 1943[256]. Après un stage de formation à la Steaua Romana[257], il est recruté à la SNPA en 1945 où il évolue comme ingénieur de forage, puis comme chef de camp. Sous la direction de Pierre Germes, Louis Ramette est chargé de recruter le personnel technique nécessaire à mettre en fonction le premier appareil de forage de la CFP-A : l'Emsco J1400. Les premiers maîtres-sondeurs sont cooptés parmi ses anciennes équipes à Lacq tandis que de jeunes techniciens sont recrutés lors des visites aux sondes-écoles de la RAP et de la SCP. Dans son témoignage, Jean-Pierre Strobel raconte comment le directeur technique a directement contribué à son embauche à la CFP-A en 1953 :

« J'étais sorti pas mal [de la sonde-école] et les premiers de la promotion avaient le choix. Moi, je voulais aller à la SPAEF... il y avait plusieurs Alsaciens que je connaissais qui travaillaient, ou avaient travaillé, à la SPAEF et au Gabon... c'était la grande aventure coloniale !... Si Ramette

---

[255] AH TotalEnergies, Pierre Germes, « Le Sahara, berceau de l'exploration-production de la CFP », *Total Information*, n° 100, 1985, p. 39.

[256] AH TotalEnergies, 10AH0449/1, Le petit Messaoudien, édition spéciale « Monsieur Ramette nous quitte », 30 juin-1er juillet 1960.

[257] AH TotalEnergies, 11AH0166/300, note, sdnl.

n'était pas venu, je ne serais pas allé à la CFP-A, j'aurai foncé sur le Gabon… Il a su nous prendre »[258] !

Le recrutement de jeunes diplômés se révèle plus difficile que prévu. En ce moment, la recherche pétrolière au Sahara est encore peu attractive aux yeux des jeunes techniciens puisque ceux-ci préfèrent s'orienter vers les sociétés actives en métropole ou dans d'autres territoires coloniaux[259].

À la fin de la première année d'activité, la CFP-A commence à prendre forme en s'organisant en trois secteurs : la direction des opérations, la direction exploration et les services administratifs. Sous les ordres de Pierre Germes, la direction des opérations coordonne l'ensemble des services techniques et assure la liaison avec le président basé à Paris au siège de la maison-mère. Dirigée par Henri Vautrin, la direction exploration se compose de 21 personnes, dont 7 ingénieurs géologues chargés des travaux de prospection, des études topographiques et de l'encadrement des missions de la CGG. Les services administratifs quant à eux comptent 10 agents chargés de la paie du personnel, des plannings de rotation et de la comptabilité sous les ordres du secrétaire général Jacques Nizery. Rattachés à la direction des opérations les services techniques dirigés par Louis Ramette coordonnent l'ensemble des travaux de forage, de génie civil et assurent l'approvisionnement matériel des chantiers.

Pour recruter les ouvriers nécessaires au démarrage des activités, la CFP-A se tourne également vers le marché du travail algérien. L'emploi généralisé de « Français musulman d'Algérie » et « Français européens d'Algérie » permet de réduire les frais de transplantation de personnel métropolitain à faible spécialisation. Par ailleurs, la priorité au recrutement local est une condition imposée par le Gouvernement général qui réclame le maintien sur place des bénéfices de la nouvelle industrie et la participation des sociétés pétrolières au développement socio-économique

258 AH TotalEnergies, AO011901, Archives orales de la Compagnie française des pétroles Algérie (CFP-A), Récit de carrière de Jean-Pierre Strobel, La-Celle-Saint-Cloud, 18 avril 2018.

259 AH TotalEnergies, 18V01807/525, Rapport annuel 1953, p. 7. Dans les archives de la CFP-A nous trouvons deux typologies de rapports annuels. Le premier est un rapport synthétique qui est destiné à l'assemblée générale des actionnaires et diffusé publiquement (des listes d'envoi des documents sont conservées dans les archives cf. 18V01807/183). Le deuxième est un rapport détaillé et confidentiel destiné au conseil d'administration, au BRP et aux directeurs et agents supérieurs de CFP-A. Pour le développement de ce chapitre, nous avons fait appel à cette deuxième typologie de sources.

du territoire. En effet, dans les années 1950, le produit intérieur brut des trois départements français était vingt-quatre fois inférieur à celui de la métropole tandis que le sous-emploi touchait massivement 8,2 millions d'indigènes et 1,2 million d'Européens présents dans la colonie[260]. Les premiers « travailleurs musulmans » sont donc recrutés en 1953 à proximité des chantiers de forage. Ceux-ci sont intégrés aux équipes de génie civil ou bien destinés aux services aux personnes dans les bases sahariennes. En raison du manque de personnel, certains d'entre eux sont directement intégrés aux premières équipes de forage, même si cela reste très exceptionnel. Au cours de la première année, deux indigènes recrutés à El Goléa sont formés comme manœuvres de plancher mais à partir de 1955 cette démarche semble se généraliser[261]. Le personnel local est rémunéré sur base horaire et comptabilisé comme « personnel auxiliaire », une catégorie spécifiquement destinée aux travailleurs indigènes[262]. En 1954, la CFP-A compte 214 agents, dont 135 titulaires et 79 auxiliaires. Dans ce contexte, les travailleurs autochtones représentent donc plus de 30 % de la main-d'œuvre[263].

Avant la découverte d'Hassi Messaoud, l'absence d'un centre d'activité impose aux équipes de déplacer les appareils de forage sur les emplacements identifiés par les services géologiques. Au démarrage de chaque nouveau chantier, le personnel auxiliaire est systématiquement renouvelé grâce à un recrutement ciblé dans les oasis de la région. Certains travailleurs commencent pourtant à suivre les déplacements des chantiers sur plusieurs centaines de kilomètres de distance. Si le recrutement des indigènes est influencé par la réduction des activités de la période estivale, à partir de 1955, la CFP-A commence à stabiliser la présence de certains travailleurs ayant acquis une expérience significative dans le domaine du forage. En 1960, les apprentis manœuvres de plancher recrutés à El Goléa en 1953 font encore partie des équipes de forage de la CFP-A, ce

260 AN, F60 4006, Commission de l'économie de l'Union française, Rapport de Robert Delavignette, « Situation économique et sociale de l'Algérie en 1954, Paris, 13 juin 1955 ; F60 4003, Rapport du groupe d'étude des relations financières entre l'Algérie et la Métropole, juin 1955, p. 22.

261 AH TotalEnergies, 18V01807/525, Rapport annuel 1955, p. 98.

262 AH TotalEnergies, 18V01807/525, Rapport annuel 1954, p. 48

263 Les « auxiliaires indigènes » sont affectés principalement aux chantiers d'exploration (51 % du personnel du service), au service matériel et approvisionnement (56 %), au service surface (31 %) et aux missions d'exploration géologique (25 %).

qui confirme leur continuité de service[264]. Cette tendance est confirmée par les statistiques du personnel qui mettent en évidence une ancienneté moyenne assez élevée pour la majorité des travailleurs indigènes au début des années 1960.

Conçue comme une entreprise algérienne, la CFP-A embauche la quasi-totalité de son personnel technique et administratif parmi les « Français européens d'Algérie ». Si les archives ne donnent pas de précisions statistiques, les témoignages collectés expliquent que la communauté des Européens d'Afrique du Nord est la plus nombreuse au sein de la filiale. Leur présence est confirmée également par la multiplication d'articles et textes écrits en pataouète et par la prégnance de la culture « pied-noir » dans les publications à destination des salariés[265]. Au-delà du personnel d'exécution, entre 1955 et 1956, de nouveaux cadres provenant d'autres sociétés de recherche d'Afrique du Nord intégrèrent la CFP-A. L'ancien géologue de la SN Repal Claude de Lapparent remplace le directeur exploration Henri Vautrin lorsque ce dernier est chargé de créer une nouvelle filiale au Canada. Une section géophysique est créée à la CFP-A et le polytechnicien Gilbert Pommier devient son premier directeur. En même temps, au moment de l'indépendance du Maroc, la CFP-A embauche plusieurs ingénieurs comme les géologues Jacques Launais, André Hossin et Hubert Thyssen ou bien Jean D'Herbès, un centralien et ancien élève de l'ENSPM qui intègre la direction technique pour s'occuper des questions d'approvisionnement et de gestion du matériel. L'embauche massive de personnel en provenance du Maroc permet à la CFP-A d'augmenter ses effectifs mais également de muter les agents plus expérimentés vers les nouvelles filiales de recherche, ce qui encourage la circulation des techniciens français dans les différents contextes d'activité.

---

264 AH TotalEnergies, 10AH0449/1, Le Petit Messaoudien édition spéciale « Monsieur Ramette nous quitte », 30 juin-1er juillet 1960.

265 Le pataouète est un parler dérivant d'une « hybridation spontanée entre français et espagnol » ; cf. Anne Dulphy, *L'Algérie des pieds-noirs : entre l'Espagne et la France*, Paris, Vendémiaire, 2014, p. 20.

Une décentralisation prudente : la direction centrale de l'exploration production

Au milieu des années 1950, la CFP entame un processus d'organisation qui modifie profondément les modes de fonctionnement de la société[266]. La volonté d'intégrer la chaîne industrielle « du derrick à la pompe » détermine une transition entre un modèle centralisé et une décentralisation sélective, un principe qui s'élargit rapidement à l'ensemble de la société[267]. Dans le secteur aval on assiste à la création d'une direction centrale approvisionnement et distribution (DCAD) et à la configuration d'un réseau de distribution capillaire pour les produits à marque Total. En revanche, dans le secteur amont, ce sont les filiales de recherche qui se multiplient. Entre 1953 et 1956, on voit émerger la Compagnie française des pétroles Algérie (CFP-A), la Compagnie française des pétroles Gascogne (CFP-G), la Compagnie française des pétroles Normandie (CFP-N), la French Petroleum Company of Canada (FPC) et la Compagnie des pétroles Total-Libye (CPT-L). Pilotée par la DCEP[268], la décentralisation prudente du secteur amont commence en octobre 1954 avec le recrutement de Paul Crosnier. Polytechnicien et ingénieur des Ponts et des Chaussées, Crosnier commence sa carrière comme ingénieur électricien à Constantine, avant de devenir ingénieur en chef du service d'électricité en Algérie. Entre 1947 et 1954, il occupe le poste de directeur général adjoint d'Électricité et gaz d'Algérie (EGA) et il est chargé d'accompagner la fusion des quinze sociétés algériennes concessionnaires au sein de la nouvelle entreprise. En raison de son expérience d'organisateur, Paul Crosnier est donc le profil idéal pour accompagner la création d'une nouvelle direction centrale chargée de coordonner les activités de recherche et de gérer les participations dans les différentes filiales.

---

266 AH TotalEnergies, Documents exercice 1955, « Personnel relation publique et publicité », p. 250.

267 C. Hubin, *Stratégie industrielle de la Compagnie Française des Pétroles (1945-1975)*, *op. cit.*, p. 241.

268 Dans la période de création de la DCEP, les documents utilisent également l'appellation « département exploration production » (DEP). Pour limiter le risque de confusion, nous avons décidé d'employer uniquement la dénomination « direction centrale exploration production ».

La DCEP introduit une nouvelle division du travail au sein de la CFP. Si la direction exerce des fonctions similaires à celles de la DMO en dehors du périmètre de la *Red Line Agreement*, cette répartition se fonde sur une importante composante identitaire[269]. Dans la culture de l'entreprise, le Moyen-Orient devient le territoire privilégié de l'élite de négociateurs et financiers qui répondent directement au président Victor de Metz. En revanche, les ingénieurs de la DCEP commencent à s'identifier à l'image du chercheur d'or noir qui part à la recherche de pétrole dans des territoires inexplorés. Dirigée par Jacques Bénézit, la DCEP se structure autour d'un état-major qui réunit les responsables de trois directions : la direction administrative, la direction exploration et la direction des opérations[270]. Sous l'autorité de l'ancien secrétaire général de la CFP-A Jacques Nizery, la direction administrative « est chargée de la coordination administrative dans le domaine de la gestion, finance, personnel et juridique »[271]. Celle-ci doit assurer la routine administrative ainsi que la liaison fonctionnelle entre les filiales de recherche et le secrétariat général de la CFP[272]. La direction exploration est responsable de coordonner l'activité des filiales et de centraliser l'information géologique pour définir la politique de recherche du groupe[273]. Dirigée par Henri Vautrin, cette direction se compose d'un bureau des permis et concessions, un bureau des bassins, deux bureaux destinés au contrôle des missions géologique et géophysique et un laboratoire. *In fine*, la direction des opérations, pilotée par Paul Crosnier doit « apporter au [directeur de l'exploration production] et aux PDG des sociétés de recherche et exploitation des aides fonctionnelles en matière de technique de réservoir, forage, *pipelines* et technique de l'ingénieur

269 AH TotalEnergies, 18V01807/699, Copie de la note d'organisation de la DEP, sdnl (original estimé mars 1956) ; Note de service du président-directeur générale de CFP Victor de Metz, « organisation de la direction Moyen-Orient », 10 janvier 1956

270 La direction des opération sera dénommée direction production lors de la mise en production des premières surfaces par CFP-A.

271 AH TotalEnergies, 18V01807/699, Note provisoire d'organisation, 15 novembre 1955

272 AH TotalEnergies, 89ZY240/44, CFP, Note d'organisation du secrétariat général, 15 novembre 1955 ; 89ZY240/44, CFP, Note d'organisation de la direction administrative, 15 novembre 1955

273 AH TotalEnergies, 18V01807/699, Note provisoire d'organisation, 15 novembre 1955

en général »[274]. Concrètement, cette direction s'occupe de standardiser le matériel, assurer la reproduction des projets et favoriser la circulation des techniques dans les domaines de l'ingénierie du réservoir, du forage et de la construction de pipelines[275].

La création de la DCEP confirme la volonté de transposer le modèle d'organisation de la CFP-A vers le nouvel organisme de coordination. Les deux anciens membres du comité de direction de la CFP-A, Vautrin et Nizery, et le nouveau directeur général de la filiale algérienne Crosnier, assument le titre de chef de métier et deviennent des références pour tout le personnel du secteur amont des filiales et de la maison-mère[276]. L'émergence de groupes socioprofessionnels cloisonnés accentue la solidarité de corps et les liens hiérarchiques entre le centre et la périphérie. Pour renforcer le système de contrôle, la DCEP commence également à formaliser les liaisons juridiques. Au sein des filiales l'autorité de la CFP est représentée par un responsable groupe – celui-ci fait fonction de président-directeur général en cas de filiale majoritaire ou d'administrateur en cas de participation minoritaire–, un directeur général et un directeur local[277]. Si les objectifs opérationnels sont fixés par commandement hiérarchique, toutes les actions de coordination, d'assistance et d'information sont assurées par « recommandation », un dispositif juridiquement non contraignant et compatible avec le principe d'autonomie décisionnelle des sociétés[278]. En somme, le renforcement de l'esprit de corps est considéré comme la meilleure solution pour garantir le contrôle du centre sur la périphérie et limiter les risques d'autonomisation.

---

274 AH TotalEnergies, 18V01807/699, Note d'attribution, Direction des opérations du département exploration-production de la CFP, 20 juillet 1955.

275 *Ibid.*

276 AH TotalEnergies, 83ZX903/5, D. Chevrière à Bénézit, Note d'information « Groupe d'études du personnel : examen du statu quo », 19 juillet 1971.

277 *Ibid.*

278 AH TotalEnergies, 18V01807/699, Organisation et fonctionnement DEP (recherche d'une orientation), 19 août 1957.

B. Géologues, foreurs et géophysiciens : innovations techniques et organisation industrielle

L'application des méthodes géophysiques à la recherche saharienne

La découverte des gisements d'Hassi Messaoud et d'Hassi R'Mel en 1956 n'est pas le fruit du hasard comme cela est souvent présenté par la propagande de l'époque. Au contraire, c'est le résultat d'un long processus d'adaptation des techniques, des méthodes d'organisation et de gestion des ressources humaines. L'importance de la géophysique dans la recherche saharienne a déjà été mise en évidence par d'autres auteurs. En particulier, Roberto Cantoni a démontré que l'appropriation de savoir-faire dans ce domaine a permis à la France de développer une stratégie d'approvisionnement énergétique autonome au début de la guerre froide[279]. Mais, l'application industrielle de ces méthodes est accompagnée par l'introduction de nouvelles technologies qui permettent à la CFP-A et à la SN Repal de réduire les problèmes d'implantation des chantiers en plein désert. Si l'histoire officielle a mythifié l'année 1956 comme celle de la découverte « heureuse »[280] et « inattendue » d'Hassi Messaoud, l'identification de cet immense gisement est la conséquence directe d'un long processus d'innovation.

Après la mission géologique de la SN Repal et de la CFP-A un certain optimisme se diffuse autour de l'idée de la présence de pétrole dans le sous-sol saharien. Les sociétés commencent à réaliser des campagnes géophysiques pour orienter les premiers forages de reconnaissance stratigraphique grâce à l'accompagnement de la Compagnie générale de géophysique (CGG). Fondée en 1950 et héritière des brevets Schlumberger[281], la CGG trouve au Sahara un terrain idéal pour

---

279 R. Cantoni, *Oil exploration, diplomacy, and security in the early Cold War*, *op. cit.*

280 « Hassi Messaoud » en arabe signifie, littéralement, « puits de la joie » ou « puits de la chance ». Cette expression a été beaucoup utilisée par la presse et la littérature de l'époque pour souligner l'aspect inattendu de cet événement et pour mythifier le moment de la découverte.

281 Pour une histoire de Schlumberger, de la CGG et leur contribution au développement des méthodes voir : Louis A. Allaud et Maurice H. Martin, *Schlumberger : The History of a Technique*, Hoboken, John Wiley & Sons, 1972 ; Ken Auletta, *The Art of Corporate Success : The Story of Schlumberger*, New York, Penguin, 1985 ; Charles Carpenter Bates, Thomas Frohock Gaskell, Robert

développer ses techniques et devenir la première entreprise au monde dans ce secteur à haute technicité[282]. En 1952, la CGG commence à réaliser la première carte gravimétrique du Sahara. Largement employée à partir des années 1930[283], la méthode gravimétrique permet de mesurer la variation du champ magnétique des terrains pour identifier les irrégularités structurelles susceptibles d'abriter des réservoirs d'hydrocarbures. Malgré son faible coût, la gravimétrie montre très rapidement ses limites d'application : les sociétés décident alors de réaliser des campagnes de sismique réflexion sur des surfaces plus réduites[284]. Mise au point durant la Première Guerre mondiale par l'ingénieur allemand Ludger Mintrop, la sismique réflexion était initialement utilisée pour localiser l'artillerie ennemie à l'aide d'un sismographe, un instrument capable de mesurer les vibrations reproduites dans le sous-sol à la suite d'une détonation[285]. Adaptée aux besoins de l'industrie pétrolière dans l'après-guerre, cette méthode permet de capter les ondes projetées dans le sous-sol à la suite d'une explosion pour collecter des informations sur la conformation des terrains[286]. La sismique réflexion appliquée aux terrains du Sahara donne lieu à des résultats inattendus qui ne montrent aucune concordance avec

---

B. Rice, *Geophysics in the affairs of man: a personalized history of exploration geophysics and its allied sciences of seismology and oceanography*, Oxford, Pergamon Press, 1982 ; Geoffrey C. Bowker, *Science on the Run : Information Management and Industrial Geophysics at Schlumberger, 1920-1940*, Cambridge, MIT Press, 1994 ; Compagnie générale de géophysique, *75 ans de passion : 1931-2006*, Paris, Chêne, 2006.

282 AH TotalEnergies, 07AH0008/38, Communication de Maurice Martin, direction de l'exploitation de la Société de prospection électrique devant le comité géologique du BRP, 1er mars 1948 ; R. Cantoni, *Oil exploration, diplomacy, and security in the early Cold War*, *op. cit.*

283 En 1930, la Steaua Romana utilisait largement la méthode gravimétrique pour la prospection pétrolière en Roumanie. Cf. AH TotalEnergies, 85ZW243/9, Contrat entre SPG et Steaua Romana, Bucarest, 15 juillet 1930 ; Contrat entre SPG et Steaua Romana, Bucarest, 1er décembre 1930 ; Contrat entre SPG et Steaua Romana, Paris, 10 janvier 1932.

284 AH TotalEnergies, 18V01807/525, Rapport annuel CFP-A « étude critique des méthodes de rendement géophysiques », 1955 ; Pierre Cornet, Robert Lecourt et Jacques Chastenet, *Du mirage au miracle : pétrole saharien*, Paris, Nouvelles Éditions latines, 1960, p. 64.

285 Pierre Bondon, « Historique et progrès de la géophysique », *in La recherche pétrolière française (actes du 118° congrès national des sociétés historiques et scientifiques, Pau, 25-29 octobre 1993)*, Paris, Éditions du CTHS, 1994, p. 205.

286 Étienne Dalemont, *Le pétrole*, Paris, Presses universitaires de France, 1979, p. 37. Le chapitre sur l'explication des méthodes géophysiques de l'ouvrage d'Étienne

les profils du sous-sol établis grâce à la méthode gravimétrique[287]. Jean Laherrère – polytechnicien, ancien élève de l'ENSPM et de l'École de géologie de Grenoble recruté au service géophysique en 1955 – explique que l'inefficacité de la sismique réflexion est liée principalement aux difficultés d'enregistrement :

> « Pour que les vitesses se transmettent bien on a besoin de bonnes conditions [d'enregistrement], mais la présence de sable faisait que les ondes étaient très amorties et les résultats étaient très mauvais… Par exemple, à certains endroits des États-Unis avec un seul point de tir – vous faites un trou à 10 mètres de profondeur, vous mettez une livre d'explosif et vous mettez un géophone – vous pouviez enregistrer des ondes jusqu'à 5000 mètres de profondeur […] au Sahara, pour enregistrer en réflexion, il a fallu arriver jusqu'à 100 géophones [points de tir] par trace »[288].

La multiplication des sismographes et des points de tir par trace d'enregistrement pose de vrais problèmes de rentabilité. Si les découvertes de Lacq et Parentis par la sismique réflexion avaient imposé d'utiliser jusqu'à 36 sismographes par trace[289], l'emploi de 100 sismographes pour prospecter une surface d'un hectare est une solution économiquement peu viable. Sans assurer aucun résultat, l'emploi généralisé de cette méthode aurait imposé de multiplier la quantité d'explosif et le nombre de forages nécessaires à l'enterrer avec une conséquente augmentation des moyens humains et matériels nécessaires.

Après l'échec de la sismique réflexion, entre 1952 et 1953, les ingénieurs de la CGG suggèrent de tester la sismique réfraction[290]. Largement utilisée au Texas pour identifier les dômes de sel, cette méthode se révèle particulièrement adaptée à la géologie saharienne. Les mesures de résistivité permettent de dresser un inventaire des marqueurs stratigraphiques existants grâce au calcul des vitesses de propagation des

Dalemont a été rédigé par Guy de Lombarès, ancien géophysicien de la CFP-A que nous avons interviewé durant la campagne d'archives orales.

287 AH TotalEnergies, 18V01807/525, Rapport annuel CFP-A 1954, «Étude critique des méthodes de rendement géophysiques», p. 14.

288 AO011918, Archives orales de la Compagnie française des pétroles Algérie (CFP-A), Récit de carrière de Jean Laherrere, La Défense, 7 février 2019.

289 P. BONDON, « Historique et progrès de la géophysique », art. cit., p. 218.

290 AH TotalEnergies, 18V01807/525, Rapport annuel CFP-A 1954, « Étude critique des méthodes de rendement géophysiques », p. 14.

ondes sismiques[291]. À la fin de l'année 1952, les indications collectées suggèrent à la SN Repal de réaliser à proximité de Berriane un forage qui révèle la présence de gaz dans le sous-sol. Alain Perrodon explique qu'en dépit des indices encourageants, les sociétés partenaires décident de retarder toute découverte éventuelle :

> « Berriane c'était une amorce d'espoir puisqu'on avait fait des découvertes, mais on savait qu'on n'était pas bien placé du point de vue structural… D'après ce qu'on voyait, on se disait que s'il y avait une structure il devait y avoir du gaz. On a continué à faire de la sismique et on voyait [que la structure] montait toujours vers le nord, jusqu'au moment où ça plongeait et là on avait imaginé l'implantation de ce qui allait devenir Hassi R'Mel… Mais la CFP n'était pas pressée tellement de trouver du brut, elle avait à caser son brut d'Irak et [ses dirigeants] avaient plus une mentalité de raffineurs que d'explorateurs à l'époque »[292].

L'obligation de rendre 50 % des permis après une période de 5 ans impose aux entreprises d'intensifier leurs efforts de prospection. Entre 1954 et 1955, les dépenses pour les missions sismiques augmentent jusqu'à atteindre la moitié du budget d'exploration de la CFP-A. Ces investissements sont pourtant considérés nécessaires puisque, comme l'expliquent les rapports de l'entreprise, « […] si les méthodes sismiques coûtent cher, elles sont jusqu'à présent les seules (surtout la réfraction) dont on ait pu tirer une interprétation »[293].

---

291 Cf. Georges Nely et Chambre syndicale de la recherche et de la production du pétrole et du gaz naturel, commission exploration, *Méthodes géophysiques*, Paris, Technip, 1986.

292 AH TotalEnergies, AO011919, Archives orales de la Compagnie française des pétroles Algérie (CFP-A), Récit de carrière de Alain Perrodon, Vaucresson, 15 février 2019.

293 AH TotalEnergies, 18V01807/525, Rapport annuel CFP-A 1954, « Étude critique des méthodes de rendement géophysiques », p. 14.

Photo 6. Préparation d'une explosion sismique au Sahara, 1959 – Photothèque historique TotalEnergies, 101307, Guyot ©

La rapide augmentation des activités de prospection impose d'augmenter les effectifs du service géophysique même si cela se révèle très difficile puisque la quasi-totalité des ingénieurs sortis du parcours « géophysique » de l'ENSPM est dirigée vers la CGG. La CFP-A et la SN Repal, doivent donc s'appuyer presque uniquement sur l'expertise de la filiale française de Schlumberger. Au fil des années, les missions se multiplient tout comme le nombre d'agents détachés sur les surfaces sahariennes. Seulement en 1955, la CFP-A fait appel à 5 équipes de la CGG chacune desquelles mobilise un nombre très important d'hommes et de moyens. À titre d'exemple, la mission sismique s-231 déployée pendant 7 mois sur les permis de Fort Mirabel et d'El Goléa se compose de « 16 techniciens CGG (dont un chef de mission), 75 travailleurs auxiliaires recrutés dans les oasis de proximité, 2 laboratoires, 14 véhicules et 3 camions de 7 tonnes ; 2 appareils de forage léger pour le forage à eau nécessaire au ravitaillement du camp mobile et pour les forages à explosif qui demande la présence supplémentaire de 6 techniciens de forage et 11 auxiliaires »[294].

Le coût de chaque mission géophysique est très élevé en raison des besoins matériels des équipes et des contraintes liées au contexte d'activité. En premier lieu, l'absence de cartographie impose de réaliser des études topographiques pour définir les points astronomiques des surfaces d'intérêt[295]. En deuxième lieu, l'enregistrement des captations sur film photographique impose de développer les planches dans un camion dressé à chambre obscure pour vérifier dans l'immédiat la qualité des résultats. Les premiers sismographes nécessitent en effet un silence absolu pour garantir un enregistrement de qualité donc chaque événement atmosphérique, comme un simple vent de sable, peut retarder l'avancement de la mission. En troisième lieu, le coût de l'explosif composé de nitrate et 10 % de fuel[296] a un impact considérable sur le budget des missions. Pour chaque tir sismique, on utilise 360 kg d'explosif, une quantité qui doit être multipliée pour une moyenne de 90 tirs réalisés durant une mission de quatre mois[297].

En dépit des difficultés de terrain, les campagnes de 1955 permettent d'identifier des indices intéressants à proximité d'Hassi Messaoud. À quelques mois de l'échéance pour le renouvellement des permis, la sismique réfraction met en évidence un énorme réservoir d'huile à la frontière entre les permis Ouargla et Oued Mya[298]. Cette découverte confirme la fiabilité de la méthode de prospection géophysique et met fin à la phase d'expérimentation qui caractérise les premières années d'activité des sociétés françaises. Entre 1956 et 1957, de nouveaux sismographes mis au point aux États-Unis introduisent un système d'enregistrement sur bande magnétique, ce qui permet de pérenniser et reproduire les

294 AH TotalEnergies, 18V01807/525, Rapport annuel CFP-A 1955, « Composition des équipes : sismique réfraction », p. 21.

295 AH TotalEnergies, AO011918, Archives orales de la Compagnie française des pétroles Algérie (CFP-A), Récit de carrière de Jean Laherrere, La Défense, 7 février 2019.

296 *Ibid.*

297 AH TotalEnergies, 18V01807/525, Rapport annuel CFP-A 1955, « Tableau III : prix de revient et prix unitaire – sismique réfraction ».

298 André Combaz, « Les premières découvertes de pétrole au Sahara dans les années 1950 : le témoignage d'un acteur », *Travaux du Comité français d'Histoire de la Géologie*, 3e série, tome 16, 2002, p. 95-118, ici p. 11.

informations obtenues durant les campagnes mais également de réduire le temps de captation[299]. Au même titre, l'introduction de la méthode *weight dropping*, à savoir le remplacement de l'ébranlement par détonation par la chute de poids, contribue à limiter les contraintes techniques et à réduire les risques sécuritaires[300]. En effet, avec l'intensification des combats, les missions géophysiques au Sahara deviennent des cibles potentielles en raison de leur isolement, leur relative staticité et de la présence d'explosif qui doit être surveillé jour et nuit[301].

Photo 7. Lecture d'une bande d'enregistrement de tir sismique au Sahara, 1959 – Photothèque historique TotalEnergies, 101308, Guyot ©

En 1956, la CFP-A se dote d'un bureau de contrôle et d'interprétation géophysiques chargé de normaliser les techniques en liaison avec la

299 AH TotalEnergies, 18V01807/526, Rapport annuel CFP-A 1956, « Géophysique », p. 21.

300 *Ibid.*

301 AH TotalEnergies, 18V01807/526, Rapport annuel 1957, p. 18.

DCEP. Le service commence à recruter de jeunes ingénieurs qui seront formés au Sahara en prévision de leur déploiement dans de nouvelles zones d'exploration[302]. Dans ce contexte, la société commence à s'intéresser également à la gravimétrie et au magnétisme, des procédés considérés comme complémentaires aux méthodes sismiques. Pour compléter ses équipes, la CFP commence donc à chercher des physiciens et des mathématiciens spécialisés dans ces disciplines. Dans ce contexte, Francine Rimbert, docteur ès sciences à l'Université de Paris, est recrutée par Henri Vautrin en 1957. Elle devient ainsi la première femme ingénieur dans l'histoire de la CFP[303]. Après sa licence en mathématiques, Francine Rimbert avait travaillé comme calculatrice au Bureau gravimétrique international avant de se spécialiser en physique du globe et de réaliser un doctorat sur le magnétisme des roches, sous la direction du professeur Émile Tellier. À la fin de ses études, un certain Barbanov, qui était géophysicien à la CGG, lui suggère de s'orienter vers l'industrie pétrolière, un secteur qui offrait diverses opportunités professionnelles :

> « C'est par un intermédiaire que Barbanov m'a fait savoir que [la CFP], en ce moment-là, cherchait quelqu'un qui s'y connaisse en gravimétrie et en champ magnétique terrestre parce que – là vous allez toucher le caractère académique français – comme ce sont deux parties de la science qui étaient étudiées par des universitaires, les gens des grandes écoles ne voulaient pas en entendre parler ! À cette époque-là c'était très clair… vous ne parliez pas de gravimétrie à des gens qui avaient fait Polytechnique de même que, il ne fallait pas parler des rayons cosmiques qu'étudiait Leprince-Ringuet à Polytechnique aux universitaires, ça n'existait pas »[304] !

Seule spécialiste en gravimétrie, Francine Rimbert intègre les équipes d'exploration de la DCEP. Après son détachement en Algérie, elle est chargée de suivre les campagnes de prospection dans les nouvelles zones d'activité. Dans une période où les femmes ne pouvaient pas accéder aux grandes écoles, son recrutement confirme la complémentarité entre la recherche fondamentale des universités et la recherche appliquée des

---

302 En 1957, le service géophysique compte 8 ingénieurs alors qu'en 1955 il y avait seulement 2 géophysiciens au sein de l'entreprise.

303 AH TotalEnergies, AO011920, Archives orales de la Compagnie française des pétroles Algérie (CFP-A), Récit de carrière de Francine Rimbert, La Défense, 26 février 2019.

304 *Ibid.*

écoles d'ingénieurs dans le développement de l'industrie pétrolière française.

L'installation des chantiers de forage : limites matérielles et contraintes logistiques

Le démarrage de l'activité de forage à la CFP-A est fortement conditionné par les contraintes logistiques liées à la géographie saharienne. Arrivé à Alger en 1953, l'appareil Emsco J1400 doit être acheminé sur le premier emplacement de forage à environ 900 km de la côte. Plus de 3000 tonnes d'équipement et 750 tonnes de ravitaillement mensuel en matériel et carburant doivent donc franchir les cols et traverser les gorges de l'Atlas saharien[305]. Le déplacement des chantiers de forage se révèle un sujet très délicat puisqu'au début des années 1950 le réseau de transport est presque inexistant[306]. Celui-ci se limite aux besoins de ravitaillement des oasis, aux liaisons administratives et à l'évacuation de la production de dattes. Les voies de communication sont construites uniquement sur l'axe nord-sud pour relier Oran à Colomb-Béchar, Alger et Ghardaïa à In Salah et Philippeville à Touggourt, Fort Lallemand et Tamanrasset[307]. En revanche, aucune infrastructure routière ne permet le déplacement de grands tonnages sur les axes est-ouest.

Pour démarrer les forages, les techniciens de la CFP-A décident de transporter l'appareil Emsco J1400 à El Goléa sur un emplacement relativement accessible à proximité d'une oasis. Malgré l'existence d'une piste aménagée, 28 jours sont nécessaires pour déplacer l'appareil de forage avant sa mise en fonction le 28 novembre 1953[308]. Initialement Pierre Germes et Louis Ramette imaginent de transporter l'ensemble des équipements par voie ferrée entre Alger et Djelfa puis par convoi

---

305 AH TotalEnergiesEnergies 18V01807/481, Visite de MM. Bénézit et Germes à la direction des travaux publics le 5 février 1954 (M. Saigot), Alger, 8 février 1954.

306 AH TotalEnergiesEnergies 18V01807/481, Lettre de Bénézit à Germes, sdnl; 18V01807/261, Jean-Louis Nouviaire (ingénieur à l'Omnium technique de transports par pipeline), Remarques sur l'organisation des transports au Sahara, 13 novembre 1958.

307 AH TotalEnergiesEnergies; 18V01807/259, J. Saigot (directeur des travaux publics et transports d'Algérie) « Les travaux d'infrastructure au Sahara de 1945 à 1957 », *Revue générale des routes et des aérodromes*, n° 329 (spécial Sahara), juin 1959.

308 AH TotalEnergies, 18V01807/525, Rapport annuel, 1953.

routier jusqu'à El Goléa[309]. Cette solution est rapidement abandonnée puisque les frais de transport sont très élevés tandis que l'appareil de forage, les baraques et les bassins à boue sont hors gabarit[310]. La société fait alors appel à une entreprise de génie civil pour aménager une piste entre El Goléa et Ouargla, la dernière ville desservie par la route[311]. Le forage d'El Goléa ne donne pas de résultats satisfaisants et la société décide de déplacer son appareil sur un autre emplacement inaccessible par voie routière. En février 1954, Germes et Bénézit commencent à négocier la participation du Gouvernement général aux dépenses pour la construction de nouvelles routes au Sahara. En raison du refus, la CFP-A installe son appareil de forage à Tamellhat, sur un emplacement situé à proximité de la voie ferrée.

309 AH TotalEnergies, 18V01807/261, Note de Pierre Germes, « Visite de M. Dulon CFA », Alger, 23 octobre 1953.

310 AH TotalEnergies, 18V01807/261, Note de Pierre Germes à Jacques Bénézit, « Transports par les C.F.A. » Alger, 4 novembre 1953.

311 AH TotalEnergies, 18V01807/261, Réponse du directeur exploration à Henri Vautrin au questionnaire du BRP en matière de transports sahariens, 13 août 1954.

Photo 8. Installation de l'appareil de forage Emsco J 1400 à El Goléa, 1954 – Photothèque historique TotalEnergies, 17V00537–78-1.

Le transport impacte lourdement le coût des forages et limite les possibilités opérationnelles des entreprises[312]. Pour cette raison, le BRP commence à étudier les besoins des sociétés pétrolières actives au Sahara par l'intermédiaire du Bureau industriel africain (BIA)[313]. Créé par la loi du 5 janvier 1952, le BIA est chargé de favoriser le développement industriel du Sahara et de créer une infrastructure de transport pour l'exploitation minière et pétrolière[314]. Pour encourager la construction d'un réseau de communication, dès 1954 des exonérations

312 AH TotalEnergies, 18V01807/481, Projet de lettre du président-directeur général de la Compagnie française des pétroles Algérie au Gouvernement général, 2 avril 1954.

313 AH TotalEnergies, 18V01807/481, Copie de la lettre du directeur du BRP Blancard au directeur général de la CFP-A, Paris, 1er juin 1954.

314 Robert Capot-Rey, « Le Bureau industriel africain et les recherches minières au Sahara », *Annales de géographie*, 64-344, 1955, p. 296-297.

fiscales et douanières sont reconnues aux entreprises qui réalisent des investissements dans ce domaine. En même temps, le ministère des Armées met à disposition du BIA une compagnie du génie saharien et les moyens mécaniques nécessaires à « effectuer des travaux de génie civil en n'importe quel point du Sahara sur demande d'établissements publics et privés »[315].

Durant cette phase de démarrage, la coordination entre les différents acteurs reste extrêmement difficile en raison des besoins multiples. Les sociétés de recherche nécessitent, certes, des routes, mais également des terrains d'aviation et des postes de radio à proximité des chantiers. L'installation de chaque nouveau chantier de forage impose en effet d'aménager un terrain d'aviation adapté au décollage et à l'atterrissage d'avions Douglas DC 4 et Breguet Deux-Ponts. C'est par avion que les entreprises assurent le ravitaillement en vivres, en matériel et en pièces de rechange, ainsi que la rotation du personnel et l'évacuation sanitaire des blessés. L'augmentation du trafic aérien entre Alger et le Sahara[316] impose également d'installer des radiophares et des radiobalises pour permettre le vol de nuit et en cas de mauvaises conditions climatiques[317]. L'avion se confirme comme le moyen de transport le plus rentable même après la découverte d'Hassi Messaoud, quand les conditions sécuritaires ne permettent pas de privilégier la voie ferrée pour le transport des personnes et des équipements.

---

315 AH TotalEnergies, 18V01807/481, BRP, Compte rendu de la réunion des directeurs au sujet de l'infrastructure saharienne, Paris, 8 juin 1954.

316 Si en 1953 on compte quelques centaines de passagers par an, en 1956 plus de 26 000 passagers et 5500 tonnes de fret transitent dans les aérodromes sahariens. AH TotalEnergies, 18V01807/259, J. Benoit (ing. Ponts et chaussées, Chef de la section aviation OCRS), « Le transport aérien au Sahara », *Revue générale des routes et des aérodromes*, n° 329 (spécial Sahara), juin 1959.

317 AH TotalEnergies, 18V01807/481, Compte rendu de la réunion du 20 mai 1955 au Gouvernement général, Alger, 25 mai 1955 ; amélioration de l'infrastructure saharienne, Alger, 21 mai 1955.

Photo 9. Déchargement d'un avion Air France au Sahara, 1959 – Photothèque historique TotalEnergies, 17V00537–67-2, Alain Pol ©

L'évolution des besoins de mobilité terrestre des sociétés pétrolières pose plusieurs problèmes logistiques. En 1954, le déménagement entre El Goléa et Tamellhat se révèle un véritable défi pour la CFP-A qui doit déplacer un chantier de forage sur plus de 500 km, dont 165 km dépourvus de pistes aménagées. Commencée le 16 juin, cette opération dure 24 jours et emploie 21 camions à plateau et 18 tracteurs semi-remorques, pour un total de 110 voyages. Le planning de déménagement envisagé par les ingénieurs de la CFP-A n'est pas respecté, puisque les hommes et les véhicules sont « [...] très éprouvés par la chaleur et les difficultés de trajet »[318]. Les tracteurs routiers se montrent peu adaptés au transport dans le désert et des déviations de plus de 200 km sont nécessaires. Au-delà des pannes systématiques des véhicules, le retard est imputable aux opérations de montage et démontage des installations. Le circuit de gîtes d'étape aménagé à proximité des points d'eau pour le ravitaillement et le dépannage des véhicules ne fonctionne pas et

318 AH TotalEnergies, 18V01807/261, Quelques observations sur le déménagement de la sonde d'El Goléa à Tamellaht, juillet 1954.

les difficultés de communication radio compliquent la coordination des opérations avec les sociétés contractées localement[319]. L'échec du premier déménagement impose de revoir complètement les méthodes d'organisation. À la fin du forage de Tamellhat, Pierre Germes suggère d'installer l'appareil de la CFP-A sur le permis de la SN Repal le plus proche, une solution qui aurait permis de réduire la distance à parcourir et les frais de transport. Néanmoins, les sociétés ne semblent pas encore prêtes à accepter le principe selon lequel « chacun des deux associés fore un trou sur le permis de l'autre »[320]. La CFP-A commence alors à rationaliser son parc automobile en achetant des poids lourds *oilfield service* tous terrains. Dans une période où les constructeurs automobiles se spécialisent dans la fabrication de véhicules adaptés au transport saharien[321], les sociétés de recherche font appel au fabricant américain Kenworth Trucks, qui avait mis au point dans les années 1940 un poids lourd de 20 tonnes pour répondre aux besoins de l'industrie pétrolière en Arabie saoudite. Surnommés les « cuirassés de la route »[322], les Kenworth *oilfield service* sont conçus pour transporter des mâts de forages sur tous les terrains, pour résister au sable et aux températures élevées. La maison Berliet commence également à mettre au point des véhicules adaptés au contexte désertique mais aussi d'autres sociétés participent à cet effort d'innovation[323]. Les besoins de transport accélèrent donc l'introduction de nouvelles technologies pour refroidir les moteurs et pour limiter l'effet du sable sur la mécanique des véhicules[324]. Des pneus de nouvelle génération sont développés par Michelin pour limiter les

---

319 Sociétés contractées : Compagnie Saharienne Automobile (Deviq), Pons, Mazerati, Mory, Fuster, SAES, CTA et Mory mettent à disposition surtout Berliet, Willème Plateau et Semi-Remorques pour le transport des éléments du camp comme les cabines et les installations communes et tous les éléments de l'appareil de forage.

320 AH TotalEnergies, 18V01807/261, Note de Germes à Vautrin, Alger, 3 septembre 1955.

321 AH TotalEnergies, 18V01807/261, Lettre du BRP à la direction générale de la CFP-A, Paris, 16 juillet 1957 (copie du 23 décembre 1957, sans signature).

322 AH TotalEnergies, 18V01807/261, Prix de revient et technique de l'organisation des transports par pistes et routes de la CFP-A), Alger, 27 septembre 1957.

323 Albert Laurent, « Deux missions transafricaines modernes : Berliet-Ténéré (1959-1960) et Berliet-Tchad (1960) », *Le Globe. Revue genevoise de géographie*, 102-1, 1962, p. 13-14.

324 AH TotalEnergies, 91ZZ419/1 Jean Bernardet, « Le véhicule saharien doit se spécialiser », *Science et vie*, n° 43, juin 1958, numéro hors-série « Le Sahara », p. 84.

risques d'ensablement et d'érosion de la bande de roulement au contact avec sol saharien[325].

Photo 10. Ouvriers en pose devant un camion Berliet T100, 1957 – Photothèque historique TotalEnergies, 17V00537–73-1, Droits réservés – Total ©

La vie, le travail et les risques sécuritaires sur les chantiers sahariens

Le besoin de loger les équipes à plusieurs centaines de kilomètres de la côte a un fort impact sur les coûts d'activité de l'entreprise. Acheté en 1953, le premier camp mobile se compose de 18 cabines avec

325 André Gueslin, *Les hommes du pneu : les ouvriers Michelin à Clermont-Ferrand de 1940 à 1980*, Paris, Éditions de l'Atelier, 1999 ; AH TotalEnergies, 18V01807/259, Laboratoire central des Ponts et Chaussées (Division d'Alger), Étude de l'action des véhicules gros porteurs sahariens sur l'infrastructure routière, essais routiers complémentaires exécutés dans la région de Ouargla au mois de novembre 1958.

deux cellules individuelles, 1 cabine pour le chef de chantier, 1 bar, 1 restaurant, 1 cuisine dotée d'une chambre froide et des installations sanitaires démontables. L'ensemble des éléments est climatisé afin de garantir « le maintien des aptitudes physiques »[326] et assurer la continuité des travaux pendant le long été saharien. La réalisation des premiers forages confirme la résistance du personnel aux conditions d'activité. Les rapports de la CFP-A expliquent qu'« un sommeil réparateur dans une cabine climatisée, une nourriture saine spécialement adaptée et une certaine ambiance de confort [permettent de] supporter vaillamment les rudesses du climat »[327]. Par ailleurs, l'introduction d'un système de rotation qui alterne 3 semaines de travail à 1 semaine de repos durant l'été et 6 semaines de travail à 2 semaines de repos durant l'hiver assure la récupération physique et psychologique du personnel de chantier.

Dans une période caractérisée par la démocratisation des électroménagers, le conditionnement de l'air et la réfrigération des denrées alimentaires se révèlent essentiels pour la continuité des programmes d'exploration. À partir des années 1950, différentes études avaient mis en évidence l'impact des technologies de refroidissement sur le rendement du personnel, la diminution des accidents de travail, la prévention de maladies et la réduction de l'absentéisme[328]. Cette idée est confirmée par Jean-Pierre Strobel quand il explique que les premiers forages ont été possibles : « grâce à la jeunesse du personnel de sonde [et puisque] on était logés, nourris et climatisés comme il faut ! »[329]. En dépit du gain de productivité, les coûts de la climatisation ont un impact important sur le budget des chantiers. Pour cette raison, lors de la construction des premières bases sahariennes, le refroidissement à compression est remplacé avec un système de refroidissement à évaporation[330]. Si ce système assure une épargne considérable en termes énergétiques, il ne garantit pas une

---

326 AH TotalEnergies, 18V01807/525 Rapport annuel 1954 p. 29 bis.

327 *Ibid.*

328 AH TotalEnergies, 18V01807/170, Projet de Cité à Hassi Messaoud, *Annales de l'institut du Bâtiment et des Travaux publics*, n° 119, novembre 1957.

329 AH TotalEnergies, AO011901, Archives orales de la Compagnie française des pétroles Algérie (CFP-A), Récit de carrière de Jean-Pierre Strobel, La-Celle-Saint-Cloud, 18 avril 2018.

330 AH TotalEnergies, 917.7.419/1, « Chaîne du froid et conditionnement de l'air au Sahara », in Techniques françaises, « Le pétrole et le gaz naturel ». Cf. Gail Cooper, *Air-conditioning America : engineers and the controlled environment, 1900-1960*, Baltimore, Johns Hopkins University Press, 1998 ; Marsha Ackermann,

réduction optimale de la température des cabines. Les témoignages mettent en évidence l'impact d'un tel changement sur la vie des travailleurs :

> « Sur les premiers forages, on avait des climatiseurs modernes, je ne me rappelle plus la marque [...] la plus connue [...] et sur la base de Messaoud on a commencé avec des humidificateurs, qui allaient moins bien. Vous savez, c'est comme un climatiseur sauf qu'il y a une façade pleine de paille et à l'intérieur il y a un ventilateur et une petite pompe qui pompe l'eau et la fait tomber sur la paille [...] puis le ventilateur souffle le flux de la paille humide. Ça a créé beaucoup de problèmes à Messaoud puisque vous laissiez tourner votre humidificateur pendant que vous étiez au boulot et, en rentrant, à force d'humidifier la paille, il y avait de petits morceaux qui tombaient et bouchaient la pompe ! Donc la pompe bouchée ça ne faisait plus froid[331] ! »

Photo 11. Transport de denrées alimentaires dans un container isothermique, 1957 – Photothèque historique TotalEnergies, 17V00539–3-2, Droits réservés – Total ©

Cool Comfort: America's Romance with Air-Conditioning, Washington, D.C., Smithsonian Institution, 2013.

331 AH TotalEnergies, AO011901, Archives orales de la Compagnie française des pétroles Algérie (CFP-A), Récit de carrière de Jean-Pierre Strobel, La-Celle-Saint-Cloud, 18 avril 2018.

La lutte contre la chaleur se révèle un enjeu primordial pour l'entreprise qui doit mettre en œuvre plusieurs dispositifs pour assurer la santé et la sécurité de ses agents. D'une part, le personnel de chantier est obligé à prendre des pastilles de sels minéraux et à boire dix litres d'eau durant les huit heures de travail. D'autre part, des denrées fraîches sont transportées par avion depuis Alger dans des containers à forte isolation thermique, ce qui permet d'assurer aux travailleurs une nourriture équilibrée. Cela est possible grâce aux innovations en matière de conservation des denrées alimentaires[332] et par la spécialisation de certaines entreprises comme la Société des ateliers de constructions frigorifiques tropicales de Louis Zhendre. L'apparition en 1955 de l'Isofrigo Saharien, un container frigorifique qui permet de maintenir une température comprise entre 0° et -5° contre une température extérieure de plus de 55°, contribue à améliorer la qualité de vie des travailleurs.

Dans les premières années d'activité, plusieurs accidents de travail sont signalés sur les chantiers de forage de la CFP-A. En 1956, la société compte 59 travailleurs blessés en dépit de l'introduction de certains dispositifs de prévention comme l'interdiction de travailler à torse nu et le comptage des jours sans accidents[333]. L'amélioration des conditions de vie permet de réduire le nombre d'accidents et d'accélérer l'avancement des travaux. L'entreprise s'intéresse de très près à l'état physique et physiologique des travailleurs et met en place un système de surveillance capillaire pour assurer le suivi médical du personnel déployé sur les différents chantiers sahariens[334]. Pour mutualiser la solution de problèmes communs, comme l'exposition prolongée à la chaleur et l'adaptation psychologique à la vie dans le désert, les entreprises pétrolières soutiennent la création du Centre d'études et information des problèmes humains en zones arides (PROHUZA) en collaboration avec le BIA[335]. Le nouveau centre est chargé de conduire des études sur l'adaptation des hommes au climat

---

332 Aurélie Brayet, *Un frigidaire et nous serons heureux ! Histoire technique et culturelle du réfrigérateur*, Belfort, Université de Technologies de Belfort-Montbéliard, 2020.

333 AH TotalEnergies, 18V01807/97, Service du personnel, Rapports mensuels Direction, janvier-décembre 1956.

334 AH TotalEnergies, 18V01807/144, Annexe à la lettre de Crosnier au Lieutenant-Colonel Ferry, Commandant du territoire militaire de Ghardaïa, horaire et fréquence des émissions radio, Alger, 20 avril 1956.

335 AH TotalEnergies, 18V01807/226, Projet de création auprès du Bureau industriel africain d'un centre d'études et information des problèmes humains dans les zones arides (Sahara), n° 373 BIA, 17 juillet 1956.

désertique en lien avec plusieurs laboratoires de recherche spécialisés en ethnologie, physiologie et médecine du travail. Les recherches de PROHUZA permettent aux sociétés pétrolières de mieux comprendre l'incidence des facteurs climatiques et les effets de la déshydratation sur le métabolisme et l'équilibre psychique des travailleurs. Cela permet, d'une part, d'orienter les choix en termes d'habitat, d'alimentation et de sécurité au travail et, d'autre part, de perfectionner les procédures de sélection biométrique et psychotechnique du personnel[336].

Au même titre que les conditions climatiques, les risques sécuritaires liés à la guerre d'Algérie ont un impact direct sur la vie et le travail au Sahara. Avec la création du statut des unités territoriales, les chantiers sahariens sont subordonnés à l'autorité de l'armée[337]. Toutes les bases et les installations doivent désormais être surveillées par des « gardiens français de souche » rémunérés par les sociétés pétrolières. Par ailleurs, comme le précise l'ordonnance, « [...] le personnel français de souche travaillant momentanément dans un camp, se trouvera, du fait même de sa présence dans ce dernier, rappelé par l'autorité militaire au titre de l'unité territoriale »[338]. L'officier ou le sous-officier de réserve plus ancien est alors nommé commandant de l'unité territoriale et chargé d'assurer la liaison avec l'armée. Tous les travailleurs sont dotés « d'un mousqueton ou d'un fusil par homme, d'une petite mitrailleuse par huit hommes et de deux grenades offensives par homme »[339]. Interrogés sur la sécurité des chantiers sahariens, les anciens salariés évoquent à plusieurs reprises la présence d'anciens légionnaires recrutés par la direction de la CFP-A. Cependant, aucun d'entre eux n'a été capable d'expliquer le fonctionnement général du dispositif de défense mis en place dans cette période, ce qui laisse imaginer une certaine discrétion dans l'application de cette ordonnance.

En dépit des mesures mises en place, les chroniques de l'époque mentionnent très rarement les accidents liés à la situation politique en

336 *Ibid.*

337 Charles-Robert Ageron, « Les supplétifs algériens dans l'armée française pendant la guerre d'Algérie », *Vingtième Siècle. Revue d'histoire*, 48-1, 1995, p. 3-20.

338 AH TotalEnergies, 18V01807/297, Extrait de la note 10/1 de la 10e Région militaire relative à la mise sur pied d'unités territoriales d'un type spécial pour au Sahara et de son modificatif n81.011 EM. 10/1er/MOB du 13 septembre 1958.

339 *Ibid.*

Algérie[340]. Nous ne savons pas si cela est dû au bon fonctionnement des dispositifs de défense à la censure des moyens d'information. Ce qui est certain, c'est que des événements mineurs comme l'attaque d'éléments irréguliers à une équipe gravimétrique de la CPA encouragent le renforcement du dispositif sécuritaire. L'armée est donc chargée de protéger les points sensibles et de réaliser des « opérations d'assainissement » pour démanteler les cellules du FLN, tandis que les entreprises doivent surveiller le personnel indigène et mettre tout en œuvre pour limiter la diffusion « d'idées insurrectionnelles »[341]. Dans un contexte où le sabotage du derrick devient un véritable *topos* littéraire, ce dispositif permet d'assimiler progressivement le personnel musulman qui présente plus de garanties du point de vue politique[342].

C. Le rôle de la communication dans l'invention de l'épopée du pétrole saharien

Les relations publiques dans les compagnies pétrolières

Avec les découvertes de 1956 commence la construction des installations de production et de transport du brut saharien. Les compagnies pétrolières doivent donc faire appel à des sociétés de financement et convaincre les investisseurs sur la fiabilité de ces projets lancés en pleine guerre de décolonisation[343]. En 1956, la Société financière des pétroles (FINAREP) et la Compagnie financière des recherches pétrolières (COFIREP) répondent à l'appel au capital et acquièrent 7,5 % des actions de la CFP-A[344]. Les besoins des compagnies encouragent

340 Louis Blin, *L'Algérie, du Sahara au Sahel: route transsaharienne, économie pétrolière et construction de l'État*, Paris, L'Harmattan, 1990, p. 99.

341 AH TotalEnergies, 18V01807/297, Lettre de Crosnier au ministre du Sahara, Alger, 20 novembre 1957, Lettre du ministre du Sahara Max Lejeune au Directeur général Paul Crosnier, Paris, 28 novembre 1957; Projet de lettre de Fernand Lamorte au Commandant de la Xe Région militaire, sdnl.

342 AH TotalEnergies, 18V01807/297, Instruction sur la défense des installations pétrolières et le fonctionnement des unités territoriales au Sahara n° 580033/EM.10/1/MOB, du 13 janvier 1958.

343 E. Kocher-Marboeuf, *Le Patricien et le Général. Jean-Marcel Jeanneney et Charles de Gaulle 1958-1969*, vol. 1, *op. cit.*

344 AH TotalEnergies, 18V01807/525, Rapport annuel, 1955, p. 3; Rapport annuel, 1956, p. 3.

alors la multiplication des « REP » et des « REX », des sociétés cotées en bourses dont le nom rappelle leur vocation au financement de la recherche et l'exploration pétrolière[345]. En ce contexte, la réforme territoriale de 1957 modifie profondément la géographie de l'Algérie et introduit une véritable division entre l'Algérie du Nord et les Territoires du Sud. La création de l'Organisation commune des régions sahariennes (OCRS)[346] fournit un nouveau cadre administratif pour les projets de développement industriel et pour l'application de la nouvelle loi sur les hydrocarbures : le Code pétrolier saharien[347]. Après la séparation du Sahara et de l'Algérie du Nord, l'introduction des certificats pétroliers complète la réforme du secteur. Situé à mi-chemin entre l'action et l'obligation[348], cet instrument financier attribue aux investisseurs privés « tous les droits pécuniaires de l'action à l'exclusion du droit de vote qui reste au détenteur public de la participation »[349]. En vertu de la loi du 26 juin 1957, les certificats pétroliers ouvrent au financement boursier les activités des filiales sahariennes du BRP et de la CFP[350]. Afin de convaincre les épargnants, les entreprises pétrolières donnent vie à l'épopée du pétrole saharien en s'appuyant sur la presse, la littérature de jeunesse, la radio et le cinéma.

Cette stratégie de propagande est soutenue par la création des services de relations publiques au sein des compagnies pétrolières[351].

---

345 P. Cornet, R. Lecourt et J. Chastenet, *Du mirage au miracle*, *op. cit.*

346 L'Organisation commune des régions sahariennes est créée par la loi n° 57-27 du 10 janvier 1957

347 Promulgué par l'ordonnance n° 58.1111 du 22 novembre 1958, le Code pétrolier saharien fixe notamment les modalités d'attribution des concessions et le régime d'exonération fiscale pour les sociétés de recherche et fixe la redevance sur l'activité pétrolière à 12,5 % en attribuant une garantie sur 25 ans. Cf. Robert Fosset, « Pétrole et gaz naturel au Sahara », *Annales de géographie*, 71-385, 1962, p. 279-308.

348 E. Kocher-Marboeuf, *Le Patricien et le Général. Jean-Marcel Jeanneney et Charles de Gaulle 1958-1969*, vol. I, *op. cit.*

349 D. Murat, *L'intervention de l'État dans le secteur pétrolier en France*, *op. cit.*, p. 295.

350 AH TotalEnergies, CFP Documents sur l'exercice 1957, « Émission de certificats pétroliers », p. 224.

351 Thierry Viale, *La communication d'entreprise : pour une histoire des métiers et des écoles*, Paris, L'Harmattan, 1997 ; « La communication de la grande entreprise », *Entreprises et histoire*, n° 11, 1996/1.

Développées aux États-Unis au début du XXe siècle[352], les méthodes des *Publics Relations* sont introduites en France à la fin de la Seconde Guerre mondiale par les filiales des sociétés pétrolières anglo-américaines. En 1947, des cadres français de Shell France, Caltex et de Standard Française – en particulier François Lulé-Dejardin, Lucien Matrat et Jean Choppin de Janvry – sont envoyés en formation aux États-Unis pour s'initier à la nouvelle discipline[353]. En même temps, l'Association française pour l'accroissement de la productivité commence à organiser des conférences, à diffuser du matériel d'information et une littérature spécialisée traduite en français[354]. C'est en 1952 que la CFP constitue son propre service de relations publiques pour assurer « [...] les contacts avec la presse, les visiteurs et d'une façon générale avec les personnes et les sociétés témoignant de l'intérêt pour les activités de CFP »[355]. Au même titre, la communication devient un enjeu stratégique au moment de la création de Total compagnie française de distribution (TCFD) et du lancement de la marque de Total entre 1954 et 1955. Des campagnes publicitaires présentent la qualité des carburants et des lubrifiants Total[356] ainsi que le professionnalisme du personnel des stations-service grâce à un discours qui s'adapte au contexte géographique, à l'âge et au genre du public[357]. Du point de vue des techniques, la démocratisation de la radio et du cinéma facilite la transmission de messages de plus en plus complexes qui s'appuient sur un mélange d'images, de couleurs, de mouvement et de son[358].

---

352 David Colon, *Propagande: la manipulation de masse dans le monde contemporain*, Paris, Belin, 2019, p. 111 et ss.

353 Valérie Carayol, Bruno Chaudet et Alexandre Frame, « Quelques jalons pour une histoire des relations publiques en France, des années 1900 jusqu'au début des années 1980 », *Recherches en communication*, 41, 2014, p. 188-189.

354 Henri Verdier, *Les Relations publiques: information et action*, Paris, Éditions de l'entreprise moderne, 1959; B. Étienne, *Les relations publiques des entreprises privées*, Paris, G. Le Prat, 1950. Ce dernier ouvrage est édité dans la collection « Taylorisme et rendement » spécialisée dans les méthodes d'organisation industrielle.

355 AH TotalEnergies, CFP Documents de l'exercice 1952.

356 Les *Total Oil Products* dans le monde anglo-saxon sont connus sous l'acronyme « TOP » pour souligner leur qualité et performance.

357 AH TotalEnergies, 08AH0129/895, Projet de campagne pour le lancement de Total, 1955.

358 AH TotalEnergies, 08AH0129/895, Office de Publicité Générale, Lancement de Total, décembre 1955, p. 47.

Cependant, les besoins de communication du secteur aval sont très différents par rapport à ceux du secteur amont : si le secteur aval doit faire la publicité des produits à marque Total, le secteur amont doit attirer l'attention des investisseurs et celle des jeunes générations qui pourraient intégrer l'industrie pétrolière.

En dépit du contexte favorable, au début de la recherche pétrolière, la CFP-A montre une certaine réticence à communiquer sur l'état d'avancement de ses projets. Seulement quelque note sommaire est publiée dans les revues spécialisées, comme le *Journal des Carburants* tandis que des plaquettes de présentation de l'entreprise sont diffusées auprès des actionnaires et des autorités publiques[359]. Cette attitude de prudence commence à évoluer en raison des stratégies adoptées par les concurrents. En juin 1955, le président Bénézit exprime son étonnement vis-à-vis d'une communication « de plus de plus en plus tapageuse faite par certaines sociétés étrangères autour de leurs travaux de recherche de pétrole sur des territoires français »[360]. Après un premier article sur la Royal-Dutch Shell sorti dans *Le Figaro* le 26 juin 1955, Esso Standard publie dans *L'Écho d'Alger* un texte qui fait l'éloge de la découverte du gisement de Parentis et qui présente les perspectives de la recherche saharienne[361]. Si ces initiatives n'ont pas d'impact sur l'avancement des travaux de recherche, Henri Vautrin suggère de « [...] ne pas rester indifférents à ces manifestations ». Selon le directeur exploration de la DCEP : « Il est raisonnable d'imaginer que le battage effectué auprès de l'opinion algérienne et notamment des hauts fonctionnaires éventuellement appelés à participer à de futures tractations dans le domaine de l'octroi des permis risquera à la longue de porter ses fruits »[362].

Le 15 juin 1956, le puits de forage Md1 atteint un réservoir productif à la frontière entre le permis de la CFP-A et celui de la SN Repal. Cependant, l'opinion publique est mise au courant de la découverte d'Hassi Messaoud seulement plusieurs semaines après. Les entreprises adoptent, encore une fois, une attitude prudente puisque l'obligation de rendre la moitié de la surface

359 AH TotalEnergies, 18V01807/369, Note pour M. Bénézit, sdnl.

360 AH TotalEnergies, 18V01807/369, Note de Henri Vautrin à Jacques Bénézit, Alger, 29 juin 1955.

361 AH TotalEnergies, 18V01807/369, Note sur un article inspiré par Esso Standard, sdnl.

362 AH TotalEnergies, 18V01807/369, Note de Henri Vautrin à Jacques Bénézit, Alger, 29 juin 1955.

de chaque permis en 1957 impose de limiter la diffusion d'informations qui pourraient apporter des avantages aux sociétés concurrentes. Malgré cela, une indiscrétion sur la taille du gisement est publiée dans *L'Écho d'Alger* en août 1956 avant d'être reprise par la presse métropolitaine. La diffusion de cette information préoccupe les deux partenaires qui réclament une rectification. Dans un article du 15 septembre, *Le Monde* présente alors les « résultats encourageants » de la découverte d'Hassi Messaoud tout en mettant l'accent sur « l'incertitude déterminée par l'anomalie des terrains » et sur le besoin de compléter l'étude en cours avec plusieurs forages d'extension[363]. Pour éclaircir la situation, une première conférence de presse est organisée à Alger[364], ce qui donne lieu à la publication d'une vague d'articles entre le 12 et le 15 novembre 1956[365] dont certains critiquent ouvertement le silence des entreprises vis-à-vis du grand public[366].

La stratégie de communication des entreprises et du gouvernement

En raison des contacts fréquents avec la presse, les autorités civiles et militaires, la direction de la CFP-A se dote d'un propre service de relations extérieures en novembre 1956[367]. L'amiral Fernand Lamorte, ancien chef d'état-major du Commandement des forces maritimes françaises en Méditerranée, est nommé directeur de cette structure[368]. D'accord

---

363 AH TotalEnergies, 18V01807/369, « Les Recherches de pétrole dans la France d'Outre-mer », *Le Monde*, samedi 13 septembre 1956.

364 AH TotalEnergies, 18V01807/369, Note de Jacques Bénézit pour Bernard Petit (Relations publiques CFP), Paris, 12 novembre 1956.

365 AH TotalEnergies, 18V01807/369, « Il apparaît prématuré de chercher à chiffrer la richesse en pétrole de l'ensemble saharien », *Le Monde*, 13 novembre 1956 ; « Un gisement de pétrole à 500 kilomètres au sud d'Alger », *Le Figaro*, 13 novembre 1956 ; « Compagnie française des pétroles Algérie – S.N. Repal », *Cote Desfossés*, 14 novembre 1956 ; « À propos de la découverte de pétrole dans le Sud-Algérien », *Le Capital*, 13 novembre 1956 : « À propos du gisement de pétrole de Hassi Messaoud », *Information*, 14 novembre 1956 ; « Le Forage de la S.N.R.E.P.A.L à Ouargla n'a pas encore livré les secrets du gisement », *La Presse*, 13 novembre 1956.

366 AH TotalEnergies, 18V01807/369, « Les recherches de pétrole au Sahara », Agence de presse de l'Union française 15 novembre 1956.

367 AH TotalEnergies, 18V01807526, CFP-A Rapport annuel 1956, p. 5.

368 AH TotalEnergies, 18V01807526, CFP-A Rapport annuel 1956, p. 97.

avec la SN Repal, la CFP-A commence à régulariser l'organisation des conférences de presse et la diffusion de bulletins d'informations destinés aux journalistes[369]. Mais c'est à l'heure du lancement d'un emprunt public pour financer les projets de développement qu'une véritable stratégie de communication se met en place. En suivant l'exemple des compagnies anglo-américaines, la CFP-A commence à diffuser des informations sur ses activités sahariennes dans la presse quotidienne, les périodiques (*Paris Match*, *Time-Life*, *L'Entreprise*, *L'Économie*) et les revues spécialisées (*Le Journal des Carburants*, *La Revue pétrolifère*, *La Revue de l'IFP* et *Les Annales des Combustibles liquides*)[370]. Dans cette période troublée par la guerre d'Algérie, la communication est soumise à des mesures de contrôle des moyens d'expression, une forme de censure qui ne s'applique pas aux médias des autres pays[371]. C'est en effet via la presse étrangère que se multiplient les rumeurs sur l'instabilité politique du Sahara et sur l'impact de la guerre sur l'industrie pétrolière. Plusieurs journaux métropolitains commencent à reporter les spéculations de *Newsweek*, un magazine américain qui souligne à plusieurs reprises le risque de nationalisation en cas d'indépendance de l'Algérie. Plus particulièrement, les articles expliquent que la panique commence à se répandre auprès des autorités françaises :

> « [Les hauts fonctionnaires] publiquement vont à l'avant avec une énergie formidable et en privé prient pour qu'intervienne une solution du problème de la rébellion algérienne, afin d'éviter que cette énergie ne disparaisse comme de l'eau dans le sable »[372].

---

369 AH TotalEnergies, 18V01807/369, SN.REPAL– C.F.P.(A), La prospection des hydrocarbures dans le cadre de l'association C.F.P.(A) – SN Repal, *Bulletin d'information*, n° 1, 15 novembre 1956.

370 AH TotalEnergies, 18V01807/369, Liste des journalistes ou des journaux présents ou représentés en permanence à Alger, sdnl.

371 Il s'agit en particulier de la loi du 3 avril 1955 sur l'état d'urgence et du décret du 17 mars 1956. Ces textes reconnaissent au Gouvernement général d'Algérie le pouvoir « de prendre toute mesure pour contrôler l'ensemble des moyens d'expression et notamment la presse et les publications de toute nature ainsi que les télécommunications, les émissions radiophoniques, les projections cinématographiques, les représentations théâtrales ». Art. 12 du décret n° 56-274 relatif aux mesures exceptionnelles tendant au rétablissement de l'ordre, à la protection des personnes et des biens et à la sauvegarde du territoire de l'Algérie, in *J.O.R.F.*, 19 mars 1956.

372 AH TotalEnergies, 18V01807/369, « Un arrangement politique en Afrique du Nord est nécessaire pour que la France puisse avoir accès au Sahara ».

Pour contraster la diffusion en métropole de ce qu'on qualifie de « fausses informations », la CFP-A reformule sa stratégie. En avril 1957, une note du directeur administratif de la DCEP Jacques Nizery précise que toutes les communications avec la presse relèvent désormais de la compétence du secrétariat général de la maison-mère tandis que le directeur des relations extérieures de la filiale reste le principal interlocuteur du Gouvernement général et de l'armée[373]. En même temps, les autorités militaires commencent à définir les nouvelles lignes guide pour la communication des entreprises pétrolières, en accord avec le ministère du Sahara. Un service d'information est créé auprès de l'OCRS pour nourrir la propagande d'État et diffuser des images rassurantes sur les projets de développement industriel en cours. L'inaccessibilité des archives de l'OCRS[374] contribue à fragmenter notre vision du rôle joué par cet organisme qui est également chargé d'organiser des voyages d'information pour les journalistes français et étrangers. En effet, ces tournées des chantiers sahariens permettent de satisfaire le besoin d'information de l'opinion publique tout en assurant un strict contrôle des contenus diffusés. Les rapports statistiques adressés aux sociétés montrent que chaque voyage permet d'augmenter le nombre de contenus publiés dans la presse. À titre d'exemple, la tournée réalisée à Hassi Messaoud entre le 6 et le 18 novembre 1959 donne lieu à 153 articles publiés entre fin novembre et début janvier dans les journaux locaux et nationaux[375].

La diversification des canaux de communication de l'entreprise détermine une forte augmentation du personnel du service relations extérieures de la CFP-A. Initialement composé du directeur et d'une assistante, en 1957, le service compte 13 employés[376]. Un budget spécifique est alors destiné à de actions de communication comme la

---

373 AH TotalEnergies, 18V01807/180, « Note sur les relations avec la presse », Paris, 29 avril 1957. La note est envoyée à CFP-A, CFP-G, CFP-N et CPT-L.

374 Les archives de l'OCRS sont conservées aux ANOM, mais elles ne sont pas accessibles. Ce fonds d'environ 160 mètres linéaires n'a pas encore fait l'objet de traitement et de classement archivistique.

375 AH TotalEnergies, 18V01807/180, Note pour M. Laboulaye (Service-Presse Information de CFP), « Articles dans presse de province sur un voyage à Hassi Messaoud organisé par l'O.C.R.S. », Paris, 21 avril 1960.

376 AH TotalEnergies, 18V01807/97, Rapports annuels du service du personnel.

publication d'articles dans la presse, la participation à des émissions télévisées et radiophoniques, la production cinématographique, les visites et les expositions[377]. Dans ce contexte, la société commence à véhiculer son action de propagande vers le jeune public grâce à la publication de contenus sur le pétrole saharien dans les hebdomadaires de jeunesse comme *Spirou*, *Tintin* et *Benjamin*. Après avoir contribué à la construction de l'imaginaire colonial[378], la bande dessinée devient donc un vecteur de transmission du pétro-imaginaire au sein de la société française. Extrêmement présent dans la littérature de jeunesse américaine dans l'entre-deux-guerres, le thème du pétrole se diffuse au fur et à mesure des découvertes sahariennes. Si dans les *comics* américains le pétrole est associé à la vitesse et à la mécanisation de masse[379], la bande dessinée franco-belge se développe autour du *topos* littéraire de la panne d'essence. L'image de la pénurie de carburants est l'élément déclencheur des schémas narratifs de *Tintin au pays de l'or noir* mais celle-ci est reprise également par *Les Pieds nickelés découvrent du pétrole au Sahara*, une publication qui contribue à idéaliser le Sahara en tant que nouveau territoire du pétrole français.

Le recours à la littérature de jeunesse permet aux entreprises de diffuser un discours héroïque sur la recherche pétrolière, tout en gardant une importante dimension pédagogique. Dans *Chercheurs de pétrole au Sahara*[380], un livre publié en 1958 dans la collection « Bibliothèque verte », la découverte d'Hassi Messaoud est présentée à travers les yeux d'un jeune géologue. Dans chaque chapitre, tous les éléments de l'épopée saharienne sont mis en scène grâce à la succession d'images stéréotypées et à la présentation des plus modernes techniques. L'auteur présente aux jeunes lecteurs l'organisation de ce secteur industriel, la vie et le travail dans un camp de forage. Par ailleurs, le livre évoque tous les fantasmes du chercheur d'or noir : la rudesse du climat, le défi

---

377 AH TotalEnergies, 18V01807/714, Service relations extérieures, Programme d'action publicitaire de CFPA, 28 janvier 1959.

378 Philippe Delisle, *Bande dessinée franco-belge et imaginaire colonial: des années 1930 aux années 1980*, Paris, Karthala, 2008.

379 Daniel Worden, « Researcher Spotlight : Dr. Daniel Worden on "Oil Comics" », 9 janvier 2019, https://library.osu.edu/blogs/cartoons/2019/01/09/researcher-spotlight-dr-daniel-worden-on-oil-comics/.

380 Bernard Larivière et Francisco Batet, *Chercheur de pétrole au Sahara*, Paris, Hachette, 1958.

des forces de la nature et la constante menace d'agression de la part des « rebelles ». Écrit sous pseudonyme par les services de communication des compagnies pétrolières, le livre construit sa narration sur l'altérité entre l'Européen, détenteur des secrets de la modernité, et le travailleur local qui est catégorisé en « bon indigène » ou en « bandit ». Si les « bandits » sont responsables des attaques et des sabotages, le « bon indigène » lutte contre la rébellion à côté des aventuriers français. Voici comment l'auteur présente deux personnages qui incarnent le stéréotype du « bon indigène » au temps de la guerre d'Algérie :

> « [Ahmed et Chérif] étaient d'anciens combattants d'Indochine et – c'est ce qui avait poussé Gambier à les recruter – leur frère avait été abattu une semaine plus tôt à Laghouat par des bandits. Ils portaient l'un et l'autre la croix de guerre sur le revers de leurs vestons usés. Je les engageai aussitôt. « Et pour vous montrer que je vous fais confiance, vous serez armés tous les deux ». Une lueur brève passa dans leurs yeux et Ahmed me dit : "Qu'ils viennent !" »[381].

La propagande d'entreprises s'intéresse également à la littérature pour adultes. La correspondance entre la CFP-A et les maisons d'édition confirme le soutien apporté par la société à la publication d'ouvrages de vulgarisation et de romans d'aventures. Élu à l'Assemblée de l'Union française, Pierre Cornet publie en 1956 *Sahara, terre de demain*[382], un ouvrage qui conjugue une analyse de la géographie saharienne inspirée par les travaux de Capot-Rey[383] et une représentation saint-exupérienne du désert humain[384]. Après avoir « construit le Sahara », le livre *Pétrole saharien : du mirage au miracle*[385] publié en 1960 revient sur les perspectives de développement industriel et complète la « pétrolisation »[386] idéologique de ce territoire. L'émergence d'un discours sur le « Sahara

---

381 Dans le livre on se réfère simplement aux « indigènes » quand on parle du personnel autochtone. Ahmed et Chérif sont les seuls qui sont appelés par leur prénom (p. 147)

382 Pierre CORNET et Albert SARRAUT, *Sahara : terre de demain*, Paris, Nouvelles Éditions latines, 1956.

383 R. CAPOT-REY, *L'Afrique blanche française*, tome 2, *Le Sahara français*, *op. cit.*

384 D'après Louis Blin, le mythe du « désert humain » se retrouve dans les entreprises colonisatrices dites « agrariennes ». En effet, « la virginité de la terre est décrétée pour légitimer *a posteriori* la colonisation de peuplement qui en est inséparable ». Cf. L. BLIN, *L'Algérie, du Sahara au Sahel*, *op. cit.*, p. 113.

385 P. CORNET, R. LECOURT et J. CHASTENET, *Du mirage au miracle*, *op. cit.*

386 L. BLIN, *L'Algérie, du Sahara au Sahel*, *op. cit.*, p. 89-112.

français» est financée par les sociétés et les pouvoirs publics. En 1958, la CFP et le BRP soutiennent la publication de *Sahara an I* du journaliste et écrivain Jean Lartéguy[387]. Ce livre raconte l'histoire du Sahara et met en évidence l'impact des découvertes pétrolières sur le futur du territoire. En adoptant un registre épique, l'auteur présente l'aventure saharienne au grand public à travers l'activité quotidienne dans les chantiers qu'il découvre lors de son séjour à Hassi Messaoud.

Dans un contexte d'effervescence littéraire, les entreprises encouragent la publication de romans d'aventures dans l'objectif de contraster l'émergence d'une littérature conspirationniste. Au-delà des publications militantes dont la diffusion reste limitée, l'essayiste Pierre Fontaine écrit plusieurs ouvrages grand public édités par la maison d'édition d'extrême droite Les sept couleurs[388]. Dans son *Alerte au pétrole franco-saharien*[389], l'auteur attire l'attention sur le pillage du pétrole français dont seraient responsables les compagnies anglo-américaines. Ces théories du complot contribuent à la diffusion d'une véritable contre-propagande qui critique ouvertement l'activité des entreprises françaises. Pour contraster ce discours, la CFP-A et le SN Repal décident de financer la publication d'une série de romans d'aventures sur les chercheurs d'or noir écrit par Gilles Perrault sous le pseudonyme de Jacques Peyrolles. Paul Crosnier et Armand Colot facilitent le voyage de Perrault à Hassi Messaoud pour que l'auteur puisse «recueillir sur place des informations et des impressions qui lui permettront d'écrire sur les prospections pétrolières une série de romans basés sur une documentation exacte»[390]. Cela donne lieu à la publication d'une quadrilogie sur *Les aventuriers du pétrole saharien* dont le premier livre fera l'objet d'une adaptation cinématographique[391].

---

387 Dans une dédicace visible sur l'exemplaire conservé dans la bibliothèque historique de Total, l'auteur remercie le BRP pour son aide dans la rédaction de l'ouvrage.

388 Cf. Pierre FONTAINE, *La guerre froide du pétrole*, Paris, Je Sers, 1956; P. FONTAINE, *La mort étrange de Conrad Kilian, inventeur du pétrole saharien*, *op. cit*; Pierre FONTAINE, *La nouvelle course au pétrole*, Paris, Les Sept couleurs, 1957; Pierre FONTAINE, *Le Pétrole du Moyen-Orient et les trusts*, Paris, Les Sept couleurs, 1960; Pierre FONTAINE, *Alerte au pétrole franco-saharien*, Paris, Les Sept couleurs, 1961.

389 P. FONTAINE, *Alerte au pétrole franco-saharien*, *op. cit.*

390 AH TotalEnergies, 18V01807/714, Lettre de Fréderic Ditis à Paul Crosnier, Paris, 7 juin 1957

391 Gilles PERRAULT, *Les Aventuriers du pétrole. 1. Le Sahara brûle. 2. Balade au soleil. 3. La Bombe. 4. La Grande soif*, Paris, Ditis, 1957-1958.

L'image et le cinéma au service de la propagande industrielle

Les films sur le pétrole ont une place essentielle dans l'invention de l'épopée saharienne. Fondés sur la « répétition des motifs visuels et du discours devant intégrer l'esprit du spectateur »[392], ces produits cinématographiques deviennent le principal vecteur de la propagande des entreprises et de l'État. La production de films de commande[393] sur la recherche pétrolière permet de véhiculer une représentation du Sahara qui oppose l'imagerie coloniale traditionnelle à celle d'un territoire industriel en pleine modernisation[394]. Cela permet également de réaffirmer les frontières idéologiques du « Sahara français » et d'expliquer comment grâce à la technique française ce « désert immuable, refuge exotique des Touaregs et des oasis »[395] commence à sortir de son immobilisme. Mais au-delà de la présentation de l'espace, la propagande cinématographique contribue à réinventer le protagoniste de cette nouvelle épopée. Le chercheur d'or noir devient alors le pionnier du pétrole français. Auparavant employé pour parler de la colonisation agricole de l'Algérie[396], le terme « pionnier » ne se réfère plus au colon qui « met en valeur » la terre aride de la Mitidja, mais au technicien qui exploite les richesses du sous-sol saharien.

Le premier contact entre la CFP-A et une société de production cinématographique a lieu en janvier 1954. Le service de propagande de Pathé propose de réaliser des prises de vue des moments emblématiques de la recherche pétrolière pour préparer un film sur les activités de la société et diffuser les images les plus spectaculaires dans les éditions dans Pathé Journal[397]. Les coûts du projet se révèlent néanmoins trop élevés et les formats de production peu adaptés aux besoins de la société. Les archives mentionnent en particulier la proposition de réaliser les tournages en noir et blanc afin de pallier les difficultés de conservation

---

392 Sébastien Denis, *Le cinéma et la guerre d'Algérie : la propagande à l'écran (1945-1962)*, Paris, Nouveau Monde, 2009, p. 17.

393 Georges Pessis, *Entreprise et cinéma : cent ans d'images*, Paris, La Documentation française, Ministère de l'Emploi et de la Solidarité, 1997, p. 15.

394 S. Denis, *Le cinéma et la guerre d'Algérie*, *op. cit.*, p. 26.

395 *Ibid.*, p. 210.

396 Charles-André Julien, « Introduction », in Pierre Nora, *Les Français d'Algérie*, Paris, Christian Bourgois, 2012, p. 35.

397 AH TotalEnergies, 18V01807/179, Note pour CFP(A) Paris, Alger, 14 janvier 1954.

des bobines de film couleur au Sahara, ce qui aurait donné un rendu moins spectaculaire[398]. La CFP-A demande alors de réaliser des prises de vue périodiques mais en couleur, dans l'objectif de préparer un film «séduisant» et «convenable au grand public»[399] sur l'exemple de *The Third River*, le premier film de l'IPC[400]. La société souhaite en effet montrer comment, au-delà de l'exploitation des ressources pétrolières, l'industrie contribue activement au développement économique et social de la colonie[401].

Après les grandes découvertes, les sociétés commencent à produire les premiers courts métrages sur le pétrole saharien. Alors que la CREPS et la CPA annoncent la sortie de *Pétroliers de Sables*, la CFP-A et la SN Repal trouvent un accord pour réaliser un film sur leurs activités à Hassi Messaoud mais le choix du format et du scénario ouvre un débat au sein même de la société[402]. Selon la DCEP, « [le film] doit être intéressant aux yeux et au budget de la CFP, [il] doit attirer l'intérêt du public vers le pétrole saharien (au point d'intéresser même son porte-monnaie) et aussi contribuer à susciter des vocations sahariennes chez les jeunes»[403]. En revanche, la CFP-A s'oppose à réaliser un «film de circonstance» et suggère de signer un contrat avec un cinéaste professionnel «[...] pour faire prendre périodiquement des courts métrages en couleur de 35 mm qui seraient destinés à être stockés pour former la matière de films plus généraux ou d'actualité»[404]. En somme, si à Paris on craint l'augmentation des dépenses pour la communication, à Alger on estime essentiel d'élargir la connaissance de la société auprès du grand public.

Après la signature d'un accord préliminaire, la DCEP est chargée de fixer les lignes guide du film tandis que la direction d'Alger doit

---

398 AH TotalEnergies, 18V01807/179, Note pour CFP-A Alger, 8 février 1955.

399 *Ibid.*

400 AH TotalEnergies, Fonds audiovisuel n° 2843, Iraq Petroleum Company, Le troisième fleuve, réalisation Michael Clarke, 1953.

401 Mona Djamuli, «The Image World of Middle Eastern Oil», *in* Hannah Appel, Arthur Mason et Michael Watts (dir.), *Subterranean Estates: Life Worlds of Oil and Gas*, Ithaca, NY, Cornell University Press, 2015.

402 10AH0470/179, Offre par Pathé-Cinéma concernant la réalisation d'un film pour CFP-A/ SN Repal, 26 décembre 1956.

403 *Ibid.*

404 AH TotalEnergies, 18V01807/179, Lettre de Crosnier à CFP(A), Alger, 2 janvier 1957.

mettre au point le scénario, choisir les sites de tournage et assurer le suivi du projet[405]. Le premier court métrage coproduit par la CFP-A et la SN Repal devra montrer à la fois les hommes, la vie au Sahara, les techniques de l'industrie pétrolière et les perspectives de la recherche d'hydrocarbures. Les prises de vue doivent se concentrer sur « les grands moments de la recherche de pétrole [comme] la pose d'un arbre de Noël, le déplacement d'un camp, la mise en place de la flèche d'un *derrick*, le début d'un forage »[406]. Par ailleurs, les sociétés souhaitent que le commentaire du film soit écrit par un auteur capable de réveiller une véritable « passion saharienne » auprès des spectateurs. Comme l'explique le directeur administratif de la DCEP Jacques Nizery :

> « Il n'est pas question de bâtir quelque roman que ce soit : le film doit se composer d'une suite d'images reliées entre elles par un commentaire verbal, se rattachant surtout à l'idée des possibilités nouvelles offertes à l'homme au désert du fait des techniques modernes, l'accent portant à ce point de vue sur le pétrole »[407].

Le 23 janvier 1957, une équipe de Pathé dirigée par Alain Pol est envoyée à Hassi Messaoud pour commencer les prises de vue tandis que le scénariste Louis-Émile Galey se rend en tournée préliminaire « pour s'imprégner du cadre des films »[408].

Le 22 mai 1957, l'avant-première de *Parallèle 32* se tient dans les studios parisiens de Pathé en la présence des hauts dirigeants de la CFP[409]. En ouverture, une vue aérienne met le spectateur devant l'immensité du Sahara avant que cette image soit soudainement interrompue par un appareil de forage « surgissant à l'horizon comme un mirage d'acier »[410]. Tout au long du film, le narrateur alterne des citations littéraires à des explications pédagogiques sur l'organisation de l'industrie pétrolière et de ses techniques. Il présente à la fois le fonctionnement de l'appareil de forage, la géologie saharienne et il souligne l'importance du pompage

---

405 *Ibid.*

406 AH TotalEnergies, 18V01807/179, Lettre de Vigier à Nizery, Paris, 10 janvier 1957.

407 Ibid.

408 AH TotalEnergies, 18V01807/179, Note de Nizery DEP pour le président de la CFP-A à l'attention de Crosnier, Paris, 11 janvier 1957

409 L'avant-première de *Parallèle 32* a lieu en la présence de Victor de Metz, Emmanuel Catta, René de Montaigu, Frédéric Berbigier, Jacques Bénézit et Étienne Dalemont.

410 AH TotalEnergies, Fonds audiovisuel n° 112, Compagnie Française des Pétroles Algérie, Sahara Parallèle 32, réalisation Louis-Émile Galey et Alain Pol, 1957.

mécanique de l'eau nécessaire à « transformer de fond en comble la vie de ces contrées réputées inhabitables »[411].

Photo 12. Hassi Messaoud : camp mobile d'exploration, 1957 – Photothèque historique TotalEnergies, 17V00537–15-1, Dimitri Dimka ©

La CFP-A et la SN Repal renoncent au format de film d'aventure et décident de n'engager aucun acteur professionnel pour le tournage. C'est donc le narrateur qui doit combler par la rhétorique les limites de la communication visuelle[412] et contribuer à l'héroïsation du quotidien des travailleurs pour susciter l'intérêt du public. Après avoir présenté le maître-sondeur Jean Pierre Strobel et son équipe, le film montre l'organisation du camp de forage. Joué par des flûtes et des violons s'alternant à des cuivres, un air musical aux nuances joyeuses présente une communauté laborieuse, qui alterne la dure vie de chantier à des agréables moments de détente. Le film montre une scène de ravitaillement alimentaire où une

411 *Ibid.*

412 S. Denis, *Le cinéma et la guerre d'Algérie*, *op. cit.*, p. 200.

foule de travailleurs indigènes portant le fez ou le turban acheminent des caisses de bières, des bouteilles de vin et de gros morceaux de viande vers les installations isothermiques du camp. Comme l'explique le narrateur: «Tout a été prévu pour que ne souffrent ni de la faim ni de la soif les habitants de cette cité mobile dont les installations frigorifiques peuvent rivaliser avec celles de n'importe quel grand restaurant!»[413]. Après avoir présenté un boulanger qui enfourne le «pain du Sahara», dans la cabine restaurant, on voit de jeunes foreurs qui consomment un copieux repas dans une atmosphère festive.

Cette mise en scène du confort moderne permet de créer un fort contraste avec les images des chameliers Châamba, des plantations de dattes dans les oasis et de la ville de Ghardaïa. La dichotomie entre le «Sahara d'hier» et le «Sahara de demain» est rappelée par le narrateur qui commente ainsi le passage d'une caravane de méharistes en habits traditionnels:

> «Au moment où le Sahara se prépare aux grands bouleversements, où partout se créent des aérodromes, où demain des autoroutes remplaceront les anciennes pistes caravanières, on est surpris et émerveillés de se trouver soudain en présence de ces héros de légende dont la tâche quotidienne de contrôle se poursuit pourtant jusqu'aux frontières les plus lointaines. Saluons nos méharistes au passage avant qu'une caravane d'un autre genre n'attire à son tour nos regards »[414].

Soudainement, un camion Berliet qui transporte les cabines du camp de forage fait son apparition. En premier plan, le spectateur voit entrer en scène un chauffeur accompagné d'un autre homme, un chercheur d'or noir portant un chapeau de cow-boy: « [...] ceux-là ce sont des pétroliers qui déménagent», précise le narrateur. Le message de supériorité de la technique française est renforcé à la fin du film quand, au soleil couchant, deux musulmans font la prière devant un appareil de forage:

> «Le soleil se couche sur le Sahara. Sans souci des transitions crépusculaires de nos climats, l'heure est venue où vont s'arrêter d'un coup toutes les activités de la terre africaine. Toutes, sauf celle du derrick qui ne connaît ni cesse, ni repos et dont le grincement strident est, comme un autre forage, creusé dans le silence de la nuit»[415].

---

413 AH TotalEnergies, Fonds audiovisuel n° 112, Compagnie française des pétroles Algérie, Sahara Parallèle 32, réalisation Louis-Émile Galey et Alain Pol, 1957.

414 *Ibid.*

415 *Ibid.*

Dans le premier film sur Hassi Messaoud, le pétrole est omniprésent. Toutefois, le spectateur le voit apparaître dans sa forme liquide seulement pendant quelques secondes. Cela nous laisse entendre que le produit de la recherche pétrolière c'est un élément « peu spectaculaire » pour le public. Le spectateur doit être ébloui par le gigantisme des moyens mis en œuvre et rassuré sur les perspectives de cette nouvelle industrie. À l'heure du lancement du premier emprunt saharien, la CFP-A et la SN Repal décident donc de réaliser un deuxième film sur la construction du pipeline pour évacuer le brut saharien. Cette fois-ci la production est déléguée à la Société pétrolière de gérance (SOPEG), la nouvelle filiale chargée des travaux de construction. Le besoin de rembourser le prêt demandé à la Banque mondiale[416] impose aux actionnaires de la SOPEG de réduire considérablement les délais de mise en fonction des installations. En parallèle, la CFP-A et la SN Repal doivent construire sur chaque partie du champ un centre de production provisoire pour expédier le brut vers la nouvelle canalisation. Transféré au terminal de la SOPEG, le pétrole d'Hassi Messaoud aurait été envoyé jusqu'à Touggourt via un *baby-pipe* de 8" puis chargé dans des wagons-citernes pour continuer son voyage vers Philippeville.

Un accord avec les pouvoirs publics impose aux sociétés de terminer la construction des nouvelles installations avant l'inauguration officielle prévue le 1er janvier 1958. Dans ce contexte, Guy Faure est chargé de suivre l'avancement du chantier du centre de production de la CFP-A. Recruté en janvier 1957, ce jeune ingénieur diplômé de l'École nationale d'aéronautique marque ses premiers pas dans le secteur pétrolier, après ses expériences à la SNECMA et au Service mécanique de l'Armée de l'Air. Le témoignage de Guy Faure met en évidence les contraintes techniques d'un chantier très complexe qui cache un objectif ambitieux :

> « On était en charge de la construction de l'installation qui devait démarrer le 1er janvier. Moi bêtement je me suis contenté de suivre les tuyaux et le matériel avec un plan à la main. [Mon collègue] qui avait déjà travaillé dans

---

416 Comme l'explique René Gourgouillon, la SOPEG était une société « non pétrolière » exclusivement chargée de la gestion du pipeline. La décision de construire une société à capital 50 % CFP-A et 50 % SN Repal, relevait de l'opposition de la Banque mondiale à concéder des prêts aux sociétés pétrolières mise en évidence durant les négociations. Cf. AH TotalEnergies, AO011905, Archives orales de la Compagnie française des pétroles Algérie (CFP-A), Récit de carrière de René Gourgouillon, Aix-en-Provence, 27 juin 2018.

les mines et avait plus d'expérience que moi il avait écrit un rapport, en rentrant à Alger, en disant : "impossible de démarrer le chantier le 1er janvier, on est trop en retard!" Alors qu'il y avait un engagement politique et d'image puisqu'on était associés avec la Repal qui construisait son centre qui allait démarrer au 1er janvier [...]. À Alger, on a été convoqués chez le directeur général, Monsieur Germes, et le directeur technique, Monsieur Ramette – Loulou –, il nous a demandé ce qu'il restait à faire et il nous a renvoyé à Hassi Messaoud [...] on a fait les choses un peu en panique pour terminer ce boulot-là [et], dans des conditions un peu acrobatiques, on a démarré à peu près dans la journée du 1er janvier »[417].

Guy Faure souligne que tenir le délai de mise en la production était impératif vu l'engagement de l'entreprise vis-à-vis de l'État, du Gouvernement général d'Algérie et des banques qui financent le projet[418]. Tournées en présence du ministre de l'Algérie Robert Lacoste, les images de la cérémonie d'inauguration sont utilisées pour la production du *Sahara Brut 58*, un film qui présente la mise en fonction du champ d'Hassi Messaoud et l'expédition de la première cargaison d'huile vers la métropole. Dans ce court métrage, le spectateur assiste au départ de Philippeville du navire *Président Mény* avant de « remonter étape par étape jusqu'à la source de cette énergie »[419] à travers le paysage saharien. Les vues aériennes s'alternent à des scènes de vie et accompagnent le public à la découverte du chantier de construction du *baby-pipe* et des stations de pompage. Comparé au premier film, *Sahara Brut 58* montre un profond avancement dans les choix artistiques et dans la stratégie de distribution. La réalisation est confiée à Carlos Vilardébo, le cinéaste qui avait tourné le film *Pétroliers des Sables* pour le compte de la CREPS et de la CPA. La narration demeure une pièce maîtresse de *Sahara Brut 58*, même si une photographie et un montage plus sophistiqués permettent une interaction harmonieuse entre les images, le récit et l'accompagnement musical. Par ailleurs, la durée du film est réduite à quinze minutes afin de faciliter la diffusion cinématographique de cette production avant les séances de projection du célèbre film de René Clément *Barrage contre le Pacifique*[420].

---

417 AH TotalEnergies, AO011907, Archives orales de la Compagnie française des pétroles Algérie (CFP-A), Récit de carrière de Guy Faure, La Celle-Saint-Cloud, 13 septembre 2018.

418 *Ibid.*

419 AH TotalEnergies, Fonds audiovisuel n° 138, Société pétrolière de gérance, Sahara Brut 58, réalisation Carlos Vilardébo, 1959.

420 AH TotalEnergies, 18V01807/179, Lettre de Vigier à Crosnier, Paris, 2 mai 1958.

Le doublage en anglais, allemand, italien et arabe contribue par ailleurs à élargir la connaissance d'Hassi Messaoud hors des frontières nationales.

En pleine guerre d'Algérie, la CFP-A continue à être sollicitée par des cinéastes et des écrivains intéressés à réaliser des films sur l'aventure saharienne. Toutefois, la direction de la société s'oppose avec vigueur à l'émergence du «western saharien», un genre cinématographique et littéraire qui présenterait une vision caricaturale de l'exploration pétrolière contraire à la censure de l'époque[421]. Au-delà de refuser les autorisations de tournage sur ses sites, la société décide de renforcer son dispositif de communication audiovisuelle. En 1960, un service d'action audiovisuelle est créé auprès de la direction générale de la CFP pour assister toutes les filiales et les directions du groupe « [...] tant sur le plan matériel et technique que sur le plan de l'unité de pensée, de doctrine et de style»[422]. Responsable de la production photographique et filmique, le nouveau service commence à archiver la production audiovisuelle et iconographique et à encourager la production des nouveaux films de courts métrages. C'est grâce donc à ce travail préliminaire que l'historien aujourd'hui dispose d'autant de sources pour reconstituer l'émergences de l'épopée du pétrole français.

---

421 AH TotalEnergies, 18V01807/179, Lettre du cabinet de M. Malraux ministre d'État, Paris, 14 janvier 1959; Note de Lamorte à Laboulaye, Alger, 24 juin 1959; Lettre de Navacelle à la direction générale CFP(A), 25 avril 1961. Pour quelques précisions sur la politique de censure durant la guerre d'Algérie, voir Benjamin Stora, *La gangrène et l'oubli: la mémoire de la guerre d'Algérie*, Paris, La Découverte, 1998, p. 30 et ss.

422 AH TotalEnergies, 18V01807/179, Note de service de la direction générale «Service d'action audiovisuelle», 5 mai 1960.

Photo 13. Vue de la photothèque historique de la CFP : tiroirs avec photos dont celles Maison Verte à Hassi Messaoud, 1961 – Photothèque historique TotalEnergies, 17V00539-300-1, Droits réservés – Total ©

CHAPITRE 3

ORGANISATION, PRODUCTION ET INDÉPENDANCE : HISTOIRE D'UNE ADAPTATION SOCIO-ÉCONOMIQUE

La mise en production du champ d'Hassi Messaoud impose de faire face à de nouveaux défis. La CFP-A doit recruter le personnel nécessaire au fonctionnement des chantiers et adapter sa structure aux besoins opérationnels de la recherche et de la production de pétrole. À partir de 1956, la filiale algérienne inaugure donc une politique de grand recrutement et commence à former la première génération de « chercheurs d'or noir ». En même temps, elle commence à rationaliser sa structure et à introduire de nouvelles méthodes de gestion pour faire face à l'expansion des activités. La CFP-A réorganise alors ses services administratifs et décentralise ses services techniques sur le district pétrolier d'Hassi Messaoud. Néanmoins, l'intensification de la guerre d'Algérie remet en cause la continuité des opérations. Au tournant des années 1960, la société commence à étudier un plan de rapatriement de son personnel en France et à négocier sa permanence en Algérie après l'indépendance.

A. La sociogenèse des chercheurs d'or noir

La découverte d'Hassi Messaoud et la politique de grand recrutement

La découverte d'Hassi Messaoud augmente fortement les besoins de personnel de la CFP-A. Pour assurer le développement de la production, la société doit mettre en œuvre une politique de grand recrutement qui s'appuie tantôt sur les jeunes Français d'Algérie, tantôt sur le personnel métropolitain expérimenté. Par ailleurs, la politique de l'OCRS et le plan de Constantine de 1958 introduisent de nouvelles obligations en matière de promotion économique et sociale, ce qui encourage le recrutement de travailleurs indigènes. Entre 1956 et 1960, l'effectif de la CFP-A augmente de 285 % avec une conséquente complexification de la structure de la filiale[423]. La diversification des besoins de recrutement impose de faire face à l'absence de spécialistes grâce à des actions de formation et à des mécanismes de promotion interne. Dans un environnement caractérisé par la cohabitation de plusieurs familles de métiers et classes sociales, ce système favorise l'émergence d'une nouvelle forme d'organisation pyramidale et d'un véritable « esprit de corps ».

La conduite autonome des opérations transforme le champ d'Hassi Messaoud Nord en centre de formation pour les techniciens français. Le recrutement permet à la fois d'assurer les besoins de la CFP-A et de préparer le personnel destiné à d'autres zones géographiques. Créé en 1957, le service du personnel de la CFP-A est chargé de mettre en œuvre une politique de gestion des ressources humaines capable d'assurer l'équilibre entre les coûts des salaires et les exigences opérationnelles. Si l'embauche des cadres reste de compétence exclusive de la maison-mère, le nouveau service dirigé par Pierre Vuillemenot doit recruter localement les agents techniques et administratifs, qui passent de 335 unités en décembre 1956 à 998 en décembre 1958. Cette augmentation rapide des effectifs répond aux exigences spécifiques de chaque direction. La création du service relations extérieures, du service juridique et du service financier tout comme l'expansion du service géologique, imposent un recrutement massif de secrétaires, dessinateurs, computeurs et topographes. En revanche, la multiplication des chantiers de forage et la création du service production accroissent le besoin de techniciens pétroliers.

La vague de grand recrutement continue jusqu'en 1958. À partir de cette période, l'embauche « […] est pratiquement suspendue sauf pour

423 Les chiffres utilisés dans ce chapitre sont tirés de l'analyse des rapports mensuels du personnel de l'entreprise (AH TotalEnergies, 18V01807/97). Ces rapports sont constitués de l'assemblage des « fiches de situations du personnel » envoyées par chaque service de l'entreprise au directeur général adjoint Pierre Germes avant le 15e jour du mois. En raison de la modification des modes de catégorisation statistiques, nous avons procédé à une normalisation des données afin d'analyser l'évolution en termes comparatifs. Le recours à des données présentées dans les documents à usage interne a été estimé plus fiable de la reprise des statistiques officielles (contenues dans les rapports annuels, dans la correspondance avec la DICA ou le GGA et envoyés lors de la réalisation d'enquêtes annuelle sur la profession). Ces dernières étant susceptibles d'avoir fait l'objet de censure ou d'omission.

quelques postes de spécialiste pétrolier bien déterminé »[424]. Dans les années qui suivent la mise en production d'Hassi Messaoud, on assiste à une réduction très significative des effectifs de la société, qui passent de 1630 employés en décembre 1958 à 1080 en décembre 1962. Cette diminution n'est guère la conséquence de l'indépendance de l'Algérie, mais elle reflète la stratégie de diversification des activités de la CFP et la rotation des techniciens vers d'autres terrains opérationnels. En somme, la mise en production d'Hassi Messaoud permet d'accélérer la circulation des hommes et des compétences vers les nouvelles filiales du secteur amont, tout en remplaçant les agents par le recrutement et la formation de jeunes chercheurs d'or noir.

Tableau 4. Évolution du personnel titulaire et auxiliaire CFP-A (1954–1963)

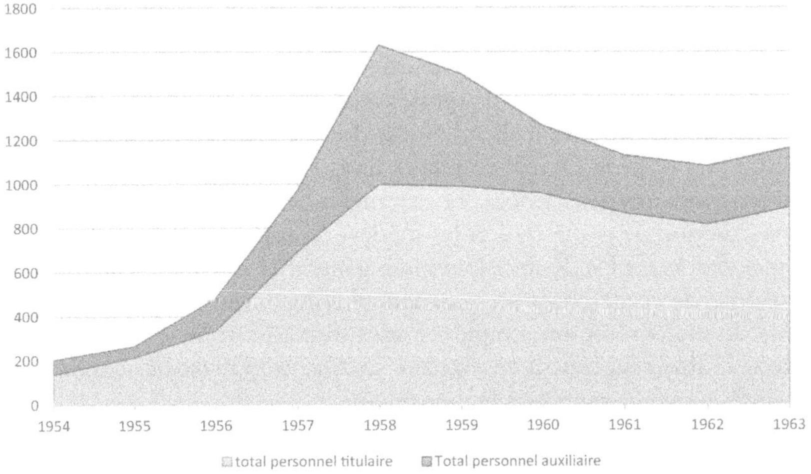

Source : AH TotalEnergies, 18V01807/97 statistiques du personnel CFP-A

424 AH TotalEnergies, 18V01807/713, Lettre de Leon Mangou au directeur du Centre social de Relizane, direction générale de l'Éducation nationale en Algérie, 7 octobre 1959.

Une nouvelle génération de travailleurs à la Compagnie française des pétroles Algérie

Durant la phase d'expansion, le recrutement d'ingénieurs expérimentés reste extrêmement difficile pour les sociétés sahariennes[425]. En dépit des efforts mis en œuvre pour attirer les jeunes au Sahara, les ingénieurs diplômés de l'École polytechnique et des Écoles des mines se montrent peu intéressés à l'industrie pétrolière. Pour améliorer l'attractivité des métiers du pétrole, les entreprises engagent des discussions avec la Chambre syndicale de la recherche et de la production du pétrole et du gaz naturel pour créer un statut professionnel et mieux faire connaître le métier[426]. Les sociétés publiques comme la RAP et la SNPA proposent d'élargir le statut du mineur à l'ensemble du secteur. En revanche, la CFP s'oppose à cette initiative, persuadée que l'adoption de ce système aurait renforcé l'ingérence de l'administration publique dans la gestion du personnel de la société. Faute d'accord entre les sociétés, la CFP décide de mettre en place son propre régime dédié au personnel de recherche[427]. Celui-ci reprend la cotation et le système de calcul des coefficients hiérarchiques du statut du mineur tout en fixant des critères de rémunération propres. Le nouveau « régime de recherche » est destiné uniquement aux cadres de la CFP-A et de la DCEP employés dans le domaine du forage, de la production et des géosciences. En revanche, les cadres spécialisés dans la construction, le génie civil et les métiers de support continuent à être recrutés par la CFP-GR sous le régime général et détachés à la CFP-A. Le régime de recherche n'est pas non plus reconnu aux ouvriers, aux agents de maîtrise et aux employés administratifs recrutés localement, puisque le droit du travail en vigueur en Algérie prévoit des conditions très différentes par rapport à la métropole.

Malgré les efforts pour attirer les cadres, l'écart entre les salaires offerts par les sociétés métropolitaines et ceux proposés par la CFP reste trop important. Pour faire face aux difficultés de recrutement, la CFP-A commence à chercher des ingénieurs parmi les appelés du contingent.

---

425 AH TotalEnergies, 18V01807/53, Lettre de Crosnier à la Chambre syndicale de la recherche et de la production du pétrole et du gaz naturel, 22 novembre 1956.

426 AH TotalEnergies, 18V01807/53, Compte rendu de la réunion tenue le 22 juin 1956 à la Chambre syndicale de la recherche, Paris, 25 juin 1956.

427 AH TotalEnergies, 83ZX903/5, Groupe d'étude, gestion et développement des ressources humaines : compte rendu de la réunion du 22 juillet 1971, sdnl.

Comme l'expliquent les rapports de la société, si ces jeunes montrent un « faible intérêt du point de vue technique », leur formation et leur intégration au sein des équipes « [...] donnent, pour la plupart une complète satisfaction »[428]. Guy Faure, ingénieur formé à l'École nationale supérieure de mécanique et d'aéronautique de Poitiers, fait partie de cette cohorte. Employé à la SNECMA, il est appelé sous les drapeaux et il décide d'intégrer la CFP-A au moment de son retour en France en 1957 :

> « En 1955, j'ai été rappelé en Algérie... j'étais à Alger durant les événements de 1956... j'ai trouvé que ça changeait un peu d'air... donc j'ai dit : "J'y retourne !". Comme il y avait cette histoire de pétrole qu'ils venaient de découvrir et qu'ils embauchaient sans trop regarder... je me suis dit "hop" ! Je suis retourné six mois à la SNECMA et je suis reparti »[429].

Après avoir passé un premier entretien à Paris, il part à Alger pour rencontrer le chef du nouveau service production, un certain Monsieur Deltour. Chargé de suivre la construction du premier centre de production, Guy Faure évoque à plusieurs reprises son inexpérience et explique avoir appris le métier sur le tas :

> « Je n'en savais rien ! [...] je suis comme beaucoup d'autres qui n'avaient pas de formation... Je n'ai pas fait l'école du pétrole moi »[430].

Au même titre, le géologue Henri Desbordes formé à l'ENSGN est recruté en janvier 1958 à la fin de son service militaire. Après la formation à l'École des officiers de réserve, Desbordes avait été détaché au Bureau de recherche minière d'Algérie pour participer aux missions de prospection de minerais métalliques au Hoggar :

> « Il y avait une espèce de contrat qui s'était passé avec l'École de géologie et un pseudo-service géologique de l'armée et il était possible [...] d'être détaché dans un bureau minier. Au bout d'une année, j'ai été détaché au Bureau de recherche minière d'Algérie. [...] En 1957 j'étais à Alger et je suis tombé sur un de mes anciens copains de promo qui [une fois] reformé de l'armée était entré à Total Algérie. Il m'a dit : "Viens donc avec nous, c'est vachement bien ! Mais il faut se faire embaucher en France !" – il

---

428 *Ibid.*

429 AH TotalEnergies, AO011907, Archives orales de la Compagnie française des pétroles Algérie (CFP-A), Récit de carrière de Guy Faure, La Celle Saint Cloud, 13 septembre 2018.

430 *Ibid.*

était différent de se faire embaucher en France ou en Algérie, même si les géologues on les embauchait en France – c'est lui qui m'a donné l'idée de rentrer à Total Algérie »[431].

Les accords signés avec le ministère des Armées permettent de détacher les appelés dans les sociétés de recherche pour une période de 28 mois après une année de formation à l'ENSPM. Obligés à intégrer la société à la fin de leur service militaire, les jeunes sont déployés sur les chantiers au même titre que les autres ingénieurs. C'est ainsi que Jean-Pierre Bouju, géologue diplômé de la Faculté des Sciences de l'Université de Paris, rejoint la CFP-A en 1957 :

> « On était toujours militaires, il y avait une section spéciale à Alger qui gérait ça, mais pratiquement je n'ai jamais remis l'uniforme. J'avais toujours mon uniforme, mais je ne l'ai jamais remise. Il y avait quand même un statut un peu spécial puisque je me suis marié en tant que militaire à Alger [et] il a fallu que je demande une autorisation à mon service pour me marier… on était toujours sous le couvert de l'armée »[432].

La préembauche est une pratique très courante dans cette période où la concurrence pour recruter les jeunes ingénieurs est très accentuée. En règle générale, cela se formalise par la signature d'un accord durant la formation ou à la fin du cycle d'études, comme cela a été le cas pour Jean Laherrere et Guy de Lombarès. Diplômé de l'École des Mines de Paris at du California Institute of Technology, de Lombarès est préembauché par la CFP-A durant son service militaire à la section technique de l'armée :

> « En 1958, je faisais mon service militaire et la CFP m'a envoyé une proposition d'embauche. À l'époque, il y avait la possibilité d'entrer à la CFP ou d'entrer à la RAP – qui opérait les champs de Saint Marcet et Saint-Gaudens – ou Esso – qui avait découvert à l'époque Parentis […]. J'ai également eu une proposition d'Esso, mais comme j'étais préembauché CFP-A, je n'ai absolument pas pu me décider pour Esso…

---

431 AH TotalEnergies, AO011914, Archives orales de la Compagnie française des pétroles Algérie (CFP-A), Récit de carrière de Henri Desbordes, La Défense, 11 décembre 2018. Desbordes utilise le nom « Total » à la place de « CFP » dans plusieurs passages de son entretien. Dans ce contexte, quand il parle de « Total Algérie », il se réfère précisément à la « Compagnie française des pétroles Algérie ».

432 AH TotalEnergies, AO011915, Archives orales de la Compagnie française des pétroles Algérie (CFP-A), Récit de carrière de Jean-Pierre Bouju, La Défense, 12 décembre 2018.

Mais c'était une époque où les compagnies pétrolières cherchaient du monde »[433].

Interrogés sur les motivations de leur choix d'intégrer la CFP-A les témoins évoquent très rarement l'argument économique. En revanche, ils mettent en évidence une fascination pour la recherche pétrolière au Sahara. Selon Henri Desbordes, cela est une conséquence de la grande médiatisation de la découverte d'Hassi Messaoud :

> « Dans tous les métiers, dans n'importe quoi il a toujours eu une mode… Bon alors là : l'Algérie, Messaoud, le pétrole… c'étaient quand même des sujets d'actualité ! On se sentait prêt à participer à l'épopée »[434].

Cette idée est partagée également par Gérard Marion, un ancien élève de l'École de Ponts et Chaussées qui était employé par la société SOCOMAN à Alger au moment des découvertes. Embauché par la CFP-A en 1957, Marion est affecté au service production, dont il deviendra le responsable avant de quitter la filiale en 1964. Dans son témoignage, il explique à quel point la communication de l'entreprise dans la presse et dans les médias contribue à orienter son choix professionnel :

> « [En 1957] les compagnies qui avaient trouvé du pétrole ont eu besoin d'embaucher beaucoup de monde pour développer ces découvertes [...]. J'étais à Alger et ça faisait la une des journaux [...] il y avait une espèce d'enthousiasme général, ce qui m'a incité à me rapprocher à la compagnie. D'autant plus qu'ils faisaient paraître dans la presse des encadrés "compagnies recherche ingénieur, et cetera" »[435].

La médiatisation des découvertes n'attire pas seulement les ingénieurs métropolitains, mais aussi des aspirants aventuriers. Cela est le cas de Jean Manceron, un chimiste employé dans une usine de produits laitiers à Dijon, qui est embauché par la CFP-A comme opérateur boue en 1957. Sur les chantiers de la société, Manceron applique les connaissances acquises dans l'industrie laitière pour apprendre les techniques de production de fluides de forage. Interrogé sur les raisons de son choix, il

---

433 AH TotalEnergies, AO011917, Archives orales de la Compagnie française des pétroles Algérie (CFP-A), Récit de carrière de Guy de Lombarès, Paris, 1er février 2019.

434 AH TotalEnergies, AO011914, Archives orales de la Compagnie française des pétroles Algérie (CFP-A), Récit de carrière de Henri Desbordes, La Défense, 11 décembre 2018.

435 AH TotalEnergies, AO011910, Archives orales de la Compagnie française des pétroles Algérie (CFP-A), Récit de carrière de Gérard Marion, Paris, 12 octobre 2018.

explique ainsi la décision de quitter la métropole pour intégrer le secteur du pétrole :

> « La laiterie ne m'intéressait pas et puis moi j'aimais bien voyager. Mon frère était en Algérie, il me disait "pourquoi tu ne viens pas en Algérie ?" En ce moment-là, il n'y avait pas tellement des problèmes en Algérie, j'ai dit : "pourquoi pas ?" Je n'avais pas une paie terrible, mais ça m'intéressait le Sahara. C'était le voyage saharien, et cetera… c'est ça qui m'a intéressé au départ »[436].

Les listes du personnel conservées dans les archives confirment les tendances démographiques évoquées par les témoins. En 1957, plus de 40 % des cadres de la CFP-A ont moins d'un an d'expérience dans le pétrole, tandis que l'ancienneté moyenne dans l'entreprise est de 1,6 an. Seulement 6 personnes sur 51 ont plus de dix ans d'expérience dans le secteur : il s'agit essentiellement des directeurs et des chefs de service chargés de former les jeunes. En 1959, à la fin de la phase de grand recrutement, les cadres avec moins d'un an d'expérience se réduisent à 10 % sur un effectif total de 129 personnes. L'ancienneté moyenne dans l'entreprise augmente alors à 4,5 ans tandis que presque 43 % des ingénieurs attestent une expérience comprise entre 2 et 5 ans. Cela confirme donc une tendance à la spécialisation du personnel aux métiers du pétrole.

Tableau 5. Répartition des ingénieurs de la CFP-A en fonction du parcours de formation (1957–1959)

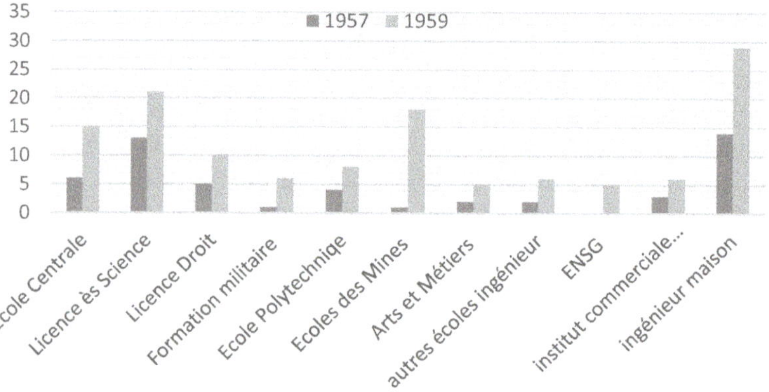

Source : AH TotalEnergies, 18V01807/52, Liste des cadres de la CFP-A, 1957–1959.

[436] AH TotalEnergies, AO011909, Archives orales de la Compagnie française des pétroles Algérie (CFP-A), Récit de carrière de Jean Manceron, Paris, 19 décembre 2019.

Les archives mettent également en évidence l'effort de formation réalisé par la CFP-A dans cette période. En 1957, 27,4 % des cadres sont dépourvus d'un diplôme de l'enseignement supérieur, 25,5 % disposent d'une licence ès sciences et 11,7 % d'un diplôme de l'École centrale. L'entreprise compte seulement quatre polytechniciens : le directeur général Pierre Germes, le directeur général adjoint Louis Deny, le secrétaire général Marcel Delpont et le jeune géophysicien Jean Laherrere. Entre 1957 et 1959, on assiste à l'augmentation du nombre de cadres diplômés aux Écoles des mines, à l'École centrale, à l'ENSGN et l'École des Ponts et Chaussées. Cela est dû principalement aux relations tissées avec les grandes ecoles « [...] en vue de susciter des vocations et des candidatures »[437]. Les « ingénieurs maison », autrement dit les agents de maîtrise promus au niveau de cadre, gardent une place très importante puisqu'en 1959 ils représentent encore 22,5 % du total. Si leur présence est fondamentale pour le développement des activités, la possibilité d'accéder à des positions d'encadrement contribue à valoriser les postes de niveau de maîtrise. Les perspectives d'une rapide évolution de carrière contribuent par ailleurs à rendre la société plus attractive aux yeux des techniciens supérieurs et à réduire sensiblement le coût du personnel.

L'apport de la médecine du travail aux méthodes de recrutement et à la gestion du personnel

Le service du personnel de la CFP-A est chargé d'accompagner les recrutements et d'assurer un climat humain favorable à l'intégration des travailleurs[438]. Pour faire cela, la société fait appel à des cabinets spécialisés dans la sélection psychotechnique du personnel, ce qui accroît la sensibilité pour les aspects médico-sociaux du recrutement et la stabilité psychophysiologique des travailleurs implantés au Sahara. Dans un contexte où la connaissance des effets du travail en climat désertique reste très limitée, les sociétés pétrolières chargent PROHUZA de réaliser des études dans ce domaine. Sous la direction du docteur François Borrey, le centre de recherche du BIA commence à se pencher

---

437 AH TotalEnergies, 18V01807/699, Note de Nizery pour le président de CFP-A, Paris, 6 mars 1957.

438 AH TotalEnergies, 18V01807/254, Compte rendu du colloque des 19, 20 et 21 janvier 1959, Dar el Al Alia, Alger, 19 février 1959.

sur la question. Une délégation permanente installée à Alger assure la coordination avec les entreprises, les laboratoires et les centres spécialisés en problèmes humains dans les zones arides[439].

Entre 1957 et 1958, des médecins du service de santé des armées sont détachés à PROHUZA pour étudier les conditions de travail dans le désert et l'équilibre hydrominéral des travailleurs[440]. Plus précisément, ils sont chargés d'identifier des critères biologiques pour évaluer le processus d'adaptation à la chaleur et comprendre l'impact du climat sur le rythme de travail et de récupération. Les chantiers de la CFP-A offrent alors un terrain idéal pour cette étude : les équipes de forage sont donc soumises à des tests pour mesurer la réaction des mécanismes endocriniens à la suite d'une exposition prolongée à la chaleur. Les médecins de PROHUZA s'intéressent par ailleurs aux effets de la fatigue et de la chaleur sur le comportement dans le cadre d'une collaboration avec le laboratoire d'agressologie de l'hôpital Boucicaut. Des produits pharmaceutiques à base de chlore, sodium, potassium et magnésium sont testés sur le personnel pour réduire le stress déterminé par des séjours prolongés dans le désert.

Une attention particulière est également portée à l'étude des mécanismes de réhydratation. En 1958, PROHUZA s'intéresse à la thermorégulation et à la perception d'absence de sudation. En effet, en raison du climat sec, la déshydratation est rarement perçue par les travailleurs alors que leur organisme peut évaporer plus de 12 litres de sueur par jour. Plusieurs études de médecine du travail avaient montré que « l'état biologique du travailleur, son psychisme, sa productivité, [étaient] liés à la faculté d'émissions d'abondantes sueurs de travail et

---

439 On évoque en particulier : le Laboratoire de physiologie appliquée au travail de la Faculté de médecine de Strasbourg (prof. Bernard Metz) ; le Laboratoire de physiologie de la Faculté de médecine de Dakar (prof. Robert Lemaire) ; le Laboratoire de physiologie d'Alger ; le Centre d'essais en vol de Brétigny, Laboratoire national d'essais du Conservatoire des Arts et Métiers (prof. Belier) ; le Centre d'études des problèmes humains du travail d'Alger ; le Centre d'entomologie de l'Hôpital Boucicaut (Dr Laborit) ; UNESCO, CCTA, Institut du désert de Beersheba (Israël), Quatermaster research ; Laboratoire climatique de l'armée américaine.

440 AH TotalEnergies, 18V01807/615, Prohuza, centre d'études et d'information des problèmes humains dans les zones arides, Compte rendu d'activités,1957-1958.

de vapeur d'eau sous la forme de transpiration»[441]. Mais si le problème de la réhydratation peut être traité avec des pastilles de sels minéraux et une incitation à boire régulièrement de l'eau, il est de plus en plus évident que le mécanisme de la soif n'est pas suffisant pour réguler la balance hydrique des travailleurs. Les spécialistes de PROHUZA commencent donc à expérimenter des solutions alternatives à l'emploi de chlorurée sodique et des dragées toni-hydratantes déjà utilisées par l'armée. Des boissons enrichies en électrolytes et diluées à 5 % à l'eau de mer commencent donc à être testées sur les travailleurs. Ces expériences s'inspirent à celles réalisées avec les bières salées, des produits utilisés pour améliorer le rendement des mineurs de fond[442].

En dépit de sa spécificité, la question de la réhydratation fait partie de la plus vaste problématique de l'alimentation des travailleurs. Dès la première heure, les médecins de PROHUZA s'intéressent à l'apport calorique et à l'impact des méthodes de conservation sur la valeur nutritionnelle des aliments frais. Par ailleurs, ils analysent la dimension sociologique de l'alimentation comme les effets du changement d'habitudes alimentaires sur les différentes catégories de travailleurs[443]. Si des études réalisées auprès des tirailleurs sénégalais et des travailleurs des mines du Katanga avaient montré une tendance des autochtones à s'adapter aux habitudes alimentaires des Européens, les enquêtes sur les préférences alimentaires réalisées par la CFP-A confirment le besoin de rééquilibrer l'apport nutritionnel du personnel indigène[444]. Selon cette étude, plusieurs aliments absents du régime alimentaire d'Afrique du Nord ne sont pas consommés par les travailleurs. Si les féculents sont appréciés,

---

441 AH TotalEnergies, 18V01807/615 Prohuza, Programme de recherche sur l'alimentation de la main-d'œuvre employée au Sahara, G. Pille (pharmacien lieutenant-colonel, professeur agrégé du service de santé des TC).

442 *Ibid.*

443 *Ibid.*

444 AH TotalEnergies, 18V01807/615, «Le problème de l'alimentation outre-mer (Afrique noire française) – Aspects biologiques et scientifiques», *Médicine tropicale*, n° 1, janvier-février 1954; Faure (médecin résident de la Compagnie Française des Pétroles à Hassi Messaoud), «Considérations sur la main-d'œuvre au Sahara», *Algérie médicale*, vol. 65, n° 10, Alger, octobre 1961. L'étude nutritionnelle concernant le personnel musulman met en évidence un haut taux de consommation pour les aliments traditionnels comme le couscous (100 %), la chorba (80 %) et les pommes de terre (90 %). En revanche, il montre un taux de consommation assez faible pour d'autres légumes comme la salade (20 %), les artichauts (20 %) ou les carottes (30 %).

« […] plusieurs légumes sont régulièrement renvoyés à la cuisine sans être touchés »[445], ce qui impose d'adapter le régime alimentaire proposé aux travailleurs autochtones pour préserver leur équilibre physiologique.

Parmi ses différentes missions, PROHUZA est également chargé de définir les critères d'aptitude pour la sélection du personnel européen. Les médecins-conseils du centre de recherches sahariennes définissent alors un protocole pour les visites médicales d'embauche et précisent les causes potentielles d'exclusion[446]. L'inaptitude clinique du candidat est déclarée en cas de problèmes d'acuité visuelle et auditive. Du point de vue de l'appareil digestif, les candidats ayant souffert de problèmes d'estomac comme ulcères, gastrites éthyliques et gastrectomies sont également exclus. En ce qui concerne le système cardio-vasculaire, sont déclarés inaptes les porteurs de lésions organiques, les diabétiques, les obèses et toutes les personnes souffrantes d'insuffisance surrénale et de dysthyroïdie. Les problèmes pulmonaires sont également des causes d'exclusion, à l'exception des syndromes asthmatiques puisque l'état clinique des candidats affectés par ces problèmes aurait tendance à s'améliorer avec le climat saharien. *In fine*, en raison de l'absence de structures de soin dentaire au Sahara, une attention particulière est portée à la dentition, au coefficient de mastication et à la possibilité de propagation de caries.

Les résultats des examens biomédicaux sont complétés par un interrogatoire réalisé au moment du recrutement[447]. Pour confirmer l'aptitude du travailleur, les médecins du travail doivent se renseigner sur les séjours des candidats en contexte « tropical » afin d'apprécier leur tolérance au climat et dépister les maladies exotiques. Un grand intérêt est attribué au critère de l'âge – le seuil limite pour travailler au Sahara est de 55 ans – mais également à la pratique du sport et au service militaire. Selon le docteur Vigan, cet examen caractériel et psychologique est un

---

445 *Ibid.*

446 AH TotalEnergies, 18V01807/615 Claude VIGAN, délégué saharien de PROHUZA, « L'aptitude médicale des travailleurs au Sahara », *Algérie médicale*, vol. 65, n° 10, octobre 1961.

447 Les examens estimés obligatoires sont : radioscopie pulmonaire, examen de la dentition, biométrie complète, analyse d'urine et du groupage sanguin. Puis, au besoin, le médecin peut demander des examens plus approfondis : formule et numération sanguine, électrocardiogramme (en cas de suspect d'insuffisance coronarienne et pour toutes les personnes de plus de 45 ans), chimie urinaire, vitesse de sédimentation, bacilloscopie et tomographie pour les anciens pulmonaires.

outil essentiel pour évaluer la capacité d'adaptation à la vie et au travail au Sahara. À défaut de cette démarche :

> « Le sujet déclaré apte aura une acuité visuelle suffisante, une musculature en rapport avec l'effort à fournir, il sera certes indemne de toute affection cliniquement évolutive, mais tout ceci ne l'empêchera pas d'être quelquefois instable, un opposant ou un anxieux qui ne s'insérera pas dans la collectivité et devra être rapatrié avec la mention "mauvaise adaptation au sud" »[448].

La normalisation des critères de sélection du personnel européen permet d'uniformiser les profils recrutés. Le docteur Vigan présente ainsi l'idéal-type du travailleur européen transplanté au Sahara :

> « Le Dupont du désert [est] jeune, donc célibataire ou marié de relativement fraîche date : il cultive depuis l'enfance la petite fleur bleue de l'aventure, son degré de culture est évidemment variable, mais il nourrit bien souvent des préoccupations d'une qualité supérieure à son niveau d'instruction ; il est en général sportif et en bonne santé, car il a dû subir une visite d'embauche rigoureuse »[449].

L'application de ces critères de sélections permet d'élargir le recrutement et de remplacer les agents licenciés ou ayant volontairement quitté l'entreprise[450], tout en réduisant la présence de profils peu adaptés au travail en contexte désertique :

> « Les cas aberrants qui se voyaient surtout à l'époque héroïque des "pionniers" étaient ceux de l'instabilité ou de l'inadaptabilité pathologique, de l'amoureux transi, du fils de papa recalé au "bachot", j'en passe : ceux-là n'ont pas résisté, ils sont partis d'eux-mêmes, ou l'on s'est séparé d'eux, ou cela ne saurait tarder »[451].

Parmi les critères les plus importants pour déclarer une personne apte au travail au Sahara, il y a le goût de l'aventure et l'ambition d'évolution de carrière. Le docteur Vigan précise :

---

[448] *Ibid.*

[449] AH TotalEnergies, 18V01807/615, Claude VIGAN, délégué saharien de PROHUZA, « Nouvelles considérations sur les problèmes humains du travail au Sahara », Alger, 10 octobre 1961.

[450] En 1957, on assiste au licenciement pour insuffisance de 71 personnes, ce qui représente environ 10 % de l'effectif titulaire de l'entreprise.

[451] *Ibid.*

> « [Le travailleur saharien est] soucieux de tirer de son séjour le maximum de profit dans le minimum de temps, c'est-à-dire, pour certains, d'amasser le pécule nécessaire à l'achat de l'appartement, de l'automobile ou du petit commerce convoités ; pour d'autres, les cadres en particulier, d'acquérir les références techniques dont ils pourront se prévaloir ultérieurement »[452].

Sans remettre en cause les motivations personnelles, le docteur met également l'accent sur les problématiques qui peuvent surgir à la fin de la journée de travail, quand le travailleur commence à compter les jours qui le séparent du congé de récupération. Pour que l'éloignement des familles et des lieux de vie ne devienne pas un facteur impactant, l'organisation du temps libre est essentielle :

> « Si l'on ne veut pas risquer de retrouver [les travailleurs] au bar, il faut organiser les loisirs en évitant l'écueil de trop faire sentir qu'ils sont organisés, faute de quoi les intéressés y verront une atteinte à leurs libertés individuelles et iront tout de même au bar pour mesure de protestation »[453].

La mise en place d'activités sportives et récréatives permet de favoriser la cohésion du groupe et de limiter les dysfonctionnements psychiques, comme la dépression, l'excitation maniaque et l'agressivité, considérés à l'époque comme les principaux symptômes de la saharite[454]. L'hétérogénéité de l'origine géographique et sociale du personnel impose donc de favoriser l'émergence de sous-groupes hiérarchisés et soumis à un ensemble de règles strictes.

---

452 *Ibid.*

453 *Ibid.*

454 Étudiée par les médecins coloniaux depuis la fin du XIXe siècle, la saharite est également connue sous les noms français de « colonite », « biskrite », « soudanite » ou « tchadite » ou sous le nom anglais de « *tropical neurasthenia* ». Cette maladie est présentée comme « une forme de dommage et épuisement nerveux présentant des symptômes comme : irritabilité, insomnie, manque d'appétit, perte de la mémoire, céphalée, augmentation du rythme cardiaque, phobies, désordre sexuel, alcoolisme, dépression et, dans des cas extrêmes, folie et suicide ». D'après Harald Fischer-Tiné, la littérature médicale sur cette maladie se caractérise par une approche racialiste qui voit dans le risque de dégénération de l'homme blanc le besoin de réglementer et organiser la vie des hommes dans l'espace colonial. Cf. Harald Fischer-Tiné, *Anxieties, Fear and Panic in Colonial Settings: Empires on the Verge of a Nervous Breakdown*, Cham, Springer, 2017 ; Warwick Anderson, *Colonial Pathologies: American Tropical Medicine, Race, and Hygiene in the Philippines*, Durham, Duke University Press, 2006.

Le district d'Hassi Messaoud : un espace de construction identitaire

La construction de la base de vie « Maison Verte » en 1957 achève la territorialisation de la structure sociale de la CFP-A. Après la découverte d'Hassi Messaoud, les éléments du camp mobile positionnés près du premier puits productif sont complétés par d'autres structures préfabriquées. À la fin de l'année, cet espace se compose de quatre bâtiments à usage de bureaux, 292 cabines individuelles transportables, trois bâtiments avec 232 couchettes, trois bars, trois salles de restaurant, une piscine de 25 mètres. Un concours est lancé dans les revues internes de l'entreprise pour choisir le nom du premier centre saharien de la société[455]. Certains agents proposent d'appeler leur nouvelle base « Diar-el-Bénézit » ou « Sidi Ben Ezit »[456], en hommage au président de la CFP-A. D'autres évoquent la Sainte-Barbe – la sainte patronne des pétroliers – ou Jacques Izambard, un jeune foreur alsacien décédé sur le chantier au moment de la découverte du gisement. D'autres encore suggèrent des dénominations comme « Total Bled », « Total Cité » et « Diar El Total » en faisant référence à la marque de distribution du groupe. Mais en dépit des propositions formulées par les salariés, c'est la direction qui décide le nom : le 4 décembre 1957, jour de la Sainte-Barbe, la base Maison Verte est officiellement inaugurée.

---

455 AH TotalEnergies, 10AH0449/1, *L'éruptif*, n° 10, septembre 1957 ; *La torche*, n° 11, septembre 1957.

456 Ce nom est un jeu de mots en arabe. Bénézit est translittéré avec le patronyme arabe « Ben » et « Ezit » qui à la prononciation correspond au mot زيت (*zeit*), littéralement huile. Cela peut être traduit littéralement comme « fils de l'huile ».

Photo 14. Vue aérienne de la base Maison Verte et ses installations, 1961 – Photothèque historique TotalEnergies, 17V00537–40-2, Grevin S.T.E.P. – J. ©

Cette dénomination confirme la volonté de présenter la nouvelle base comme une oasis artificielle créée en plein désert grâce aux technologies les plus modernes. Une forme de propagande qui rappelle les images véhiculées par les entreprises pétrolières installées au Moyen-Orient[457]. Maison Verte est construite selon un modèle différent de celui de la base de la SN Repal, située à quelques kilomètres de distance sur la dépression de l'oued Irara[458]. Si cette dernière est conçue sur un modèle de centuriation typique de l'architecture militaire, Maison Verte se compose d'éléments mobiles implantés en suivant un tracé volontairement sinueux. Ce principe d'aménagement devient un marqueur identitaire très important pour les habitants de la cité pétrolière. À ce propos, les personnes interviewées invoquent à plusieurs reprises l'opposition entre le modèle de « village gaulois », adopté par la CFP-A, et celui du « village romain », privilégié par la société nationale, une claire référence aux bandes dessinées d'*Astérix*

457 Robert Vitalis, *America's Kingdom: Mythmaking on the Saudi Oil Frontier*, London, Verso, 2009.

458 Serge Lerat, « Hassi Messaoud », *Les Cahiers d'Outre-Mer*, 24-93, 1971, p. 16-31.

publiées par René Goscinny et Albert Uderzo durant cette période[459]. Au-delà des représentations, la décision d'adopter ce style architectural relève de raisons à la fois psychologiques et économiques. D'une part, ce modèle d'aménagement dynamique contribue à réduire la monotonie du paysage désertique. D'autre part, la construction d'une base avec des éléments préfabriqués permet de limiter les coûts d'installation.

À la différence du Moyen-Orient, où les sociétés avaient créé de véritables cités industrielles ou transformé le visage des villes à l'histoire séculaire[460], la base saharienne de la CFP-A est conçue comme un camp de forage sur grande échelle[461]. Dépourvue d'un plan d'aménagement de long terme, elle est composée de cabines et d'autres éléments utilisés par l'entreprise durant la phase d'exploration. L'assemblage de ces structures préfabriquées permet de loger les travailleurs tout en limitant les coûts des installations dans une période de grande incertitude[462]. Néanmoins, l'augmentation de la population de « maison-vertois » impose de trouver rapidement des solutions pour augmenter la capacité d'accueil de la base.

La particularité de Maison Verte est la présence de grands espaces verts, d'arbres et de végétation. Fortement voulues par le directeur technique Louis Ramettes, ces plantations sont réalisées par le service génie civil de la CFP-A. Comme l'explique Jacques Verdier, un ancien habitant de Maison Verte :

---

459 AH TotalEnergies, AO011905, Archives orales de la Compagnie française des pétroles Algérie (CFP-A), Récit de carrière de René Gourgouillon, Aix-en-Provence, 27 juin 2018 ; AO011901, Archives orales de la Compagnie française des pétroles Algérie (CFP-A), Récit de carrière de Jean-Pierre Strobel, La-Celle-Saint-Cloud, 18 avril 2018 ; AO011902, Archives orales de la Compagnie française des pétroles Algérie (CFP-A), Récit de carrière de Jean Picard, Versailles, 9 mai 2018 ; AO011904, Archives orales de la Compagnie française des pétroles Algérie (CFP-A), Récit de carrière de Jacques Verdier, La Défense, 21 juin 2018.

460 Arbella Bet-Shlimon, *City of Black Gold: Oil, Ethnicity, and the Making of Modern Kirkuk*, Stanford, Stanford University Press, 2019, p. 79 et ss ; Farah Al-Nakib, *Kuwait Transformed: A History of Oil and Urban Life*, Palo Alto, Stanford University Press, 2016, p. 91 et ss ; Nelida Fuccaro, *Histories of City and State in the Persian Gulf: Manama since 1800*, Cambridge University Press, 2009, p. 191 et ss.

461 AH TotalEnergies, 18V01807/170, Réflexions sur un projet de cité à Hassi Messaoud, Alger, 5 août 1958.

462 AH TotalEnergies, 18V01807/170, Réflexions sur un projet de cité à Hassi Messaoud, Alger, 5 août 1958 ; 18V01807/165, District d'Hassi Messaoud, camp de Maison Verte, distribution d'énergie électrique, Neuilly-sur-Seine, 28 septembre 1962.

« [À Maison Verte] avant de construire quoi que ce soit, on commence à faire des tranchées et on y plante des arbres. Il y avait des eucalyptus, des pins et beaucoup de lauriers-roses, parce que le laurier rose il est à hauteur d'homme. Très rapidement à Messaoud vous vous promeniez dans des allées en béton qui étaient couvertes de laurier rose »[463].

La végétalisation de Maison Verte est possible grâce à un système d'irrigation ravitaillé par la nappe de l'albien et à l'apport de compléments de sol en terre argilosableuse provenant de l'oued Irara[464]. Initialement conçues comme une enceinte pour la base, les plantations augmentent rapidement, ce qui impose de faire face à un besoin d'eau estimé à 1200 m^3/jour en 1962[465]. En dépit des coûts élevés, les plantations ont un effet bénéfique sur le personnel puisqu'elles constituent un important élément de distraction. Selon un rapport de l'ingénieur-conseil chargé du projet d'aménagement de Maison Verte :

« Tous les habitants de la cité suivent avec intérêt la croissance des arbustes, palmiers, roseaux et sont affectés par les avatars de certains sujets. Il est probable que l'action psychologique des plantations est beaucoup plus agissante qu'on ne le pense habituellement »[466].

Au-delà de la dimension publicitaire, les espaces verts fournissent une protection contre le vent et la chaleur tout en limitant le sentiment d'isolement des travailleurs. René Gourgouillon décrit ainsi son étonnement lors de sa première visite de la base en 1959 :

« À Maison Verte il y avait [des] allées dans lesquelles on pouvait passer et qui étaient tout simplement couvertes par des lattis roseaux… donc il n'y a rien de moins cher que le lattis roseaux, c'était facile… mais c'est de l'ombre… et une fois que vous étiez là-dedans, votre vue ne pouvait pas porter vers l'infini […] moi quand je suis arrivée déjà en 1959 il y

463 AH TotalEnergies, AO011904, Archives orales de la Compagnie française des pétroles Algérie (CFP-A), Récit de carrière de Jacques Verdier, La Défense, 21 juin 2018.

464 AH TotalEnergies, 18V01807/496, Rapport de stage CFP(A), 15 août-15 septembre 1959, Jean Mangin.

465 AH TotalEnergies, 18V01807/144, Camp d'Hassi Messaoud Nord, installations hydrauliques, sdnl (est 1962).

466 AH TotalEnergies, 18V01807/170, Duquennois (ing. conseil Alger), projet cité à Hassi Messaoud, étude préparatoire note diverses, Alger, 21 août 1958.

avait beaucoup de plantations qui poussaient : des lauriers, des fleurs partout… c'était merveilleux ! On était en pleine Méditerranée »[467].

Photo 15. Promenade dans les allées fleuries de la base Maison Verte, 1964 – Photothèque historique TotalEnergies, 17V00538–491-1, Dimitri Dimka ©

L'augmentation du nombre de travailleurs et l'élargissement de la base ont pour conséquence l'émergence de nouvelles formes d'encadrement de la vie collective. Le mode d'organisation en vigueur se révèle peu adapté à un système complexe comme celui de Maison Verte. Par conséquent, on assiste à une forte hiérarchisation de la structure et des relations sociales au sein de l'entreprise. L'introduction d'un modèle d'inspiration militariste répond, d'une part, aux contraintes du statut des unités territoriales et, d'autre part, au besoin d'assurer le contrôle

467 AH TotalEnergies, AO011905, Archives orales de la Compagnie française des pétroles Algérie (CFP-A), Récit de carrière de René Gourgouillon, Aix-en-Provence, 27 juin 2018.

du district d'Hassi Messaoud depuis le siège d'Alger. Le chef de district assume donc toutes les compétences en matière d'organisation de la vie collective. Louis Le Thérisien, ancien officier de Marine et élève de l'École Navale, est la première personne à occuper cette fonction. À partir de 1958, il introduit un système d'organisation fondé sur la répartition des salariés en quatre groupes hiérarchiques : les ingénieurs, les agents de maîtrise, les ouvriers et les indigènes. Des espaces de vie et de détente séparés sont créés lors du réaménagement qui a lieu en 1961. Le nouveau quartier pour les ingénieurs, appelé par ses habitants « le seizième arrondissement »[468], offre de meilleures conditions de logement aux cadres de la société. Une salle de détente et un restaurant réservés aux agents de maîtrise permettent de limiter les contacts entre ce groupe et le reste des équipes[469]. Des logements en dur destinés aux indigènes assurent le logement de cette catégorie de travailleurs et permettent d'éradiquer les bidonvilles installés à l'extérieur de la base. La séparation physique des travailleurs entraîne un véritable bouleversement des relations sociales. Les témoignages mettent en évidence une certaine opposition à ce modèle d'organisation de la vie collective qui est différent de celui adopté dans les chantiers d'exploration. Comme l'explique Jean-Pierre Strobel :

> « La maîtrise [et les ouvriers] à l'époque – ce que j'ai toujours trouvé normal – comme ils travaillaient ensemble, ils dormaient ensemble et ils mangeaient ensemble ! Du maître-sondeur jusqu'au dernier ouvrier de plancher… ils restaient ensemble ! »[470]

Au même titre, la séparation entre les ingénieurs et les agents de maîtrise contribue à incrémenter la distance entre les deux catégories. Les agents de maîtrise sont exclus de la salle des cadres et du « whiskey de 19 heures », une manifestation de l'esprit de corps qui a lieu chaque jour sous le regard

---

[468] AH TotalEnergies, AO011908, Archives orales de la Compagnie française des pétroles Algérie (CFP-A), Récit de carrière de Pierre Maréchal, Paris, 19 septembre 2018..

[469] AH TotalEnergies, 18V01807/165, Avant-projet d'amenagement de Maison Verte, Alger, 2 janvier 1961, Piontin (chef Travaux Neufs) – D'Herbès (Chef division Messaoud).

[470] AH TotalEnergies, AO011901, Archives orales de la Compagnie française des pétroles Algérie (CFP-A), Récit de carrière de Jean-Pierre Strobel, La-Celle-Saint-Cloud, 18 avril 2018.

du chef de district. À ce propos, Henri Desbordes explique que plusieurs agents s'opposent à ce principe d'exclusion :

> « La plupart du temps, je n'allais pas à la salle des cadres, j'allais avec les autres… en plus… il y avait certains chefs qui avaient un état d'esprit que je n'appréciais pas et je n'étais pas le seul… une de choses que je n'appréciais pas de Messaoud c'était cette distinction qui n'existait fatalement pas sur les chantiers d'exploration »[471].

Cet encadrement très strict des relations sociales caractérisé par l'isolation des individus et l'interdiction de vie familiale est contrecarré par le renforcement du sens d'appartenance au Corps des pétroliers. Au-delà des loisirs organisés au quotidien, l'événement principal est la fête de la Sainte-Barbe, le seul jour de l'année où les appareils de forage arrêtent de travailler. Le 4 décembre de chaque année, une fête pour le personnel est organisée à Hassi Messaoud, à Alger et dans les autres chantiers d'exploration. Héritée de la tradition des mineurs, des artilleurs et de la marine, la célébration de la Sainte-Barbe symbolise l'appartenance au corps des pétroliers. À cette occasion, un grand repas à base de coquillages et de champagne est servi en plein Sahara et un menu d'exception est préparé par des chefs cuisiniers arrivés de métropole. La journée de fête continue avec des animations, des spectacles et des concerts d'artistes de la scène algéroise. Les éléments fondamentaux de la Sainte-Barbe des pétroliers sont l'excès et l'effacement temporaire de la notion de hiérarchie[472]. Le 4 décembre, c'est le seul jour de l'année où « si l'on veut, on peut tirer une tarte à la crème dans la gueule du chef »[473].

---

471 AH TotalEnergies, AO011914-11, Archives orales de la Compagnie française des pétroles Algérie (CFP-A), Récit de carrière de Henri Desbordes, La Défense, 11 décembre 2018.

472 En 1962, pour décrire l'esprit de la Sainte-Barbe qui voit le départ de Louis Le Thérisien, on dit : « il y aura un sabordage général dans la plus pure tradition des pétroliers ». Cf. 10AH0449/2, *Le Petit Messaoudien*, n° 34, décembre 1962 ; AH TotalEnergies, AO011904, Archives orales de la Compagnie française des pétroles Algérie (CFP-A), Récit de carrière de Jacques Verdier, La Défense, 21 juin 2018.

473 AH TotalEnergies, AO011904, Archives orales de la Compagnie française des pétroles Algérie (CFP-A), Récit de carrière de Jacques Verdier, La Défense, 21 juin 2018.

Photo 16. Célébration de la Sainte-Barbe à Hassi Messaoud, 1962 – Photothèque historique TotalEnergies, 17V00550–559-1, Droits réservés – Total ©.

Définie « folklorique » par plusieurs témoins, cette dimension de la vie sociale de Maison Verte, fait partie d'une plus vaste politique de gestion du personnel. L'organisation des activités récréatives doit réduire la perception d'isolement géographique et des difficultés du quotidien. La pratique du sport est alors fortement encouragée et des compétitions sportives sont organisées entre les équipes de la CFP-A et celles des autres entreprises installées à Hassi Messaoud[474]. Des activités culturelles, comme des représentations

[474] Un championnat de football est organisé avec la SN Repal, SOPEG, Forenco et les équipes de l'armée. La pratique du sport est très organisée afin de limiter la propagation de messages politiques dans cette période de guerre d'indépendance. Dans un entretien réalisé par Florence Decamps avec Roger Goetze, ce dernier raconte comment certains sympathisants de l'Algérie française à la SN Repal « [...] s'étaient amusés à créer une association sportive qui s'appelait l'Olympique Athlétique Saharien avec des initiales OAS sur le maillot ». Cf. Roger Goetze, Florence Descamps et Agathe Georges-Picot, « L'aventure pétrolière de la SN Repal (novembre 1946-juin 1966) », *in* Nathalie Carré de Malberg (dir.), *Entretiens avec Roger Goetze, haut fonctionnaire des Finances : Rivoli-Alger-Rivoli. 1937-1958*, Vincennes, Institut de la gestion publique et du développement économique, 2014, p. 301-326.

théâtrales et des soirées de variété, sont proposées tout au long de l'année. Par ailleurs, l'entreprise encourage la création de groupes musicaux et de groupes de folklore local composés de personnel autochtone, ce qui témoigne du brassage culturel existant dans l'espace de Maison Verte[475]. Le cinéma reste néanmoins le loisir le plus apprécié par le personnel de la CFP-A. Des séances de projections ont lieu tous les jours dans la salle de cinéma de la base. Selon des études réalisées par la direction générale, le cinéma est un élément « nécessaire pour la relaxation de l'organisme et de l'esprit pour un sommeil plus réparateur »[476]. Diffusés uniquement en couleurs, les films sont choisis en raison de leur capacité de « provoquer le rire » et d'encourager « l'évasion de l'esprit vers des milieux physiques différents »[477]. Sont exclues de la programmation toutes les productions « de haute tenue intellectuelle, les sujets à thèses et les artistes à l'esprit tourmenté »[478]. Au-delà des films grand public, la salle de cinéma est l'endroit idéal pour organiser des séances dédiées aux courts métrages sur l'histoire du pétrole, ainsi que sur les activités de la CFP et des filiales[479]. La projection de films de commande contribue à renforcer le sentiment d'appartenance et permet aux travailleurs de s'imprégner des mythes fondateurs de l'industrie du pétrole.

B. Complexification des structures et bureaucratisation des méthodes : les tentatives de rationaliser l'organisation de la CFP-A

Le rôle des sociétés de consulting dans les projets de réorganisation

Au milieu des années 1950, les sociétés font face à la fin de « l'Ancien régime pétrolier »[480]. Dans un contexte caractérisé par la crise de Suez et

---

475 AH TotalEnergies, 10AH0449/2, *Le Petit Messaoudien*, n° 1, mars 1960.

476 AH TotalEnergies, 18V01807/170, Duquennois (ing. conseil Alger) projet cité à Hassi Messaoud, étude préparatoire notes diverses, Alger, 21 août 1958.

477 *Ibid.*

478 *Ibid.*

479 Dans le catalogue de la filmothèque de la CFP on trouve différents films de production américaine sur l'histoire du colonel Drake et d'autres films sur l'histoire du pétrole roumain qui sont régulièrement diffusés à Maison Verte. AH TotalEnergies, 18V01807/179, « Catalogue de la filmothèque CFP », sdnl (est. 1958).

480 Philippe Tristani, « L'Iraq Petroleum Company de 1948 à 1975 : stratégie et déclin d'un consortium pétrolier occidental pour le contrôle des ressources pétrolières en

la nationalisation de l'IPC, la CFP-A doit réduire ses frais d'activité pour faire face à l'effondrement du cours du baril[481]. Dans ce contexte, la CFP dispose d'importantes quantités de brut saharien, même si les raffineries de la CFR ne sont pas adaptées au traitement de cette huile riche en produits légers et beaucoup plus cher que celui du Moyen-Orient. Après la mise en production du gisement d'Hassi Messaoud, la CFP-A doit donc mettre en œuvre une stratégie pour réduire les coûts d'activité et le prix de revient de la production saharienne. La réforme de l'organisation de la filiale et l'introduction de nouvelles méthodes de gestion sont donc des étapes nécessaires pour définir un nouvel équilibre financier et préparer la phase d'expansion du groupe CFP[482].

En 1956, le polytechnicien et ingénieur des mines Louis Deny est chargé d'étudier les problèmes d'organisation de la filiale. L'objectif est d'accompagner la société vers un stade de maturité industrielle et de limiter l'influence de « certaines personnalités [...] restées trop imbues de l'esprit fonceur du pionnier »[483]. Dans un contexte caractérisé par l'émergence des sociétés de consulting en France[484], la CFP fait appel au Centre d'études et d'organisation (CEO) et à la Compagnie d'organisation rationnelle du travail (CORT) pour proposer une réforme de l'organisation et améliorer les méthodes de travail[485]. Fondé en 1938 par le gadzart Marcel Mouget, le CEO suggère de décentraliser la structure de l'entreprise en recourant à une méthode de formation importée aux États-Unis : le Training Within Industry (TWI). Mis

---

Irak et au Moyen-Orient », Thèse de doctorat, Université Paris-Sorbonne, 1970-2017, 2014, p. 233 et ss.

481 *Ibid.*

482 Constance Hubin, « Stratégie industrielle de la Compagnie française des Pétroles (1945-1975) », Thèse de doctorat, Université Paris X, 2012, p. 215 et ss.

483 AH TotalEnergies, 18V01807/699, Étude sur la réorganisation en cours de CFP-A et les possibilités de transposition dans d'autres filiales, 12 août 1957.

484 Odile Henry, « The acquisition of symbolic capital by Consultants : The French Case », in Matthias Kipping et Lars Engwall, *Management Consulting : Emergence and Dynamics of a Knowledge Industry*, Oxford, OUP, 2002.

485 La réorganisation de CFP-A signe le début d'une longue collaboration entre Marcel Mouget et le groupe CFP qui continuera jusqu'aux années 1980. Cf. Daniel Loubet, « Les enjeux communicationnels dans la normalisation des savoir-faire opératoires pour la prévention des risques : le cas de la méthode OPERGUID en raffineries chez TOTAL », Thèse de doctorat, Université Bordeaux Montaigne, 2013, p. 233.

au point pour convertir l'industrie américaine à l'effort de guerre[486], cette méthode permet à la CFP-A de soutenir l'augmentation de son effectif et de rationaliser ses processus de travail tout en améliorant le système de commandement et transmission des informations. Mise en évidence par les études de Peter Drucker et d'Alfred Chandler[487], la décentralisation accompagne le développement de l'organisation. Par ailleurs, à la suggestion du CEO, la CFP-A adopte une stricte séparation des fonctions de conception, préparation et exécution des travaux pour limiter la liberté d'action des individus. Autrement dit, ce nouveau système impose à « l'homme à tout faire de s'adapter ou d'aller exercer ailleurs ses "talents de pionnier" »[488].

Pour accompagner la décentralisation, le CEO suggère de créer un service dédié à « préparer les tâches et préparer les hommes »[489]. Introduit en 1956, le service training études planning (STEP) est chargé « d'établir un planning et les feuilles d'opération fixant la succession des opérations élémentaires requises par l'exécution de la décision prise »[490] et de déployer la méthode TWI pour former rapidement les techniciens sans expérience pétrolière. Affecté à ce service en 1957, le jeune ingénieur des Ponts et Chaussées Gérard Marion présente ainsi l'activité du STEP :

> « Le principal objet de ce service c'était de faire des plannings. En particulier, la grosse question c'était qu'on avait des appareils de forage dans le désert et… les appareils devaient se déplacer à des centaines de kilomètres plus loin… le gros travail de démontage du *rig* pour le transporter ailleurs nécessitait que tout soit bien préparé […] il fallait préparer un planning

---

486 Quatre organismes sont chargés de l'introduction en France de la méthode TWI entre les années 1949 et 1950 : CEGOS (Commission générale d'organisation scientifique), CFP (Comité de formation professionnelle), ANIFRMO (Association nationale interprofessionnelle pour la formation rationnelle de la main-d'œuvre) et le CEO. Cf. Jean Fombonne, *Personnel et DRH : l'affirmation de la fonction personnel dans les entreprises : France, 1830-1990*, Paris, Vuibert, 2001, p. 447-448.

487 Peter Ferdinand Drucker, *La pratique de la direction des entreprises*, Paris, Éditions d'Organisation, 1957 ; Alfred Dupont Chandler, *Strategy and structure : chapters in the history of the industrial enterprise*, Cambridge, MIT Press, 1962.

488 AH TotalEnergies, 18V01807/699, Étude sur la réorganisation en cours de CFP-A et les possibilités de transposition dans d'autres filiales, 12 août 1957.

489 AH TotalEnergies, 18V01807/466, Note générale sur la création du STEP. Objectifs, Organisation, Fonctionnement, Alger, 29 juin 1956.

490 *Ibid.*

pour les exécutants en disant il faut faire ça, puis il faut faire ça, ensuite il faut faire ça »[491].

Le témoignage de Marion met en évidence les efforts faits par la direction technique pour limiter les marges de manœuvre du personnel d'exécution. Chaque opération de terrain est découpée en tâches élémentaires reparties entre les services et coordonnées par les ingénieurs du STEP, qui assurent le *reporting* et la liaison avec les services de conception d'Alger.

La réforme de la CFP-A détermine également la création d'un service de méthodes administratives (SMA) et l'organisation de l'entreprise en trois districts : Alger, Hassi Messaoud et Sahara. En coopération avec le CEO, le SMA commence donc à codifier les règlements et les procédures de fonctionnement internes. Des formulaires types, des bibles techniques et des circuits administratifs sont mis en place pour faciliter les échanges entre les différentes entités de la filiale. La centralisation de l'information et la normalisation des méthodes bureautiques facilitent le contrôle de la direction même si l'augmentation du volume d'activité ne permet pas d'envisager un plan de développement sur le moyen terme[492]. Le CEO estime qu'à la différence des usines de production industrielle une filiale de recherche pétrolière nécessite d'une organisation flexible et adaptée au contexte d'activité. Le cabinet semble donc exclure la possibilité de définir un schéma-type d'organisation applicable à toutes les filiales d'exploration du groupe. Louis Deny est donc chargé d'étudier l'application de cette méthode à la CPT-L, la société d'exploration toujours plus active dans la recherche de pétrole en Libye. Cela permet de rentabiliser l'expérience pilote de la CFP-A et, en même temps, de normaliser les systèmes de liaison entre la maison-mère et les filiales du secteur amont[493].

La création des services administratifs et la résistance au changement de services techniques

Le processus de décentralisation prend toute son envergure avec la réorganisation des services administratifs. Dès 1957, la direction de la

---

491 AH TotalEnergies, AO011910, Archives orales de la Compagnie française des pétroles Algérie (CFP-A), Récit de carrière de Gérard Marion, Paris, 12 octobre 2018.

492 AH TotalEnergies, 18V01807/699, Étude sur la réorganisation en cours de CFP-A et les possibilités de transposition dans d'autres filiales, 12 août 1957.

493 AH TotalEnergies, 18V01807/543, Note de Pierre Germes, sdnl.

CFP-A décide de mettre en place des procédures juridiques et comptables pour contrôler l'activité de la filiale et normaliser les relations avec la maison-mère. Sous l'autorité du secrétaire général Marcel Delpont, Jean Picard est chargé de créer un service juridique pour s'occuper de la gestion des contrats, des assurances, des contentieux et des problèmes de droit minier. Avocat à la Cour d'appel de Rabat, Picard avait acquis une importante expérience dans la gestion des affaires juridiques de plusieurs entreprises françaises au Maroc[494]. Au moment de l'indépendance, son ami d'enfance Jean D'Herbès l'encourage à proposer sa candidature à la CFP-A qui est à la recherche d'un juriste expérimenté :

> « Au mois d'octobre 1956, je recevais des clients dans mon cabinet à Rabat, et j'ai eu un coup de téléphone de Jean D'Herbès qui m'a dit "il faut que tu viennes à Alger demain… Pierre Germes veut te voir !" [J'y suis allé] trois jours après. À Alger, j'ai été reçu par Pierre Germes, par Marcel Delpont qui était le secrétaire général et aussi par Monsieur Crosnier qui était directeur général de la CFP-A à Paris, mais qui était de passage à Alger… j'ai passé tout un après-midi avec lui […] il m'a posé un tas de questions […] et il m'a dit le soir… "en ce qui me concerne, moi, je suis prêt à vous embaucher, mais il faut que vous alliez voir à Paris les juristes de la maison parce que dans notre organisation il y a des familles… il y a les foreurs, les producteurs, les juristes, il y a les financiers… Donc il faut que les gens de Paris, les grands juristes de la maison, vous connaissent". J'ai fait un aller-retour à Paris et j'ai été vu par ces gens-là qui m'ont dit : "*nihil obstat*" »[495].

Assisté par le jeune juriste algérois François Castellani, Jean Picard commence à s'occuper des dossiers de renouvellement des permis de recherche obtenus en 1952. À l'échéance de cinq ans, chaque permissionnaire devait rendre 50 % des surfaces, ce qui imposait de justifier auprès de l'administration les travaux réalisés et les résultats des travaux d'exploration. Dans cette période de grande expansion, le service juridique est également chargé de la gestion des contrats avec les fournisseurs et des assurances pour le personnel et le matériel. À partir de 1957, les documents stratégiques de l'entreprise sont collectés auprès des différents services, conservés dans les archives d'Alger et transmis systématiquement à Paris. D'après Jean Picard, l'initiative de centraliser

494 AH TotalEnergies, AO011902, Archives orales de la Compagnie française des pétroles Algérie (CFP-A), Récit de carrière de Jean Picard, Versailles, 9 mai 2018.

495 *Ibid.*

les informations techniques et administratives relève de la sensibilité du directeur général Paul Crosnier :

> « Notre directeur général Monsieur Crosnier, qui était un homme très complet [...] il m'avait dit : "il est impossible qu'une société marche si elle n'a pas d'archives en bon ordre. Il faut absolument en avoir !" Les gens dans la compagnie ils n'avaient pas la moindre idée que les archives servent à quelque chose »[496].

La normalisation du système d'archivage répond certainement au besoin d'assurer une bonne gestion économique et financière. Néanmoins, cette initiative contribue à renforcer le contrôle de la maison-mère sur les activités de la filiale.

La réorganisation des procédures administratives de l'entreprise se poursuit dans le domaine de la finance et de la comptabilité. Après son expérience au service juridique, en 1958, Jean Picard est nommé chef du service financier et chargé de réorganiser la comptabilité analytique, la trésorerie et les relations financières avec la SN Repal :

> « J'ai été chargé des relations avec la Repal sur tous les mouvements financiers entre nos deux compagnies... Là, j'ai eu beaucoup à faire parce que, imaginez-vous, tous nos ingénieurs, qui étaient chargés de donner les imputations comptables aux dépenses, ils ne comprenaient pas très bien ce qu'on attendait d'eux !... Ils s'en foutaient ! Si bien que, par exemple, j'ai constaté que le prix de revient de Om1 comprenait tout ce qu'on avait fait, la base, l'aéroport, les routes... tout ça, imputation Om1, notre premier forage !... Il a fallu aller à la nage là-dedans pour redresser la situation avec la Repal »[497].

La déréglementation comptable a un impact majeur sur les relations financières avec le partenaire et la maison-mère. D'une part, il est impossible de distinguer les dépenses propres de la CFP-A et celles réalisées pour les travaux d'intérêt commun[498]. D'autre part, cela pose des problèmes de compatibilité budgétaire avec le système adopté par la CFP, ce qui complique le calcul des prix de revient. Pour résoudre ces dysfonctionnements, la société décide de renforcer le contrôle

---

496 AH TotalEnergies, AO011902, Archives orales de la Compagnie française des pétroles Algérie (CFP-A), Récit de carrière de Jean Picard, Versailles, 9 mai 2018.

497 *Ibid.*

498 AH TotalEnergies, 18V01807/252, Distinction comptable des activités opérateur et holding, Alger, 20 septembre 1961.

sur les différents services en faisant appel aux plus modernes outils bureautiques[499] :

> « Je me suis rendu compte [...] qu'il fallait vite sortir de la comptabilité à la main. Dès que j'ai été patron du service financier, on a eu recours à IBM et on fait entrer les machines de l'époque, les calculatrices, les trieuses »[500].

Selon les estimations du service financier, en 1960, la société recevait plus de 2000 factures par mois, dont plusieurs n'étaient jamais transmises aux services comptables. Une rationalisation des méthodes aurait alors permis de récupérer plus de 250 millions de NF en impôts chaque année, dont 60 millions seulement dans la relation financière avec la SOPEG[501]. En suivant l'expérience du secteur du raffinage, où le traitement informatisé de la comptabilité est introduit en 1957[502], la CFP-A se dote d'un service mécanographique et d'un ordinateur IBM 1401. Le début de l'informatisation permet donc d'assurer une meilleure traçabilité des factures, de réduire le temps de liquidation des fournisseurs et de garantir des calculs plus fiables du prix de revient de l'huile. Le besoin d'améliorer la coordination financière devient de plus en plus stratégique lors de la création des filiales chargées de la production, du transport et de la commercialisation du gaz d'Hassi R'Mel. Ancien avocat au barreau de Rabat, René Gourgouillon est recruté en 1958 pour s'occuper des relations avec les nouvelles filiales. À l'instar de son ancien confrère Jean Picard, Gourgouillon met en évidence la complexité de la mission de liaison financière qui lui est confiée par le directeur général Crosnier. Après avoir suivi la création de la Société de commercialisation du méthane saharien (COMES), il est chargé de normaliser les liaisons avec

---

499 AH TotalEnergies, 18V01807/455, Directive générale N1 : signature des titres de paiement, Alger, 25 avril 1958 ; Directive générale N3 : modalité de règlement financier, Alger, 22 mai 1958 ; Directive générale N4 : fonctionnement du courrier de la direction des services administratifs, 25 juin 1958 ; Directive générale N13 : circuit des factures, 18 septembre 1958.

500 AH TotalEnergies, AO011902, Archives orales de la Compagnie française des pétroles Algérie (CFP-A), Récit de carrière de Jean Picard, Versailles, 9 mai 2018.

501 AH TotalEnergies, 18V01807/252, Exposé financier de M. Picard, Conférence de liaison Paris/Alger du 21 novembre 1960, Alger, 21 novembre 1960.

502 AH TotalEnergies, 17V00508/0125, Note de direction CFR, Mécanisation de la paie, 30 septembr 1957 ; Secrétariat général, Note de service à Raffinerie de Normandie, Mécanisation des travaux de paie du personnel; Établissement du fichier central du personnel, Paris, 12 janvier 1959.

la Société d'exploitation des hydrocarbures d'Hassi R'Mel (SEHR), la Société de transport du gaz naturel d'Hassi R'Mel à Arzew (SOTHRA), la Société d'études du transport et de la valorisation des gaz naturels du Sahara (SEGANS) et la Compagnie algérienne de méthane liquide (CAMEL).

L'augmentation du personnel des services centraux est la première conséquence de la complexification de l'organigramme de la CFP-A. Comme le raconte Jean Picard :

> « [Dans cette période, l'entreprise] grandissait à vue d'œil… quand je suis arrivé j'étais dans un immeuble, quatre mois après j'étais dans l'immeuble à côté et, en 1958, on a fait construire un très grand immeuble dans le quartier qui s'appelait Hydra, où on a fait notre siège social »[503].

Le nouveau siège de la CFP-A se compose de deux bâtiments : l'un pour la direction générale et les services administratifs, l'autre pour les services techniques. Au rez-de-chaussée, un troisième immeuble abrite le laboratoire géologique et le bureau du réservoir. Conçue lors de la construction du siège d'Alger, la répartition des espaces de travail reflète l'antagonisme entre les « techniciens » et les « administratifs » et les relations conflictuelles entre certaines familles de métiers. En effet, les techniciens perçoivent les agents administratifs comme des émissaires de la direction chargés de limiter leur liberté d'action.

503 AH TotalEnergies, AO011902, Archives orales de la Compagnie française des pétroles Algérie (CFP-A), Récit de carrière de Jean Picard, Versailles, 9 mai 2018.

Photo 17. Siège de la CFP-A dans le quartier Hydra à Alger, 1959 – Photothèque historique TotalEnergies, 17V00538–436-1, Droits réservés – Total©

L'opposition des techniciens aux procédures administratives est mise en évidence par le témoignage de René Gourgouillon qui déplore « la façon un peu Far West dont on travaillait à l'époque »[504]. Tout au long du récit, il souligne sa stupéfaction vis-à-vis de l'approche de certains techniciens, ce qu'il découvre lors de son premier voyage à Hassi Messaoud. Dans ce contexte, il est chargé de suivre un dossier d'assurance pour un accident entre deux poids lourds qui avait gravement endommagé un mât de forage :

> « Je suis arrivé à Messaoud où je ne connaissais strictement personne. Je me suis présenté au chef de district, Le Thérisien, qui m'avait à peine reçu. Il y avait le directeur technique, Ramette qui m'a regardé comme si j'étais une merde en disant "qu'est-ce que c'est que ça ? Encore un juriste ! Que vient-il foutre ses pieds là-dedans ?"… ça, c'était mon accueil à Maison Verte ! […] J'étais stupéfait de cette désinvolture et surtout par le fait que l'argent n'avait pas d'importance… pour Ramette, ou pour les autres, c'était le mât de forage… c'était ça qui comptait… le fait que ça soit réparé ! Ramette a fait examiner le mât, mais il était tordu – vu que c'est un acier spécial il ne peut pas être réparé – donc il a commencé à téléphoner dans tous les sens pour savoir s'il y avait un mât et il en a trouvé un à Strasbourg donc il a

504 AH TotalEnergies, AO011905, Archives orales de la Compagnie française des pétroles Algérie (CFP-A), Récit de carrière de René Gourgouillon, Aix-en-Provence, 27 juin 2018.

dit : “il faut le transporter !” Mais pour le transporter, il n’y avait rien… sauf le Breguet Deux-Ponts, mais la porte arrière [de l’avion] ne pouvait pas se fermer… je ne sais pas comment ils se sont démerdés… Mais, enfin, pour moi… ce qui était surprenant c’est que l’aspect financier ne le concernait absolument pas ! Le problème c’étaient les travaux, c’était qu’on fasse du mètre foré… qu’on avance dans le programme… c’était la seule chose »[505].

Gourgouillon raconte un autre accident qui a lieu durant le déménagement d’un appareil de forage en 1958. Dans ce cas, l’insouciance des techniciens déclenche un contentieux avec l’administration coloniale :

« [Les techniciens] ont fait déménager un appareil de forage qui faisait 15 mètres de hauteur une fois plié… c’est quand même important !… Ils ont traversé la route de Ghardaïa à je ne sais pas où, en coupant tranquillement tous les fils électriques et les fils téléphoniques… sur deux kilomètres, tous les poteaux ont été arrachés ! Alors ça a fait un “petit problème” avec les PTT !… mais pour les techniciens c’était le Far West… carrément le Far West… ils s’en foutaient complètement ! Nous, on venait derrière pour essayer d’arranger… on ne nous écoutait pas… On nous regardait avec intérêt en disant : “mais de quoi il s’occupe celui-là ? Nous on s’occupe de choses sérieuses ! On va faire du pétrole ! Pourquoi il nous ennuie avec ses problèmes ?”… il fallait s’adapter à une mentalité cow-boy »[506].

505 *Ibid.*

506 *Ibid.*

Photo 18. Déménagement d'un appareil de forage avec un camion Kenworth, est. 1959 – Photothèque historique TotalEnergies, 17V00537–71-1. Dimka Dimitri, Coirier Léon ©

Si les nouvelles procédures administratives ne font guère l'unanimité chez les cadres de la CFP-A, la complexification de l'organigramme accentue les problèmes de coordination entre Paris et Alger[507]. Une étude réalisée par le CEO en 1958 met en évidence le besoin d'organiser des réunions périodiques des cadres pour améliorer la circulation de l'information. En janvier 1959, un premier séminaire d'entreprise réunit les chefs de service à Dar el Alia, dans la banlieue d'Alger. L'objectif de cette réunion est de combler les « déficiences administratives » et le « manque de préparation aux tâches administratives » des cadres techniques de l'entreprise[508]. Le séminaire permet aux agents de la CFP-A de présenter leurs fonctions et d'expliquer comment leurs expertises peuvent faciliter l'activité des autres. Des séances de formation sur les méthodes de

507 AH TotalEnergies, 18V01807/543, Compte rendu de la réunion de liaison du 20 janvier 1959, Alger, 21 janvier 1959.

508 AH TotalEnergies, 18V01807/254, Réunion extraordinaire des chefs de service, Alger, 25 novembre 1958.

gestion d'équipe, de préparation des budgets prévisionnels et de gestion de projet sont également prévues. La communication étant un enjeu essentiel pour favoriser l'émergence d'un esprit d'équipe, des réunions interservices périodiques sont donc institutionnalisées. En même temps, pour faciliter la compréhension de la structure de l'entreprise, des articles humoristiques sont diffusés dans les pages du *Petit Messaoudien*, la revue destinée aux habitants de Maison Verte. Dans la rubrique « Que fait-il ? Qui est-il », le personnel reçoit des informations sur le service relations extérieures, le service du personnel, le service de sécurité et ses pompiers qui « [...] bercés par le "ron-ron" du Berliet 210, assistent les manœuvres prêtes à foncer sur leur ennemi déclaré : le feu[509] ».

La décentralisation des services techniques et la complexification du district d'Hassi Messaoud

La décentralisation mise en œuvre par la CFP-A touche également à la structure et aux modes de liaison de la direction technique. En dépit de la tendance centralisatrice encouragée par Louis Ramette, la direction commence à adopter de nouvelles méthodes de communication et de coordination entre le siège d'Alger, le district d'Hassi Messaoud et les chantiers sahariens. Le récit de Sylvianne Loste, secrétaire sténodactylographe originaire de Ménerville[510], présente bien le mode de fonctionnement de la direction au moment de recrutement en 1958 :

> « Je commence mon travail le mardi et – grosse déception – j'atterris dans un pool de secrétariat à la direction technique. Un secrétariat où il y avait déjà six secrétaires plus une cheffe ! On était dans une grande salle avec six machines à écrire et six bureaux, avec un bureau vitré qui nous séparait de la cheffe de service et de son adjointe. [...] Dans les bureaux de la cheffe de service, il y avait une cabine en verre [...] au bout de trois jours on m'a demandé d'aller dans cette cabine que je ne savais pas ce que c'était. En fin de compte, c'était une cabine radio. On était en relation avec les appareils de forage et on passait les messages : alpha, bêta, gamma, avec l'alphabet morse. Donc on avait des communications d'une demi-heure et les secrétaires à tour de rôle étaient en communication avec Hassi Messaoud et les grands appareils qui étaient dans les chantiers »[511].

---

509 AH TotalEnergies, 10AH0449/2, *Le Petit Messaoudien*, 1er mars 1960.

510 Actuellement Thénia, commune algérienne de la wilaya de Boumerdès.

511 AH TotalEnergies, AO011916, Archives orales de la Compagnie française des pétroles Algérie (CFP-A), Récit de carrière de Sylvianne Loste, Paris, 24 janvier 2019.

La radio est systématiquement employée pour suivre l'avancement des forages et des travaux de construction. Un tel recours à la communication orale explique l'absence de documentation technique dans les archives pour la période qui précède l'introduction du télex. En effet, cette nouvelle technologie modifie profondément le travail quotidien des secrétaires de la direction technique :

> « On a déménagé dans le bâtiment technique d'Hydra, un bâtiment à quatre étages, on s'y est retrouvé encore en pool, mais là c'était comme dans une écurie de chevaux : une grande salle avec des box, chacune avec notre bureau, les cheffes de service à chaque extrémité… là on n'avait plus de cabine radio parce que c'est le télex qui est sorti, donc on n'a plus eu cette activité »[512].

La mise en place d'un réseau de communication câblée entre Paris, Alger et Hassi Messaoud répond parfaitement aux besoins fonctionnels du nouveau service production. Les décisions sur les quantités d'huile à produire doivent en effet être coordonnées avec la politique globale de transport et de commercialisation définie par la maison-mère ; mais elles doivent également tenir compte de l'équilibre géologique du réservoir et des contraintes de terrain.

Pour optimiser le processus décisionnel en matière de production, la direction de la CFP-A fait appel à l'expertise de McCord & Associates, un cabinet-conseil basé à Dallas et spécialisé en ingénierie de réservoir[513]. En 1958, un ingénieur-conseil, un certain Natanson, est envoyé à Paris, à Alger et à Hassi Messaoud pour réaliser une étude d'organisation du service production. Les résultats mettent en évidence plusieurs dysfonctionnements et confirment le besoin d'introduire à Hassi Messaoud un *district petroleum engineer service* pour assurer la liaison fonctionnelle entre le district de production et les services de conception du siège. Présent dans les autres sociétés pétrolières, le *district petroleum engineer service* reçoit les instructions sur les travaux à exécuter, mais il peut demander des modifications aux programmes de production en fonction des contraintes de terrain et des besoins de

512 *Ibid.*

513 AH TotalEnergies, 18V01807/543, M. Natanson, Project of organization of Petroleum Engineer Service, Algiers, October 27th 1958.

gestion du réservoir. Toutes les interactions entre centre et périphérie passent néanmoins par le chef de district, qui est chargé de surveiller l'ensemble des opérations et de centraliser les informations.

La création d'un *district petroleum engineer service* à Hassi Messaoud devient une priorité pour la direction de la CFP-A qui commence à chercher des profils compatibles avec les besoins du nouveau service. En raison du manque d'expérience des ingénieurs français, le cabinet McCord suggère de compléter l'organigramme avec des spécialistes américains et des ingénieurs expérimentés de l'IPC. Le consultant américain Hugh Faulk est alors détaché à Hassi Messaoud comme chef du nouveau service, tandis que le jeune polytechnicien de la CFP-A Henri Marion devient son adjoint. Néanmoins, l'arrivée des techniciens américains soulève le mécontentement des agents de maîtrise de forage chargés des opérations de complétion et de maintenance des puits d'Hassi Messaoud. Les travailleurs français craignent en effet que l'arrivée des Américains puisse limiter leurs possibilités d'avancement de carrière[514].

Le service pétrolier d'Hassi Messaoud devient rapidement la nouvelle « conscience du chef de district »[515] sur le plan du développement de la production. Les experts commencent à collecter et à centraliser les informations nécessaires pour comprendre l'évolution du gisement et planifier le développement sur le moyen terme. Pour réduire « l'effet télécommande »[516] exercé auparavant par la direction d'Alger, la société formalise la distinction entre les « programmes de principe » et les « programmes d'exécution », ce qui favorise la décentralisation des fonctions de conception. Certaines frictions commencent néanmoins à émerger puisque, selon la direction, les jeunes ingénieurs du siège n'ont pas d'autorité suffisante pour faire exécuter les programmes de

514 AH TotalEnergies, AO011901, Archives orales de la Compagnie française des pétroles Algérie (CFP-A), Récit de carrière de Jean-Pierre Strobel, La-Celle-Saint-Cloud, 18 avril 2018.

515 AH TotalEnergies, 18V01807/543, Note à l'attention de M. Crosnier, « Création d'un service pétrolier à Hassi Messaoud », Alger, 6 janvier 1959.

516 AH TotalEnergies, 18V01807/543, Circulaire DO n° 28, « Mise en place d'un service pétrolier à Hassi Messaoud – réorganisation et structure », 3 mars 1959.

production aux techniciens d'Hassi Messaoud[517]. Cela est confirmé par la requête d'Hugh Faulk d'installer un ordinateur à Hassi Messaoud pour réaliser sur place les calculs nécessaires à définir les programmes de production[518]. Pour limiter les risques de dysfonctionnement, la direction décide alors de décentraliser complètement le service production dans le district[519]. À partir de mai 1959, toutes les décisions sur la conception des programmes de maintenance sur les puits existants sont prises à Hassi Messaoud.

La réorganisation du service production marque le début d'une nouvelle phase dans l'histoire de la CFP-A. Si au cours des premières années l'activité était limitée à la prospection et au forage, après la découverte d'Hassi Messaoud la production et la gestion du réservoir sont au cœur de l'activité de la filiale. La société commence donc à externaliser le forage, une initiative commune à l'ensemble des entreprises du secteur. Entre 1954 et 1959, on assiste à une augmentation de 230 % du nombre d'appareils de forage en fonction dans l'Union française et l'incidence des appareils contractés passe de 11,5 % à 67,5 % du total[520]. Une partie du personnel de forage est alors débauchée vers les sociétés de prestation tandis qu'une autre partie est convertie aux métiers de la production. Comme le précise Gérard Marion, en 1960, la majorité des agents affectés au service production de fond sont des anciens du service forage :

> « [Les équipes] étaient en général composées d'anciens foreurs… des gens qui avaient travaillé dans les appareils de forage et qui avaient croisé les puits… ils savaient comment fonctionnait un appareil de forage, mais simplement au lieu de descendre des tiges de forages ils descendaient maintenant des tubings »[521].

517 AH TotalEnergies, 18V01807/543, Note du chef du bureau du réservoir à M. Chevrière, « Organisation de MDP », Alger, 14 mars 1959.

518 AH TotalEnergies, 18V01807/543, Note de M. Faulk à la direction technique, Hassi Messaoud, 5 mars 1959.

519 AH TotalEnergies, 18V01807/543, Note de l'adjoint du directeur des services technique E. Jocquel, « Difficultés d'articulation entre les services de conception et MDP – remèdes possibles », Alger, 14 mai 1959.

520 AH TotalEnergies, 91ZZ419/1 J. Fegner (directeur général adjoint SNPA) et C. Menetier (chef du département forage SNPA), « Cinq années de développement de l'industrie française du forage 1955-1959 », in *Techniques françaises « Le pétrole et le gaz naturel »*, sdnl.

521 AH TotalEnergies, AO011910, Archives orales de la Compagnie française des pétroles Algérie (CFP-A), Récit de carrière de Gérard Marion, Paris, 12 octobre 2018.

À titre d'exemple, le maître-sondeur Jean-Pierre Strobel est nommé superintendant de production en 1959. Si la nouvelle mission lui impose de mobiliser des compétences déjà acquises, ce changement provoque un impact remarquable sur sa perception du métier :

> « [Le superintendant] a quand même à disposition l'appareil de forage et l'équipe de forage qui manœuvre le matériel de production... comme je connaissais les foreurs, puisque j'étais chef de chantier dans ce même appareil... après je venais à mettre en production toujours avec le même appareil et le même personnel... ça ne m'a pas créé trop de difficultés »[522].

La nouvelle organisation impose de reconfigurer l'interaction entre les services mais aussi entre les travailleurs appartenant à différentes familles de métier. Pour limiter les problèmes de rentabilité, la direction décide de mettre en place le système des « entreprises internes », ce qui permet de reproduire au sein de l'entreprise la relation entre le maître d'œuvre et le maître d'ouvrage. D'une part, le service maître d'œuvre commande la réalisation des travaux. D'autre part, le service entrepreneur fonctionne « comme n'importe quel contracteur »[523] et s'appuie sur le principe de refacturation interne. La mise en concurrence du service forage de la CFP-A avec des entreprises spécialisées permet de réduire les dépenses et de limiter les pratiques comptables « hautement fantaisistes »[524] des services techniques. En même temps, ce nouveau positionnement permet à la CFP-A de valoriser l'expertise dans le domaine de la production et de la mettre à disposition des autres filiales de la DCEP.

---

522 AH TotalEnergies, AO011901, Archives orales de la Compagnie française des pétroles Algérie (CFP-A), Récit de carrière de Jean-Pierre Strobel, La-Celle-Saint-Cloud, 18 avril 2018.

523 AH TotalEnergies, 18V01807/543, Paul Crosnier, Conférence de liaison Paris Alger. document préparatoire : note sur la création d'entreprises internes, 9 janvier 1959.

524 *Ibid.*

C. La Compagnie française des pétroles face à l'indépendance de l'Algérie

L'impact de la guerre d'Algérie sur les activités de l'entreprise

Après la mise en production d'Hassi Messaoud, la CFP-A fait face à une dégradation des conditions sécuritaires, ce qui remet en cause les projets de développement du pétrole saharien. Cinq années se sont écoulées depuis le début de la « guerre qui ne dit pas son nom »[525] et les affrontements entre combattants de l'Armée de libération nationale (ALN) et soldats français continuent à s'intensifier. Le retour au pouvoir de Charles de Gaulle en 1958 ouvre une nouvelle perspective pour la reconfiguration des relations entre la France et ses territoires coloniaux. Dans ce nouveau contexte, les entreprises françaises deviennent des acteurs de premier plan pour l'instauration de la nouvelle *Pax Gallica* en Afrique[526]. Néanmoins, une partie de l'opinion publique s'oppose au principe d'autodétermination évoqué par de Gaulle le 16 septembre 1959[527]. La promesse d'organiser une consultation populaire pour définir les futures relations entre la France et l'Algérie représente une véritable « rupture temporelle »[528] qui entraîne une évolution rapide de la situation politique.

Rejeté par l'armée et la population européenne d'Algérie[529], le principe d'autodétermination altère les équilibres de pouvoir au sein du mouvement national algérien et de l'ALN. Les discussions engagées avec le Gouvernement provisoire de la République algérienne (GPRA) en 1960

525 John Talbott, *The War without a name: France in Algeria : 1945-1962*, Londres, Faber and Faber, 1981.

526 Paul-Matie de La Gorce, *Charles de Gaulle: 1945-1970*, Paris, Nouveau Monde, 2011 ; Jean-Pierre Bat, *Le syndrome Foccart: la politique française en Afrique, de 1959 à nos jours*, Paris, Gallimard, 2012; Jeffrey James Byrne, « Négociation perpétuelle: de Gaulle et le FLN 1961-1968 », in Maurice Vaïsse (dir.), *De Gaulle et l'Algérie: 1943-1969*, Paris, Armand Colin, 2012.

527 Guy Pervillé, *La guerre d'Algérie, 1954-1962*, Paris, Presses universitaires de France, 2015, p. 83 et ss.

528 Benjamin Stora, *Le mystère De Gaulle: son choix pour l'Algérie*, Paris, Robert Laffont, 2010.

529 Benjamin Stora, *La gangrène et l'oubli: la mémoire de la guerre d'Algérie*, Paris, La Découverte, 1998, p. 80.

contribuent à la reconnaissance du FLN comme interlocuteur privilégié pour trouver une solution viable au problème algérien[530]. Durant les négociations officielles qui s'ouvrent à Évian en 1961, le pétrole saharien garde une place fondamentale. Si la question de la souveraineté sur le Sahara reste la première source d'opposition, les délégations ne souhaitent pas entraver les projets de développement de l'industrie pétrolière[531]. La France considère le pétrole saharien comme une ressource stratégique pour l'équilibre des finances publiques. La perte de la situation de quasi-monopole aurait porté atteinte au positionnement des entreprises françaises dans le marché international. En parallèle, le GPRA considère le pétrole comme un élément essentiel pour les projets de construction d'une économie nationale. Mais en raison de l'absence d'expertise et de capitaux propres, la coopération avec les entreprises françaises est plus que nécessaire.

Si cette entente politique donne des garanties quant à la permanence des entreprises françaises en Algérie, les affrontements ont un impact sur les opérations de terrain. À partir du 1er novembre 1954, mieux connu comme le jour de la Toussaint rouge, les insurrections et les actions violentes se multiplient dans les Aurès, en Kabylie et dans les grandes villes du nord. Plusieurs attentats sont organisés à Alger avec des explosions qui ont lieu dans une usine à gaz d'EGA et dans un entrepôt de carburants de la Société algérienne des pétroles Mory. La situation est beaucoup plus calme au Sahara en raison de l'isolement géographique et des systèmes de protection des installations stratégiques déployés par les entreprises et par l'armée [532]. D'après les témoignages collectés, la perception de sécurité des agents est très différente en fonction de la zone d'affectation, de l'origine et de la présence de la famille en Afrique du Nord. En règle générale, les cadres métropolitains se sentent relativement moins concernés par la guerre d'indépendance par rapport aux Européens d'Algérie. Comme le résume Jean Picard :

---

530 Charles-Robert AGERON, *De l'Algérie «française» à l'Algérie algérienne*, Paris, Bouchene, 2005.

531 Jacques FRÉMEAUX, *Le Sahara et la France*, Saint-Cloud, Soteca, 2010 ; Alain PEYREFITTE, *Faut-il partager l'Algérie ?*, Paris, Plon, 1962.

532 ANOM 81 F 1476, État-major de la Xe Région militaire, note relative à l'organisation de la défense du pipeline Hassi Messaoud Bougie, Alger, 17 novembre 1958

> « Je dirais que peut-être les cadres métropolitains qui n'avaient pas leur famille en Algérie, étaient moins "Algérie française" que le petit personnel, comme mes comptables par exemple »[533].

Si les premiers voient l'Algérie comme « une étape de leur carrière », le contexte d'incertitude a une forte influence sur les ouvriers et les employés recrutés localement. Cette idée est confirmée également par le président de la SN Repal Roger Goetze quand il évoque la présence d'un grand nombre de partisans de l'Algérie française au sein de son entreprise[534]. En effet, un mouvement d'opposition à l'indépendance commence à s'organiser autour de l'Association française des techniciens du pétrole et du Comité de salut public du pétrole créé après le putsch d'Alger du 13 mai 1958 pour représenter les intérêts de certaines entreprises[535].

Présent à Alger lorsque le conflit bat son plein, René Gourgouillon décrit ainsi la situation dans cette période :

> « Je suis arrivé du Maroc que le problème avait déjà été résolu. Il n'y avait plus un seul drapeau français, on était dans un pays différent : le Maroc avait changé complètement. Même en ville… à Rabat ce n'était plus pareil ! En arrivant à Alger, j'ai retrouvé un pays qui était un pays français. Je veux dire par là que l'armée était présente, il y avait beaucoup de militaires… mais il n'y avait pas d'attentats, c'était le calme. […] Cette période n'a pas duré beaucoup parce que du moment que de Gaulle a imaginé l'autodétermination, l'atmosphère a complètement changé pour une bonne raison… les Algériens se sont dit : "ça y est ! la France va partir !". L'ambiance a changé, mais aussi la sécurité, parce qu'on a commencé à avoir des attentats des deux côtés […] on a commencé à vivre une période de moindre de sécurité […], mais c'est en 1962 que nous avons commencé à vivre une véritable guerre civile »[536].

Au début des années 1960, la multiplication des attentats du FLN et de l'Organisation de l'armée secrète (OAS) entraîne des conséquences sur l'activité du siège algérois de la CFP-A. Les risques sécuritaires font

---

533 AH TotalEnergies, AO011902, Archives orales de la Compagnie française des pétroles Algérie (CFP-A), Récit de carrière de Jean Picard, Versailles, 9 mai 2018.

534 R. Goetze, F. Descamps et A. Georges-Picot, « L'aventure pétrolière de la SN Repal (novembre 1946-juin 1966) », art. cit.

535 AH TotalEnergies, 18V01807/317, Lettre anonyme Alger, 18 mai 1958 ; Lettre du Comité de Salut Public du Pétrole, 6 juillet 1958.

536 AH TotalEnergies, AO011905, Archives orales de la Compagnie française des pétroles Algérie (CFP-A), Récit de carrière de René Gourgouillon, Aix-en-Provence, 27 juin 2018.

désormais partie du quotidien des agents et de leurs familles. Ceux-ci sont souvent victimes des insurrections et des rafles qui ont lieu dans les quartiers populaires d'Alger. Jean Picard résume ainsi la situation :

> « On vivait dans un climat d'extrême tension. Il y avait ce que l'OAS appelait les "standards", des explosions tous les soirs… c'était pénible ! On entendait les bombes exploser tout le temps, il y avait des assassinats quotidiens… Je crois qu'à la CFP-A il y a eu six ou sept types qui ont été tués en allant au bureau. Un jour, en faisant ma toilette dans ma maison à Hydra, j'ai entendu des coups de feu en dessous de chez moi… comme j'avais l'habitude d'entendre des coups de feu, je ne suis pas sorti pour voir… j'ai appris trois heures après que celui qui avait reçu les coups de feu c'était un ingénieur de CFP-A qui allait au bureau »[537].

Pour protéger son personnel, l'entreprise commence à prendre de nouvelles mesures de sécurité. Des cars privés sont utilisés pour transporter les agents entre le siège et les quartiers Bab el Oued et Belcourt, le système de surveillance du siège de la CFP-A est renforcé et des restrictions de sortie sont imposées aux agents durant la journée de travail :

> « Au printemps 1962, en raison des dangers qu'il y avait à venir au bureau et à repartir, la compagnie avait décidé d'organiser une espèce de restaurant en plein air. Aux pieds de la tour d'Hydra, il y avait des tentes et on mangeait là… et il y avait des types – des vigiles – qui tournaient autour de nous avec des fusils de chasse à l'épaule. Voyez, c'était une ambiance particulière »[538].

En dépit de tous ces efforts, un car de l'entreprise est la cible d'un attentat le 7 février 1962 et trois agents sont gravement blessés. Le comité de sécurité du personnel proclame alors une grève de 24 heures pour dénoncer la dégradation des conditions sécuritaires. Le 3 mars, à la suite du braquage de la trésorerie de la SN Repal par des militants de l'OAS, une nouvelle journée de grève est annoncée mais cette fois-ci la mobilisation s'étend à l'ensemble des entreprises du secteur[539]. Après la fusillade de la rue d'Isly du 26 mars 1962, les agents de la SN Repal et de la CFP-A d'Alger annoncent une grève illimitée et bloquent pendant

---

537 AH TotalEnergies, AO011902, Archives orales de la Compagnie française des pétroles Algérie (CFP-A), Récit de carrière de Jean Picard, Versailles, 9 mai 2018.

538 *Ibid.*

539 AH TotalEnergies, 18V01807/317, « 10 millions dérobés à deux employés de la SN Repal boulevard Carnot » ; « 10 millions arrachés à l'encaisseur de la SN Repal », *Journal d'Alger*, 2 mars 1962 ; « Grève d'une heure à CFPA », *La Dépêche d'Algérie*, 2 mars 1962.

quatre jours la production d'Hassi Messaoud pour protester « [...] contre les conditions inhumaines qui sont imposées à la population laborieuse de Bab el Oued »[540].

À la différence du personnel d'Alger, les travailleurs d'Hassi Messaoud ont une perception différente des événements. Déclarés en 1960 « installation d'importance vitale pour la nation », les gisements et les pipelines sahariens font l'objet d'une stricte surveillance puisque des tentatives d'infiltration sont mises en évidence tout au long de cette période[541]. Les renseignements collectés évoquent à plusieurs reprises la possibilité d'une attaque aérienne de l'ALN aux installations sahariennes, tandis que les menaces de l'OAS de couper toutes les liaisons avec le Sahara sont périodiquement reportées dans la presse[542]. Néanmoins, seulement des actes de sabotage isolés sont enregistrés sur le champ d'Edjeleh et sur le pipeline de la TRAPSA, construit pour évacuer le brut vers la côte tunisienne[543]. L'action conjuguée des services de renseignement de l'Armée et de l'amiral Digard – le nouveau directeur des relations extérieures de la CFP-A – permet d'obtenir de la part des belligérants une garantie de sécurité pour l'ensemble du personnel déployé au Sahara[544].

---

540 AH TotalEnergies, 18V01807/317, Télex CFP-A Paris à CFP-A, Alger, 28 mars 1962.

541 ANOM, FM 81 F1476, Lettre du général Salan au président du conseil et à l'état-major de la Défense nationale, 22 novembre 1958 ; Lettre du général Salan au ministre des Forces armées, Dépenses d'installation du dispositif de protection du pipe Hassi Messaoud-Bougie, 2 décembre 1958 ; Message chiffré n° 5152/57, travaux de protection du pipeline Hassi Messaoud-Bougie, 24 janvier 1959 ; AH TotalEnergies, 18V01807/297, Réunion tenue à Ouargla le 25 septembre 1962 entre les représentants des principales compagnies pétrolières et l'état-major mixte de la Zone Est saharien, 18 novembre 1961.

542 AH TotalEnergies, 18V01807/297, Étude de mesure de défense passive à Hassi Messaoud, 30 décembre 1960 ; Protection du district d'Hassi Messaoud contre une attaque aérienne éventuelle, Alger, 28 mars 1961.

543 AH TotalEnergies, 18V01807/317, Notes manuscrites de l'entretien téléphonique avec M. Chevrière pour M. Crosnier du 6 mars 1962 ; Paris-presse l'intransigeant 28 avril 1962, « L'OAS veut couper le Sahara de la métropole », de l'envoyé spécial à Hassi Messaoud Philippe Diolé.

544 AH TotalEnergies, 18V01807/329, Amiral Digard : entrevue avec le préfet des Oasis le 4 mai 1962, 9 mai 1962.

Photo 19. Dispositif de protection militaire sur le chantier de construction du pipeline SOPEG, 1958 – Photothèque historique TotalEnergies, 17V00550–585-4, Droits réservés – TotalEnergies ©

À Hassi Messaoud, loin des chantiers du pipeline, la perception du danger du personnel français repose uniquement sur les informations qui arrivent du nord. L'intensification des tours de garde armés du personnel et l'augmentation de nombre de légionnaires et méharistes présents dans le district ne semblent guère impressionner les cadres métropolitains. Comme l'explique René Gourgouillon :

> « À Messaoud nos expatriés ne se rendaient absolument pas compte de ce qui se passait. Il y avait vraiment, dans le personnel, une véritable scission entre les gens d'Alger et les gens de Messaoud… à Messaoud ils prenaient l'avion, ils passaient au-dessus d'Alger et ils allaient atterrir à Marseille ou Paris »[545].

Pendant les dernières années de guerre, les cadres métropolitains commencent à rapatrier leurs familles dans l'Hexagone, alors que les Européens d'Algérie restent très préoccupés du sort de leurs proches. En

545 AH TotalEnergies, AO011905, Archives orales de la Compagnie française des pétroles Algérie (CFP-A), Récit de carrière de René Gourgouillon, Aix-en-Provence, 27 juin 2018.

février 1962, le Comité de sécurité du personnel demande à la direction de prendre position et de déployer « les moyens matériels pour réfugier leurs familles soit en métropole soit auprès d'eux à Hassi Messaoud [même si] certains d'entre eux, attachés par des liens sentimentaux irréductibles ou par d'autres impératifs à l'Algérie, ne peuvent se résoudre à ce déplacement »[546].

Le rapatriement du personnel français en métropole

À la veille des négociations d'Évian, la perspective d'une Algérie indépendante devient de plus en plus concrète. La CFP-A doit donc envisager des solutions pour préserver son outil industriel et garantir ainsi la continuité de ses activités. Dès mars 1961, la direction met en œuvre un effort de compression des effectifs pour préparer le transfert à Paris des services de la filiale[547]. L'idée de réduire les effectifs se révèle très dangereuse pour la société. L'expérience du plan de licenciement et d'indemnisation mis en place par la SN Repal avait montré les risques liés à la perte de capacité technique, ainsi que les répercussions sur l'image de la société aux yeux de l'opinion publique[548]. En partant de ces constats, la direction commence à réaffecter une partie de ses agents vers les autres filiales du groupe et à envisager un plan de rapatriement pour l'ensemble du personnel d'Alger.

À l'automne 1961, la société décide de mettre en œuvre son dispositif de rapatriement. Le 23 octobre, les employés du service géologique et du bureau du réservoir sont transférés à Paris en rue de Téhéran[549]. Au-delà des difficultés logistiques liées au transfert, la direction doit faire face aux problématiques liées au traitement salarial et aux conditions d'installation. Si les cadres maintiennent le régime contractuel prévu pour le personnel de recherche, pour les non-cadres, la situation est plus difficile en raison du système de retraite et de cotisations sociales en vigueur en Algérie. N'ayant pas droit à un logement de fonction, une

546 AH TotalEnergies, 18V01807/297, Motion du Comité de sécurité du personnel du sud à la direction de la CFP-A, 16 février 1962.

547 AH TotalEnergies, 18V01807/352, Enregistrements des communications téléphoniques, Crosnier à Germes, 14 avril 1961.

548 AH TotalEnergies, 18V01807/352, Enregistrement des communications téléphoniques, Germes à Crosnier, 4 novembre 1961.

549 AH TotalEnergies, 18V01807/613, Telex, CFP, Paris, 13 octobre 1961.

indemnité d'installation est reconnue à tous les agents non-cadres mais celle-ci ne tient pas compte des contraintes du marché immobilier de la région parisienne[550]. Les agents peinent donc à trouver des logements et doivent faire face à des problèmes de liquidité liés aux obligations de remboursement des crédits immobiliers souscrits pour acheter leurs logements à Alger[551].

La direction générale charge alors Chantal Bauchet d'étudier les conditions pour transférer en métropole plus de 300 agents du siège algérois. Détachée à Paris pour suivre l'installation des premiers salariés, cette employée du service juridique doit trouver des solutions pour héberger les familles du personnel. En parallèle, les services généraux de la maison-mère sont mobilisés pour aménager un immeuble destiné à l'ensemble des services administratifs de la CFP-A. Selon le chef du service juridique François Castellani, le déplacement du siège social à Paris doit être formalisé au début de l'année 1962, avant que toute décision sur l'indépendance de l'Algérie ne soit prise[552]. Néanmoins, si les obligations juridiques et fiscales imposent une certaine urgence, le déplacement physique de l'ensemble du personnel nécessite des garanties de la part des pouvoirs publics. Seulement l'approbation de la loi du 26 décembre 1961 relative à l'accueil et à la réinstallation des Français d'outre-mer permet d'avoir une vision plus claire sur le soutien de l'État aux programmes de rapatriement.

---

550 AH TotalEnergies, 18V01807/613, Note de la direction géologique « Attribution d'appartement », Paris, 29 septembre 1961.

551 AH TotalEnergies, 18V01807/613, Étude de Chantal Bauchet, Problème de logement des non-cadres, Paris, 26 janvier 1962.

552 AH TotalEnergies, 18V01807/677, Transfert du siège social, nature juridique de l'établissement d'Alger, Alger, 13 octobre 1961.

Tableau 6. Évolution du personnel de la CFP-A par siège en 1962

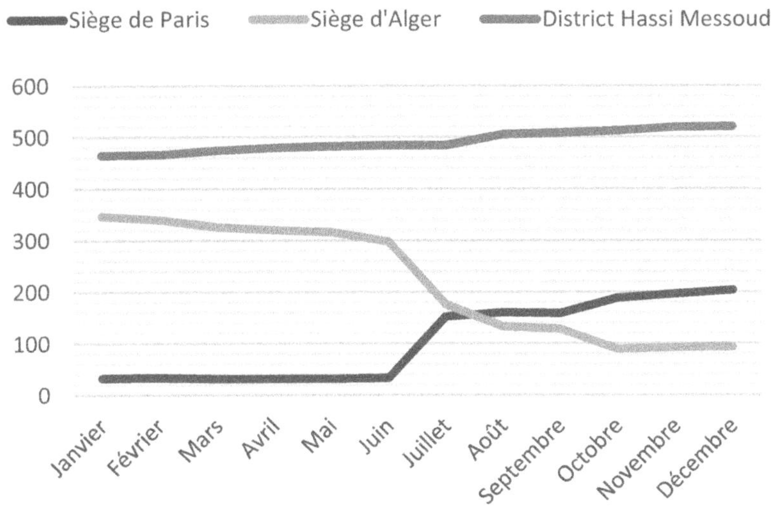

Source : AH TotalEnergies, 18V01807/97, Statistiques du personnel

Selon l'étude réalisée par Chantal Bauchet, la seule manière pour garantir la continuité opérationnelle de l'entreprise est la prise en charge complète du rapatriement et de l'installation des agents en métropole. Dans le rapport transmis à la direction, elle précise : « [...] il nous semble difficile de ne pas prévoir dès maintenant des solutions permettant de loger les agents dès leur arrivée : du point de vue psychologique et humain ce problème est capital, du point de vue du travail il est à noter que le rendement d'agents qui cherchent à se loger est pratiquement nul »[553]. En prévision du lancement du plan de rapatriement en juin 1962, Chantal Bauchet suggère à la direction d'identifier des logements provisoires et de financer les frais de location à 60 % ou 70 %, ce qui permettrait « de créer un climat favorable »[554] et d'accélérer le processus d'adaptation des agents. En mars 1962, des logements de 3 et de 4 pièces sont identifiés entre Creil, Garges-lès-Gonesse et Meudon-la-Forêt[555]. Si la direction envisage d'organiser des cars pour transporter le personnel entre les logements et

553 *Ibid.*

554 *Ibid.*

555 AH TotalEnergies, 18V01807/613, Note de Crosnier à Bénézit, Logement des agents non-cadres CFP-A dans la région parisienne, Paris, 22 mars 1962.

le nouveau siège situé à Neuilly-sur-Seine, la dispersion du personnel sur plusieurs sites pose un certain nombre de problèmes :

> « Le transfert d'Algérie en métropole du personnel non-cadre CFP-A qui est en majeure partie d'origine "pied-noir" pose un problème d'acclimatation. Cela suppose, pendant un premier temps du moins, que ce personnel demeure groupé, de manière à pouvoir supporter plus facilement les difficultés d'adaptation. Nous ne devons pas ignorer non plus le risque de la pression d'une propagande politique qui sera certainement moins important dans le cadre d'un personnel groupé. *A contrario*, ce groupement risque, à échéance, de devenir un inconvénient. Il semble donc opportun de prévoir une dissémination ultérieure »[556].

Le plan de rapatriement est conçu par la direction « dans le plus grand secret »[557]. Au-delà de l'état-major de la filiale, seul le trésorier, un certain Monsieur Boissière, est averti du déménagement en début 1962, pour s'occuper du transfert de la trésorerie entre Alger et Paris[558]. Même son supérieur hiérarchique, le chef du service financier Jean Picard, avoue avoir appris cette décision beaucoup plus tard :

> « Je me rappelle que j'étais en train de rédiger, en fin mai, les commentaires sur le bilan de l'année précédente [quand] j'ai reçu l'instruction de la direction générale. C'était un vendredi, [et ils nous ont dit :] "mardi tout le monde prend le bateau ! Toutes les archives, le matériel, tous les moyens de travail doivent partir en même temps que vous. Il faut que lundi prochain vous soyez opérationnel à Paris : débrouillez-vous !"'... On s'est débrouillé ! Moi dans ma direction j'avais le service financier... on devait être quatre-vingts ou une centaine de personnes... mais là-dedans il y avait des gens qui n'avaient jamais vu la France de leur vie... des pieds noirs de base qui étaient comptables... Je leur ai dit : "mardi vous prenez le bateau avec votre femme, vos enfants, vos grand-mères et puis vous apportez ce que vous pouvez !". "Ce que vous pouvez", ça ne veut rien dire parce qu'il n'y avait plus une valise achetable à Alger »[559].

---

556 *Ibid.*

557 AH TotalEnergies, AO011905, Archives orales de la Compagnie française des pétroles Algérie (CFP-A), Récit de carrière de René Gourgouillon, Aix-en-Provence, 27 juin 2018.

558 *Ibid.*

559 AH TotalEnergies, AO011902, Archives orales de la Compagnie française des pétroles Algérie (CFP-A), Récit de carrière de Jean Picard, Versailles, 9 mai 2018.

L'annonce officielle du rapatriement provoque un profond bouleversement chez les agents et leurs familles. D'une part, il s'agit d'une décision inattendue, d'autre part, les délais attribués pour prendre une décision quant au départ sont très courts. Ainsi, Sylvianne Loste avoue ne pas avoir anticipé la perspective d'un départ d'Algérie :

> « Le départ a été très brutal. Le réservoir avait été transféré à Paris, mais c'était quand même un service très particulier… Nous, on est parti un vendredi matin, c'était le week-end de Pentecôte de 1962[560]… le week-end avant – le vendredi – on a été appelés individuellement à la direction [technique] et on m'a dit : "la direction transfère ses bureaux à Paris, on vous propose une mutation, si vous acceptez, du fait que vous n'avez pas d'enfants, vous serez logée à l'hôtel. Les bureaux se trouvent à Neuilly et vous vous embarquerez sur le bateau vendredi prochain jusqu'à Marseille. À Marseille on vous attendra au bateau et vous prendrez le train jusqu'à Paris, une équipe vous prendra en charge, vous indiquera votre hôtel et vous reprendrez votre service le mardi de Pentecôte" »[561].

La réponse à la proposition de mutation doit être donnée dans un délai de vingt-quatre heures, ce qui donne très peu de temps pour réfléchir aux conséquences du départ. Tout de même, l'entreprise propose d'assister le personnel dans les démarches administratives pour le transfert de résidence et la liquidation des propriétés immobilières en Algérie. Une fois la proposition de mutation acceptée, les agents sont donc chargés de préparer le déménagement de leur service et d'assurer le transfert du matériel nécessaire au fonctionnement de l'organisation. Comme l'explique Sylvianne Loste :

> « [Après l'acceptation] on m'a mis en charge de préparer le déménagement du département production… toutes les archives, tous les documents principaux. […] Avec un des agents techniques qui était là, on a tout préparé. On nous a donné de petites caisses. On a mis toutes les archives dedans puis ces caisses on les descendait. Elles étaient chargées dans un grand camion et partaient à Hassi Messaoud. D'Hassi Messaoud elles reprenaient un avion qui les amenait à Marseille… En quatre jours, on a fait les archives des puits, du réseau de collecte… on a fait toutes les archives qu'on a récupérées après à Paris »[562].

---

560 Il s'agit du 10 juin 1962.

561 AH TotalEnergies, AO011916, Archives orales de la Compagnie française des pétroles Algérie (CFP-A), Récit de carrière de Sylvianne Loste, Paris, 24 janvier 2019.

562 *Ibid.*

Au même titre que les archives, le matériel mécanographique et l'ordinateur IBM sont chargés dans un Breguet Deux-Ponts vendredi 8 juin pour être transportés à Neuilly-sur-Seine au nouveau siège de la rue des Graviers. L'équipement informatique nécessaire au fonctionnement du service financier et de la trésorerie est donc opérationnel à partir du 11 juin 1962. René Gourgouillon évoque dans son témoignage les souvenirs des derniers jours passés à Alger, ainsi que de son voyage vers Paris :

> « J'avais été désigné – disons, à la façon militaire – comme "chef de détachement". Je devais m'occuper des vieilles femmes parce que les gens sont partis et ont amené leurs familles. On est montés sur ce bateau en groupe et on s'est retrouvés à Marseille le lendemain… On avait fait les paquets dans les bureaux – je crois, le mercredi ou le jeudi – en marquant sur tous les cartons la destination des bureaux où ils devaient être livrés [vu que] l'emplacement était déjà défini. […] On a terminé le vendredi et le samedi on est allés prendre le bateau… nous sommes arrivés le dimanche à Marseille. Le dimanche matin, on a visité la ville… il y avait là-dedans la mère de notre assistante sociale qui avait plus de 80 ans, qui n'avaient jamais vu la France… elle était émerveillée ! Le lundi, on est arrivés à Paris et nous avons été accueillis par un certain nombre de gens de la CFP qui nous attendaient et qui nous ont orientés vers les différents logements qu'ils avaient mis à notre disposition »[563].

Arrivé à Paris, le personnel est dirigé vers les logements identifiés par Chantal Bauchet[564]. Chaque appartement est équipé de cuisine, de lits de camp et du strict nécessaire pour le séjour du personnel. Comme le raconte René Gourgouillon :

> « Je me suis retrouvé à La Celle-Saint-Cloud avec le nécessaire indispensable pour pouvoir faire la cuisine… Quatre assiettes, quatre fourchettes, quatre cuillères, quatre couteaux. Le lendemain matin, on avait prévu des points de regroupement pour les gens. Ils ont trouvé des cars et dans les bureaux ils ont trouvé leurs colis qui étaient là pour les attendre. Ils se sont installés et on fonctionnait le mardi ou le mercredi… ça a été une évacuation totale,

---

563 AH TotalEnergies, AO011905, Archives orales de la Compagnie française des pétroles Algérie (CFP-A), Récit de carrière de René Gourgouillon, Aix-en-Provence, 27 juin 2018.

564 AH TotalEnergies, 18V01807/613 Télex CFPA Alger MR Louarn à CFPA, Paris, M. Coulomb, n° 125 du 28 mai 1962.

> on est partis même avec le vaguemestre. Pour vous dire : qu'est-ce qu'il allait faire à Paris ?… Mais il faisait quand même partie de la troupe »[565].

Le rapatriement des Français d'Algérie a profondément marqué l'histoire de la Vᵉ République. Le sentiment de trahison et de rejet de la part de la mère patrie est un thème récurrent dans les témoignages de cet exode[566]. Si le manque d'organisation des flux est souvent reproché aux pouvoirs publics[567], la prise de position de l'entreprise contribue à mitiger le traumatisme du personnel de la CFP-A. Selon Sylvianne Loste, « c'est vrai que ça a été très difficile de partir, mais du fait qu'on s'est retrouvés dans le même environnement avec les mêmes personnes, ça a été quelque chose de très positif pour nous »[568]. Pour Jean Picard, « les agents étaient extrêmement reconnaissants à la boîte de leur assurer un job et un logement en France »[569]. Malgré les contraintes d'adaptation, le sentiment de reconnaissance vis-à-vis de la direction est largement partagé par l'ensemble des témoins. Comme le résume René Gourgouillon :

> « Les gens étaient très soulagés d'être arrivés en France malgré toutes les difficultés qu'il y avait… et qui avaient été carrément amorties par rapport à la plupart des pieds-noirs… les gens sont rentrés qui ne savaient pas où aller et ils ont vécu des moments très difficiles… là notre personnel n'a pas vécu ça… on a transféré des gens du point A au point B et on leur a gardé le même boulot avec les mêmes circuits, les mêmes imprimés, les mêmes routines, tout pareil. Ça a permis à la boîte de fonctionner sans interruption… On avait vécu ensemble des événements qui avaient été quand même très difficiles, le fait d'être ensemble dans un pays qui était pour beaucoup un pays nouveau a forgé sûrement des liens et des relations entre le personnel… on n'a pratiquement pas eu de turnover… les gens sont restés »[570].

565 AH TotalEnergies, AO011905, Archives orales de la Compagnie française des pétroles Algérie (CFP-A), Récit de carrière de René Gourgouillon, Aix-en-Provence, 27 juin 2018.

566 Jeannine Verdès-Leroux, *Les Français d'Algérie : de 1830 à aujourd'hui*, Paris, Fayard, 2015, p. 377 et ss.

567 Jean-Jacques Jordi, *De l'exode à l'exil : rapatriés et pieds-noirs en France : l'exemple marseillais, 1954-1992*, Paris, L'Harmattan, 1993.

568 *Ibid.*

569 AH TotalEnergies, AO011902, Archives orales de la Compagnie française des pétroles Algérie (CFP-A), Récit de carrière de Jean Picard, Versailles, 9 mai 2018.

570 AH TotalEnergies, AO011905, Archives orales de la Compagnie française des pétroles Algérie (CFP-A), Récit de carrière de René Gourgouillon, Aix-en-Provence, 27 juin 2018.

La continuité des opérations au lendemain de l'indépendance : les projets de récupération secondaire et la liquéfaction du gaz d'Hassi R'Mel

Le rapatriement des services de la CFP-A empêche la mise sous séquestre des biens de la part du nouveau gouvernement algérien. Après l'installation à Neuilly-sur-Seine, seulement une antenne de la société assure la liaison avec Paris depuis l'ancien siège d'Alger. Installé sur les hauteurs d'Hydra, l'adjoint au directeur général Daniel Chevrière transmet par télex des informations sur l'évolution de la situation politique dans la capitale du nouvel État. Il décrit ainsi la situation au moment de l'indépendance : « À Alger, quelques fantasias hier soir stop. Calme ce matin stop. Cet après-midi une certaine agitation notamment place du Gouvernement, El Biar, Telemly, rue Michelet, etc. Européens chez eux, rues envahies par foule musulmane et beaucoup de voitures avec des musulmans. Fouille des Européens dans les rues, mais aucun accident sérieux pour l'instant – je pense qu'en définitive ces manifestations resteront pacifiques[571]. » Le 3 juillet, le jour de la proclamation de l'indépendance, on trouve à Alger « la même atmosphère de kermesse »[572] que le jour précédent. « Voitures et camions surchargés de musulmans avec drapeaux vert et blanc traversent toutes les artères de la ville, en particulier dans le centre »[573], précise-t-il. En revanche, à Hassi Messaoud et à Ouargla, la situation est plus calme et l'entreprise peut continuer ses activités.

Sur le champ d'Hassi Messaoud Nord, les installations tournent sans interruption. La seule exception est un arrêt de travail imposé le 3 juillet, le jour de l'indépendance de l'Algérie[574]. Si les militaires évoquent les risques de cohabitation entre les communautés algérienne et française, aucune insurrection n'a lieu dans les bases sahariennes de la CFP-A[575]. Le pavillon français continue à flotter sur Maison Verte même si les militaires de l'ALN commencent à patrouiller les routes

571 AH TotalEnergies, 18V01807/317, Télex de Chevrière à Crosnier, 2 juillet 1962.

572 AH TotalEnergies, 18V01807/317, Télex de Chevrière à Crosnier, 3 juillet 1962.

573 *Ibid.*

574 AH TotalEnergies, 18V01807/317, Télex de Chevrière à Crosnier, 6 juillet 1962.

575 AH TotalEnergies, 18V01807/297, Réunion tenue à Ouargla le 19 juin 1962 entre les représentants des principales compagnies pétrolières et l'état-major mixte de la Zone Est saharien, 2 juillet 1962.

et les chantiers de la société[576]. Durant cette période d'incertitude, plusieurs agents auxiliaires de la CFP-A démissionnent pour se diriger vers les chantiers de la SN Repal à Hassi Messaoud Sud. La situation de l'ancienne société nationale se révèle en effet beaucoup plus complexe par rapport à celle de son partenaire. Au moment de l'indépendance, le gouvernement algérien succède à l'administration coloniale et obtient 40,5 % du capital de la société. Belkacem Nabi et Si Ahmed Ghozali sont alors nommés administrateurs tandis que Smaïl Marough devient vice-président de la SN Repal. Après avoir rapatrié en France un certain nombre d'agents, la société doit réinstaller en Algérie tous les services essentiels. La réduction des effectifs est très importante. Le nombre d'employés passe de 920 à 1547 entre 1961 et 1962[577]. Si la titularisation des auxiliaires et le recrutement de personnel algérien permettent de combler le départ des Français, cela entraîne une forte réduction des capacités techniques de la société.

En dépit du contexte politique, les programmes de développement prévus avant l'indépendance ne sont pas remis en question. Commencée en 1960, la construction de l'Unité de production (UP 1) permet de relier 27 puits productifs et d'augmenter la production d'Hassi Messaoud Nord de 2,5 à 5 millions de tonnes en 1961[578]. Néanmoins, ce projet doit faire face aux problèmes de conformation du réservoir. Pour contraster le déclin de productivité et augmenter ainsi le taux de récupération, la société doit recourir à la réinjection secondaire, un procédé qui consiste à injecter dans le réservoir des substances liquides ou gazeuses « de manière à mieux drainer le pétrole contenu, en le poussant hors des interstices de la roche »[579]. Après les études préliminaires, les spécialistes de l'IFP suggèrent de réinjecter le gaz séparé du pétrole au moment de l'extraction. Les ingénieurs de la CFP-A sont donc envoyés aux États-Unis pour se familiariser à

576 50ZZ507/11, Note du Service elations extérieures, « Situation à Hassi Messaoud du 8 au 18 septembre 1962 », 28 septembre 1962.

577 AH TotalEnergiesEnergies 07AH0168/7, « Société Nationale de Recherche et d'Exploitation du Pétrole en Algérie : Rapport annuel 1962 », p. 26.

578 AH TotalEnergies, 18V01807/219, Maurice Plotin, Unité de production n° 1, Réseau de collecté, Rapport moral et financier, 2 août 1961.

579 Xavier Boy de La Tour, *Le pétrole : au-delà du mythe*, Paris, Technip, 2004.

cette technique et étudier les installations existantes[580]. En dépit des contraintes liées à la compression et à la corrosion des matériaux, les calculs préliminaires montrent que ce procédé pourrait stabiliser la production du champ jusqu'au début des années 1980. Par ailleurs, la réutilisation de cette ressource associée était un enjeu politique majeur, puisque, durant la guerre, le gaz brûlé dans les torchères était devenu un symbole du pillage colonialiste des ressources de l'Algérie.

La construction de l'Unité de stabilisation (US1) et de l'Unité de compression (UC1) continue avec la création de l'Algérie indépendante. Néanmoins, le repli en France des entreprises, la multiplication des grèves et les difficultés de recrutement provoquent des retards dans les plannings de construction[581]. Par ailleurs, les sociétés doivent faire face à des problèmes d'approvisionnent puisque le matériel de construction qui doit être importé de France « reste bloqué à la douane pendant plusieurs semaines en attendant les résultats des négociations entre Autorités algériennes et les compagnies pétrolières »[582].

L'US1 et l'UL1 sont finalement mises en fonction à Hassi Messaoud Nord en janvier 1964. Quelques mois plus tard, c'est le tour de l'usine de liquéfaction de gaz naturel d'Arzew, inaugurée par le président algérien Ahmed Ben Bella le 27 septembre. Destination principale du gaz d'Hassi R'Mel, cette installation doit assurer la liquéfaction de 2,3 millions de m^3 par an pour ravitailler les marchés français et britannique. Le retard dans la mise en fonction de la chaîne de traitement et de commercialisation du gaz découvert en 1956 est dû à des multiples contraintes. En premier lieu, les partenaires français avaient besoin d'un cadre dérogatoire pour limiter l'application de la loi du 8 avril 1946 sur la nationalisation de l'électricité et du gaz, Seulement la signature d'un accord entre la SN Repal, la CFP-A et l'EGA aurait permis de garder la main sur le gaz destiné à l'exportation[583]. En deuxième lieu, l'absence d'un marché de consommation à proximité du lieu de production limite fortement les perspectives d'exploitation du gaz pour le développement industriel. En

---

580 AH TotalEnergies, 18V01807/227, Groupe de travail sur la réinjection de gaz à Hassi Messaoud, Compte rendu de la réunion du 27 juin 1960

581 AH TotalEnergies, 18V01807/250, Unité de stabilisation 1 et Unité de compression 1 de la CFP-A à Hassi Messaoud, Rapport technique de fin d'affaire.

582 *Ibid.*

583 Nous faisons référence ici aux dispositions introduites par la loi n° 49-109 du 2 août 1949, dite loi Armengaud, qui avait modifié les articles 8, 23, 46 et 47 de la

troisième lieu, le manque de techniques fiables ne permet pas d'envisager l'exportation sur les marchés européens dans les années 1950.

Après avoir exclu le transport par canalisation sous-marine, la CFP-A et la SN Repal s'intéressent au procédé de liquéfaction du gaz naturel. Des négociations commencent avec le British Gas Council, principal client du gaz saharien, et la société CONSTOCK, une filiale contrôlée à 50 % par la Continental Oil Company et à 50 % par l'Union Stockyard & Transit Company of Chicago. À partir de 1959, cette société avait réalisé des essais de transport de gaz liquéfié avec un navire expérimental, le *Methane Pioneer*. La réalisation de sept voyages entre la Louisiane et le Royaume-Uni avec un chargement d'environ 2000 tonnes de gaz liquéfié avait confirmé la possibilité de « transporter le méthane dans des tankers, en suivant une formule habituelle aux produits pétroliers »[584]. Refroidi à –160° dans une installation de liquéfaction, le gaz était stocké dans des réservoirs à doubles parois isolées au balsa afin de garantir un faible niveau d'évaporation du condensat et de limiter les risques d'explosion. Par la suite, le GNL est regazéifié dans le terminal portuaire d'arrivée et expédié par canalisation vers les zones de consommation.

Le 21 décembre 1961, durant les négociations pour l'indépendance de l'Algérie, les partenaires constituent la Compagnie algérienne du méthane liquide (CAMEL). Le siège social de la nouvelle société est installé à Paris tandis que le capital est partagé entre un groupement français et un groupement anglo-américain. La société Conch Methane International Ltd[585] obtient 50 % des actions. La part française est quant à elle divisée entre la SN Repal et la CFP-A (26 %), le BRP (10 %), Air Liquide (7 %) et d'autres sociétés. La création de la CAMEL répond à une stratégie bien précise. Comme l'explique Paul Crosnier, l'objectif principal est de réunir dans une seule société les producteurs, les concepteurs et les sociétés de commercialisation pour faciliter la circulation de brevets et augmenter

---

loi du 8 avril 1946 sur la nationalisation de l'électricité et du gaz. Cet amendement prévoyait la possibilité pour les sociétés nationales dans lesquelles la majorité du capital serait détenue par l'État ou des établissements publics de maintenir le contrôle sur le transport et la production de gaz naturel.

584 AH TotalEnergies, 18V01807/210, Étude de M. Hoghenhuis sur la création de la CAMEL, Paris, 27 novembre 1961 ; Alain BELTRAN, Jean-Pierre WILLIOT, Michel CHAPON, Günther OETTINGER et Philippe BOUCLY, *Les routes du gaz : histoire du transport de gaz naturel en France*, Paris, Le Cherche midi, 2012.

585 Le capital de cette société anglo-américaine est également réparti entre la Canadian Shell (40 %), la Continental Oil Company (40 %), et la Union Stockyard (20 %).

les possibilités d'écoulement du gaz saharien[586]. Si ce schéma permet de bloquer toute tentative de Gaz de France (GDF) de nationaliser le nouveau procédé, la CFP-A doit trouver un équilibre entre les besoins des consommateurs, les intérêts des industriels et les exigences de rentabilité. Les négociations des contrats de vente du gaz saharien retardent alors la construction du terminal de liquéfaction de la CAMEL. Celle-ci peut donc commencer au lendemain de l'indépendance.

Le 14 septembre 1962, Ahmed Ben Bella pose la première pierre de la nouvelle usine de liquéfaction d'Arzew en présence du consul général des États-Unis et de l'ambassadeur de France à Alger Jean-Marcel Jeanneney. Comme le précise ce dernier, cette cérémonie était « la première de ce genre depuis l'indépendance, [et elle a] pris dans les circonstances actuelles la valeur d'un symbole »[587]. Au début de la campagne électorale qui terminera par l'élection de Ben Bella, le lancement du projet de la CAMEL est un moment idéal pour évoquer l'enjeu de la coopération avec les anciens colonisateurs. Le président souligne l'importance des plans d'industrialisation du nouvel État et ouvre la porte de l'Algérie à tous les Français « disposés à venir dispenser ici une assistance technique utile »[588]. L'usine est certes construite grâce au recours massif à la main-d'œuvre locale mais la conception et la conduite des travaux sont assurées par les ingénieurs français rentrés en Algérie après l'indépendance[589]. Dans ce contexte, la CFP-A commence en effet à diffuser des propositions de mutation pour détacher un certain nombre d'agents « destinés à faire carrière en Afrique du Nord »[590] au sein de la CAMEL.

L'entrée du gouvernement dans le capital de la SN Repal assure une participation active de l'Algérie dans les projets de commercialisation du gaz d'Hassi R'Mel. Si la contribution algérienne reste extrêmement limitée sur le plan technique, la CAMEL devient une importante source

586 AH TotalEnergies, 18V01807/210, Note provisoire sur le méthane liquide, Paul Crosnier, 7 janvier 1960.

587 Éric Kocher-Marboeuf, *Le Patricien et le Général. Jean-Marcel Jeanneney et Charles de Gaulle 1958-1969*, vol. I, Vincennes, Institut de la gestion publique et du développement économique, 2013.

588 *Ibid.*

589 AH TotalEnergies, 07AH004/26, Plaquette de présentation, « L'usine de liquéfaction d'Arzew », sdnl.

590 AH TotalEnergies, 18V01807/210, Mémorandum de la DCEP 13 de CFP à la direction générale d'Alger de CFP(A), Paris, 15 mai 1962.

de devises étrangères pour les caisses du nouvel État[591]. Pour cette raison, lors de l'augmentation de capital de 1964, la Caisse algérienne de développement – institution publique créée en 1963 pour financer le développement économique du pays – acquiert 20 % des actions de la société[592]. Cette participation assure à l'Algérie un accès aux brevets sur le procédé de liquéfaction mis au point par TECHNIP et Prichard et formellement détenus par la CAMEL. Entre la fin de 1964 et le début de 1965, deux méthaniers britanniques – le *Methane Princess* et le *Methane Progress* – et un navire affrété par GDF – le *Jules Vernes* – réalisent les premières livraisons de gaz liquéfié en Europe[593]. La mise en fonction de la chaîne de transport du gaz confirme donc les possibilités commerciales de cette ressource et ouvre de nouvelles perspectives durant la phase de décolonisation.

---

591 Abdelatif Rebah, *Sonatrach: une entreprise pas comme les autres*, Alger, Casbah Éditions, 2006, p. 28.

592 AH TotalEnergies, 07AH004/26, Plaquette de présentation, « L'usine de liquéfaction d'Arzew », sdnl.

593 *Ibid.*

PARTIE 2

L'INNOVATION DES MÉTHODES DE GESTION DU PERSONNEL : UNE STRATÉGIE DE CONTINUITÉ INDUSTRIELLE (1964–1973)

L'indépendance de 1962 marque le début d'une nouvelle phase de l'histoire des relations franco-algériennes. Toutefois, la continuité de l'activité pétrolière suggère de considérer la décolonisation comme une lente transition plutôt qu'une véritable césure. Jusqu'à la signature des Accords franco-algériens sur les hydrocarbures du 29 juillet 1965, la CFP-A continue à exploiter librement la concession d'Hassi Messaoud et à réaliser les travaux de recherche sur ses permis sahariens. Néanmoins, la création d'une administration pétrolière algérienne et d'un syndicat national commence à changer les rapports de force au sein des entreprises étrangères. Relégués à des postes subalternes, les anciens « indigènes » revendiquent l'amélioration des conditions de vie et de travail tout comme la pleine participation à la vie industrielle. L'alliance entre le pouvoir politique et le mouvement syndical permet alors d'associer les Algériens à la gestion de l'entreprise et d'imposer de nouvelles obligations en matière d'algérianisation du personnel.

Alors que l'Algérie commence à développer une industrie pétrolière nationale, la formation des travailleurs locaux devient un enjeu majeur. Tout au long des années 1960, la CFP-A met en œuvre des plans de formation et de promotion sociale pour remplacer les Européens expatriés avec des Algériens. Si cela permet de réduire les coûts opérationnels, la société doit envisager des solutions pour préserver ses capacités techniques et stabiliser la production. Le recours à de nouvelles méthodes d'organisation et de gestion des ressources humaines permet alors de remplacer les techniciens français et d'assurer leur rotation vers d'autres zones d'activité. Toutefois, le contexte géopolitique des années 1970 fait valser un équilibre déjà précaire. La rupture du dialogue avec les responsables algériens anticipe les mesures de nationalisation du secteur pétrolier qui sont annoncées le 24 février 1971. À partir de ce moment, la CFP doit donc commencer à négocier de nouvelles conditions d'activité pour assurer sa permanence en Algérie et garder l'accès aux ressources énergétiques su Sahara.

CHAPITRE 4

UNE TRANSITION SANS CÉSURE : CONTESTATION OUVRIÈRE ET FORMATION DES TRAVAILLEURS ALGÉRIENS

En 1962, le rapatriement en France des services centraux de la CFP-A ne remet pas en cause la continuité opérationnelle de la société. Néanmoins, l'indépendance de l'Algérie fait évoluer les rapports de force au sein de l'entreprise. Présents depuis la création de la filiale, les anciens « travailleurs indigènes » commencent à revendiquer la reconnaissance de leur statut. Des grèves et des contestations éclatent dans toutes les entreprises pétrolières étrangères présentes dans le pays. Fédérés au sein du nouveau syndicat national, les travailleurs algériens demandent la pleine participation à la vie de l'entreprise, la mise en place de mesures de formation et l'algérianisation des effectifs. Ces revendications sont également relayées par le gouvernement, qui commence à renégocier les conditions d'activité dans le pays avec les diplomates français. En 1965, la signature des Accords franco-algériens sur les hydrocarbures marque donc une profonde évolution. Les privilèges attribués aux compagnies pétrolières françaises durant la période coloniale sont remis en cause et la Sonatrach – la nouvelle entreprise nationale algérienne – revendique sa place dans le secteur industriel.

A. La main-d'œuvre autochtone dans les entreprises pétrolières françaises

Les « travailleurs indigènes » et l'industrie du pétrole

En 1960, la CFP-A réalise le court métrage *Rencontre à Ghardaïa* pour présenter la construction du gazoduc qui relie Hassi R'Mel à la côte algérienne. En ouverture, la jeep qui conduit trois ingénieurs français vers Laghouat tombe en panne sur une piste accidentée. Le petit groupe doit donc s'arrêter dans le garage le plus proche pour faire réparer le véhicule. Arrivés à Ghardaïa – la capitale de la région M'Zab–, les

Français rencontrent Slimane, un garagiste jeune et talentueux qui assure la réparation dans un très court délai. Étonnés de sa maîtrise de la soudure, ils remercient le patron du garage : « Il a l'air bien votre mécano ! » – « Ah, Slimane ? Malheureusement, il nous quitte demain. Il s'en va à Hassi R'Mel »[594], leur répond le patron. Le film montre alors le voyage de Slimane qui part de sa ville natale pour commencer son aventure dans l'industrie pétrolière. À sa plus grande déception, le jeune mécanicien est initialement chargé du ravitaillement alimentaire des chantiers. Mais quelques mois plus tard, l'ingénieur responsable du chantier reconnaît ses talents et décide de l'envoyer à Alger pour suivre une formation de soudage à l'arc électrique. Après avoir obtenu un certificat d'aptitude professionnelle, Slimane revient à Hassi R'Mel pour souder le dernier tuyau avant la mise en fonction du gazoduc. Comme l'explique le narrateur, « la pacifique bataille d'Hassi R'Mel a eu un double résultat : une incontestable réussite technique et un changement de la condition humaine »[595].

L'histoire de Slimane met en scène l'effort des sociétés pétrolières pour la promotion du personnel autochtone. Depuis le début du recrutement dans les années 1950, les sociétés sont conscientes du besoin d'améliorer les compétences professionnelles des travailleurs sahariens à travers des actions de formation. Les entreprises font initialement appel à des organismes existants comme l'Association franco-algérienne d'action sociale et éducative. Fondée en 1909, cette association crée plusieurs établissements professionnels pour adultes dans les centres sahariens comme Ain Sefra, Colomb-Béchar, Ouargla et Laghouat[596]. La direction des centres de formation est confiée à Monseigneur Georges Mercier, l'archevêque du Sahara. Profondément inspiré par la pensée de Charles de Foucauld, Mercier invoque le besoin de promotion humaine et la participation des Sahariens au développement industriel de la région[597]. La formation professionnelle est donc conçue comme un moyen de « libération spirituelle » capable de soustraire les habitants des Oasis « de

594 AH TotalEnergies, Fonds audiovisuel n° 113, Compagnie Française des Pétroles Algérie, Rencontre à Ghardaïa, réalisation Yves Allan, 1960.

595 *Ibid.*

596 AH TotalEnergies, 18V01807/369, Économat général du Sahara, Pères blancs, Note concernant les centres de formation professionnelle du Sahara, sdnl.

597 Georges Mercier, *L'Avenir humain du Sahara*, Paris, Études sociales nord-africaines, 1954.

la tutelle opprimante de la communauté patriarcale musulmane [et de leur] permettre d'accéder à la vie de foyer de type occidental»[598].

Les établissements créés par l'Association franco-algérienne d'action sociale et éducative proposent des formations dans le domaine de la construction, de l'électricité et de la mécanique. Ces cours ne délivrent pas des diplômes ou des certificats mais proposent un parcours d'insertion avec des stages d'une durée comprise entre 9 mois et 2 ans. Cet effort pour «donner à l'Algérie une élite ouvrière»[599] est soutenu grâce aux financements du Gouvernement général et des sociétés demandeuses de main-d'œuvre. À titre d'exemple, des partenariats sont créés avec des entreprises comme la Société des houillères du sud oranais qui finance la formation de mécaniciens pour les mines de Colomb-Béchar. Ce type de partenariat est proposé également aux entreprises pétrolières, même si celles-ci se montrent réticentes[600]. En particulier, le président Victor de Metz revendique la volonté de la CFP de recruter en priorité du personnel ayant effectué des stages sur ses propres sondes et de garder la pleine autonomie dans la formation du personnel autochtone[601]. Le recrutement des autochtones commence au tout début des activités de prospection pétrolière, mais c'est au moment de la découverte d'Hassi Messaoud que leur présence devient indispensable. En effet, la sédentarisation de l'activité saharienne de la CFP-A contribue à augmenter et à diversifier les besoins de la société. Au-delà des manœuvres employés sur les chantiers, sur 302 agents destinés au fonctionnement de la base Maison Verte, 148 sont des travailleurs auxiliaires[602]. Ceux-ci sont destinés aux activités de restauration et d'hôtellerie, aux services à la personne, à l'entretien des sites et, dans certains cas, à des tâches administratives de base.

À partir de 1958, la CFP-A commence à rationaliser les modes de gestion et de formation du personnel autochtone. Le service du personnel met en place un nouveau système de classement qui répartit les travailleurs

598 AH TotalEnergies, 18V01807/369, Plaquette de présentation de l'Association franco-algérienne d'Action sociale et éducative, sdnl.

599 *Ibid.*

600 AH TotalEnergies, 18V01807/369, Économat général du Sahara, Pères blancs, Note concernant les centres de formation professionnelle du Sahara, sdnl.

601 AH TotalEnergies, 18V01807/369, Lettre de de Metz à Mercier, Paris, 15 décembre 1955; Compte rendu d'un entretien avec Monsieur de Metz au sujet d'une subvention à accorder aux Pères blancs, Paris, 30 janvier 1956.

602 AH TotalEnergies, 18V01807/97, Statistiques du personnel CFP-A, 1958.

auxiliaires en six groupes en fonction de leur expérience professionnelle et de leur niveau d'éducation. Dans le groupe I, la société identifie les manœuvres débutants et les « plantons », des employés subalternes sans compétences particulières. Dans le groupe II figurent les manœuvres confirmés tandis que dans le groupe III les ouvriers spécialisés et les caporaux commandant un groupe d'au moins dix manœuvres. Les groupes IV et V sont destinés respectivement aux « caporaux susceptibles de remplacer un chef d'équipe » et aux « employés aux écritures capables de se servir d'une machine à écrire ou à calculer »[603]. Le groupe VI quant à lui rassemble les employés et les ouvriers spécialisés « dont la titularisation peut être envisagée à plus ou moins longue échéance »[604]. Cette catégorisation s'applique aux auxiliaires dits « organiques » et aux auxiliaires « non organiques ». Ces derniers représentent environ 57 % de la main-d'œuvre autochtone en janvier 1959[605].

Tableau 7. Personnel auxiliaire présent à la CFP-A (1959–1963)

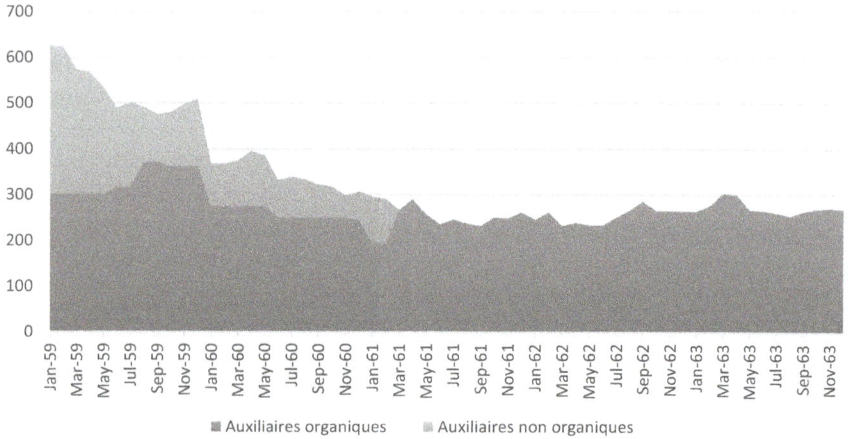

Source : AH TotalEnergies, 18V01807/97, Statistiques du personnel.

---

603 AH TotalEnergies, 18V01807/187, Lettre de Vuillemenot à la Chambre syndicale de la recherche et de la production du pétrole et du gaz naturel, Alger, 3 juin 1959.

604 *Ibid.*

605 Les auxiliaires non organiques sont calculés sur la moyenne de personnel présent au sein de l'entreprise. Cf. AH TotalEnergies, 18V01807/97, Statistiques du personnel CFP-A, 1958.

Le système de promotion en vigueur dans l'entreprise se fonde sur les connaissances techniques, mais surtout sur la maîtrise de la langue française à l'écrit et à l'oral, une condition essentielle pour accéder aux groupes II et III. En revanche, savoir donner des ordres et se servir de certains outils de bureau – comme une machine à écrire ou une calculatrice mécanique – sont des compétences nécessaires pour accéder au groupe V, qui équivaut au niveau d'un certificat d'aptitude professionnelle. Chaque promotion au groupe supérieur détermine une augmentation de la rémunération et des bénéfices pour le personnel. La paie des auxiliaires organiques est échelonnée entre 98 et 168 anciens francs de l'heure jusqu'à un plafond de 40 heures hebdomadaires. Après cela, une majoration comprise entre 125 % et 150 % est reconnue pour chaque heure supplémentaire travaillée[606]. Les congés payés ne sont pas reconnus, mais les travailleurs ont droit à une période d'absence de 15 jours toutes les six semaines. Au-delà de prendre en charge le logement et la nourriture, la société fournit à chaque agent l'équipement nécessaire à l'exercice de son activité. À titre d'exemple, les caporaux reçoivent une combinaison en toile, un chèche, une paire de pataugas et une natte[607], tandis que les serveurs, les barmans et les garçons de cabine reçoivent une tenue composée de chemise, pantalon et chaussures.

À la différence de l'histoire du mécanicien Slimane de Ghardaïa, le recrutement des indigènes se fonde sur des critères bien précis. Une enquête pilote réalisée en 1957 sur les ouvriers autochtones de Fort Mac-Mahon, Laghouat, Ghardaïa, et Fort Miribel montre la complexité du dispositif de sélection de la main-d'œuvre mise en place par la société. Menée par le docteur Claude Vigan, cette enquête mesure l'efficacité de certains tests de sélection psychotechnique et leur capacité à évaluer « [les] possibilités physiques et [les] aptitudes intellectuelles, manuelles et motrices [des indigènes] en fonction des exigences requises par le travail à accomplir »[608]. Les résultats montrent que, sur un échantillon de 296 indigènes,

606 L'arrêté du ministère du Sahara n° 2646 du 21 juillet 1958 fixe le salaire horaire minimum à 92,70 anciens francs tandis que, dans cette même période, la loi française reconnaît un SMIG qui s'élève à 149,25 anciens francs de l'heure. AH TotalEnergies, 18V01807/187, Lettre de Vuillemenot à la Chambre syndicale de la recherche et de la production du pétrole et du gaz naturel, Alger, 3 juin 1959.

607 *Ibid.*

608 AH TotalEnergies, 18V01807/615, Lettre du directeur du secrétariat permanent du BIA Francis Borrey au président de la CFP-A Jacques Bénézit, Annexe

« 64 sujets (soit 21,5 %) se sont révélés vraiment aptes à l'apprentissage et à une adaptation à des tâches complexes ; 136 (soit 45 %) ont des temps de réaction normaux en rapidité et en régularité ; 97 (soit 32 %) apparaissent dépourvus de moyens dans le domaine de l'intelligence et la motricité »[609]. En 1958, une nouvelle enquête vérifie la pertinence des critères de sélection du personnel autochtone adoptés par la CFP-A. Il est intéressant de voir comment l'argument de la « paresse de l'indigène », largement évoquée dans la littérature coloniale, est également utilisé en champ médical. En effet, selon le régime d'exception qui caractérise la médecine coloniale, les critères de sélection des travailleurs européens ne sont pas applicables aux indigènes[610]. Un dispositif spécifique doit alors être mis au point. En liaison avec l'administration militaire des Oasis et la médecine du travail de l'Est saharien, une équipe de PROHUZA commence à étudier la tribu des Mekhadma, un groupe en voie de sédentarisation très présent dans la région d'Ouargla et au sein de la CFP-A[611]. Durant deux mois, plus de 400 membres de la tribu sont soumis à différentes batteries de tests dans l'objectif d'améliorer la méthode de sélection du personnel et mesurer les conséquences de l'industrialisation sur les populations locales[612].

L'étude de PROHUZA se structure en trois chapitres : les tests psychomoteurs, les tests d'intelligence, perception et mémoire et les tests non paramétriques. Ceux-ci sont complétés par une enquête ethnologique qui fait un état des transformations en cours au sein de la tribu[613]. Les chercheurs s'intéressent aux effets des phénomènes économiques sur les parcours professionnels, les choix de migration, la formation, les relations familiales et les ambitions individuelles. Les résultats de l'étude présentent une tribu fortement impactée par le développement de la

---

« Sélection médicale et psychotechnique de la main-d'œuvre au Sahara », Paris, 8 avril 1957.

609 *Ibid.*

610 Eliot Freidson, *La profession médicale*, Paris, Payot, 1984 ; Léon Lapeyssonnie, *La médecine coloniale : mythes et réalités*, Paris, Seghers, 1988 ; Jacques Léonard, *La médecine entre les savoirs et les pouvoirs : histoire intellectuelle et politique de la médecine française au XIXe siècle*, Paris, Aubier Montaigne, 1981.

611 AH TotalEnergies, 18V01807/615, PROHUZA, Centre d'études et d'information des problèmes humains dans les zones arides, Compte rendu d'activités années 1957-1958.

612 *Ibid.*

613 AH TotalEnergies, 18V01807/615, PROHUZA, Centre d'études et d'information des problèmes humains dans les zones arides, Programme prévisionnel année 1959.

recherche pétrolière. Les Mekhadma se sédentarisent autour de la cité d'Ouargla, abandonnant progressivement l'élevage nomade et la culture de subsistance au profit des métiers de l'industrie[614]. Des modifications dans le style de vie, l'habillement et les modes de consommation sont mises en évidence grâce à l'observation des individus dans l'espace de travail et dans le contexte de vie familiale.

Une batterie de tests est mise au point pour évaluer les aptitudes cognitives et psychomotrices des sujets. Les travailleurs auxiliaires sont soumis au « test du fil de fer », autrement dit ils doivent reproduire des modèles proposés en utilisant du fil métallique. Ensuite, ils sont soumis au test du dextérimètre, qui impose d'enfiler dix écrous dans une tige sinueuse en évitant tout contact. Ces tests permettent d'évaluer leur habileté manuelle, leur intelligence pratique ainsi que leur capacité de coordination. Le chronoscope électrique est utilisé pour mesurer les réflexes auditifs et visuels et pour comprendre la vitesse et la régularité des mouvements. Une batterie de test d'intelligence, de perception et de mémoire est également prévue. Les psychotechniciens de PROHUZA recourent aux tests PM 38 et au test Cattel, des épreuves qui imposent aux indigènes de répondre à des questions générales en indiquant du doigt la bonne réponse parmi différentes figures. En parallèle, des exercices de mémoire comme la plaquette de Carrard sont proposés pour évaluer les « possibilités » d'apprentissage. Une fois tous ces tests réalisés, les résultats sont analysés en complément à des tests « non paramétriques » comme l'interprétation des taches d'encre – le test de Rorschach – ou un entretien qui permet de comprendre les attitudes vis-à-vis de l'industrialisation, les envies de promotion et les aspirations des sujets étudiés[615].

---

614 PROHUZA, *Les Mekhadma: étude sur l'évolution d'un groupe humain dans le Sahara moderne*, Paris, Arts et Métiers graphiques, 1960.

615 AH TotalEnergies, 18V01807/615, PROHUZA, Enquête pilote psychotechnique, sociologique et médicale sur l'adaptation au travail industriel de la main-d'œuvre saharienne, Ouargla – Hassi Messaoud, janvier-avril 1958, rapport préliminaire, sdnl.

Photo 20. Réalisation d'un test psychotechnique pour le recrutement des travailleurs locaux à Hassi Messaoud, 1963 – Photothèque historique TotalEnergies, 17V00550–545-1, Droits réservés – Total©

Les résultats de cette enquête confirment la fiabilité des tests de sélection et mettent en évidence le besoin d'améliorer les conditions des autochtones. Comme l'indique le rapport de PROHUZA :

> « La situation actuelle de la tribu est saine : tous ceux qui le veulent peuvent travailler, il n'y a pas de chômage, le niveau de vie est nettement amélioré, les hommes de trente ans et plus utilisent sagement l'argent gagné sur les chantiers puisqu'ils l'investissent dans l'achat de palmiers ou la construction de maisons (après avoir amélioré leur alimentation et leur habillement). Mais, il faut souligner avec force que cette situation n'est qu'artificielle. De graves problèmes commenceront à se poser. Ils deviendront très graves le jour où l'appel de main-d'œuvre sera moins fort, le jour où les travailleurs (ce seront les moins bons) devront revenir à leur activité traditionnelle ou émigrer »[616].

616 AH TotalEnergies, 18V01807/615, PROHUZA, Enquête pilote psychotechnique, sociologique et médicale sur l'adaptation au travail industriel de la main-d'œuvre saharienne, Ouargla – Hassi Messaoud, janvier-avril 1958, rapport préliminaire.

Les domaines d'intervention prioritaires identifiés sont la scolarisation des jeunes, l'instruction des adultes, et l'éducation sociale. Plus précisément, les spécialistes de PROHUZA évoquent le besoin de faire apparaître des « réflexes conditionnés » et de créer une « ambiance laborieuse » pour faciliter l'émergence d'une nouvelle culture « dans un univers où le travail était plus que méconnu, méprisé[617] ».

L'impact de l'industrialisation du Sahara sur les populations autochtones

En 1958, le directeur des relations extérieures de la CFP-A Fernand Lamorte reçoit la copie d'une étude confidentielle réalisée par un certain Robert Méquillet, un officier détaché dans l'annexe de Laghouat qui accompagne la CFP-A dans la sélection du personnel local. Ce document évoque l'impact du recrutement des entreprises pétrolières sur l'agriculture des oasis du Sud saharien en mettant en évidence le bouleversement des hiérarchies sociales en cours entre les Berbères nomades et les *Harâṭin*[618]. Auparavant employés dans l'agriculture oasienne, les anciens esclaves voient en effet leur situation économique s'améliorer avec l'introduction du salaire industriel. Mais cela contribue à diffuser un sentiment d'infériorité auprès des anciens maîtres et, par conséquent, à accélérer la propagation de l'idéologie révolutionnaire du FLN dans la région. Par ailleurs, les salaires offerts par les entreprises pétrolières seraient responsables de la surenchère et de la raréfaction de la main-d'œuvre, ce qui aurait déterminé des difficultés de recrutement dans les autres secteurs.

L'étude de Méquillet présente une cartographie des zones de recrutement prioritaire des compagnies pétrolières actives au Sahara. Les travailleurs indigènes de la CREPS et de la CPA sont originaires des oasis d'In Salah, de Djanet ou de Tamanrasset tandis que ceux de la CFP-A et de la SN Repal viennent d'Ouargla, de Touggourt ou d'El Oued. L'emploi du personnel du nord de l'Algérie reste très limité en raison des coûts de transplantation et de l'influence du FLN sur ces derniers. L'enquête de l'armée met en évidence la corrélation entre la « qualité des

617 *Ibid.*

618 AH TotalEnergies, 18V01807/714, Note de Mequillet à Lamorte, Laghouat 19 novembre 1958

travailleurs » et leur origine géographique. Selon Méquillet, les *Ouarglis* « sont les plus dépréciés, car ils ont un rendement inférieur à la moyenne ». En revanche, les *Ouedis* montrent un rendement excellent même « [s'ils sont] politiquement peu sûrs et certains éléments sont contaminés par la propagande rebelle »[619]. En ce qui concerne la répartition des tâches, si le personnel recruté à El Oued et Touggourt est employé pour des travaux de force, « les employés dont la nature de leur travail exige qu'ils parlent bien français, qu'ils sachent lire, écrire en français et qu'ils aient un minimum de bagage intellectuel »[620] viennent de la région de Ghardaïa.

En 1959, une nouvelle enquête sur la situation socio-économique du Sahara est confiée au lieutenant-colonel Prud'homme, chef du service des affaires sahariennes du département des Oasis. Cette nouvelle étude montre une amélioration de l'équipement collectif de la région à seulement deux ans des grandes découvertes. L'autonomie budgétaire et administrative des Territoires du Sud et l'action de l'OCRS ont permis de réaliser des travaux d'hydraulique, de voirie, de construction scolaire, hospitalière et administrative. L'emploi massif de personnel local a permis d'améliorer leur niveau de vie et de diffuser de nouveaux modes de consommation. Comme l'explique Prud'homme :

> « [À] l'exception des grands nomades, restés farouchement primitives et traditionalistes, on enregistre d'une manière générale dans beaucoup de foyers sédentarisés un effort et une recherche non dissimulés du progrès social et du confort. On mange plus souvent de la viande, on abandonne la *kesra* au profit de la baguette de pain fantaisie, les fruits ne sont plus rares au repas, les postes radio, les réfrigérateurs, les appareils de chauffage sont de plus en plus à l'honneur dans les demeures oasiennes, tandis que l'adaptation de vêtements pratiques et de bonne coupe, souvent d'origine européenne, se généralise tant dans le milieu autrefois jalousement conservateur de tradition locale »[621].

À l'instar de Méquillet, le lieutenant-colonel Prud'homme observe l'émergence d'une identité collective parmi les *Harâṭin* en évoquant la cohésion montrée par ce groupe social lors des élections municipales

619 *Ibid.*

620 *Ibid.*

621 AH TotalEnergies, 18V01807/496, « L'Industrialisation du Sahara et l'avenir des autochtones », étude réalisée par le lieutenant-colonel Prud'homme, chef du service des Affaires sahariennes du département des Oasis, 28 décembre 1959.

d'avril 1959, ce qui a suscité la « forte préoccupation » des autorités militaires. Prud'homme s'inquiète également pour la « décadence généralisée de l'activité agricole dans les oasis », qui serait la conséquence du recrutement des autochtones dans les chantiers pétroliers. Selon ses estimations, les palmeraies du Tidikelt, du Tassili n'Ajjer et de Ouargla auraient perdu plus de 70 % de la main-d'œuvre disponible en moins de quatre ans. Si l'abandon progressif des oasis préoccupe les autorités locales, cela ne semble guère impressionner les sociétés de recherche. Au contraire, les pétroliers considèrent que la promotion humaine des autochtones dépend davantage de l'industrialisation que de la permanence d'une « agriculture désuète »[622]. Cela n'empêche pas les autorités militaires de craindre les conséquences d'un éventuel arrêt du développement industriel du Sahara sur la stabilité de la région. La diminution de la demande de main-d'œuvre cumulée à la décadence de l'agriculture aurait pu reléguer la population à une condition de sous-emploi permanent. À ce propos, l'étude revient sur la construction de nouveaux centres de peuplement et d'oasis artificielles, un projet envisagé par plusieurs entreprises pétrolières et qui visait le développement de la culture du palmier dattier et l'élevage du mouton[623]. Mais en dépit de la volonté politique et des possibilités de financement, ces projets ne seront jamais implémentés en raison des risques politiques liés au déracinement du contexte social d'origine[624].

Limiter la « prolétarisation du Sahara »[625] devient un enjeu essentiel pour la continuité de l'activité pétrolière à l'aube de l'indépendance. Pour cette raison, la direction générale de la CFP-A décide de réaliser une étude sur les transformations en cours depuis l'arrivée de

---

622 *Ibid.*

623 AH TotalEnergies, 18V01807/496, Pierre Doreau, Note sur la culture du palmier dans les départements sahariens dépendants de l'OCRS, Alger, 13 février 1959. Pierre Doreau, Note sur l'élevage des moutons en Algérie, Alger, 10 mars 1959.

624 AH TotalEnergies, 18V01807/496, « L'Industrialisation du Sahara et l'avenir des autochtones », étude réalisée par le lieutenant-colonel Prud'homme, chef du Service des Affaires sahariennes du département des Oasis, 28 décembre 1959.

625 Cette expression utilisée par Mgr Mercier est reprise dans plusieurs études des autorités militaires et par la propagande militante du FLN durant la période de la guerre d'Algérie. Cf. AH TotalEnergies, 18V01807/226, « Compte rendu du voyage effectué dans le sud par MM. Chevrière, Loiseau et Bourricaud », 12 janvier 1960.

l'industrie pétrolière[626]. Confiée à l'équipe de François Bourricaud, maître-assistant en sociologie à l'Université de Bordeaux, cette étude se concentre sur la population embauchée par l'entreprise entre Touggourt et El Oued. Si le projet initial prévoyait de construire un « indice d'occidentalisation » pour évaluer les transformations du groupe social, la complexité du sujet étudié impose de redimensionner les périmètres d'analyse. L'équipe de géographes et de sociologues s'intéresse alors à la transformation de l'agriculture traditionnelle, à l'impact de l'éducation sur la vie du groupe humain et aux conditions socio-économiques des travailleurs de l'industrie pétrolière.

L'étude de Bourricaud explique que la décadence de l'agriculture ne serait pas une conséquence directe de l'abandon de cette activité[627]. Au contraire, la crise de l'économie traditionnelle dans les oasis de Touggourt et d'El Oued serait due à l'introduction dans autres régions du Sahara du Deglet nour, une datte à très haut rendement. Par ailleurs, le développement industriel aurait eu un impact limité sur le système d'agriculture saharienne. La variabilité saisonnière du travail industriel et le rythme de récupération imposé seraient en effet compatibles avec le cycle de culture du palmier dattier. Le recrutement de personnel local par les entreprises pétrolières aurait donc permis « [...] de donner des emplois à une main-d'œuvre nettement sous-employée »[628] et d'apporter un complément de revenu aux ménages. La transition entre le système de *khamesat* – l'esclavage agricole en vigueur dans les oasis – et le système de salariat a été sans doute accélérée par le développement de l'activité pétrolière. Toutefois, elle aurait été déclenchée bien avant les découvertes, au moment de la fixation des salaires de base par les pouvoirs publics.

---

626 AH TotalEnergies, 18V01807/226, Introduction du professeur Bourricaud à l'étude sur l'incidence de la présence des pétroliers au Sahara sur le mode de vie des populations autochtones, annexe à la note de Chevrière à l'attention de Monsieur le président-directeur général, Alger, 30 juin 1962.

627 L'étude de terrain est réalisée par deux étudiants de l'Université de Bordeaux : Claude Nesson et Paul Bonnenfant. Il donne lieu à deux mémoires de DEA : Claude Nesson, *L'Oued Righ. Étude de géographie humaine*, mémoire de DEA en géographie, Université de Bordeaux, 1963 ; Paul Bonnenfant, *Touggourt: Centre urbain saharien. Étude sociologique,* mémoire de DEA en sociologie, Université de Bordeaux, 1963.

628 AH TotalEnergies, 18V01807/226, Introduction du prof. Bourricaud à l'étude sur l'incidence de la présence des pétroliers au Sahara sur le mode de vie des populations autochtones, annexes à la note de Chevrière à l'attention de Monsieur le président-directeur général, Alger, 30 juin 1962.

Photo 21. Récolte des dattes dans l'oasis de Guerrara, 1961 – Photothèque historique TotalEnergies, Fonds Elf-Aquitaine 778, Droits réservés – TotalEnergies ©

Au-delà des effets sur l'économie régionale, l'étude sociologique montre l'émergence « [d'un] un goût du modernisme et de l'occidentalisme qui se caractérise sans doute beaucoup plus par l'attrait de ses productions matérielles que par celui de ses valeurs morales »[629], une tendance qui se généralise rapidement à l'ensemble de la population. Cela est visible dans le changement des habitudes alimentaires, la diffusion de vêtements de style européen et l'achat de biens de consommation. Les chercheurs soulignent que ces transformations sont corrélées au niveau d'instruction plus qu'au travail dans une entreprise pétrolière. En effet, lors des entretiens, ils remarquent que « à la question : "que feras-tu avec l'argent que tu gagneras ?", on a la réponse : "maison d'abord, voiture ensuite" [constatation du fait que] si sur place il ne trouvait pas de travail, il irait à Alger ou à Paris, il n'essaierait pas de trouver un autre travail que le

[629] *Ibid.*

métier (tourneur) dans la région à moins que ses parents ne le forcent à rester »[630].

L'étude de Bourricaud confirme le besoin de mettre en œuvre une politique de promotion sociale pour les populations sahariennes. Afin d'accompagner la transformation vers une société industrielle, la CFP-A doit « améliorer la qualité de la main-d'œuvre et obtenir sa reconnaissance par un effort de formation, étant donné que l'on trouve chez la plupart un désir intense de s'instruire »[631]. Ces actions sont donc envisagées sur trois niveaux : l'alphabétisation, l'enseignement primaire et la formation technique. Si le premier niveau de formation est déjà réalisé à Maison Verte, d'autres programmes doivent être développés grâce aux accords avec des organismes spécialisés, en Algérie ou en métropole. Un dispositif ainsi conçu permettrait donc de limiter les effets secondaires d'une « occidentalisation » de la société saharienne – ou, pour mieux dire, d'une « francisation » – qui serait complètement déliée de l'apprentissage des rythmes du travail et de l'adaptation à la vie industrielle.

L'avènement du « travailleur algérien » et l'émergence du concept de régionalisation

Créée le 24 février 1956 pour « rassembler les masses algériennes dans la lutte contre le colonialisme »[632], l'Union générale des travailleurs algériens (UGTA) joue un rôle majeur dans l'émergence du mouvement national[633]. Si cette organisation vit dans la clandestinité jusqu'en 1962, son admission au sein de la Confédération internationale des syndicats libres (CISL) transpose le débat sur la condition des travailleurs algériens au sein du mouvement syndical international même durant la guerre[634].

---

630 *Ibid.*

631 AH TotalEnergies, 18V01807/714, Note de Chevrière à l'attention de Monsieur le président-directeur général. Étude sur l'incidence de la présence des pétroliers au Sahara sur le mode de vie des populations autochtones, Alger, 30 juin 1962.

632 AMAE 260QO/30, UGTA, Secrétariat à l'éducation, Le syndicalisme en Algérie, sdnl.

633 René Gallissot, « Syndicalisme et nationalisme : la fondation de l'Union générale des travailleurs algériens, ou du syndicalisme C.G.T. au syndicalisme algérien (1954-1956-1958) », *Le Mouvement social*, n° 66, 1969, p. 7-50.

634 AMAE 260QO/30, UGTA, Secrétariat à l'éducation, Le syndicalisme en Algérie, sdnl.

La censure du gouvernement français limite l'activité des syndicats et des partis favorables à l'indépendance[635], mais les réseaux internationaux assurent la diffusion de l'information militante en dehors des frontières nationales. Ouvertement opposée à la politique française en Algérie, la CISL publie périodiquement des informations sur les travailleurs algériens de l'industrie pétrolière, ce qui donne un aperçu de l'état d'esprit du mouvement syndical et des informations à sa disposition[636]. En 1959, on estime que 30 entreprises pétrolières et parapétrolières actives au Sahara emploient plus de 9000 travailleurs, dont environ 3000 autochtones déployés sur les chantiers de recherche et les sites de production. Les statistiques montrent la volatilité des besoins de main-d'œuvre des entreprises et confirment la condition précaire de cette catégorie de travailleurs. À titre d'exemple, la construction du pipeline de 30" entre Hassi Messaoud et Béjaïa impose de recruter plus de 2000 ouvriers autochtones systématiquement débauchés à la fin du chantier. De même, on explique que la réalisation d'un forage d'exploration mobilise environ 1000 travailleurs sahariens pendant six mois. Après cette période, les compagnies « laissent la main-d'œuvre sur place »[637].

Les conditions de vie des travailleurs autochtones sont très différentes par rapport à celles des Européens. Si ces derniers sont logés dans des cabines climatisées avec tous les conforts, les indigènes font l'objet d'une véritable ségrégation, un régime de séparation qui est adopté par plusieurs sociétés pétrolières au Moyen-Orient[638]. Le taux de scolarisation de la

---

635 Vanessa Codaccioni, *Punir les opposants – PCF et procès politique (1947-1962) : PCF et procès politiques (1947-1962)*, CNRS, 2013.

636 Les documents de l'UGTA font référence aux « travailleurs algériens » sans distinguer leur origine saharienne ou du nord de l'Algérie. En revanche les documents produits par les entreprises et les pouvoirs publics parlent à la fois de « travailleurs algériens » et de « travailleurs sahariens » pour souligner la nouvelle séparation politique du Sahara et de l'Algérie du Nord introduit avec la création du OCRS. AH TotalEnergies, 18V01807/714, UGTA Cercle ouvrier et CISL, « Pétrole et gaz sahariens. Le point de 1960 ».

637 *Ibid.*

638 Robert Vitalis explique que le système de ségrégation raciale est généralisé dans les bases américaines en Arabie saoudite. Largement appliqué au Moyen-Orient, selon Timothy Mitchell, ce modèle est une reproduction du système de gestion mis en place avec la naissance de l'industrie minière aux États-Unis à la fin du XIXe siècle. Cf. Robert Vitalis, *America's Kingdom : Mythmaking on the Saudi Oil Frontier*, London, Verso, 2009. Timothy Mitchell, *Carbon Democracy : le pouvoir politique à l'ère du pétrole*, Paris, La Découverte, 2017.

jeunesse saharienne est estimé à moins de 10 % : sur 180 000 personnes en âge scolaire résidentes dans le département des Oasis, seulement 18 000 ont eu accès à une formation. Toutefois, grâce au salaire industriel, les travailleurs gagnent en un mois de chantier « plus que ce qu'un père de famille gagne en un an d'élevage et de voyages »[639]. Selon l'UGTA, cette situation ouvre des perspectives pour le futur du secteur : « [...] si actuellement il y a en Algérie un "sous-prolétariat pétrolier", plus tard on peut envisager un prolétariat et des techniciens algériens du pétrole après la scolarisation et les luttes syndicales pour l'algérianisation des métiers du pétrole »[640]. Toutefois, le syndicat met en garde contre le jeu des compagnies « qui jouent à fond le paternalisme pour briser la conscience de classe et le développement des positions techniques qui risquent de créer une opposition entre une base syndicale nationale révolutionnaire et une aristocratie ouvrière faite de chimistes, techniciens et laborantins »[641].

Au début des années 1960, le concept de « régionalisation » fait son apparition au sein des entreprises françaises. Pour faire face aux demandes d'émancipation, certaines sociétés envisagent de nouvelles mesures qui s'inspirent aux plans de promotion des travailleurs locaux mis en place au Venezuela après les grèves des années 1930 et au Moyen-Orient après la nationalisation du pétrole iranien de 1951[642]. Celles-ci restent néanmoins très limitées puisque l'Algérie fait encore partie du territoire national et le droit colonial légitime la gestion racialisée de la main-d'œuvre autochtone[643]. Parmi les entreprises françaises, c'est la CREPS qui est la première à mettre en place des mesures de régionalisation. Le personnel employé dans le centre pétrolier d'In Amenas est principalement recruté dans les oasis à proximité d'In Salah et en 1961 on compte 75 opérateurs de production d'origine saharienne, plusieurs mécaniciens de sonde et de voiture, des accrocheurs et des manœuvres de plancher. La promotion

639 AH TotalEnergies, 18V01807/714, UGTA Cercle ouvrier et CISL, « Pétrole et gaz sahariens. Le point de 1960 ».

640 *Ibid.*

641 *Ibid.*

642 Giuliano Garavini, *The Rise and Fall of OPEC in the Twentieth Century*, New York, NY, Oxford University Press, 2019, p. 41 ; R. Vitalis, *America's Kingdom*, *op. cit.*, p. 89 et ss.

643 Laure Pitti, « Ouvriers algériens à Renault-Billancourt, de la guerre d'Algérie aux grèves d'OS des années 1970 : contribution à l'histoire sociale et politique des ouvriers étrangers en France », Thèse de doctorat, Université Paris 8, 2002.

du personnel local est assurée par une formation longue et progressive qui a lieu dans la base, dans les centres de formation des Pères blancs ou le centre de formation de la RAP à Boussens. Par ailleurs, les conditions de logement du personnel local sont très différentes par rapport à celles offertes par la CFP-A et la SN Repal. À Maison Rouge, la base de la CREPS à Edjeleh, les indigènes sont logés dans des cabines individuelles climatisées et aménagées avec un lit, un placard, une douche, un lavabo et des toilettes privatives. Dans les espaces communs, il n'y a pas de séparation physique : les bars, les salles à manger et les installations sportives sont donc accessibles à tous les agents sans discrimination hiérarchique ni d'origine[644].

Photo 22. Travailleurs locaux dans camp des auxiliaires, 1959 – Photothèque historique TotalEnergies, 17V00550–547-1, Méheux Armand ©

Si le système de formation du personnel autochtone est initialement lié aux besoins de chaque société, l'indépendance de l'Algérie change profondément la donne. Sollicitée par le Gouvernement provisoire de

[644] AH TotalEnergies, 18V01807/186, Note d'information « Visite de la CREPS – 19 et 20 avril 1961 », Paris, 26 avril 1961.

la République algérienne (GPRA), le 3 juillet 1962, la DICA invite les sociétés à embaucher de jeunes Algériens pour des stages de formation[645]. Successivement, à partir du mois de septembre, la mise en place d'une administration pétrolière indépendante définit de nouvelles obligations. L'Organisme technique de mise en valeur du sous-sol saharien (OS) remplace définitivement l'OCRS et introduit un nouveau système de coordination technique de l'activité pétrolière au Sahara[646]. En même temps, la création de la Direction de l'énergie et des carburants (DEC) et du Bureau algérien des pétroles (BAP) impose un contrôle politique sur l'activité des entreprises françaises[647]. En octobre 1962, le ministre de l'Industrialisation Laroussi Khalifa convoque à Alger les représentants de toutes les sociétés pétrolières pour préciser les conditions de leur permanence en Algérie[648]. Il demande d'augmenter la production, de rééquilibrer les niveaux de rémunération et de fournir un « grand effort » pour la formation de personnel algérien[649]. Un comité d'études des problèmes professionnels du pétrole et de l'énergie est créé au sein du ministère pour étudier les conditions d'emploi du personnel algérien et le financement des dispositifs de formation[650].

---

645 Jad Kabbanji, « La stratégie pétrolière de la France en Algérie, 1962-1971 », Thèse de doctorat, Université de Montréal, 2017, p. 102.

646 La création de cet organisme est prévue par la Déclaration des principes pour la mise en valeur des richesses du sous-sol saharien signée avec les Accords d'Évian. AMAE, 26QO/208, Nature et fonction d'organisme technique de mise en valeur du Saharien, sdnl. Cf. René Gallissot, *Les Accords d'Évian : en conjoncture et en longue durée*, Paris, Karthala, 1997.

647 Hocine Malti, *Histoire secrète du pétrole algérien*, Paris, La Découverte, 2012, p. 41.

648 AH TotalEnergies, 18V01807/352, Enregistrement des communications téléphoniques, De Cidrac à Chevrière : rencontre avec le ministre, 12 octobre 1962.

649 *Ibid.*

650 AH TotalEnergies, 18V01807/352, Enregistrement des communications téléphoniques, De Cidrac à Chevrière : réunion du comité d'études des problèmes professionnels, 21 décembre 1962.

B. Grèves du personnel et syndicalisme gestionnaire : les entreprises face à l'UGTA

La montée en puissance du syndicat dans les compagnies pétrolières françaises

Durant les premières années de l'indépendance, l'UGTA devient un acteur incontournable de la politique nationale des hydrocarbures. Cependant, l'instauration du système de parti unique remet fortement en cause l'autonomie du syndicat. Les membres du bureau politique du FLN commencent alors à négocier avec le Bureau national provisoire de l'UGTA les conditions pour une convergence entre les deux organisations. Le 20 décembre 1962, un accord de « non-ingérence dans les affaires syndicales »[651] est signé par le secrétaire de la centrale syndicale Rabah Djermane et par le représentant du Bureau politique du FLN Rabah Bitat. Le FLN reconnaît à l'UGTA « une place de choix » dans l'organisation du nouvel État et confirme la compétence du congrès des travailleurs dans la définition du programme de revendications syndicales[652]. Toutefois, le parti impose à l'UGTA d'adapter ses orientations aux aspirations socialistes énoncées par le FLN dans le programme de Tripoli, véritable feuille de route de la révolution algérienne[653].

L'ingérence du parti unique au sein de l'UGTA s'intensifie durant la préparation du premier congrès des travailleurs algériens qui se tient à Alger le 17 janvier 1963[654]. Durant cet événement, les cadres syndicaux et du parti doivent définir un programme d'action pour limiter le chômage, favoriser la formation professionnelle et formaliser le principe de participation ouvrière à la gestion des biens vacants[655]. La présence du président Ben Bella et du ministre du Travail Béchir Boumaza confirme l'importance de cet événement et la volonté d'apaiser les relations entre les deux organisations[656]. En dépit des perceptions initiales, le congrès se

---

651 Amar Benamrouche, *Grèves et conflits politiques en Algérie*, Paris, Karthala, 2000, p. 191.

652 AH TotalEnergies, 91ZZ425/121, Texte de l'accord entre le bureau politique du FLN et l'UGTA, 20 décembre 1962.

653 *Ibid.*

654 Amar Mohand-Amer et Belkacem Benzenine, *Le Maghreb et l'indépendance de l'Algérie*, Paris, Karthala, 2012, p. 46.

655 AH TotalEnergies, 91ZZ425/121, *Bulletin Sahara*, n° 58, décembre 1962.

656 AH TotalEnergies, 91ZZ425/121, Note CDS, 14 janvier 1963.

révèle un véritable coup de force du bureau politique du FLN qui souhaite éliminer toute opposition interne au syndicat. Plus de 80 représentants des sections syndicales sont épurés et de violents affrontements éclatent durant les discussions. À la conclusion des débats, une nouvelle direction de l'UGTA est nommée sous la pression du parti unique[657].

La « nationalisation » de l'UGTA a un impact majeur sur la mise en place d'un système d'industrie socialiste en Algérie. En mars 1963, quelques mois après le coup de force du FLN, le gouvernement promulgue trois décrets sur l'autogestion des biens vacants qui précisent les modes d'organisation et de gestion des entreprises industrielles, minières et des exploitations agricoles abandonnées par les Français au moment de l'indépendance[658]. Selon les nouvelles dispositions, l'assemblée générale des travailleurs est responsable de la gestion et des programmes de production des entreprises autogérées, tandis qu'un conseil des travailleurs et un comité de gestion assurent l'exécution des décisions et la répartition des bénéfices d'activité. Si cette réforme représente la première réalisation de l'Algérie sur la voie du socialisme, le manque de cadres qualifiées et d'un système industriel structuré mettent rapidement en évidence les limites de l'autogestion[659]. Néanmoins, cette initiative renforce le rôle du syndicat et des travailleurs, ce qui fait resurgir le fantasme de la nationalisation.

Dans ce contexte, les entreprises françaises doivent faire face aux nouvelles demandes de l'organisation syndicale. En 1963, l'UGTA crée une fédération nationale des travailleurs du pétrole pour rassembler les Algériens employés dans le secteur. Les sociétés pétrolières sont donc invitées à autoriser la création de sections syndicales et l'élection des

---

657 *Ibid.*

658 Serge Koulytchizky, *L'autogestion, l'homme et l'État : l'expérience algérienne*, Berlin, De Gruyter 2019, p. 437. Il s'agit en particulier du décret n° 6395 du 22 mars 1963, portant organisation et gestion des entreprises industrielles, minières, artisanales ainsi que des exploitations agricoles vacantes et du décret n° 6398 du 28 mars 1963 déterminant les règles de répartition du revenu des exploitations et entreprises d'autogestion.

659 Damien Helie, « L'autogestion industrielle en Algérie », *Revue des mondes musulmans et de la Méditerranée*, vol. 6, 1969/1, p. 113-126, p. 114 ; cf. Damien Helie, *Les débuts de l'autogestion industrielle en Algérie*, Toulouse, Éditions de l'Asymétrie, 2018.

représentants du personnel[660]. Sollicitée par le préfet des Oasis, la direction de la CFP-A ne s'oppose pas à cette revendication mais encourage la candidature de certains agents qu'elle estime «avoir vraiment l'esprit CFP-A»[661]. Une négociation commence alors avec les membres de la section locale de l'UGTA. La première élection de la section syndicale se tient à Maison Verte le 14 mai 1963 en la présence du secrétaire général de l'UGTA du département des Oasis Mohamed Khelifa et de 295 agents algériens, dont 64 titulaires et 231 auxiliaires. La séance s'ouvre avec un discours du secrétaire qui rappelle l'importance de l'union des travailleurs autour du syndicat avant de présenter les candidats et les programmes[662]. Les opérations de vote confirment l'élection à l'unanimité d'un certain Mohamed Bouzouga qui est aussitôt proclamé par Khelifa. Après s'être félicité du climat serein ayant permis le bon déroulement de la séance, le secrétaire annonce les nouvelles revendications, à savoir la constitution d'un comité d'entreprise, l'attribution de locaux pour abriter la section syndicale et la construction d'une mosquée pour le personnel[663].

Les sections locales deviennent rapidement des leviers de négociation très importants pour le syndicat. Au printemps 1963, l'inspectorat du travail commence à étudier les conditions de travail et de rémunération appliquées dans le département des Oasis[664]. Le 24 mai 1963, les représentants des sociétés, de l'UGTA et de l'administration se réunissent à Ouargla pour discuter de la mise en place d'un statut spécifique pour le personnel de recherche algérien et de la création des comités d'entreprise. Cette réunion fait émerger le positionnement très différent des acteurs en jeu. Le compte rendu évoque l'attitude virulente de Mohamed Khelifa qui

---

660 AH TotalEnergies, 18V01807/352, Enregistrement des communications téléphoniques, Digard à Chevrière 4/1/1963.

661 *Ibid.*

662 AH TotalEnergies, 18V01807/367, Notes manuscrites de Coulomb, Réunion du personnel en vue de l'élection des membres du bureau de l'UGTA section CFP-A du 14 mai 1963, 20 mai 1963.

663 *Ibid.*

664 AH TotalEnergies, 18V01807/367, Étude des conditions de travail et de rémunération du personnel occupé de la région. Recherche des possibilités d'harmonisation de celles-ci, Ouargla, 16 mai 1963.

« [aurait] besoin d'asseoir son influence sur ses troupes »[665] et la position conciliante adoptée par l'administration algérienne pour assurer la médiation entre le syndicat et les sociétés étrangères. Face à la persistance de cette situation, les représentants des sociétés pétrolières décident d'adopter une orientation commune[666]. Ils confirment l'impossibilité d'assurer au personnel algérien le même niveau de rémunération reconnu au personnel français mais ils se disent disponibles à introduire un contrat de travail écrit avec des conditions de licenciement bien précises. En revanche, ils s'opposent à l'introduction d'un statut algérien du mineur, un instrument « très dangereux » en raison du risque d'ingérence des pouvoirs publics et qui aurait pu relancer les revendications du personnel français d'Hassi Messaoud[667].

Après de longues négociations, le 27 novembre 1963, les sociétés françaises et l'UGTA signent un protocole d'accord sur les conditions minimales de travail dans les départements des Oasis et de la Saoura[668]. Ce texte fixe les nouvelles conditions de travail accordées au personnel algérien. L'article 4 du protocole reconnaît le droit syndical de liberté d'opinion et engage les employeurs et les salariés « à ne pas tenir compte des opinions politiques, philosophiques, des croyances religieuses, de l'origine sociale ou raciale pour arrêter une décision concernant embauchage, conduite, répartition du travail, mesures de discipline, de congédiement ou d'avancement »[669]. L'article 9 introduit l'obligation de former l'ensemble des travailleurs algériens et attribue à une sous-commission composée de représentants de l'entreprise et du personnel le droit d'examiner toute question relative à la nourriture, le logement, l'hygiène et la sécurité sur les lieux de travail. En parallèle, le texte impose de rédiger un règlement intérieur en français et en arabe conforme

665 AH TotalEnergies, 18V01807/367, Note interne : service du personnel CFP-A Hassi Messaoud à DO, Compte rendu de la réunion du 24 mai 1963, Préfecture des Oasis Ouargla, 24 mai 1963.

666 AH TotalEnergies, 18V01807/367 Compte rendu de la réunion « conditions de travail au Sahara », Alger, 18 septembre 1963.

667 AH TotalEnergies, 18V01807/367 Discussions d'Ouargla entre l'inspecteur du Travail, l'UGTA et les compagnies sur les conditions de travail au Sahara, Neuilly-sur-Seine, 10 octobre 1963.

668 AH TotalEnergies, 18V01807/367, Protocole d'accord sur les conditions minimales de travail dans les départements des Oasis et de la Saoura, Ouargla, 27 novembre 1963.

669 *Ibid.*

au Code du travail algérien. Un premier pas vers la formalisation des nouvelles revendications.

Grèves autogestionnaires et participation à la gestion des entreprises

La reconnaissance de droits syndicaux modifie les rapports de force entre les travailleurs algériens et le patronat français. En particulier, l'arrivée de l'UGTA à Hassi Messaoud impose à la CFP-A de repenser ses relations avec le personnel local. La société est désormais soumise à une pression politique qui s'exerce à la fois à niveau national et au sein de l'organisation. D'une part, le gouvernement algérien définit les lignes générales de la nouvelle politique pétrolière du pays et les revendications adressées à la France. D'autre part, les représentants de l'UGTA au sein de l'entreprise veillent à l'application de ces décisions en relation avec les pouvoirs politiques. Le 29 novembre 1963, deux jours après la signature du protocole sur les conditions de travail, Ahmed Ben Bella transmet à Pierre Guillaumat un mémorandum qui remet en cause le statu quo[670]. Ce document dénonce l'iniquité du système fiscal et des droits attribués aux concessionnaires par le Code pétrolier saharien de 1958 et confirmés par les Accords d'Évian[671]. Dans un contexte caractérisé par la crise des exportations agricoles, la production d'hydrocarbures devient une véritable aubaine pour le budget de l'État. L'Algérie invoque alors une place centrale dans l'activité pétrolière ainsi que l'introduction d'une nouvelle forme de coopération intergouvernementale et de partage des revenus[672]. En réponse à ces revendications, le 16 décembre 1963, le gouvernement français annonce vouloir rouvrir les discussions pour préserver sa position de force en Algérie.

---

670 Interrogé par l'ambassadeur de France, le ministre algérien des Affaires étrangères Abdelaziz Bouteflika explique que le mémorandum doit être conçu comme une invitation au dialogue. Comme l'explique George Gorse, les grandes idées générales annoncées dans le mémorandum algérien devaient être précisées, mais l'essentiel était de commencer à parler. Cf. AMAE, 26QO/208, télégramme de George Gorse au secrétariat général du ministère des Affaires étrangères, Alger, 19 décembre 1963.

671 J. Kabbanji, *La stratégie pétrolière de la France en Algérie, 1962-1971*, *op. cit.*, p. 121.

672 *Ibid.*, p. 128.

Le 31 décembre 1963, un décret du gouvernement algérien crée la Société nationale pour la recherche, la production, le transport, la transformation, et la commercialisation des hydrocarbures (Sonatrach[673]). Belaïd Abdesselam, ancien dirigeant de l'Union générale des étudiants musulmans algériens (UGEMA), est nommé président-directeur général et commence à recruter les premiers cadres grâce au réseau des étudiants algériens formés à l'étranger[674]. Dès sa création, la Sonatrach est chargée de la construction d'un pipeline entre Hassi Messaoud et Arzew, ce qui remet en cause le quasi-monopole des entreprises françaises dans ce secteur. Alors que la majorité des pays producteurs sont relégués au rôle de simples percepteurs d'impôts, la création de la Sonatrach montre les nouvelles ambitions de l'Algérie au monde pétrolier international[675].

Le début de l'année 1964 est caractérisé par la montée des revendications sociales dans les entreprises françaises. Le deuxième congrès national de l'UGTA renforce les positions des partisans de l'« option socialiste » et la propagande contre les entreprises pétrolières – perçues comme le « dernier bastion » du colonialisme français en Algérie – commence à s'intensifier. Un article du quotidien *El Moudjahid* dénonce l'activité des sociétés pétrolières dans le pays de la « soif d'argent » en présentant le Sahara comme le « territoire du capitalisme néocolonial »[676]. Le journaliste décrit ainsi la découverte de la vie dans la base de la SN Repal lors de son voyage dans le sud :

> « Dans le blond sauvage du désert, apparaît soudain un îlot de verdure : c'est la base d'une société de pétrole. Une première rangée d'arbres pour arrêter le vent ; une seconde rangée pour empêcher le sable de s'infiltrer ; enfin une troisième rangée pour apporter l'ombre au pays de la soif, de la soif d'argent. On pénètre à l'intérieur de la base en passant sous un immense portique blanc qui me fait tout de suite penser à ces luxueuses propriétés des films "coloniaux" : beaucoup de plantes vertes, de larges bandes de fleurs aux couleurs chatoyantes, d'épaisses pelouses garnies et quelques arbres fruitiers. Pourquoi les livres vous ont-ils caché cela ? »[677].

---

673 Dans les sources et dans la littérature, les formes du nom « Sonatrach » et « SONATRACH » sont également utilisées. Pour simplifier la lecture, nous avons donc décidé d'utiliser la forme minuscule « Sonatrach ».

674 H. Malti, *Histoire secrète du pétrole algérien*, *op. cit.*, p. 45.

675 Abdelatif Rebah, *Sonatrach : une entreprise pas comme les autres*, Alger, Casbah Éditions, 2006.

676 AH TotalEnergies, 18V01807/317, « Le pays de la Soif et de l'Argent », *El Moudjahid*, 25 avril 1964.

677 *Ibid.*

Après avoir enquêté auprès du personnel, le journaliste met en évidence l'absence de mesures de promotion des travailleurs algériens au sein des sociétés :

> « Algérianisation des cadres ? Zéro ! il n'y a pas de programmes. On vous dira ce qu'on voudra. Ne croyez rien. C'est faux. Car il n'y a pas de véritable algérianisation. Celle-ci se fait au jour le jour et on s'arrange toujours porque la nouvelle recrue soit dès son entrée isolée. On la reçoit et on lui fait croire que c'est quelqu'un : oui, nous autres Algériens nous sommes sensibles à la flatterie, du coup ça marche avec certains »[678].

Le retard dans la mise en œuvre du dispositif d'algérianisation fait monter le mécontentement et des heurts sont signalés sur les chantiers pétroliers. Le 19 mai 1964, les travailleurs de la CGG annoncent une grève illimitée pour dénoncer l'immobilise de l'entreprise à l'égard des revendications des travailleurs[679]. Plus précisément, ils invoquent l'algérianisation des postes d'encadrement et une réelle participation du comité d'entreprise à la gestion des activités[680]. La grève de la CGG confirme la montée en puissance de la nouvelle Fédération nationale des travailleurs du pétrole dirigée par Moussa Kebaili. Cette mobilisation met en garde les entreprises françaises sur les conséquences du non-respect des obligations de promotion des travailleurs locaux et des tentatives de parcelliser le mouvement en créant une séparation artificielle entre les travailleurs du nord et les travailleurs sahariens. La « libération du sud » devient alors un thème central de la propagande de l'UGTA qui souhaite briser le pacte paternaliste passé entre les sociétés pétrolières et les travailleurs des Oasis durant la période coloniale.

La grève de la CGG se termine le 27 mai 1964 avec un nouvel accord entre l'entreprise et le syndicat. Le directeur adjoint de la société Berthière et le secrétaire de la fédération Kebaili signent un protocole d'entente en la présence du directeur de la DEC Belkacem Nabi, des représentants du ministère des Affaires sociales et de l'inspectorat du travail. L'accord impose d'installer en Algérie une succursale de la CGG dotée d'un service du personnel, un service d'exploitation et de comptabilité et un service de formation professionnelle. L'organigramme

---

678 AH TotalEnergies, 18V01807/54, Note du CDS, « La grève de la Compagnie Générale de Géophysique », mai 1964.

679 A. Benamrouche, *Grèves et conflits politiques en Algérie*, *op. cit.*, p. 85.

680 *Ibid.*

de la nouvelle succursale devra être validé par le comité d'entreprise, l'organisme chargé de représenter les intérêts des travailleurs algériens. La société accepte donc d'algérianiser des postes clés comme celui de chef du service du personnel, de chef du service achat et de chef du service social. Néanmoins, la direction demande de faire appel à un psychotechnicien pour évaluer les compétences des Algériens candidats à remplacer les Français[681].

La victoire des positions autogestionnaires des travailleurs de la CGG donne un nouvel élan au mouvement de contestation. Dans un contexte caractérisé par la promulgation des décrets portant création du «secteur industriel socialiste», des grèves sont déclenchées dans plusieurs grandes entreprises comme Michelin, Dunlop et Renault[682]. Dans le secteur pétrolier, la CREPS annonce de nouvelles concessions comme l'augmentation des salaires, la titularisation des agents auxiliaires et la création d'un comité d'entreprise[683]. À l'instar des entreprises françaises, les compagnies pétrolières anglo-américaines doivent faire face aux mêmes revendications. Durant l'assemblée annuelle des travailleurs de 1964, les représentants syndicaux de Esso Saharienne demandent l'extension des pouvoirs du comité d'entreprise et invoquent l'algérianisation complète des postes de travail avant juillet 1965[684]. Dans le discours prononcé devant l'assemblée, Kebaili explique ainsi le besoin de remplacer les cadres étrangers avec des locaux:

> «L'Algérie ne veut pas de cadre de façade, de promotion "cous-cous". Nous voulons que la formation professionnelle soit la préoccupation de tous les travailleurs. [...] Devant l'offensive des travailleurs, les sociétés étrangères ont essayé d'algérianiser, à leur manière, les cadres; nous saurons imposer les cadres militants, les cadres compétents. Il faut une prise de conscience

---

681 AH TotalEnergies, 18V01807/54, Note du CDS, Accord entre CGG et UGTA, 28 mai 1964.

682 AH TotalEnergies, 18V01807/54, «Algérie: graves troubles sociaux, les ouvriers du secteur privé réclament l'algérianisation et l'alphabétisation», *La Gazette de Lausanne*, 10 juin 1964.

683 AH TotalEnergies, 18V01807/54, Avertissement des travailleurs du pétrole de la société CREPS, 13 juin 1964; «Succès des ouvriers de la CREPS, Un comité d'entreprise sera élu prochainement», *Le Peuple*, 15 juillet 1964.

684 AH TotalEnergies, 18V01807/54, «Les travailleurs d'Esso-Standard demandent l'extension des pouvoirs du comité d'entreprise», *Alger républicain*, 10 juillet 1964.

des travailleurs pour qu'en s'algérianisant on soit capable d'accroître la production et le rendement »[685].

Dans un tel contexte, l'approche prudente de la CFP-A permet de contenir la montée en puissance de l'UGTA, même si le mouvement de grève a des conséquences sur l'équilibre social de l'entreprise. En juin, la Fédération des travailleurs du pétrole organise une assemblée générale à Maison Verte dans l'objectif de réorganiser la section syndicale. En dépit de la pression exercée par les partisans de Kebaili, on assiste à l'élection d'un bureau plus aligné aux positions de la direction qu'à celles du syndicat. Le secrétaire commence alors à dénoncer l'approche paternaliste et la présence d'un nombre trop important de Français sur les chantiers de la CFP-A. Pour rassembler les travailleurs algériens, Kebaili explique que si la direction de la société a réussi à freiner les revendications du syndicat jusque-là, « les conditions sont [désormais] mûres pour que les objectifs puissent être atteints »[686]. La création d'un comité d'entreprise est donc présentée comme la première bataille à mener pour « assurer l'algérianisation des postes et la formation professionnelle des cadres dont [l'Algérie] a tant besoin »[687].

Les congrès des travailleurs du pétrole et l'accès des Algériens aux comités d'entreprise

La réorganisation des sections syndicales après les grèves du printemps 1964 permet à l'UGTA de préparer le premier congrès des travailleurs du pétrole. L'élection de représentants alignés aux positions de la fédération renforce le pouvoir de négociation des comités d'entreprise avant que ceux-ci soient désignés comme les seuls interlocuteurs en matière de formation et de promotion du personnel local par le décret du 3 août 1964. Mais en dépit des nouvelles obligations, l'UGTA doit faire face à l'opposition des sociétés qui souhaitent limiter l'ingérence de l'administration algérienne dans toutes les questions liées à la gestion du personnel local. En septembre 1964, la fédération organise quatre précongrès à Oran, Alger, Annaba et Ouargla. Le 28 septembre, les

685 AH TotalEnergies, 18V01807/54, « Assemblée générale des travailleurs Esso-Standard », *Le Peuple*, 10 juillet 1964.

686 AH TotalEnergies, 91ZZ425/121, « Les travailleurs du pétrole constituent leur dernière section syndicale », *Le Peuple*, 6 juin 1964.

687 *Ibid.*

secrétaires de section des filiales de raffinage de Shell, Esso, British Petroleum, Mobil et de la CFR[688] sont réunis à Oran[689], puis les représentants de la fédération se rendent à Ouargla pour rencontrer les délégués de la CREPS, de FOREX, de la CGG, de la Société Languedocienne des Forages, de Sinclair Oil et de la CFP-A[690]. Durant ce voyage, Moussa Kebaili souhaite visiter le site d'Hassi Messaoud pour vérifier l'avancement des projets d'algérianisation. En l'absence d'une demande écrite, le CFP-A lui refuse l'accès à Maison Verte, ce qui suscite de vives réactions dans la presse algérienne[691]. Le secrétaire dénonce alors la «manœuvre grossière» de la société qui refuserait de reconnaître l'autorité des cadres du syndicat en discutant uniquement avec les représentants locaux «considérés abusivement par elle comme "Fédération du Sud" »[692].

Grâce à l'intervention des forces de l'ordre, Kebaili et les membres de la section locale de l'UGTA accèdent finalement à Maison Verte. La visite des installations confirme la persistance d'une séparation physique entre Français et Algériens, une forte différence dans les conditions de logement et l'absence de dispositifs de promotion du personnel local. Si la CFP-A est présentée comme la «lanterne rouge» en matière d'algérianisation, la SN Repal est considérée comme un exemple à suivre. Après l'entrée du gouvernement algérien dans le capital de l'ancienne société nationale, les membres de la section syndicale estiment avoir effacé l'ancienne direction «compromise dans les crimes de l'OAS»[693]. Avec un effectif de 531 travailleurs à Hassi Messaoud – dont 366 Algériens et 165 Européens –, la SN Repal a donc accompli une véritable algérianisation de son personnel administratif et technique. Les travailleurs sont titularisés après une période de six mois et peuvent suivre des programmes de formation. Par ailleurs, la création d'un comité

688 Il s'agit de la Société algérienne des huiles minérales Total, filiale du groupe CFP active dans le secteur du raffinage en Algérie.

689 AH TotalEnergies, 91ZZ425/121, «Précongrès des travailleurs du pétrole à Oran», *Le Peuple*, 29 septembre 1964.

690 AH TotalEnergies, 91ZZ425/121, «D'Alger à In Amenas, avec les travailleurs du pétrole», *Le Peuple*, 28 septembre 1964; «Trois membres de la commission de préparation du congrès à Hassi Messaoud», *Le Peuple*, 28 septembre 1964.

691 *Ibid.*

692 *Ibid.*

693 AH TotalEnergies, 91ZZ425/121, «Réalisations à la SN Repal et problèmes syndicaux à la Sinclair», *Le Peuple*, 30 septembre 1964.

d'entreprise et l'élection d'un représentant algérien au sein du conseil d'administration permettent de surveiller le processus de recrutements et la mise en place des dispositifs de promotion sociale. En somme, comme l'affirme Moussa Kebaili, l'expérience de la SN Repal a permis au syndicat de dépasser le modèle de « syndicalisme de la colonisation » pour mettre en place un véritable « syndicalisme gestionnaire »[694].

Le premier congrès des travailleurs du pétrole s'ouvre dans la salle Ibn Khaldoun à Alger le 1er octobre 1964. La séance inaugurale voit la participation du secrétaire national de l'UGTA Rabah Djermane, du préfet d'Alger Rabah Bouaziz, du député du département des Oasis Abissi Saad et du secrétaire de l'union régionale de l'UGTA d'Alger Allaouchice Smaine[695]. Dans son discours d'ouverture, Moussa Kebaili explique que le congrès devra définir le statut de la fédération et élaborer un programme de revendications communes. Le secrétaire invoque à plusieurs reprises le besoin de coordonner l'activité du syndicat avec la politique du gouvernement. « Notre congrès s'ouvre au moment où l'Algérie par la voix de son président, symbole de l'édification du socialisme en Algérie, a procédé à la définition sans équivoque d'une politique révolutionnaire dans le domaine des hydrocarbures »[696], précise-t-il. Ce postulat fait écho au discours prononcé par Ben Bella à Laghouat le 28 septembre. Durant l'inauguration du chantier de construction du troisième pipeline, le président avait en effet confirmé la volonté de réunir tous les moyens nécessaires pour conduire en autonomie les projets de développement du secteur des hydrocarbures[697].

La définition d'un modèle de cogestion adapté au secteur des hydrocarbures demeure la pierre angulaire du congrès. Ce principe est réaffirmé par le président algérien dans l'allocution prononcée durant la session plénière du 3 octobre. Comme il l'explique, les efforts du gouvernement doivent être complétés par l'action des syndicats : « Grâce à l'arme suprême de la grève, [celui-ci doit] faire aboutir les revendications légitimes des travailleurs dans le domaine de la formation professionnelle

---

694 AH TotalEnergies, 91ZZ425/121, « D'Alger à In Amenas, avec les travailleurs du pétrole », *Le Peuple*, 28 septembre 1964.

695 AH TotalEnergies, 91ZZ425/121, « Congrès des travailleurs du pétrole », *Alger Républicain*, 2 octobre 1964.

696 *Ibid.*

697 J. Kabbanji, *La stratégie pétrolière de la France en Algérie, 1962-1971*, *op. cit.*, p. 158.

de l'algérianisation et des conditions de travail[698].» Ben Bella confirme par ailleurs que les travailleurs du pétrole auront un rôle stratégique dans la création du nouveau système industriel de l'Algérie:

> «Le gouvernement et le parti reconnaissent aux travailleurs du secteur des hydrocarbures le droit d'accéder à la gestion des entreprises dans des formes et conditions à déterminer. Sous des formes différentes de celles de l'autogestion, qui caractérise notre régime économique dans les secteurs industriel et agricole notamment, les travailleurs sont appelés à occuper une place de choix dans l'édification économique, même dans le secteur que l'on serait tenté de placer sous un régime de capitalisme d'État »[699].

Le congrès de 1964 devient l'occasion pour donner une dimension internationale à la lutte des travailleurs du pétrole algérien. Les discussions se déroulent en présence des délégués de plusieurs organisations étrangères comme le Sindacato italiano dei lavoratori del petrolio, l'Union arabe des pétroles, les syndicats de Roumanie, de Bulgarie et de l'URSS. Cette participation permet de partager les expériences de gestion mises en œuvre dans les autres pays et de consolider la coopération en matière de formation. Le renforcement des relations syndicales – notamment avec les pays du bloc soviétique – confirme la volonté de l'Algérie de trouver des interlocuteurs capables d'accompagner le pays dans la gestion des affaires pétrolières. À ce propos, les membres de la commission exécutive du congrès invoquent l'organisation «dans les meilleurs délais d'une conférence internationale des travailleurs des pays producteurs de pétrole afin de réaliser l'unité d'action face à un adversaire commun»[700].

À la fin des travaux, les décisions des délégués sont présentées dans la presse internationale. Un rapport d'orientation reprend alors les principes d'actions mentionnés par Ben Bella dans son discours. La résolution générale contenue dans le rapport impose aux entreprises de recruter des stagiaires algériens et invoque la participation du syndicat aux activités de formation et de promotion des travailleurs locaux. La résolution invoque également l'introduction d'un système de prévoyance médicale,

---

698 AH TotalEnergies, 91ZZ425/121, «Intervention du président Ben Bella au Congrès des travailleurs du Pétrole», *AFP Sahara*, n° 179, Alger, 10 octobre 1964.

699 *Ibid.*

700 AH TotalEnergies, 91ZZ425/121, «Congrès des travailleurs du pétrole», *Alger Républicain*, 2 octobre 1964.

la réduction du travail à 40 heures par semaine, et l'aménagement des horaires de travail pour permettre aux travailleurs des participer à des cours de formation[701]. D'autres résolutions spécifiques confèrent au bureau syndical le pouvoir de prendre toute disposition nécessaire pour « faire face à l'obstination intolérable de certaines directions nostalgiques d'un passé à jamais révolu »[702]. Autrement dit, le bureau syndical est chargé d'assurer la création des comités d'entreprise au sein des entreprises réfractaires comme la CFP-A, la SOPEG et Sinclair Oil. La mise en œuvre des décisions du congrès impose de mieux coordonner les actions du gouvernement et celles du syndicat. Si la montée en puissance du mouvement syndical et les grèves de 1964 ont permis de mettre en route des revendications, c'est seulement l'initiative du gouvernement qui peut assurer l'implémentation du programme d'algérianisation. Après avoir obtenu un droit de participation aux décisions, le projet d'émancipation du secteur des hydrocarbures se concentre sur la création d'un système de transfert des connaissances capable de garantir l'avancement professionnel des travailleurs locaux. Il est donc de plus en plus clair que l'indépendance de l'industrie nationale pourra être acquise seulement grâce à la coopération avec les anciens colonisateurs.

C. Les accords de coopération de 1965 et la formation des pétroliers algériens : vers un nouveau modèle d'interaction

Les entreprises françaises et la formation des Algériens à la technique pétrolière

La formation des travailleurs autochtones aux métiers du pétrole a donné lieu à des pratiques fort hétérogènes au sein des entreprises. D'une part, l'absence d'obligations et d'organismes de contrôle a favorisé la mise en place de dispositifs fonctionnels aux besoins des sociétés. D'autre part, le recours massif à une main-d'œuvre temporaire a limité les initiatives en matière d'alphabétisation et de formation. À l'exception de l'apprentissage « sur le tas » pour occuper les postes de manœuvre de plancher ou

---

701 AH TotalEnergies, 91ZZ425/121, « Rapport d'orientation de la fédération nationale des travailleurs du pétrole », *Le Peuple*, 20 octobre 1964.

702 AH TotalEnergies, 91ZZ425/121, 1er Congrès des travailleurs du pétrole et du gaz, texte intégral des résolutions, 7 octobre 1964.

d'aide-mécanicien, durant la période coloniale, les autochtones sont exclus des programmes d'initiation à la technique pétrolière. Si l'accès à ce savoir technique était uniquement réservé aux Français d'Algérie, le départ de ceux-ci après l'indépendance change profondément la situation. L'entrée du gouvernement algérien au capital de la SN Repal et l'obligation de recrutement d'anciens *moudjahidines*[703] imposent d'imaginer de nouvelles stratégies pour intégrer les autochtones à la vie des entreprises.

Avec la création du comité d'étude des problèmes professionnels, les sociétés commencent à envisager des solutions pour former aux métiers du pétrole les travailleurs algériens. Si l'organisation de cours de technique pétrolière en France est considérée la meilleure option, le contexte politique suggère d'implanter un organisme de formation en Algérie afin de limiter les initiatives du gouvernement et les risques d'augmentation de la fiscalité pétrolière[704]. Les entreprises françaises acceptent alors de financer une école professionnelle du pétrole pour former les techniciens d'exécution et le personnel d'encadrement[705]. Créé grâce au concours de l'IFP, l'Institut algérien du pétrole (IAP) sera donc subventionné par le fonds pour la « recherche scientifique et technique » déjà versé par les concessionnaires[706]. Dans l'attente d'ouvrir les discussions avec l'administration algérienne, les sociétés commencent à définir les lignes générales des programmes de formation en fonction des besoins de recrutement. Il est désormais clair

703 La loi du 31 août du 1963 relative à la protection sociale des anciens *moudjahidines* introduit une obligation de recrutement « des anciens combattants en uniforme qui, entre le 1er novembre 1954 et le 1er janvier 1962, ont pris volontairement les armes pour libérer la Patrie ». La loi assimile au statut des *moudjahidines* les *fidayine* et *mousebiline*, les irréguliers ayant participé volontairement à la lutte de libération entre le 2 janvier et le 1er juillet 1962. Ce dispositif introduit une obligation de réserver 10 % des emplois disponibles dans l'industrie au personnel algérien reconnu dans cette catégorie. Cf. François d'Arcy, Annie Krieger et Alain Marill, *Essais sur l'économie de l'Algérie nouvelle*, Paris, Presses universitaires de France, 1965, p. 49.

704 AH TotalEnergies, 18V01807/569, Réunion des directeurs locaux des compagnies pétrolières, Alger, 15 février 1963.

705 AH TotalEnergies, 18V01807/569, Compte rendu de la réunion tenue à la DEC, Alger, 25 avril 1963.

706 AH TotalEnergies, 18V01807/569, Compte rendu de la réunion des directeurs tenue à Alger, 22 mai 1963.

que l'adoption d'une attitude volontariste sera plus que nécessaire pour compenser la « pauvreté du marché du travail algérien »[707] et mettre en place un système de formation de qualité.

Après avoir analysé les besoins de promotion, en 1964, les sociétés recrutent 60 élèves choisis à partir d'une liste de 189 candidats ayant obtenu un CEP et un baccalauréat. Les aspirants producteurs, géologues et géophysiciens sont répartis en trois groupes d'environ 20 personnes pour suivre des cours théoriques en mathématiques, physique, chimie, mécanique et technologie. Organisés sur une durée de huit semaines, les programmes d'enseignement s'inspirent à ceux du Lycée Technique Saint-Cricq de Pau, un établissement chargé de la formation des techniciens destinés à l'industrie pétrolière du Sud-Ouest. Par la suite, une formation pratique de neuf semaines est organisée à Hassi Messaoud sous l'encadrement des moniteurs et des ingénieurs des sociétés. À l'issue de cette première période, les meilleurs candidats sont orientés vers une formation spécialisée de la durée de dix semaines qui se déroule en alternance entre Hassi Messaoud, Alger et la France. Une fois le cycle terminé, les élèves réalisent un stage de six semaines sur les chantiers sahariens, où ils sont évalués sur la base de leurs compétences.

La particularité du métier de maître-sondeur et d'opérateur boues impose de mettre en place des programmes de formation dédiés. Après un stage d'initiation aux gestes professionnelle et de connaissance des techniques et des matériaux de la durée de six semaines, les élèves sont envoyés sur une sonde-école pendant 36 mois. Cela leur permet de « comprendre le fonctionnement d'un chantier sur une sonde en activité réelle et d'acquérir des connaissances théoriques grâce à des cours en alternance »[708]. À l'issue de la sonde-école, les élèves sont orientés vers deux parcours de spécialisation : soit ils sont envoyés dans des laboratoires français pour se former comme opérateurs boues, soit à l'ENSPM de Rueil-Malmaison pour un stage de dix semaines. La durée totale de la formation est de 40 mois, une période beaucoup plus longue par rapport à celle proposée dans les années 1950 par les

---

707 AH TotalEnergies, 18V01807/569, BRP, projet de formation de techniciens pétroliers en Algérie 1963-1964, 10 juin 1963 ; Compte rendu de la réunion des directeurs tenue à Alger, 19 juin 1963.

708 *Ibid.*

sondes-écoles de Péchelbronn, de Sidi Slimane et de Boussens. Au-delà de la complexification des techniques de forage survenue au fil des ans, le dispositif adopté en Algérie doit combler le manque de formation de base et accompagner l'adaptation industrielle du personnel local. Tout en donnant une perspective d'évolution aux travailleurs du secteur, ce système laisse aux entreprises le choix des candidats, un mécanisme qui permet de favoriser la promotion de leurs propres salariés à des postes à responsabilité[709].

Alors que la coopération algéro-soviétique dans le domaine des hydrocarbures s'intensifie, les discussions sur la création de l'IAP sont fortement retardées. Après avoir obtenu un accord de principe, les sociétés s'opposent aux tentatives de l'administration d'imposer un contrôle sur les programmes de formation. Si le directeur de la DEC Sid-Ahmed Ghozali suggère de créer un comité de formation réunissant l'administration pétrolière, les représentants des sociétés françaises, le ministère de l'Éducation, l'UGTA et l'OS, les entreprises proposent en revanche de créer une association sous le régime de la loi du 1er juillet 1901[710]. Celle-ci permettrait de rassembler les représentants des travailleurs, du patronat et de l'administration ainsi que de répartir les coûts et de participer à la définition des programmes de formation. En dépit des tentatives de médiation, la position algérienne reste la même : la formation doit être financée par les entreprises mais les décisions sur les programmes sont de compétence des représentants des travailleurs et des comités d'entreprise.

La création des établissements de formation : le Centre africain des hydrocarbures et du textile (CAHT) et l'Institut agérien du pétrole (IAP)

La réforme du système de formation devient une priorité pour l'Algérie indépendante. Créés à partir de 1830, les établissements éducatifs présents

---

709 Une note manuscrite en marge du document indique clairement la volonté des entreprises de favoriser l'intégration aux cours de formation du personnel déjà présent au sein des entreprises : « il faut donner priorité aux gens de la compagnie ». Cf. AH TotalEnergies, 18V01807/569, BRP, projet de formation de techniciens pétroliers en Algérie 1963/1964, 10 juin 1963.

710 AH TotalEnergies, 18V01807/569, Lettre de Ghozali à Delavesne, sdnl.

dans ce territoire colonial sont fortement influencés par le régime de ségrégation en place[711]. En dépit des efforts d'inclusion mis en œuvre à la fin de la Seconde Guerre mondiale, en 1957 on compte seulement 350 000 étudiants musulmans inscrits à l'école primaire, 6800 dans l'enseignement secondaire et 6300 dans l'enseignement technique sur une population scolarisable de 2,5 millions de jeunes[712]. En 1958, la promulgation du plan de scolarisation pour l'Algérie introduit certaines améliorations[713], même si le départ des enseignants français au moment de l'indépendance contribue à la décadence du système en place. La définition d'une politique d'éducation nationale « au service de la construction d'une société algérienne démocratique et socialiste »[714] devient alors une priorité pour le gouvernement algérien qui alloue plus de 25 % du budget total de l'État pour atteindre cet objectif[715]. Cet effort se traduit par la création d'un système « arabisé » avec une forte propension à l'enseignement technique, ce dernier étant considéré comme un moteur d'émancipation et de développement national. Cette orientation est mise en évidence dès la réorganisation de l'École nationale polytechnique d'El-Harrach en 1962, une expérience qui confirme l'importance du soutien étranger pour le développement de cette filière d'enseignement[716]. Grâce au dispositif de coopération universitaire, entre 1962 et 1965, le gouvernement français fournit une aide au développement à l'Éducation nationale algérienne. Plus de 10 500 enseignants français sont présents dans le pays durant l'année scolaire 1962–1963, ce qui correspond aux deux tiers du total des coopérants[717].

---

711 Aïssa Kadri, « Les conditions d'imposition du système scolaire en Algérie », in Aïssa Kadri, *Instituteurs et enseignants en Algérie, 1945-1978: histoire et mémoires*, Paris, Karthala, 2014, p. 21.

712 AMAE, 260QO_135, Ambassade de France à Alger, rapport sur la coopération culturelle et technique de juillet 1962 à juin 1965.

713 Promulguée dans le cadre du plan de Constantine, l'ordonnance n° 58-734 du 20 août 1958 prévoit un plan de scolarisation accélérée de l'Algérie sur une période de huit ans.

714 AMAE, 260QO_135, Ambassade de France à Alger, rapport sur la coopération culturelle et technique de juillet 1962 à juin 1965.

715 Cela est évoqué dans le Programme de Tripoli et confirmé dans la Charte d'Alger, le document d'orientation issu du 1er congrès du FLN tenu en avril 1964.

716 Oumelkhir Touati, « Rapport au travail et dynamique de transformation du métier d'ingénieur dans le contexte algérien : le cas de l'entreprise Sonatrach » Thèse de doctorat, École des hautes études en sciences sociales, 2007, p. 39.

717 *Ibid.*

Pour limiter l'influence culturelle et linguistique de l'ancienne métropole, l'Algérie identifie d'autres interlocuteurs capables d'accompagner les projets d'algérianisation de l'administration publique et d'arabisation de l'enseignement[718]. Cette volonté de «jouer la carte de la diversité»[719] avait été mise en évidence durant la guerre d'indépendance avec la signature des premiers accords pour envoyer des étudiants algériens en formation dans les pays anglo-saxons, en Europe de l'Est et en Union soviétique. À titre d'exemple, les accords passés entre le GPRA et ENI avaient permis de former un certain nombre de techniciens algériens à la Scuola superiore di studi sugli idrocarburi de Milan[720]. Selon la stratégie du président de la société italienne Enrico Mattei, la formation et le financement de bourses d'études destinées aux Algériens auraient pu favoriser la position de la société dans le pays après l'indépendance. Parallèlement, les jeunes ingénieurs qui constitueront le premier noyau de cadres de la Sonatrach sont envoyés en formation dans d'autres pays étrangers. Noureddine Ait Laoussine, Abderrahmane Megatelli et Chérif Faïdi vont aux États-Unis, Hocine Malti en Yougoslavie, tandis que Aboubaker Mellouk et Nourredine Guen se dirigent vers la Roumanie et la Bulgarie[721].

En 1962, les ministères de l'Éducation nationale et de l'Économie commencent à formaliser de nouveaux dispositifs de coopération dans le domaine de la formation technique. Dans ce contexte, la création du Commissariat national à la formation professionnelle et à la promotion des cadres (CNFPPC)[722], encourage la signature d'un accord de coopération avec l'Union soviétique le 6 juillet 1964. Celui-ci prévoit le financement de projets industriels et la création à titre gracieux d'un centre de formation sur le pétrole et le gaz[723]. Créé à Boumerdès, le nouveau Centre africain des hydrocarbures et du textile (CAHT) est chargé de former, chaque année, 600 élèves choisis parmi 4000 candidats ayant obtenu un brevet de collège.

---

718 *Ibid.*, p. 43.

719 *Ibid.*

720 Roberto Cantoni, *Oil exploration, diplomacy, and security in the early Cold War: the enemy underground*, New York, Taylor and Francis, 2017.

721 AH TotalEnergies, 50ZZ507/9, Note confidentielle à destination de Bénézit Organisation de la Sonatrach, Alger, 20 septembre 1966.

722 Hocine Khelfaoui et Jean-Jacques Salomon, *Les ingénieurs dans le système éducatif: l'aventure des instituts technologiques algériens*, Paris, Publisud, 2000, p. 66.

723 Avec cet accord, l'Union soviétique renforce sa position de partenaire privilégié de l'Algérie et l'aide soviétique à l'équipement atteint 41,3 % du total de l'aide

Assuré par 40 professeurs soviétiques, l'enseignement est organisé sur un cycle de formation long et très spécialisé. La formation des ingénieurs dure six ans tandis que celle des techniciens permet d'accéder aux postes de niveau agent de maîtrise en l'espace de quatre ans[724]. Selon le projet initial, le CAHT doit assurer la formation de 250 techniciens par an à partir de 1968 et de 200 ingénieurs à partir de 1970[725]. Par ailleurs, il doit organiser des formations destinées au perfectionnement des agents déjà en place pour soutenir l'algérianisation des entreprises du secteur[726].

La mise en route du CAHT augmente le risque de saturation des besoins en personnel dans le secteur. Ainsi, les entreprises demandent l'appui du gouvernement français pour relancer le projet de création de l'IAP qui était resté dans l'impasse depuis 1963. Dans le cadre des Accords franco-algériens sur les hydrocarbures du 29 juillet 1965, la signature d'un deuxième accord intergouvernemental dispose la constitution d'un nouvel organisme chargé de « la formation professionnelle au niveau des ouvriers qualifiés et de la maîtrise, [de] la recherche appliquée en *engineering* pétrolier et [de] la formation des ingénieurs à niveau postuniversitaire »[727]. À l'instar de l'IFP, l'Institut algérien du pétrole regroupe un centre de formation, une école professionnelle et un centre de recherche en techniques pétrolières. Trois filières – géologie, forage et production, raffinage et chimie – sont ouvertes aux jeunes diplômés des écoles d'ingénieurs et aux techniciens du secteur avec des cycles de

non française entre 1962 et 1965. AMAE, 260QO_177, Ambassade de France à Moscou, Télégramme de M. Bressier au secrétariat général du ministère des Affaires étrangères, sdnl. Note d'information : aides financières, autres que françaises, accordées à l'Algérie depuis son accession à l'indépendance, sdnl.

724 AMAE, 260QO_206, Lettre de Philippe Rebeyrolle, Chargé de la coopération à l'ambassade d'Alger au secrétaire d'État aux affaires algériennes, Alger, 19 décembre 1963.

725 *Ibid.*

726 AMAE, 260QO_206, Note de synthèse sur la politique du gouvernement algérien relative à la gestion de l'entreprise, à la formation professionnelle et à l'Algérianisation, aux salaires et à l'emploi dans les sociétés pétrolières, Alger, 20 octobre 1964

727 AN, F/60/4030, Formation pétrolière 1966/1967, Note au comité directeur sur le projet « Institut algérien du pétrole », octobre 1966 ; Annexe « Rubrique I – formation pétrolière », Rapport au comité directeur su l'utilisation du crédit de 15 millions réservés en 1965 pour le financement d'actions de formation et sur le programme d'emploi proposé pour la dotation 1966, 6 avril 1966.

formation qui reprennent le système proposé par l'ENSPM de Rueil-Malmaison.

L'IAP est créé grâce au concours technique de l'IFP et au financement du gouvernement français. Selon l'accord de création, l'Algérie met à disposition les locaux à Alger et à Oran et la France prend en charge les frais d'aménagement, d'installation et de fonctionnement. Les formateurs, les enseignants et le personnel administratif sont détachés au sein du nouvel établissement dans le cadre des programmes de coopération scientifique. Au moment de sa création, l'institut commence à passer des accords avec les entreprises françaises pour mettre en place un système d'enseignement en alternance. Cela permet d'assurer l'accueil des stagiaires sur les chantiers et le financement de bourses d'études. Le démarrage de l'IAP est cependant retardé par des contraintes logistiques et financières, mais également par des difficultés de recrutement de la première promotion d'élèves. Initialement estimés à 2,7 millions de dinars algériens par an, les coûts de fonctionnement de l'IAP atteignent 7,4 millions de dinars en 1965, ce qui réduit considérablement les disponibilités de la Caisse d'équipement pour le développement de l'Algérie (CEDA), l'organisme chargé de financer ces programmes[728]. Très rapidement, le budget annuel alloué à l'IAP devient beaucoup plus important que celui destiné à la formation dans les autres secteurs de coopération prioritaire[729].

L'établissement ouvre ses portes aux élèves ingénieurs durant l'année scolaire 1965–1966 avec bonne satisfaction pour les résultats de la première promotion[730]. Des stages de présélection ont lieu à Hassi Messaoud en 1965 et 24 apprentis maîtres sondeurs commencent un cycle de formation

---

728 Créée par les décrets n° 59-433 et n° 59-434 du 17 mars 1959, la Caisse d'équipement pour le développement de l'Algérie (CEDA) est un établissent public national doté de personnalité civile et autonomie financière. Il est chargé de l'exécution et du financement du plan de Constantine. AN, F/60/4030, Rapport au comité directeur sur l'utilisation des crédits affectés au financement des actions de formation, 19 décembre 1966.

729 En 1965, la répartition du budget de la CEDA est la suivante : 4,7 millions de dinars algériens sont destinés à l'IAP, 4 millions à la formation des cadres de l'industrie, du commerce et de l'agriculture, 2,7 millions à la formation d'enseignants et 1,3 million à la formation de cadres et techniciens de l'administration publique algérienne. AN F/60/4030, Rapport au comité directeur sur l'utilisation du crédit de 15 millions réservés en 1965 pour le financement d'actions de formation et sur le programme d'emploi proposé pour la dotation 1966, 6 avril 1966.

730 AN F/60/4030, Formation pétrolière 1966-1967, Note au comité directeur sur le projet « Institut algérien du pétrole », octobre 1966.

similaire à celui qui est proposé par les sondes-écoles françaises. Lors de l'installation de l'institut à Alger, une section détachée du centre de formation professionnelle est ouverte à Oran en raison des perspectives de développement industriel de la région. La nouvelle section organise alors les premières formations destinées aux ouvriers des sociétés ou aux jeunes issus des lycées techniques qui souhaitent se spécialiser dans la mécanique d'entretien, le dessin technique ou les méthodes de bureau d'études. Après un démarrage difficile, le recrutement des promotions d'ingénieurs dans les trois filières est complété en 1967. En dépit du caractère « algérien » de l'institut, la formation des aspirants chercheurs d'or noir est assurée par des coopérants français, ce qui contribue donc à diffuser la technique et l'identité professionnelle auprès des élèves algériens. En parallèle, l'opposition entre le modèle français et le modèle soviétique véhiculé par le CAHT renforce la distance culturelle entre la Sonatrach et les entreprises françaises encore actives en Algérie.

Un nouveau modèle d'association pétrolière : les cas de l'ASCOOP et de l'Ascoopette

Les accords du 29 juillet 1965 déterminent un profond changement des relations pétrolières entre la France et l'Algérie. Signés au lendemain du coup d'État de « redressement révolutionnaire » du 19 juillet, ces accords négociés par le gouvernement d'Ahmed Ben Bella ne sont pas remis en cause par le nouveau président Houari Boumediene. Néanmoins, le changement de régime détermine une forte accélération des revendications pour participer à la recherche et à la production pétrolière au Sahara. Partisan de la théorie des « industries industrialisantes »[731], Boumediene met fin à l'expérience socialiste inaugurée par son prédécesseur et décide de renforcer le principe d'intervention d'État dans le secteur des hydrocarbures. L'appropriation du pétrole et du gaz sahariens est désormais considérée comme le point de départ des nouveaux projets de développement du pays. Grâce à ces accords, l'introduction du principe de partage de la production, le relèvement de la fiscalité et la fixation d'un prix de référence du brut permettent d'augmenter les recettes fiscales de l'Algérie. En parallèle, la réorganisation du système pétrolier soumet

731 Gérard Destanne De Bernis, « Les industries industrialisantes et les options algériennes », *Tiers-Monde*, 12-47, 1971, p. 545-563.

l'activité des entreprises aux relations diplomatiques entre l'État français et l'État algérien.

Au-delà des nouvelles dispositions en matière de fiscalité et d'aide à la formation, les Accords d'Alger déterminent la création d'une Association coopérative (ASCOOP) entre la France et l'Algérie. L'introduction du principe d'association à la recherche et à la production de pétrole confirme le dépassement d'un système façonné durant la colonisation et confirmé par les accords d'Évian. Cela permet à l'Algérie de devenir un véritable modèle de « pétro-État » pour l'ensemble des pays du tiers-monde[732]. Tout en reconnaissant la continuité des concessions, l'Algérie obtient un accès direct aux terrains d'activité. En revanche, la France garde des obligations d'investissement et doit assumer le risque financier de l'exploration. L'idée d'associer les pays producteurs à la recherche pétrolière n'est pas un élément inédit dans l'histoire de l'industrie pétrolière. Des expériences similaires avaient été mises en œuvre en Iran, en Égypte et en Arabie Saoudite par l'ENI, la Standard Oil Company of Indiana, la Phillips Petroleum Company et la Japanese Export Oil Company[733]. La création de l'ASCOOP peut être donc considérée comme un mélange de principes de « pseudo-classicisme » et d'« ultra-Mattei », une formulation qui se réfère à la stratégie d'assistance technique conçue par l'ancien président de ENI[734]. En somme, grâce au nouveau système l'Algérie obtient des responsabilités sur les surfaces de l'association tout en renonçant aux permis de recherche attribués à l'ASCOOP en échange d'un droit de reprise du brut au prix de revient[735].

L'introduction du principe de co-souveraineté sur le pétrole saharien se traduit en la désignation d'une société « A » et d'une société « F » chargée de représenter les intérêts de chaque État au sein de l'ASCOOP. Du côté algérien, c'est la Sonatrach qui est désignée, tandis

---

732 G. Garavini, *The Rise and Fall of OPEC in the Twentieth Century*, *op. cit.*, p. 159.

733 Cf. André Nouschi, *Pétrole et relations internationales de 1945 à nos jours*, Paris, Armand Colin, 1999.

734 Marta Musso, « Towards an independent European energy policy: the oil industry in the aftermath of the Algerian War », Thèse de doctorat, University of Cambridge, 2016, p. 215.

735 AMAE, 260QO_56, Conseil des affaires algériennes « Association coopérative », 11 mars 1965.

que du côté français c'est la Société pétrolière française en Algérie (SOPEFAL), une nouvelle filiale contrôlée par le BRP et par la RAP[736]. L'activité de l'association est pilotée par un conseil de direction de six membres désignés par les deux sociétés avec un président algérien et un vice-président français. Les décisions sont votées au conseil avec une majorité de deux tiers et un comité technique est chargé de suivre l'exécution des programmes d'activités. Parallèlement, une commission mixte gouvernementale doit garantir la conformité des actions et « la prééminence de la coopération d'État à État »[737] dans le système mis en place.

Le dispositif de l'ASCOOP est considéré par le gouvernement français comme une mesure nécessaire à « [consolider] la position française sur les concessions déjà accordées et qui faisaient, de la part de l'Algérie, l'objet d'une demande de prise de contrôle »[738]. Néanmoins, dans ce nouveau système, la CFP-A voit réduire considérablement sa marge de manœuvre en raison de son statut d'entreprise privée. Comme l'explique René Gourgouillon :

> « [La création de l'ASCOOP] a été en quelque sorte camouflée pour la CFP-A, parce qu'elle n'a pas participé du tout à la mise en place de cet accord, qui a été un accord entre deux puissances publiques. [...] L'objectif était de montrer que le dialogue entre la France et l'Algérie en matière de pétrole se passerait uniquement entre une émanation de la puissance publique qui était l'ERAP et l'Algérie, donc la Sonatrach, mais tous les autres y étaient exclus »[739].

Tout en gardant ses droits sur les concessions existantes, la CFP-A doit transférer à l'ASCOOP l'ensemble de ses permis de recherche, ce

---

736 Ces deux organismes feront l'objet d'une fusion en 1966 au moment de la création de l'Entreprise de recherches et d'activités pétrolières (ERAP) en 1966. Cf. J. Kabbanji, *La stratégie pétrolière de la France en Algérie, 1962-1971*, *op. cit.*, p. 206.

737 *Ibid.*, p. 208.

738 AMAE, 260QO_56, Conseil des Affaires algériennes « Association coopérative », 11 mars 1965

739 AH TotalEnergies, AO011906, Archives orales de la Compagnie française des pétroles Algérie (CFP-A), Récit de carrière de René Gourgouillon, Aix-en-Provence, 29 juin 2018.

qui est perçu comme une véritable spoliation des droits de la société par la puissance publique française. Mais si la CFP-A envisage de lancer un recours contre le gouvernement français pour s'opposer à cette décision, la maison-mère considère les nouvelles obligations comme une opportunité pour se désengager du terrain d'exploration tout en consolidant son droit de production sur la concession d'Hassi Messaoud[740].

En août 1965, la CFP-A apporte l'intégralité de ses permis d'exploration au domaine minier de l'ASCOOP mais cela n'a pas de conséquences pratiques puisqu'aucun gisement exploitable n'a été identifié sur ces surfaces. La seule exception est le permis de Haoud Berkaoui-Ben Kahla, où un réservoir productif a été identifié en février 1965 et une concession d'exploitation est délivrée en avril. En dépit des tentatives d'imposer la cession rétroactive de cette surface à l'ASCOOP, la CFP-A signe en 1966 le contrat d'association Haoud Berkaoui-Ben Kahla (ASBK) et inaugure une deuxième expérience d'association coopérative. Mieux connue sous le nom d' « Ascoopette », cette association prévoit le partage à 50 % des dépenses et de la production de brut entre la Sonatrach et un groupement français composé par la SOPEFAL et la CFP-A[741]. À l'instar de l'ASCOOP, au sein de l'Ascoopette la prise de décision est assurée par un comité de direction et par un comité technique mais le rôle d'opérateur est délégué à la CFP-A. La société française est donc chargée de l'ensemble des opérations de développement et d'exploitation du gisement selon les conditions fixées par les partenaires.

---

740 AH TotalEnergies, 18V01807/642, Lettre de Maître Bertrand de Segogne (avocat au Conseil d'État et à la Cour de cassation) à Jean Picard, 18 août 1965 ; Essai de détermination d'une position juridique avant ouverture des pourparlers entre F et CFP-A, 16 août 1965. 50ZZ507/9 ; Note de Vincent Labouret « Association coopérative », Paris, 6 août 1965.

741 H. Malti, *Histoire secrète du pétrole algérien*, *op. cit.*, p. 65.

Photo 23. Appareil de forage IDECO 2500 diesel sur le champ d' Haoud Berkaoui – Ben Khala, 1967 – Photothèque historique TotalEnergies, 17V00537–14-1, Dimitri Dimka ©

La création de l'Ascoopette est un véritable tournant dans l'histoire de la CFP-A. Ce système permet aux cadres de la société d'entrer en relation avec les dirigeants de la Sonatrach et de tisser des liens personnels avec les responsables de la politique pétrolière algérienne. Comme l'explique René Gourgouillon :

> « [La découverte d'Haoud Berkaoui] non seulement nous a apporté une ressource supplémentaire en brut, mais elle nous a permis d'avoir avec les autorités pétrolières algériennes des relations directes. C'est à cette occasion qu'on a rencontré et connu les principaux responsables de la Sonatrach que nous n'aurions pas forcément eu l'occasion de rencontrer s'il n'y avait pas eu l'Ascoopette »[742].

742 AH TotalEnergies, AO011906, Archives orales de la Compagnie française des pétroles Algérie (CFP-A), Récit de carrière de René Gourgouillon, Aix-en-Provence, 29 juin 2018.

Les longues négociations sur la stratégie de développement du champ qui se déroulent durant les réunions des comités permettent à la CFP-A de mieux comprendre les objectifs opérationnels de la société nationale algérienne. Autrement dit, comme le résume Jean Picard, au sein de l'Ascoopette les Français et les Algériens « [se sont] fait les dents les uns les autres et [ont] appris à travailler ensemble »[743].

Si l'ASCOOP permet aux techniciens de la Sonatrach de se familiariser aux techniques d'exploration, l'Ascoopette leur révèle toute la complexité des projets de mise en production d'un champ pétrolier. Pour participer aux travaux d'exploration en coopération, la société algérienne fait appel à des consultants soviétiques et à des entreprises étrangères et commence à créer ses propres sociétés de services. C'est le cas par exemple de la Société algérienne de forage (ALFOR), filiale contrôlée à 51 % par la Sonatrach et à 49 % par la South Eastern Drilling Company, de la Société algérienne de géologie (ALGEO) et de la Société algérienne des fluides de forage (ALFLUID) créée grâce à la participation de la Davis Mud and Chemicals[744]. En revanche, pour les questions de production l'expertise technique et scientifique des entreprises françaises demeure indispensable. À la différence du gisement d'Hassi Messaoud, où la Sonatrach n'a pas de responsabilités opérationnelles, la mise en production d'Haoud Berkaoui est alors une véritable opportunité pour se familiariser aux problèmes de réservoir, de gestion des plannings de production et à tous les aspects financiers de cette activité.

À ce propos, des problématiques de comptabilité pétrolière commencent à émerger dès les premières réunions du comité de direction de l'Ascoopette. Les propositions de la CFP-A sur les calculs des dépenses d'association, des taux d'amortissement et des prix de revient de l'huile sont largement débattues[745]. Par ailleurs, les responsables de la Sonatrach considèrent trop élevés les prix des forages de développement proposés par la CFP-A en comparaison aux tarifs pratiqués par les autres sociétés de

743 AH TotalEnergies, AO011902, Archives orales de la Compagnie française des pétroles Algérie (CFP-A), Récit de carrière de Jean Picard, Versailles, 9 mai 2018.

744 AH TotalEnergies, 50ZZ507/9, Note confidentielle à destination de Bénézit Organisation de la Sonatrach, Alger, 20 septembre 1966.

745 AH TotalEnergies, 18V01807/288, Mémoire sur les principes de la comptabilité analytique de CFP-A et sur la répartition des frais généraux, 25 avril 1966 ; Note CFP-A SG à AF, Neuilly-sur-Seine, 18 août 1966.

services[746]. Le vice-président de l'Ascoopette Daniel Chevrière met alors en évidence la différence qui existe entre la réalisation d'un simple forage et la conception d'un plan de développement pour stabiliser la production d'un champ pétrolier sur le long terme[747]. Le secrétaire général Picard, à l'époque membre du comité de direction, résume ainsi le climat de méfiance qui règne durant ces réunions :

> « [Les discussions] ont été très laborieuses, parce que, si vous voulez, nos interlocuteurs n'en connaissaient rien ! C'est vrai, ils n'avaient pas d'expérience ! Ils discutaient de tout, jusqu'à trois heures quatre heures du matin ! Par exemple on disait : "à Haoud Berkaoui on va faire un forage, ça va coûter tant". Ils disaient : "pourquoi ça va coûter tant ?". Alors, on répondait que c'était le prix de tous nos forages dans la région. Donc on démontait les coûts, la boue, le personnel… bon… [Une fois expliqué] ils n'étaient pas d'accord parce que ça coûtait à leur avis trop cher. Donc on recommençait ! Puis, à la fin, ils acceptaient puisque c'était le prix que tout le monde aurait payé pour faire un forage à cet endroit-là »[748].

Durant cette phase de démarrage, les négociations se poursuivent dans les domaines de la prospection géologique et du forage. Comme le confirme Guy Faure, qui était également membre du comité technique, au sein de l'Ascoopette, « il y a eu des discussions extrêmement laborieuses dans le domaine du forage mais dans le domaine de la production il n'y en a pas eues. Ça s'est passé à merveille »[749]. Cette constatation confirme le besoin de la Sonatrach d'acquérir expérience et savoir-faire industriel dans le domaine de la production. En somme, l'apprentissage du métier au sein de l'Ascopette permet aux cadres de la société algérienne de cumuler les compétences nécessaires pour envisager la conduite autonome de projets de développement de champs pétroliers.

---

746 AH TotalEnergies, 18V01807/288, Compte rendu du conseil de direction, Alger, 29 juillet 1966. En ce qui concerne les devis des forages voire les points 2 et 3 de l'ordre du jour de la séance du 1er août 1966.

747 AH TotalEnergies, 18V01807/288, Procès-verbal de la quatrième réunion du conseil de direction, Alger, 29 juillet 1966.

748 AH TotalEnergies, AO011902, Archives orales de la Compagnie française des pétroles Algérie (CFP-A), Récit de carrière de Jean Picard, Versailles, 9 mai 2018.

749 AH TotalEnergies, AO011907, Archives orales de la Compagnie française des pétroles Algérie (CFP-A), Récit de carrière de Guy Faure, La-Celle-Saint-Cloud, 13 septembre 2018.

Photo 24. Ouvrier sur l'appareil de forage IDECO 2500 diesel à Haoud Berkaoui-Ben Khala, 1967 – Photothèque historique de TotalEnergies, 17V00537-14-2, Dimitri Dimka©

CHAPITRE 5

LA COMPAGNIE FRANÇAISE DES PÉTROLES ENTRE PRUDENCE ORGANISATIONNELLE ET ALGÉRIANISATION DU PERSONNEL

Au milieu des années 1960, la CFP doit repenser sa politique d'exploration et de production ainsi que le rôle de sa filiale dans le pétrole saharien. Pour faire face aux demandes du gouvernement algérien et du syndicat, la société met en place un programme d'algérianisation qui favorise le recrutement des travailleurs algériens, tout en assurant la rotation des travailleurs français vers les nouvelles zones d'activité en Europe, en Afrique et en Asie. Institué à la suite des grèves de 1964, le comité d'entreprise de la CFP-A est donc chargé de garantir la mise en place de ce programme. Au sein de cet organisme, les représentants des travailleurs algériens commencent à négocier leur place dans la société et dans le secteur industriel, mais le changement de contexte politique fait évoluer la situation. Les menaces de nationalisation avancées par le gouvernement algérien à la fin des années 1960 imposent d'imaginer de nouvelles stratégies d'adaptation.

A. Le changement de conditions d'activité : politique d'austérité et mutation du personnel européen

Les conditions financières d'activité dans l'Algérie indépendante

Le début des années 1960 est caractérisé par une profonde évolution du marché international de l'énergie. Cette « révolution silencieuse »[750] qui accompagne l'avènement de la « société de consommation »[751] entraîne une

---

750 Régis Boulat, « Jean Fourastié, la productivité et la modernisation de la France : années trente-années cinquante », Thèse de doctorat, Université de Franche-Comté 2006.

751 Jean-Claude Daumas, *La révolution matérielle : une histoire de la consommation*, Paris, Flammarion, 2018, p. 304 et ss.

forte progression de la demande en carburants dans les pays occidentaux. En France, la consommation d'essence et de produits raffinés augmente de 16,2 % en 1963, 16,6 % en 1964, puis de 11,5 % en 1965[752]. Dans un contexte où les besoins de la motorisation de masse sont assurés par une production de brut abondante et à bon marché, les pays producteurs commencent à se positionner comme véritable contre-pouvoir dans le secteur[753]. Sur le plan international, la création de l'Organisation des pays exportateurs de pétroles (OPEP) en 1960 remet en cause le système de fiscalité pétrolière et les prix. Sur le plan national, la nationalisation des concessions de l'IPC annoncée par le gouvernement irakien en 1961 montre l'impact des initiatives des pays producteurs sur le marché international. Les entreprises pétrolières comprennent alors le besoin de diversifier leur domaine minier et leurs sources d'approvisionnement.

Le contrôle de la production algérienne est un enjeu stratégique pour le gouvernement français et les filiales du BRP. Le sous-sol saharien abrite la principale réserve de pétrole « français » et son exploitation garantit une rentabilité moyenne des capitaux publics comprise entre 8 % et 10 %[754]. Le secteur assure par ailleurs une économie de devises de 330 millions de dollars par an puisque les sociétés opératrices font appel aux entreprises françaises pour l'achat de biens et de services. Toute restriction d'accès aux gisements algériens aurait donc un impact majeur sur l'équilibre monétaire et sur les autres secteurs industriels. En revanche, pour la CFP, la situation est très différente. La rentabilité des investissements réalisés au Sahara est moins significative et l'incidence de sa production sur les ressources de la société est assez faible : sur un total de 29,6 millions de tonnes importées en 1963, seulement 5,4 millions proviennent du Sahara contre 22,4 millions du Moyen-Orient[755]. Néanmoins, le Sahara est une véritable assise technique et financière pour la société. D'une part, le champ d'Hassi Messaoud est le seul terrain d'opération où la société peut poursuivre ses recherches en innovation et former ses ingénieurs et techniciens. D'autre part, la commercialisation des ressources

752 AH TotalEnergies, 10AH0639/2, Rapport annuel de la CFP, 1963.

753 Giuliano Garavini, *The Rise and Fall of OPEC in the Twentieth Century*, New York, NY, Oxford University Press, 2019, p. 150.

754 AMAE, 260QO/56, Conseil des affaires algériennes, Éléments de jugement du dossier « Place du pétrole saharien dans la politique française d'approvisionnement en pétrole », 12 décembre 1963.

755 AH TotalEnergies, 10AH0639/2, Rapport annuel de la CFP, 1963.

sahariennes fournit la marge brute d'autofinancement nécessaire à poursuivre les programmes d'exploration et la diversification des sources d'approvisionnement. En 1963, plus de 85 % des investissements de la CFP dans le secteur amont sont financés grâce aux recettes de la commercialisation du brut saharien dont la CFP-A est propriétaire. Cela permet à la DCEP d'acquérir de nouveaux permis et de relancer la recherche pétrolière au Sénégal, en Australie, en Libye et au Canada.

Les décisions du gouvernement algérien de modifier le système de fiscalité et de limiter la liberté de transfert de fonds à l'étranger obligent la CFP-A à reconsidérer sa stratégie de développement. Les sociétés françaises invoquent alors l'ouverture de négociations intergouvernementales pour définir un cadre dérogatoire propre au secteur des hydrocarbures[756]. En parallèle, des commissions d'études sont créées pour évaluer les conséquences économiques d'une extension du régime fiscal introduit au Moyen-Orient par l'OPEP[757]. Les études réalisées en 1964 mettent en évidence les conséquences de la modification de l'équilibre fiscal sur les charges d'exploitation et les investissements des entreprises françaises. En effet, le seul avantage comparatif de la production saharienne réside dans les conditions fiscales avantageuses qui assurent aux concessionnaires une marge de bénéfices considérée « acceptable »[758]. Selon les études de la CFP-A, la fiscalité algérienne permet de combler la différence entre le prix de revient du brut d'Hassi Messaoud, qui est estimé à 1,12 dollar le baril, et celui du Moyen-Orient qui ne dépasse guère les 0,15 dollar[759]. Cet écart est dû principalement à la profondeur des couches productives, à l'éloignement des gisements de la côte et aux caractéristiques des réservoirs qui imposent de recourir à des systèmes de récupération secondaire pour limiter le déclin de la productivité.

L'obligation de maintenir 50 % du chiffre d'affaires en Algérie se présente également comme un problème de gestion de la trésorerie. La

756 Ces négociations seront conduites par le secrétaire d'État aux Affaires algériennes Jean de Broglie et par le ministre du Travail Bachir Boumaza, AH TotalEnergies, 18V01807/27, Lettre de Jean de Broglie à Boumaza, 1er novembre 1963 ; Note de la DICA à Granier de Lilliac « Négociations franco-algériennes », 4 novembre 1963.

757 AH TotalEnergies, 18V01807/27, Problème de transfert d'Algérie sur la France, Paris, 6 novembre 1963.

758 AH TotalEnergies, 18V01807/27, Prix de revient des bruts du Sahara et du Moyen-Orient. Incidence de variation de la législation fiscale saharienne, 3 janvier 1964.

759 AH TotalEnergies, 18V01807/27, Note à propos d'une évolution de la fiscalité du pétrole saharien, Paris, 23 mars 1964.

CFP-A réalise en effet 62 % de ses dépenses en France contre seulement 38 % en Algérie en 1963[760]. Parmi les dépenses locales, on trouve essentiellement les coûts de transport payés à la SOPEG, les impôts, les taxes, les redevances fiscales ainsi que les dépenses pour les travaux en association avec la SN Repal. Les frais pour le remboursement des crédits, l'achat du matériel et les salaires du personnel sont quant à eux payés en France. Pour estimer le chiffre d'affaires de la CFP-A, le gouvernement algérien impose de déclarer la quantité de brut chargée dans les terminaux pétroliers à travers une Déclaration d'exportation d'hydrocarbures (DEH). Comme l'explique René Gourgouillon, le renforcement des dispositifs de contrôle complique les activités quotidiennes de la société :

> « Pour pouvoir exporter désormais du pétrole – qui était notre propriété – hors d'Algérie et le charger dans nos bateaux à Bougie, il fallait obtenir une autorisation. Cette autorisation on l'obtenait en remplissant un formulaire qui s'appelait Déclaration d'exportation d'hydrocarbures. […] Très rapidement, ce document est devenu la base de calcul d'une nouvelle obligation qu'on a mis à notre charge, à savoir, de rapatrier en Algérie la moitié de notre chiffre d'affaires. Donc on a été obligés, quels que soient nos besoins de trésorerie, de rapatrier en Algérie après chaque chargement dans un délai donné […] la moitié de ce que nous étions supposés d'avoir encaissé de nos acheteurs »[761].

Les restrictions sur les transferts financiers compliquent l'approvisionnement en matériel et génèrent des pics de trésorerie qui ont de conséquences sur le plan fiscal. L'augmentation des charges a un impact indirect sur les coûts de production, ce qui impose de « faire des efforts concrets pour l'amélioration du rendement de leur opération[762] ». Dans une période caractérisée par la négociation des accords de 1965, la réduction des frais d'exploitation devient alors un enjeu essentiel pour la stabilité financière de la société.

---

760 AH TotalEnergies, 18V01807/27, Répartition des dépenses mensuelles moyennes de CFP-A entre l'Algérie et la France, novembre 1963.

761 AH TotalEnergies, AO011906, Archives orales de la Compagnie française des pétroles Algérie (CFP-A), Récit de carrière de René Gourgouillon, Aix-en-Provence, 29 juin 2018.

762 On estime une augmentation de 15 % des coûts de transports, 20 % du prix des carburants et 30 % des coûts travaux mécaniques au lendemain de l'indépendance.

La mise en place d'une politique d'austérité : le plan de stabilisation

Dans un contexte politique en pleine effervescence, la direction de la CFP-A doit faire face à plusieurs problèmes d'équilibre financier. En 1963, la reprise des projets de réinjection sur le champ d'Hassi Messaoud et le vieillissement démographique déterminent une augmentation des frais du personnel de 12 %[763]. Par ailleurs, l'installation d'une partie des services de l'ancien siège d'Alger dans le district et le financement des actions de régionalisation pèsent lourdement sur le budget[764]. Pour contraster la réduction des résultats d'activité et assurer les dividendes aux actionnaires, la CFP-A réfléchit à des mesures d'austérité et invite la SN Repal à agir en conséquence. Le président Jacques Bénézit demande à son homologue Roger Goetze de faire « un effort énergique de compression des frais généraux »[765] et de réorganiser les filiales gazières contrôlées par les deux sociétés. En premier lieu, il propose de dissoudre la Société d'études du transport du gaz de Hassi R'Mel par canalisation transméditerranéenne (SETREL), la filiale chargée d'étudier des solutions de transport par pipeline sous-marin du gaz saharien en participation avec GDF. En deuxième lieu, il propose d'ouvrir le capital de la SEGANS à d'autres actionnaires afin d'élargir son domaine d'études à toutes les techniques pour le transport du gaz. En troisième lieu, il demande de réduire les charges et les investissements de la SEHR, la société opératrice du gisement d'Hassi R'Mel.

La question est abordée de manière différente pour Hassi Messaoud, un gisement qui n'a pas d'équivalent dans le milieu pétrolier international en termes de conditions financières d'exploitation. La propagande mise en place durant la guerre d'Algérie avait présenté ce gisement comme la clé de voûte de la stratégie de ravitaillement énergétique de la France. Cela avait soumis tout principe de rentabilité industrielle à cet objectif ultime, tout en renforçant la résistance au changement du personnel des entreprises. Bénézit est donc bien conscient de la difficulté de mettre en place un plan de réduction des coûts dans un contexte si particulier :

---

763 AH TotalEnergies, 18V01807/149, Examen des frais personnels prévisibles en 1964, 25 septembre 1963.

764 AH TotalEnergies, 18V01807/149, Evolution des charges du district d'Hassi Messaoud, 25 septembre 1963.

765 AH TotalEnergies, 18V01807/149, Lettre de Bénézit à Goetze, 14 janvier 1964.

> « Il est aisé de prévoir que tu auras, comme moi, de grosses difficultés à persuader nos gens respectifs que l'on peut réaliser des économies substantielles sur ce qu'ils ont l'habitude de faire. Je crains même qu'une telle action de notre part soit vaine si nous n'avons pas, par ailleurs, montré sur des cas concrets à notre personnel comment fonctionnent déjà dans des conditions désertiques et à bas prix des compagnies "qui ont déjà fait toilette" »[766].

Pour sensibiliser les cadres de la société, le président de la CFP-A envoie une délégation composée de Daniel Chevrière, Jean D'Herbès et Roger Marquaire sur les chantiers d'Esso Standard en Libye. Ceux-ci sont chargés d'étudier le modèle de gestion introduit par l'entreprise après la réforme du système de fiscalité pétrolière fortement voulue par l'OPEP[767].

Tableau 8. Incidence des frais du personnel sur le budget de travaux de la CFP-A

	1962	1963	1964
Frais du personnel et charges	27 585	29 500	34 000
Frais de camp et jardins	9776	13 256	13 120
Frais de relève	1 400	2000	2300
Autres charges de l'administration	18 445	21 072	23 977
Total des frais du personnel	57 206	65 828	73 397
Travaux opérateur	136 360	178 000	114 695
% personnel	42 %	37 %	64 %

Source : AH TotalEnergies, 18V01807/149, Note de M. Bénézit, 19 mars 1964

La mise en place d'une politique d'austérité à la CFP-A passe par la réduction des frais du personnel. Ceux-ci ont en effet une incidence majeure sur le budget des travaux réalisés en association avec la SN Repal. En 1962, sur 136,36 millions de NF de dépenses, les coûts pour le personnel s'élèvent à 56,2 millions, soit 42 % du total. Ce chiffre prend en compte les charges directes et indirectes comme les coûts du personnel, les frais de relève, l'hébergement des agents dans les camps d'exploration et à Maison Verte. Pour contraster la tendance à la hausse des frais du personnel, la direction définit les lignes guide d'un plan de

---

766 *Ibid.*

767 G. L. Simons et Isaline Bergamaschi, *Libya: the Struggle for Survival*, London, Palgrave Macmillan, 1993, p. 176.

stabilisation. À partir de 1964, seulement deux appareils seront employés sur le champ d'Hassi Messaoud Nord : l'Emsco J 1400 sera utilisé pour le développement du champ tandis que le Super 7/11 sera destiné aux travaux de manutention des puits et aux études du réservoir[768]. Par ailleurs, l'activité de recherche se limitera à « l'écrémage des plus gros objectifs de dépenses engagées sur une surface de 100 km^2 »[769]. Cela permet donc d'atteindre l'objectif de production de 6 millions de tonnes et d'obtenir le maximum d'informations sur un périmètre d'exploration réduit, tout en assurant l'évolution « judicieuse » du portefeuille minier de la société.

Selon Jacques Bénézit, l'objectif du plan de stabilisation est de « supprimer la graisse et non le muscle » afin de préserver « l'influx nerveux nécessaire »[770] au bon fonctionnement de l'entreprise. Les efforts doivent donc être ajustés aux moyens et mis en place de manière progressive en accord avec les directions[771]. Le président suggère plusieurs mesures visant à garantir d'importantes économies de dépense à l'entreprise. En premier lieu, il propose de réduire considérablement l'effectif du service forage et d'ajuster les plannings de rotation des équipes. En deuxième lieu, il demande de réorganiser les services de Neuilly-sur-Seine en supprimant 80 postes en organigramme. En troisième lieu, il suggère de déplacer loin d'Hassi Messaoud tous les agents non essentiels au fonctionnement des installations.

Au-delà des réductions budgétaires, le plan prévoit des dépenses de 2,5 millions d'anciens francs pour soutenir l'effort de formation du personnel algérien en prévision du rapatriement progressif des agents européens. Comme l'explique Jacques Bénézit :

> « Mon désir est d'ajuster la promotion algérienne aux besoins de notre organigramme réduit, de répartir l'effort sur la durée la plus courte possible, et enfin de ne pas négliger, dans un cadre budgétaire, ce que nous devons ménager à notre personnel européen pour améliorer ses possibilités de reconversion métropolitaine[772]. »

---

768 *Ibid.*

769 *Ibid.*

770 *Ibid.*

771 AH TotalEnergies, 18V01807/208, Note pour M. Chevrière, 23 mars 1964.

772 *Ibid.*

À l'étude des dépenses de la société font suite un ensemble de mesures concrètes. Les budgets opérationnels des directions sont réduits de 3,5 % en accord avec les chefs des services. D'autres mesures comme la rationalisation du parc automobile, la fermeture de l'aérodrome de Maison Verte et la suppression des déplacements en hélicoptère sont également adoptées[773]. Si la mise en place du plan laisse une certaine marge de souplesse, l'orientation générale est extrêmement claire: la CFP-A doit limiter son activité aux tâches pétrolières et faire appel à des sociétés de prestation en cas de besoin.

La définition d'un nouvel organigramme est une autre étape essentielle du plan de stabilisation[774]. Après avoir identifié les agents européens susceptibles d'être transférés ou licenciés, la direction commence à explorer les possibilités de mutation à l'intérieur ou à l'extérieur du groupe. Entre-temps, un programme de formation destiné aux agents algériens est mis en place pour assurer le remplacement du personnel européen[775]. Durant cette phase, des échanges ont lieu avec les chefs de service et la DCEP pour mesurer les effets de la réorganisation sur l'activité de l'entreprise. Dans ce contexte, la question du positionnement des syndicats des travailleurs français de la CFP-A commence à être évoquée. Si, durant la phase de conception du plan de stabilisation, aucune information n'est transmise au personnel, la diffusion d'une communication officielle aurait pu avoir de fortes répercussions sur l'activité et sur les équilibres sociaux de Maison Verte. La décision de transférer certains agents français, en particulier ceux qui s'étaient engagés en faveur de l'Algérie française durant la guerre, aurait sans doute suscité de fortes oppositions. Par ailleurs, la suppression des postes réservés aux Européens et la titularisation des Algériens pouvaient être perçues comme des mesures « trop accommodantes » à l'égard de l'UGTA et des autorités algériennes.

---

773 Dans la période de grande expansion, chaque associé avait construit un propre aérodrome à proximité de la base. Avec la suppression de l'aérodrome de Maison Verte, le trafic aérien d'Hassi Messaoud est concentré sur l'aérodrome de la base Irara contrôlé par la SN Repal.

774 AH TotalEnergies, 18V01807/149, Comité de direction, « Objectifs 1664 », Procès-verbal n° 1 de la réunion du 24 et 25 mars 1964 décision DO, 31 mars 1964.

775 *Ibid.*

La rotation du personnel français vers de nouvelles zones d'expatriation

La décision d'élargir le domaine minier accélère le départ de plusieurs agents de la CFP-A au début des années 1960. Fortement encouragées par l'entreprise, les mutations vers d'autres filiales de la CFP sont acceptées par certains témoins qui évoquent le besoin de « changer d'air » pour chercher de meilleures conditions de vie ou des opportunités d'évolution de carrière. Jean-Pierre Strobel explique ainsi son choix de mutation en Libye à la CPT-L en mars 1962 :

> « J'en avais ras le bol ! [J'ai vécu] pendant dix ans – entre 1953 et 1962 – ce régime de séparation de la famille… j'avais des enfants et je ne les voyais pas grandir : j'en avais marre ! Ils m'ont offert la Libye, en famille, logé… les chantiers étaient à 250 km, j'y allais le matin en voiture et le soir je rentrais. J'étais plus payé en Libye, à Tripoli, en ville au bord de mer […] qu'au Sahara »[776].

En l'absence de procédures formelles et de plannings de rotation, les mutations des techniciens sont décidées en fonction des besoins des filiales et des décisions d'investissement. Ces choix reposent sur les familles professionnelles qui doivent coopter les agents et les transférer sur les nouveaux chantiers avec l'accord du président.

Seule la mise en œuvre du plan de stabilisation permet de définir des procédures de mutation entre les différentes filiales de la DCEP[777]. Les agents touchés sont insérés dans deux listes différentes : une liste noire indique le personnel devant être libéré avec indemnisation et une liste grise le personnel dont la mutation doit être mise à l'étude[778]. Pour chaque personne insérée dans la liste grise, le service du personnel prépare une fiche d'information présentant le parcours, l'expérience professionnelle et l'évaluation annuelle de l'agent, ce qui permet de formuler des hypothèses

---

776 AH TotalEnergies, AO011901, Archives orales de la Compagnie française des pétroles Algérie (CFP-A), Récit de carrière de Jean-Pierre Strobel, La-Celle-Saint-Cloud, 18 avril 2018.

777 AH TotalEnergies, 18V01807/208, Ajustement des moyens de CFP-A : compte rendu d'avancement et demande d'approbation des schémas d'organisation, Paris, 15 mai 1964.

778 AH TotalEnergies, 18V01807/149, Note de Laur à D'Herbès, liste des agents que nous devons envisager de « libérer » suivant une autre formule à trouver dans le courant de l'année, 28 avril 1964

d'affectation. C'est le cas de Robert Sentier[779] recruté en 1957 comme dessinateur et devenu responsable du bureau des dessins d'Alger. Après une formation en mécanique à l'École nationale professionnelle, il avait travaillé au Bureau d'études et d'outillage de l'Atelier industriel de l'air à Maison-Blanche puis à la Société africaine des établissements Claude Bonnier comme chef de bureau d'études chargé de la surveillance des chantiers de la société. Après 24 ans d'expérience professionnelle, dont sept passés à la CFP-A, la direction envisage d'employer Sentier comme chef du service documentation, chef de groupe mécanique, chef de la section approvisionnement matériel, chef de section sécurité ou chef de contrôle matériel tubulaire[780]. Dans le même sens, François Schifani est recruté en 1957 comme dessinateur après plusieurs années d'expérience au service de la voirie de la Ville d'Alger. En raison de son parcours, la direction envisage de l'employer comme dessinateur cartographe à la direction géologique de la DCEP ou bien comme métreur qualificateur à la direction génie civil de la CFP-GR.

Les mutations prévues par le plan de stabilisation touchent également les ingénieurs et les chefs de service. Après la fusion du département technique et de la division d'Hassi Messaoud, le rôle fonctionnel qui était assuré par le chef de division Eugène Joquel est confié à Jean D'Herbès. La mutation de Jocquel est aussitôt mise à l'étude mais son coefficient hiérarchique impose de lui trouver un poste aussi prestigieux que celui occupé à la CFP-A. Sylvianne Loste, qui était à l'époque sa secrétaire, se souvient de l'impact de ce long processus sur son travail quotidien :

> « [Après avoir quitté la CFP-A, Eugène Jocquel] a été proposé pour un poste en Iran[781]. Il voyageait souvent [...] il allait en Angleterre, il revenait à Paris... il a fait deux voyages d'un mois en Iran, mais, à chaque fois, il revenait à Paris dans son bureau à la CFP-A. Comme c'était un monsieur de haut niveau, il ne fallait pas toucher à sa secrétaire ! Et comme sa secrétaire c'était moi, je n'avais rien à faire ! Mais je ne suis pas d'un tempérament à

---

779 Nous utilisons ici des pseudonymes en respect du délai de communicabilité des archives et des dispositions en matière de protection des données personnelles prévues par la loi n° 78-17 du 6 janvier 1978 relative à l'informatique, aux fichiers et aux libertés. Cf. AH TotalEnergies, 18V01807/208, Fonctions possibles des agents du bureau de dessins (TE), Paris, 30 avril 1964.

780 *Ibid.*

781 Eugène Jocquel est nommé en ce moment d'adjoint au directeur de l'IPC. AH TotalEnergies, 18V01807/149 Note de Bénézit, « Réajustement des effectifs de CFP-A : recasement dans le groupe », 15 mai 1964.

> regarder les mouches voler ! C'est en ce moment-là que les études sur la mer du Nord ont démarré. Il y avait une équipe de forage de la CFP-A qui était désignée pour suivre la préparation de la campagne de la mer du Nord qui était installée dans les bureaux de la CFP-A et qui était toujours CFP-A. Comme on se connaissait bien, parce qu'on avait travaillé à la CFP-A, et comme je n'avais pas grand-chose à faire, je me suis mise à leur disposition et avec eux j'ai travaillé sur la construction de la première plateforme offshore qui s'appelait Neptune et qui était construite à Rouen »[782].

La suppression des postes fonctionnels et la décentralisation de la structure décisionnelle contribuent au départ de certains cadres de la CFP-A vers les services centraux de la DCEP avec des missions de coordination et de surveillance de l'activité des filiales. Cela détermine un profond changement de leur travail quotidien. Affecté au département de la production de la DCEP en 1964, Gérard Marion met l'accent sur les limites opérationnelles de sa nouvelle mission de coordination technique :

> « La mission c'était de se tenir au courant de l'activité des différentes filiales et de leur donner des directives ou des instructions. Mais, à l'époque, on n'avait pas beaucoup de succès à l'extérieur ! On avait une filiale de recherche en Libye qu'à l'époque n'avait encore rien trouvé... au Sénégal pareil... on était là en cas de découverte si vous voulez... en attendant on faisait des missions d'information pour se tenir au courant de ce qui se faisait à niveau de production »[783].

La mutation à la DCEP d'ingénieurs de la CFP-A permet néanmoins d'accélérer la circulation des connaissances techniques, de favoriser la cohésion des équipes ainsi que la formation des nouvelles recrues. Les ingénieurs ayant une longue permanence sur les terrains d'activité peuvent suivre des cours de perfectionnement pour se familiariser aux nouvelles techniques et aux méthodes de calcul à l'ordinateur. En même temps, cela permet à l'état-major de la DCEP de prendre conscience des contraintes opérationnelles et des problèmes de liaisons qui existent entre

---

782 AH TotalEnergies, AO011916, Archives orales de la Compagnie française des pétroles Algérie (CFP-A), Récit de carrière de Sylvianne Loste, Paris, 24 janvier 2019.

783 AH TotalEnergies, AO011914-12, Archives orales de la Compagnie française des pétroles Algérie (CFP-A), Récit de carrière de Gérard Marion, Paris, 12 octobre 2018.

le centre et la périphérie, tout en favorisant le turnover générationnel par la formation de jeunes[784].

La préparation de la mutation des ingénieurs CFP-A confirme la volonté de la DCEP d'optimiser les ressources humaines disponibles. À titre d'exemple, le nouveau directeur de la production Pierre Germes décide de répartir en deux catégories les ingénieurs du secteur forage afin de garantir la continuité opérationnelle des filiales du secteur amont. D'une part, la « catégorie I » se compose de cinq « ingénieurs diplômés possédant une formation sérieuse, capable d'assurer, outre la surveillance des opérations, des fonctions d'études telles que le programme de forage tubage, préparation technique des contrats, valorisation des indices rencontrés »[785]. D'autre part, la « catégorie S » compte deux agents de niveau superintendant « pouvant jouer le rôle d'ingénieur pour la surveillance des forages dans des terrains bien connus et dans le cadre de contrats et de programmes déjà établis »[786]. Les programmes de travail prévus sur trois ans suggèrent de limiter la rotation vers la Libye en raison des faibles rendements des projets de développements. En revanche, on estime qu'il faut associer le maximum du personnel aux travaux de la Compagnie des pétroles Total en Afrique de l'Ouest (COPETAO). Comme l'explique Germes, « c'est [au Sénégal] que nous ferons nos premières armes en *offshore* »[787]. En somme, si l'éloignement du terrain d'activité impose d'affecter un ingénieur de « catégorie I » en Australie, la prévision du démarrage des campagnes de forages en mer du Nord permet d'envisager le transfert du personnel passé par la COPETAO avec un décalage de trois ans[788].

La mutation des agents est décidée en fonction de leurs compétences et de leurs capacités d'adaptation. Si la mer du Nord devient la destination principale des agents de la CFP-A, l'origine « pied-noir » de certains d'entre eux est considérée comme un critère d'inadaptation. Les archives présentent plusieurs appréciations sur la capacité des agents à faire face à un changement d'environnement parfois drastique. Dans

784 AH TotalEnergies, 18V01807/208, Recommandation de mutations d'ingénieurs, 24 avril 1964.

785 AH TotalEnergies, 18V01807/208, Problème des ingénieurs foreurs, Paris, 13 mai 1964.

786 *Ibid.*

787 *Ibid.*

788 *Ibid.*

certains cas, la direction estime nécessaire de prévoir des formations ou des cours de perfectionnement. Dans d'autres cas, des agents techniquement compétents sont exclus de la mutation puisqu'ils sont considérés « inadéquats du point de vue humain ou social »[789]. C'est le cas d'un ancien agent de maîtrise de la CFP-A, un certain Bricaud, dont la mutation comme chef de chantier de forage en mer du Nord semble incertaine. Comme l'explique une note adressée à la direction : « Bricaud convient techniquement parlant. Cependant, il faudra qu'il arrive à adapter son style un peu particulier au travail en zone anglaise[790]. » Dans tous les cas, la mutation vers une autre zone d'activité est considérée comme une cause de dépaysement, une constatation qui assume une dimension anecdotique dans la mémoire collective. Ainsi, Sylvianne Loste présente le transfert de Mathieu Susini entre Hassi Messaoud et l'archipel du Spitzberg :

> « Monsieur Susini était le plus vieux superintendant de la CFP-A qui a effectué sa dernière mission à Hassi Messaoud et il a été affecté à la mission Spitzberg. Pour pouvoir aller au Spitzberg, il fallait aller en Alaska[791]. Donc Monsieur Susini, qui part à 50 degrés à Messaoud, est arrivé à Paris et a repris l'avion pour l'Alaska. En l'espace de 24–48 heures, il est passé de 50° à -15° ou -20° ! Monsieur Susini avait déjà 60 ans. Il était accompagné d'un jeune ingénieur de forage de 25 ans. Ils sont restés en mission quinze jours et quand ils sont revenus j'ai posé la question à tous les deux… Monsieur Susini [était] émerveillé, enchanté de tout ce qu'il avait pu vivre durant ces quinze jours et l'autre ingénieur aucun effet ! »[792].

Au-delà de la dimension caricaturale, ce récit met en évidence la difficulté d'adaptation des premiers techniciens recrutés en Algérie et celle des jeunes qui intègrent l'entreprise à partir de la moitié des années 1960. Si, pour ces derniers, la vocation à la mobilité fait partie de l'identité professionnelle, pour la génération qui a vécu le rapatriement d'Algérie, la rotation vers de nouveaux contextes d'activités contribue à amplifier le sentiment de déracinement.

---

789 *Ibid.*

790 *Ibid.*

791 Il s'agit du Groenland.

792 AH TotalEnergies, AO011916, Archives orales de la Compagnie française des pétroles Algérie (CFP-A), Récit de carrière de Sylvianne Loste, Paris, 24 janvier 2019.

B. Négocier l'algérianisation : les programmes de formation et de promotion sociale

Le rôle de la régionalisation dans la stratégie des compagnies pétrolières

Commencées en 1962 après la conférence de l'OPEP de Genève, les négociations entre pays producteurs et pays consommateurs contribuent à affaiblir la position des entreprises pétrolières. Au-delà des revendications financières, les États membres invoquent la participation aux activités et une place de choix dans le marché international. À partir de 1963, deux grandes tendances émergent au sein de l'OPEP : une « tendance dure » soutenue par l'Indonésie, l'Irak et le Venezuela et une « tendance modérée » garantie par l'Arabie saoudite et par l'Iran[793]. Ces pays ont des perceptions très différentes en raison de leur degré de dépendance technologique à l'égard des entreprises étrangères. Pour répondre aux revendications, les entreprises acceptent le changement des conditions fiscales, proposent de recruter davantage sur le marché local et de contribuer directement à la formation des travailleurs. Les programmes de régionalisation mis en place durant cette période confirment la volonté des entreprises pétrolières de s'adapter aux nouvelles conditions d'activité. La régionalisation permet à la fois d'apporter une réponse politique et de réduire les coûts d'activité tout en assurant la présence des entreprises dans les terrains d'opérations. Les stratégies mises en place par le Consortium iranien et par l'ARAMCO deviennent alors des modèles de référence pour le programme d'algérianisation conçu par la CFP-A à partir de 1964.

La nationalisation de l'Anglo-Persian Oil Company et l'iranisation du Consortium iranien

La première entreprise pétrolière qui doit faire face aux demandes de régionalisation est la Anglo-Persian Oil Company (APOC). En Iran, la question de la gestion du personnel local émerge au moment de la nationalisation proclamée en 1951 par Mohammad Mossadegh et de la création de la National Iranian Oil Company (NIOC). Grâce au nouveau système, la société nationale iranienne obtient le contrôle des concessions

---

[793] AH TotalEnergies, 83ZW528/8, Note « Négociations OPEC », 2 avril 1964.

mais la conduite des opérations est déléguée à un consortium de sociétés étrangères où la CFP détient 6 % du capital. Cette organisation entraîne donc une augmentation très rapide du nombre d'Iraniens dans l'industrie pétrolière. En 1951, plus de 1000 travailleurs iraniens sont employés par l'APOC, ce qui représente environ 25 % du personnel d'encadrement dans la raffinerie d'Abadan et 61 % des effectifs des autres sites de production du sud du pays[794]. Cependant, la faible qualité du personnel local et les prétentions d'évolution de carrière avancées par le mouvement syndical ont un impact majeur sur la rentabilité des installations et sur la productivité. La société décide alors de mettre en place une stratégie adaptée aux besoins d'intégration du personnel local et de continuité opérationnelle.

L'augmentation du nombre de travailleurs locaux sur les sites d'activité est une condition clé du *Consortium Agreement*, un accord signé en 1954 qui reconnaît aux entreprises occidentales un droit de participation à la production iranienne à la hauteur de 40 %[795]. Pour respecter ces dispositions, l'Iranian Operating Company (IOC) – la société qui regroupe les différentes entreprises internationales – fait appel à de nouvelles méthodes de gestion du personnel. L'entreprise commence donc à rédiger des fiches de postes, à définir un système d'évaluation et à fixer des quotas pour le personnel local et les agents expatriés. Pour la première fois dans l'histoire de l'industrie pétrolière au Moyen-Orient, une société recourt à un système de gestion du personnel autochtone basé sur l'évaluation des compétences et sur la maîtrise des tâches[796]. La généralisation de ce système permet d'augmenter le nombre d'agents iraniens employés dans l'industrie pétrolière, notamment dans le secteur du raffinage. Par ailleurs, la mise en place de cycles de formation pétrolière destinés au personnel local facilite le renouvellement des effectifs et le recrutement d'une nouvelle génération de techniciens à partir de 1957[797]. Cette stratégie d'iranisation prévoit également des investissements pour améliorer le système éducatif à travers la construction d'écoles, d'instituts

[794] AH TotalEnergies, 83ZW528/267, Operating Companies, Aide-mémoire for Personnel and industrial relations group of Survey Party in Iran, September 1954.

[795] *Ibid.*

[796] Le remplacement des expatriés avec le personnel local concerne les agents provenant de Grande-Bretagne, des États-Unis et d'autres pays d'Europe, mais également ceux originaires des territoires coloniaux comme l'Inde et le Pakistan.

[797] AH TotalEnergies, 18V01807/205, Expatriate Staff – Iran replacement of process operators by Iranian personnel, London, 17 octobre 1957.

techniques et de centres de formation pour les ingénieurs pétroliers. La pression conjointe du gouvernement et du syndicat permet d'améliorer les salaires ainsi que d'élargir les programmes d'accès à la propriété et l'assurance maladie aux travailleurs locaux et leurs familles.

Les demandes d'iranisation des entreprises opératrices s'intensifient au moment de l'ouverture des négociations avec l'OPEP au début des années 1960. Interrogé au sujet de l'iranisation par le président-directeur général de la NIOC Abdollah Etzeman, le directeur général de la IOC James Worden explique ainsi l'importance de la gestion des ressources humaines pour l'équilibre de la société :

> « I am paying great personnel attention to the matters of minimizing the employment of foreign personnel, the preparation in consultation with NIOC of plans and programs from industrial and technical training and education, as well as the execution of such plans and programs with the object of training Iranians to replace foreign personnel properly and effectively. On the other hand, however, I have to maintain that the Operating companies, for the purpose of full and effective control of their operation, must continue to have freedom of choice, employment and release their personnel »[798].

Contrairement à l'imposition d'un moratoire sur le recrutement des expatriés, l'IOC décide d'accélérer la promotion du personnel iranien à des positions d'encadrement. L'objectif de cette stratégie est de favoriser la formation et l'insertion professionnelle de cadres locaux tout en évidant de créer des positions de « fausse responsabilité » avec un impact direct sur le budget de fonctionnement de la société. Si le gouvernement iranien critique la lenteur du programme d'iranisation, les archives mettent en évidence une évolution rapide du nombre de cadres locaux. En 1963, les Iraniens représentent 90 % du personnel du département financier, 92 % du département géologique, 96 % du service production et 92 % de la direction générale. Après avoir nommé le premier adjoint-chef de district de nationalité iranienne en 1965, la société décide de réserver aux cadres locaux les postes de directeur du service du personnel, directeur technique de la raffinerie d'Abadan et directeur des relations industrielles[799]. Toutes les positions de superintendant de production et de géologue sont par ailleurs réservées au personnel iranien formé aux

798 AH TotalEnergies, 83ZW528/6, Lettre de J.A. Warden à H.E. Entezam, 22 août 1963.

799 AH TotalEnergies, 83ZW528/6, Lettre de Warden à James Addison, 24 août 1963.

États-Unis ou au Royaume-Uni grâce aux bourses d'études financées par la société[800].

En l'espace de 15 ans, la mise en place d'un programme d'iranisation flexible et progressif garantit la continuité opérationnelle du consortium. Toutefois, cette stratégie de gestion de la main-d'œuvre autochtone fait émerger plusieurs problématiques. Le taux de départ volontaire de jeunes cadres iraniens est assez élevé en raison du manque de compétences. Le besoin d'augmenter le nombre d'agents qualifiés impose rapidement d'élargir le programme, en faisant appel à un nombre toujours plus important de formateurs étrangers pour encadrer les activités de chantier[801]. En dépit de ces difficultés, le taux d'iranisation du consortium continue d'augmenter. En 1970, 90 % du personnel est de nationalité iranienne, un pourcentage qui atteint 43 % pour les positions d'encadrement.

Tableau 9. Nombre d'agents expatriés à l'Iranian Operating Company (1955–1967)

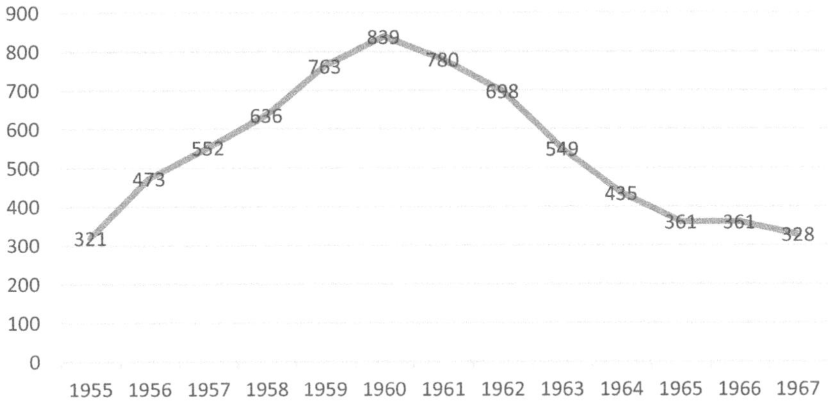

Source : AH TotalEnergies, 83ZW528/4, Iranisation of the Iranian Operating Company, 1970

800 AH TotalEnergies, 83ZW528/6, Lettre de Agha Khan Bakhtiar à J.A. Warden, 18 juillet 1963.

801 AH TotalEnergies, 83ZW528/8, E.H. Lewis (Manager Personnel Departement), Iranian Oil Services Limited to Member companies « Requisitions F228, F229, F230 Technical Coaches », 27 juin 1963.

La saoudisation de l'ARAMCO en Arabie saoudite

Fondée par la Texas Oil Company et par la Standard Oil of California en 1933, l'Arab American Oil Company (ARAMCO) est un véritable « royaume américain » dans les frontières de l'Arabie saoudite[802]. Pour développer le centre pétrolier de Dhahran, la société fait initialement appel à des travailleurs originaires du Moyen-Orient ou des colonies britanniques de l'Inde et du Bahreïn. En même temps, elle recrute massivement des travailleurs italiens originaires des anciennes colonies fascistes d'Afrique orientale. Le faible nombre d'autochtones n'encourage pas l'émergence d'une revendication « nationale » au sein de l'entreprise, mais la situation commence à évoluer après les grèves éclatées en 1945 dans la raffinerie de Ras Tanura[803]. À partir de cet événement, l'ARAMCO se dote d'un service de renseignement interne, l'*Arab Affairs Division*, qui est chargée de mettre au point un système de promotion des autochtones en relation avec les autorités locales. La création d'écoles en langue anglaise, de centres de formation technique et l'application des méthodes TWI marquent le démarrage de la saoudisation de cette jeune industrie[804]. Cette politique devient un véritable objet de propagande dans l'après-guerre, comme le démontre la réalisation du film *The Island of the Arabs*[805] pour promouvoir les efforts de promotion sociale et de développement du pays. Cette approche paternaliste est mise en œuvre dès la signature des premiers accords pétroliers entre la société et le gouvernement d'Arabie saoudite. Ceux-ci précisent que l'ARAMCO est une société américaine dirigée par des Américains, mais le personnel saoudien doit être employé « là où il est possible »[806]. En l'absence de syndicats, le seul organisme chargé de veiller au respect des termes de

---

802 Cf. Robert Vitalis, *America's Kingdom: Mythmaking on the Saudi Oil Frontier*, London, Verso, 2009.

803 *Ibid.*, p. 93.

804 Le terme « saoudisation » est utilisé par Robert Vitalis (*Saoudization*) alors que les archives de la CFP-A parlent plutôt d'« arabisation ». Nous utilisons ici le premier terme pour éviter de confondre le programme de formation et promotion de personnel autochtone en Arabie saoudite avec le processus d'adoption de la langue et culture arabe mis en place dans certains pays après la colonisation.

805 Ce film est diffusé dans les pays arabes sous le titre *Island of the Arabs* et aux États-Unis sous le nom *Island of Allah*.

806 « As far as practicable » dans la transcription du texte original en anglais. AH TotalEnergies, 18V01807/325, Rapport voyage d'études à l'ARAMCO (D. Chevrière-J. D'Herbès), 2-8 avril 1965.

ces accords est le gouvernement saoudien, présenté comme le « défenseur naturel des intérêts des travailleurs »[807].

En 1965, quelque mois avant la signature des accords de coopération en Algérie, Jean D'Herbès et Daniel Chevrière se rendent en Arabie saoudite pour analyser le programme de saoudisation de l'ARAMCO. Les représentants de la CFP-A découvrent alors une entreprise où 79 % du personnel est saoudien, 12 % est originaire d'autres pays du Moyen-Orient – du Pakistan, de la Palestine, du Liban et autres pays du golfe Persique – et seulement 9 % vient des États-Unis. Cette répartition est le résultat d'une progressive diminution des expatriés qui a eu lieu au cours des douze années précédentes. Le rapatriement de plus de 5000 agents étrangers non saoudiens et de 1700 américains a en effet permis de réduire l'effectif total de 20 000 à 13 000 personnes. La réussite du programme de saoudisation est due aux investissements réalisés par la société en particulier pour le financement du système éducatif et la création de bourses d'études[808]. Par ailleurs, le recours aux méthodes de formation professionnelle développées aux États-Unis garantit la rapide insertion des ouvriers et des chefs d'équipe dans la filière industrielle.

Le système de recrutement et de formation des Saoudiens se fonde sur des principes de « stabilité et d'organisation rigoureuse »[809]. La moyenne d'âge du personnel est de 37 ans avec une ancienneté de service de 14 ans en moyenne. Sur un total de 10 327 employés, 900 ont plus de 20 ans d'ancienneté et 4500 plus de 15 ans d'ancienneté. Cette stabilité est assurée, d'une part, par la garantie de la vie en famille et, d'autre part, par des salaires et des avantages sociaux relativement importants. La moitié du personnel non américain de la société vit dans les villes de Dammam, al-Khobar, Qatif, al-Hufuf et Jubayl. Des programmes d'accès à la propriété permettent de limiter la prolifération de cités industrielles à proximité des sites d'activité, ce qui facilite l'ancrage des travailleurs à leur lieu d'origine et limite les risques de déracinement. L'autre moitié du personnel non américain – en particulier les travailleurs étrangers et les jeunes Saoudiens célibataires – vit dans les camps de l'ARAMCO. En ce qui concerne le salaire, en dépit de la permanence d'une distinction

---

807 *Ibid.*

808 En 1965, on compte en Arabie saoudite 1024 écoles primaires, 66 écoles intermédiaires, 16 établissements secondaires, 5 collèges, 1 université et 17 instituts techniques pour une population de seulement 4 millions d'habitants.

809 *Ibid.*

contractuelle entre le statut « US dollar payroll » et « Saudi riyal payroll », l'ARAMCO adopte le principe : « même job, même salaire de base »[810]. Les Saoudiens sont donc payés mensuellement tandis que l'assurance de travail et l'assistance médicale sont prises en charge par l'entreprise.

La mise en place du programme de saoudisation permet d'augmenter la production de la société de 1 à 2 millions de barils par jour, même si le personnel d'encadrement américain est réduit de la moitié. Selon Tom Barge, le directeur général de la société, « la prise en charge progressive par des Saoudiens de postes de plus en plus élevés jusque-là tenus par des Américains ne doit pas se traduire par une diminution de rendement ou une inflation du personnel ; [...] un Saoudien ne prendra pleinement le poste qu'une fois formé complètement et réellement apte à assumer les responsabilités de ce poste »[811]. Les discussions avec les autorités au sujet de l'avancement du programme de saoudisation se basent sur des indicateurs extrêmement précis qui sont résumés dans un manuel de relations industrielles. Pour limiter l'obstructionnisme du personnel américain, l'entreprise formalise la règle du *golden handshake*, une indemnisation équivalente à 2 mois de salaire accompagnée d'une garantie de recasement prioritaire.

La découverte de cette expérience de régionalisation permet à la CFP-A d'approfondir la connaissance des nouvelles méthodes de gestion prévisionnelle des ressources humaines (GPRH) développées aux États-Unis à partir des années 1960[812]. Fondées sur la rationalisation des opérations de gestion et sur l'automatisation des systèmes de calcul, ces méthodes permettent d'élaborer des modèles de prévision qui facilitent la progression des travailleurs locaux et le remplacement des expatriés[813]. Dans ce contexte, les principes de management humain deviennent également très importants puisqu'ils contribuent à rééquilibrer les

---

810 *Ibid.*

811 L'adjectif « séoudien » est employé dans le texte original.

812 Thibert Raymond-Bertrand, *La gestion prévisionnelle et contrôlée de l'entreprise*, Paris, Dunod, 1958 ; Edward Bowman et Robert B. Fetter, *Méthodes scientifiques de gestion industrielle*, Paris, Dunod, 1962 ; Comité national de l'organisation française et Commission de gestion prévisionnelle, *La gestion prévisionnelle des entreprises industrielles et commerciales*, Paris, Éditions de l'entreprise moderne, 1960 ; Albert Douillet, *De l'organisation à la gestion prévisionnelle*, Paris, Les Éditions d'Organisation, 1970.

813 Patrick Gilbert, *La gestion prévisionnelle des ressources humaines*, Paris, La Découverte, 2011, p. 31 et ss.

rapports de force existants. À titre d'exemple, durant le processus de la promotion des Saoudiens aux postes de responsabilité, les Américains sont appelés à jouer le rôle de conseillers pour une période de transition. Mais en raison du double statut, si un Américain est nommé adjoint d'un chef de service, le lien hiérarchique n'est pas reconnu, ce qui permet de limiter les frictions entre les deux groupes ethniques. L'action de propagande financée par l'entreprise à travers la télévision locale contribue également à réduire « l'aspect américain du succès technique »[814] et à élever les Saoudiens au statut de partenaires. Toutefois, la véritable révolution est l'abandon volontaire du modèle du district pétrolier pour favoriser la vie familiale en contexte urbain. Cela permet d'affaiblir le système de ségrégation raciale qui existe dans les bases de vie et « d'éviter le développement des deux complexes de frustration, industrielle et sociale, chez les cadres saoudiens. Au, même titre que les Iraniens formés par la Anglo-Iranian, ceux-ci risqueraient de devenir des déracinés sans compensation et donc, dès ce moment-là, et comme en Iran en 1962, les leaders tout désignés du mouvement social antiaméricain et donc antiARAMCO[815] ».

La création du comité d'entreprise : premier moteur de l'algérianisation de la Compagnie française des pétroles Algérie

Annoncée au lendemain du premier congrès des travailleurs du pétrole, la création du comité d'entreprise contribue à accélérer l'algérianisation de la CFP-A. Durant la séance inaugurale du 29 novembre 1964, les représentants des travailleurs algériens parlent de « véritable tournant » dans l'histoire de la société puisque cette nouvelle instance assurera la mise en place des plans de formation et progression professionnelle destinés au personnel local[816]. Le nouveau comité d'entreprise de la CFP-A est organisé autour de deux comités d'établissement : l'un basé à Alger et l'autre à Hassi Messaoud. Cette structure confirme la volonté de

---

814 AH TotalEnergies, 18V01807/325, Rapport voyage d'études à l'ARAMCO (D. Chevrière-J. D'Herbès), 2-8 avril 1965.

815 *Ibid.*

816 AH TotalEnergies, 18V01807/206, Compte rendu de la première réunion du comité d'entreprise « Discours d'introduction du président du comité », 26 novembre 1964.

fragmenter les négociations et de limiter les interactions entre les agents du nord et ceux du sud, ces derniers étant moins dépendants du syndicat. L'approbation du premier règlement confirme que le comité doit être consulté pour toute question concernant l'organisation, la gestion de l'entreprise, le recrutement et la formation. Les représentants du personnel devront gérer et contrôler toutes les œuvres sociales destinées aux travailleurs et à leurs familles grâce à une dotation de 16,6 millions de DA[817] équivalente à 2,15 % du total des salaires bruts[818]. Pour assurer le suivi des projets, quatre commissions sont créées : une commission économique et sociale, une commission des œuvres et des institutions sociales, une commission de l'hygiène et de la sécurité et une commission d'algérianisation, de la formation professionnelle et de la discipline. Cette dernière est chargée « de préparer, de discuter et de coopérer à la mise en place du système de formation professionnelle et de l'algérianisation qui en découle »[819].

À Hassi Messaoud, les réunions du comité d'établissement se tiennent à Maison Verte en la présence du président du comité Daniel Chevrière, du nouveau directeur technique Jean D'Herbès et du chef de district Christian Laur. Durant les séances, la direction présente les résultats et la stratégie générale de l'entreprise, tandis que le directeur technique fait un point sur la production des champs et les travaux d'exploration. Par la suite, les discussions portent sur l'avancement du programme d'algérianisation annoncé par la direction. En tenant compte des impératifs politiques et des besoins de stabilité financière, celui-ci prévoit d'atteindre en 1965 un taux d'algérianisation de 15 % pour les cadres, 8 % pour les agents de maîtrise, 26 % pour les techniciens et les employés supérieurs, 76 % pour les ouvriers et des employés et 100 % pour les manœuvres. Mais au-delà des réunions du comité, c'est au sein de la commission d'algérianisation qui se déroulent des véritables négociations sur les modes de gestion du personnel local et les dispositifs de formation[820]. Durant les séances les échanges entre les représentants du service du personnel et les élus font émerger plusieurs revendications

---

817 Dinars algériens.

818 AH TotalEnergies, 18V01807/206, Procès-verbal de la 2e séance du comité d'entreprise, 15 décembre 1964.

819 *Ibid.*

820 AH TotalEnergies, 18V01807/204, Procès-verbal de la 3e séance du comité d'entreprise, 22 janvier 1965.

sur l'orientation générale des programmes et l'algérianisation de certains postes.

En 1965, les revendications visent principalement la suppression du statut du personnel horaire, introduit pour nuancer la distinction discriminante entre travailleurs titulaires et travailleurs auxiliaires. Ces agents, environ 300 personnes en 1964, sont complètement exclus du système de calcul du coefficient hiérarchique et des mécanismes d'avancement de carrière. La décision d'introduire six nouveaux groupes pour catégoriser ces travailleurs permet donc de dépasser le régime de ségrégation en vigueur dans l'entreprise depuis la période coloniale[821]. Le passage entre un système de classement du personnel non-cadre réparti en 14 groupes et un système en 20 groupes intégrant l'ancien personnel horaire n'est pas une simple question statistique[822]. Cette décision détermine la titularisation de tous les agents algériens de la société et, par conséquent, une amélioration des conditions de travail. L'ancien personnel horaire obtient un accès aux dispositifs de formation, à la sécurité sociale, aux congés payés et à l'assurance individuelle accident. Cela détermine également une modification du rythme de travail puisque, à l'instar des travailleurs français, les agents algériens bénéficient d'un régime de récupération qui permet d'alterner trois semaines de travail à une semaine de repos rémunéré durant l'été et six semaines de travail à deux semaines de repos durant l'hiver.

La création du comité d'entreprise permet également de mettre en place un nouveau dispositif de financement des œuvres sociales. En particulier, on assiste à la création d'un fonds de solidarité destiné à assurer aux travailleurs des crédits individuels pour la consommation et pour le logement[823]. Autrefois déléguée à l'assistant social de l'entreprise, la gestion directe du fonds de solidarité se révèle très difficile. Le budget alloué est insuffisant tandis que l'absence de procédures complique l'attribution des prêts pour financer les projets d'accès au logement. Pour faire face à ces difficultés, la direction de la CFP-A réalise une enquête sur les besoins des agents et les possibilités du marché immobilier dans la *wilaya* des

---

821 AH TotalEnergies, 18V01807/204, Procès-verbal de la 5e séance du comité d'entreprise, Alger, 25 mars 1965.

822 AH TotalEnergies, 18V01807/100, Rapport mensuel du service du personnel, mars 1965.

823 AH TotalEnergies, 18V01807/206, Procès-verbal de la 5e séance du comité d'entreprise, Alger, 25 mars 1965.

Oasis et à Alger. La CFP-A fait donc appel à la société EUREQUIP, une société de consulting créée en 1960 par le polytechnicien d'origine algéroise Silvère Seurat et spécialisée dans l'organisation, la formation du personnel et le transfert de technologie[824]. Entre le mois de septembre et le mois de décembre 1965, les ingénieurs-conseils d'EUREQUIP étudient un échantillon de 60 familles de travailleurs du sud et de 12 familles originaires d'Alger. Les agents choisis sont principalement des ouvriers classés dans les groupes entre 1 et 7, des techniciens pétroliers et des mécaniciens provenant des groupes entre 8 et 12. Seulement 11 agents de maîtrise et employés administratifs des supérieurs sont intégrés à l'échantillon[825].

Les résultats montrent une profonde amélioration des conditions de logement par rapport à l'enquête réalisée par la CFP-A en 1958. L'augmentation générale des salaires et la souplesse des règles administratives ont permis à plus de 66 % des agents interviewés de construire leur propre habitation. Dans les nouveaux habitats, le style de construction moderne s'impose toujours plus sur l'architecture traditionnelle mais les maisons respectent encore « les besoins fonctionnels de se protéger de la lumière, des vents de sable et de mettre les femmes à l'abri des regards étrangers »[826]. Le nombre de personnes par logement est compris entre 2 et 20. Néanmoins, l'étude met en évidence une rapide progression du modèle de foyer à 2 personnes qui est adopté par 50 % des interviewés. Le choix de l'implantation reste très lié à la région d'origine et à l'entourage familial, même si le régime patriarcal commence à perdre du terrain. Seulement 1 personne sur 6 vit encore sous la tutelle du chef de famille, alors que la majorité des interviewés dit vouloir « se libérer de ce modèle social et laisser leur femme participer à la gestion du budget »[827].

En ce qui concerne le confort de vie, seulement 15 maisons sur 47 ont accès à l'eau et à l'électricité. et 14 d'entre elles ont accès uniquement à l'eau courante. Dans la plupart des cas, le manque d'électricité

---

824 AH TotalEnergies, « Silvère Seurat : genèse d'une méthode », *Annales des Mines*, mars 2000.

825 AH TotalEnergies, 18V01807/206, Procès-verbal de la 13e séance du comité d'entreprise, Alger, 20 décembre 1965.

826 *Ibid.*

827 L'équipe qui réalise l'enquête met en évidence le besoin de mitiger les considérations sur la question de la femme, les interviewés ayant donné des réponses normatives en raison de la présence de Mlle Bekadour.

est dû à l'absence d'un réseau de distribution. L'énergie nécessaire à l'illumination et à la cuisine est donc fournie par le gaz butane. La présence de mobilier et d'équipements électroménagers varie en fonction du salaire des travailleurs. Si dans tous les logements électrifiés on trouve un fer électrique, seulement 8 foyers disposent de réfrigérateur. L'enquête enregistre néanmoins une nette amélioration de l'hygiène et des conditions de salubrité des logements qui dépendent principalement du régime d'organisation du foyer :

> « Les agents ont suivi l'évolution industrielle saharienne. Ils ont d'abord lutté contre l'insalubrité et l'exiguïté ; certains ont amélioré leur maison ; ceux qui disposaient de leur salaire ont pu le faire librement, mais les autres vivants sous le régime patriarcal ne pouvaient pas faire autant. C'est le chef de famille qui détient le budget et c'est lui qui décide de la manière dont il doit être dépensé »[828].

Selon l'étude d'EUREQUIP, les spécificités des contextes géographiques imposent d'envisager une politique de logement pour Alger et une pour le Sahara. À la différence de leurs collègues algérois qui font face à un marché immobilier caractérisé par des prix élevés et peu négociables[829], les travailleurs sahariens doivent construire leur logement. Cela suggère de définir une nouvelle politique d'aide au logement avec trois orientations principales. En premier lieu, la nouvelle maison oasienne doit être construite en « style moderne », avoir accès à l'eau et à l'électricité et se trouver à proximité d'une voie carrossable à moins de 2 kilomètres des cités de Ouargla, Touggourt, El Oued, Ghardaïa, Guerrara, Biskra. En deuxième lieu, le travailleur doit participer directement à la construction de l'habitat et suivre les travaux comme architecte, maçon ou surveillant. En troisième lieu, la subvention de 150 DA/m^3 sera destinée uniquement aux familles composées par un agent avec plus de cinq ans d'ancienneté dans l'entreprise, sa femme et ses enfants. Ce dispositif permet d'améliorer les conditions de logement des travailleurs algériens et de leur famille, tout en contribuant à la sédentarisation des populations autour des villes sahariennes et à l'acculturation de ce groupe humain au mode de vie de la société industrielle.

---

828 *Ibid.*

829 Cela est déterminé en particulier par la présence dans le marché immobilier algérois des « biens vacants » laissés par les Français au moment de l'indépendance et dont les prix sont largement supérieurs au pouvoir d'achat des ménages. AH TotalEnergies, 18V01807/156, Procès-verbal de la 14e séance du comité d'entreprise, 29 janvier 1966.

Les nouveaux plans de formation du personnel algérien

Les objectifs d'algérianisation fixés par le comité d'entreprise imposent de réorganiser le dispositif de formation de l'entreprise. Initiées d'une manière non systématique à la fin des années 1950, les actions de formation du personnel local commencent à se structurer après l'indépendance avec la création d'un centre de formation professionnelle à Hassi Messaoud en 1963. La CFP-A commence alors à organiser des cours d'alphabétisation et des programmes de formation technique destinés au personnel algérien[830]. L'organisation du centre dépend directement de la direction générale, ce qui confirme l'importance d'un tel dispositif dans les équilibres politiques de la CFP-A. Grâce à une interaction constante avec le service du personnel, le centre contribue à élaborer les plannings de progression professionnelle et les cours proposés au personnel local. L'apprentissage de la langue française est mis au centre du nouveau dispositif, ce qui représente une importante évolution par rapport à la période coloniale, quand la maîtrise du français n'était pas considérée essentielle pour l'ensemble du personnel. En effet, avant 1962 les caporaux indigènes étaient les seuls interlocuteurs du personnel français et devaient traduire en parler berbère les ordres reçus par la chaîne de commandement européenne. Organisés sur trois niveaux, les cours d'alphabétisation sont ouverts aux agents avec plus d'ancienneté et aux anciens *moudjahidines*, dont le recrutement devient obligatoire à partir de 1963. Le cours de premier niveau permet au personnel analphabète d'apprendre à lire des lettres et des syllabes, celui de deuxième niveau assure l'apprentissage des chiffres et des rudiments d'arithmétiques tandis que le cours de troisième niveau permet d'acquérir un niveau comparable à un certificat d'école primaire[831]. Le centre propose également un enseignement par correspondance de « l'École chez soi » et des cours expérimentaux d'initiation à la langue française en utilisant la méthode CREDIF[832],

[830] AH TotalEnergies, 18V01807/206, Procès-verbal de la 10e séance du comité d'entreprise, Hassi Messaoud, 18 septembre 1965.

[831] AH TotalEnergies, 18V01807/534, Annexe II au Rapport sur la formation professionnelle et le perfectionnement du personnel algérien, « Actions de formation générale pour le personnel algérien réalisées en 1964 », sdnl.

[832] Centre de recherche et d'étude pour la diffusion du français.

qui fait appel à des techniques d'apprentissage oral pour accélérer la maîtrise de l'expression linguistique[833].

Dans ce contexte d'autres innovations pédagogiques sont mises en place. En 1963, la CFP-A introduit un nouveau système de formation appelé formation professionnelle de base (FPB). Pensé pour accélérer l'intégration du personnel autochtone, ce dispositif assure l'apprentissage linguistique et l'adaptation du travailleur à la vie industrielle grâce à des actions d'alphabétisation associées à l'apprentissage des techniques industrielles[834]. Expérimentée au Maroc, en Tunisie et en Mauritanie, la méthode FPB permet donc aux adultes analphabètes d'acquérir un lexique professionnel en se basant sur des expériences concrètes. Cela permet de dépasser la réticence des travailleurs pour l'apprentissage du français, un vecteur de communication qui n'est pas utilisé dans le cadre familial et hors du contexte professionnel. La formation FPB est organisée sur une durée de deux semaines. Après une initiation à la langue française, à l'arithmétique, à la géométrie, à la technologie, à l'hygiène et au sport, les travailleurs suivent des stages d'application sous la surveillance des moniteurs de l'entreprise. Un examen final permet d'évaluer la progression des stagiaires et l'ensemble des compétences acquises. Commencée entre 1964 et 1965 avec des groupes de 8 personnes, la FPB montre des résultats satisfaisants, et permet aux travailleurs d'accéder à des postes de niveau supérieur[835]. Les représentants algériens du comité d'entreprise demandent régulièrement d'augmenter le nombre de stagiaires mais la direction s'oppose à ce principe en expliquant que l'efficacité du dispositif est liée à la conformation en petits groupes, ce qui encourage une « atmosphère amicale et particulièrement favorable au travail »[836]. À ces conditions, l'organisation d'un stage par trimestre permet de recruter seulement 24 travailleurs par an, un rythme estimé trop lent pour le syndicat qui réclame la complète analphabétisation des effectifs avant 1970[837].

---

833 Daniel COSTE, « Recherche universitaire et enseignement du français langue étrangère. À propos d'une rencontre de 1961 », Langue française, 1998, vol. 117, n° 1, p. 82-98.

834 AH TotalEnergies, 18V01807/206, Procès-verbalde la 10e séance du comité d'entreprise, Hassi Messaoud, 18 septembre 1965.

835 AH TotalEnergies, 18V01807/152, Procès-verbalde la 20e séance du comité d'entreprise, Alger, 28 juillet 1966.

836 *Ibid.*

837 *Ibid.*

Photo 25. Personnel local dans le centre de formation base Maison Verte à Hassi Messaoud, 1962 – Photothèque historique TotalEnergies, 17V00550–587-1, BP ©

À partir de 1965, on assiste au développement d'une nouvelle politique de formation fondée sur la progression des connaissances et l'évaluation des compétences des agents. La méthode TWI, qui s'était généralisée durant la période de grande expansion, est remplacée par des cours de formation associés aux plans de gestion prévisionnelle et organisés sur plusieurs niveaux hiérarchiques. Les cours du soir de 2e niveau (CS-2) assurent le perfectionnement des agents pour les orienter vers des parcours de spécialisation administrative ou technique. Destiné à former des employés de bureau, des secrétaires et des comptables, le cours du soir administratif de 3e niveau (CS3-A) permet d'apprendre les méthodes bureautiques et d'acquérir une maîtrise des processus administratifs. En parallèle, le cours du soir technique de 3e niveau (CS3-T) permet de préparer la promotion des agents au niveau d'ouvrier spécialisé. Après avoir complété le 3e niveau, le cours du soir de 4e niveau (CS-4) offre aux meilleurs éléments une spécialisation avancée en mathématiques, en physique et en technologie[838].

Au-delà des spécialisations administratives et techniques, le véritable enjeu de l'algérianisation c'est la formation pétrolière. En 1962, la CFP-A inaugure le stage d'aide-opérateur de production (AOP), un dispositif qui se révèle essentiel pour la continuité opérationnelle de l'entreprise. La formation d'ouvriers spécialisés dans la production de pétrole permet en effet d'envisager le remplacement progressif du personnel français par des Algériens avec une conséquente réduction des coûts d'exploitation. Les stages AOP sont organisés sur 8 mois pour des groupes de 12 stagiaires qui alternent l'apprentissage de notions de technique pétrolière au travail sur les chantiers sous l'encadrement des agents de maîtrise[839]. Ayant participé à la conception de ce dispositif, l'ancien chef du service production Guy Faure confirme que la formation des AOP a permis d'améliorer la qualité de la main-d'œuvre locale titularisée après l'indépendance :

> « Au début [le stage AOP] c'était une formation vraiment de base destinée à des gars qui n'avaient pas de formation industrielle [...] on partait de zéro ! Parfois on prenait des gars qui étaient utilisés pour nettoyer des pièces... ça permettait de mettre à niveau valable des gens qui ne servaient pas avant »[840].

En raison des résultats satisfaisants, Guy Faure propose à la direction d'élargir ce type de formation aux techniciens supérieurs et aux agents de maîtrise :

> « J'ai dû mettre en place tout un plan de formation parce que l'Institut français du pétrole ce n'était pas terrible côté algérien. Donc il était indispensable de créer une formation des opérateurs de niveau maîtrise, ce qui a posé quelques difficultés parce qu'il y avait un phénomène de rejet des cadres français qui, eux, ils voyaient arriver la concurrence des locaux. C'était inévitable de toute façon... il valait mieux l'accepter et faire proprement »[841].

---

838 AH TotalEnergies, 18V01807/206, Procès-verbal de la réunion de la commission formation et algérianisation du comité d'entreprise Hassi Messaoud, 18 avril 1967.

839 *Ibid.*

840 AH TotalEnergies, AO011907, Archives orales de la Compagnie française des pétroles Algérie (CFP-A), Récit de carrière de Guy Faure, La Celle-Saint-Cloud, 13 septembre 2018.

841 *Ibid.*

La décision de former des agents de maîtrise algériens destinés au service production trouve l'accord du directeur technique de la CFP-A Jean D'Herbès. Très sensible aux enjeux de la formation du personnel local, D'Herbès est persuadé du besoin de garantir la continuité de la production d'Hassi Messaoud pour protéger les intérêts financiers de la société, même en cas de perte du rôle d'opérateur en faveur de la Sonatrach.

Initialement ouverts à l'ensemble du personnel de la société, les stages AOP deviennent de plus en plus sélectifs en raison de l'importance du dispositif. En 1967, seulement 12 stagiaires sont sélectionnés sur plus de 200 candidats diplômés dans les instituts techniques de la capitale. Les profils les plus intéressants sont envoyés à Alger pour un test psychotechnique puis, une fois leur aptitude confirmée, ils sont transférés à Hassi Messaoud pour un essai professionnel de trois jours. Seulement en cas d'avis favorable du responsable hiérarchique, ils sont convoqués à Alger pour formaliser le recrutement. La nouvelle procédure de sélection est durement critiquée par les représentants algériens au CE. Ces derniers estiment que le recrutement de personnes extérieures à l'entreprise aurait pu entraver la progression des agents déjà en poste. L'introduction de critères de sélection très stricts est en revanche essentielle pour le bon fonctionnement du dispositif. Comme l'explique le directeur technique, « nous désirons du personnel susceptible de recevoir une formation destinée à leur permettre de faire une carrière, d'où la nécessité de personnel à potentiel ou présentant une qualification indiscutable »[842].

La formation d'ouvriers et de techniciens spécialisés dans la production de pétrole devient une priorité absolue pour la CFP-A. Si les Algériens demandent d'élargir le dispositif de formation aux métiers de la recherche d'hydrocarbures, la direction s'oppose fermement à cette requête. Selon Jean D'Herbès, « la compagnie n'est pas une compagnie de foreurs, mais de producteurs »[843], par conséquent elle doit se spécialiser dans cette branche de l'activité pétrolière. En dépit de l'efficacité des dispositifs en place, le rythme de formation ne semble pas compatible avec les plannings d'algérianisation envisagés par les représentants algériens du CE. Le besoin d'accélérer le processus est évoqué à plusieurs reprises par Khaled Madaoui, le nouveau président de la commission d'algérianisation élu en

---

842 AH TotalEnergies, 18V01807/206, Procès-verbal de la réunion de la commission formation et algérianisation du comité d'entreprise, Hassi Messaoud, 18 avril 1967.

843 AH TotalEnergies, 18V01807/206, Procès-verbal de la 10e séance du comité d'entreprise, Hassi Messaoud, 18 septembre 1965.

1966[844]. Premier ingénieur algérien recruté par la CFP-A, Madaoui adopte une attitude conciliante vis-à-vis de la direction, tout en demandant des ressources supplémentaires pour soutenir l'effort d'algérianisation sur le long terme. En même temps, il dénonce la persistance d'un climat « défavorable » à la promotion des travailleurs locaux et des méthodes d'évaluation du personnel héritées de la période coloniale[845]. En somme, la nouvelle configuration impose à la direction de faire un effort pour adapter la politique de promotion afin d'assurer une véritable décolonisation du système de gestion du personnel d'Hassi Messaoud.

Photo 26. Formation en atelier des aides-opérateurs de production, 1964 – Photothèque historique TotalEnergies, 17V00538–430-2, Droits réservés – TotalEnergies ©

844 AH TotalEnergies, 18V01807/152, Procès-verbal de la 23e réunion du CE, 24 novembre 1966.

845 AH TotalEnergies, 18V01807/206, Procès-verbal de la 32e réunion du CE, 21 septembre 1967.

C. Algérianiser pour mieux régner : les outils de la gestion prévisionnelle au service de l'algérianisation

Former une nouvelle génération d'ingénieurs français : entre exigences techniques et équilibres politiques

Le programme d'algérianisation accompagne la progression du personnel algérien de la CFP-A. Si, en 1964, les travailleurs locaux sont 206 – soit 35,5 % de l'effectif total –, en 1968 ils sont 634 et représentent 72,5 % du personnel de la société. Les Algériens occupent principalement des postes d'exécution même si on compte 4 ingénieurs et 7 agents de maîtrise algériens, un nombre assez faible si comparé aux 25 ingénieurs et 85 agents de maîtrise de nationalité française. Le retard dans l'algérianisation des postes supérieurs est justifié en raison des difficultés de recrutement et du besoin de continuité opérationnelle. Néanmoins la permanence des ingénieurs et techniciens français au Sahara est considérée comme nécessaire pour la CFP-A qui voit Hassi Messaoud comme un terrain de formation idéal pour ses jeunes agents. Pour rationaliser la circulation du personnel et des techniques entre les différents terrains opérationnels, la DCEP développe un programme de gestion prévisionnelle des ressources humaines destiné aux cadres et aux techniciens de nationalité française. En s'appuyant sur les méthodes de calcul informatique et les outils de planification, la société définit les besoins de recrutement des filiales du secteur amont, les taux de mobilité et les plans de promotion[846].

Pour préparer la mise en place du programme, la DCEP réalise une première étude de cadrage. Cette analyse met en évidence la centralité de la CFP-A dans l'architecture du secteur amont puisque la filiale algérienne est toujours considérée comme « le réservoir de techniciens du groupe où il peut être puisé à tout instant suivant les besoins. [Cela] implique une formation continue des ingénieurs et un renouvellement non moins continu par de jeunes recrues ainsi qu'un haut degré de qualification technique »[847]. Fortement appuyée par le nouveau directeur général Jean D'Herbès, l'étude confirme le besoin de recruter et former de jeunes

---

846 Patrick Gilbert, « La gestion prévisionnelle des ressources humaines : histoire et perspectives », *Revue française de gestion*, n° 124, 1999, p. 66-75 ; L. Mathis, *Gestion prévisionnelle et valorisation des ressources humaines : politique-méthode, procédures-outils*, Paris, Les Éditions d'Organisation, 1984.

847 AH TotalEnergies, 18V01807/533, Gestion prévisionnelle des ingénieurs, 9 février 1967.

ingénieurs, ce qui permettrait de garantir la progression technique de la société dans différents domaines de la recherche appliquée où, estime-t-on, « le capital humain se révèle beaucoup plus important que le capital financier »[848]. Le rapport de l'étude montre également l'impact de la politique d'austérité de 1964 sur les performances techniques de la CFP-A. La réduction des effectifs et l'absence de planification aurait rendu la CFP-A un « bon outil routinier » tout en limitant ses perspectives de développement sur le moyen terme. D'Herbès décide alors de relancer le recrutement des jeunes ingénieurs de 25–35 ans pour remplacer leurs collègues plus âgés qui feront l'objet d'une rotation en interne ou bien, dès l'âge de 50 ans, accéderont à un dispositif de retraite anticipé. Destinées à occuper un poste de chef de service « après 5 ans de chantier et 5 ans de bureau », les jeunes recrues doivent acquérir des compétences très différentes par rapport à celles de la génération précédente. Le modèle de l'ingénieur du pétrole français née au Sahara dans les années 1950 fait l'objet d'une américanisation progressive. Le nouveau « petroleum engineer » doit désormais cumuler des compétences techniques dans le domaine de la production, de l'ingénierie de réservoir ainsi que des compétences en gestion financière et en gestion des ressources humaines.

Dans un contexte en plein changement, Jacques Verdier est recruté à la CFP-A en fin 1967. Diplômé de l'École nationale supérieure d'arts et métiers d'Angers, Verdier avait commencé sa carrière au Cameroun, où il était chargé de la construction d'une scierie dans les plantations de caoutchouc. Après une expérience aux États-Unis en bureau d'études, il décide d'intégrer la filiale algérienne de la CFP :

> « Pendant les vacances de Noël [en France] j'avais à tout hasard mis une annonce dans *Le Monde* pour sortir des sentiers ordinaires de recrutement des anciens élèves des grandes écoles. La CFP-A, Compagnie française des pétroles Algérie, me contacte et me dit en résumé "avant que vous repartiez aux États-Unis on vous offre d'aller voir Hassi Messaoud pendant quelque jour, cela peut vous intéresser"... Au fait, la Compagnie française des pétroles, après presque dix ans sans recrutement, recommençait une nouvelle vague de recrutement de jeunes ingénieurs. On est arrivés dix ans après les grandes découvertes »[849].

848 *Ibid.*

849 AH TotalEnergies, AO011904, Archives orales de la Compagnie française des pétroles Algérie (CFP-A). Récit de carrière de Jacques Verdier, La Défense, 21 juin 2018

Deux ans après, Michel Naylies, ancien élève de l'École centrale de Paris, décide de répondre à une annonce de recrutement parue dans la presse. Sans formation pétrolière, Naylies avait été détaché au Commissariat à l'énergie atomique (CEA) durant son service militaire. Il raconte ainsi la décision de commencer le processus de recrutement à la CFP-A en 1969 :

> « Fini mon service militaire au CEA un jour je lis dans le journal – sur *Le Monde*, je suis sûr que c'est sur *Le Monde* – un placard de recherche de boulot [qui dit] "compagnie de pétrole internationale cherche pour ses chantiers sahariens des ingénieurs même débutants" et il y avait le chiffre magique, salaire de 1500 francs plus primes… j'ai pensé, ça, ce n'est pas possible, ça n'existe pas ! Je me rappelle que le soir je suis rentré et j'ai dit à ma femme "c'est sûrement une boîte américaine !" Je n'avais aucune idée qu'il y avait des boîtes françaises [là-bas], il y avait Elf, mais c'était à Pau, c'était autre chose. Je n'avais aucune idée de ce que c'était Total, je n'avais aucune idée de ce que c'était que le pétrole, mais je n'avais qu'une envie, c'était de partir »[850].

Pour réduire l'âge moyen du personnel, la CFP-A commence également à recruter de jeunes cadres administratifs. Titulaire d'une licence ès droit à l'Université de Paris, Pierre Maréchal envoie sa candidature à la société en 1968, après une expérience comme coopérant militaire en Algérie où il était chargé de définir le statut du personnel du ministère des Finances à Alger.

> « Quand je suis rentré en France en octobre 1968, j'ai fait comme tout le monde, j'ai cherché du travail […] j'avais plusieurs touches, principalement dans les banques autour des problèmes administratifs, un peu généraux, et cetera… et puis à l'époque on épluchait les petites annonces et j'ai vu une annonce du *Monde* qui disait "Compagnie française des pétroles Algérie recrute". Comme mon séjour en Algérie avait été pour moi un extraordinaire séjour, je n'avais qu'une envie : c'était de repartir dans ce pays. J'ai postulé et je suis sûr que mon parcours de coopération en Algérie avait beaucoup intéressé la CFP-A. J'ai été donc embauché en mars 1969 à la DRH de la CFP-A »[851].

Les parcours des nouveaux chercheurs d'or noir confirment une véritable rupture avec la génération précédente. Interrogés sur les raisons qui les

---

850 AH TotalEnergies, AO011921, Archives orales Compagnie de la française des pétroles Algérie (CFP-A), Récit de carrière de Michel Naylies, Argeliers, 29 mars 2019.

851 AH TotalEnergies, AO011908, Archives orales de la Compagnie française des pétroles Algérie (CFP-A), Récit de carrière de Pierre Maréchal, Paris, 19 septembre 2018.

ont encouragés à intégrer l'industrie pétrolière saharienne, les témoins expliquent que le goût pour l'aventure est un facteur déterminant. La propagande des années 1950 marque ces individus dès leur plus jeune âge et contribue à construire une nouvelle image du métier[852]. Interrogé sur sa connaissance d'Hassi Messaoud au moment de son recrutement, Naylies explique :

> « J'avais lu l'histoire de Messaoud, il n'y avait non seulement Messaoud dont on parlait, il y avait aussi le fameux puits du diable[853], Gassi Touil… Red Adair était allé l'éteindre [et] cela m'avait beaucoup intéressé, j'avais lu ça dans *Paris Match* »[854].

En dépit des images véhiculées, les motivations qui encouragent les ingénieurs à intégrer ce secteur industriel sont plus rationnelles. Si dans les années 1960 l'industrie pétrolière semble entrer dans une phase de décroissance, l'expatriation permet d'envisager une rapide évolution de carrière en contrepartie d'un effort d'adaptation.

Pour améliorer le mode de sélection des jeunes ingénieurs, un processus et des critères de recrutement sont définis avec EUREQUIP. Après avoir passé un premier entretien avec les experts du cabinet-conseil, les candidats retenus sont convoqués au siège pour rencontrer le directeur général D'Herbès et le nouveau directeur technique Christian Redron. Les critères de sélection utilisés ne sont pas mentionnés dans les archives, mais les souvenirs des entretiens d'embauche montrent une certaine attention pour les traits de personnalité. À titre d'exemple, Naylies et Verdier soulignent l'intérêt des recruteurs pour la pratique sportive, le service militaire et les intérêts personnels. Comme l'explique Naylies, l'objectif de Jean D'Herbès et de Christian Redron est de « rajeunir la boîte et d'en préparer le futur »[855] et, pour faire cela, ils cherchent des jeunes avec des personnalités fortes et un état physique adapté à la vie en expatriation :

---

852 Gabrielle Hecht, *The Radiance of France: Nuclear Power and National Identity after World War II*, Cambridge, MIT Press, 2009.

853 Il se réfère ici au film *Le Briquet du Diable*. Cf. AH TotalEnergies, Fonds audiovisuel n° 20, Compagnie française des pétroles Algérie, *Le Briquet du Diable*, réalisation Léopold Tixier, 1962.

854 AH TotalEnergies, AO011921, Archives orales de la Compagnie française des pétroles Algérie (CFP-A), Récit de carrière de Michel Naylies, Argeliers, 29 mars 2019.

855 *Ibid.*

> « En y réfléchissant… j'y ai pensé après… [D'Herbès et Redron] ils cherchaient des leaders… ils ne m'ont même pas demandé si je savais qu'est-ce que c'était que le pétrole, mais ils étaient très intéressés au rugby, comme j'étais le capitaine de mon équipe »[856].

En revanche, la connaissance des techniques pétrolières n'est pas un critère essentiel puisqu'après le recrutement une phase de formation se déroule à Hassi Messaoud sous l'encadrement des agents de maîtrise. Comme l'explique Verdier :

> « Dans tous les métiers techniques, c'est l'expérience quotidienne sur le chantier qui vous forme le plus. Les meilleurs professeurs sont les agents de maîtrise. […] Il faut reconnaître que notre génération – celle qui a été embauchée dans les années 1966, 1967 et 1968 – a été accueillie d'une manière formidable […] par la maîtrise et par les vieux ingénieurs qui étaient là depuis dix ans. On était vraiment les jeunes à qui on allait passer le relais sans poser aucun malentendu, il n'y avait pas d'inquiétude vis-à-vis de ces jeunes qui allaient prendre la place »[857].

La direction met en œuvre plusieurs initiatives pour transmettre à la nouvelle génération « l'esprit de corps » et la culture d'entreprise. En dépit de la construction de villas pour loger les ingénieurs et leurs familles à proximité du district, les équilibres sociaux sont peu altérés par rapport aux années 1950. La volonté d'assurer la continuité est bien mise en évidence dans *Maison Verte*, un court métrage réalisé en 1969 pour présenter l'histoire de l'entreprise aux nouveaux embauchés[858]. Dans ce film en couleurs, les scènes de vie quotidienne s'alternent avec la narration du directeur général D'Herbès qui éloge la réussite technique et humaine de la société. Le film évoque les valeurs emblématiques de la CFP-A, à savoir la performance technique, la promotion du personnel local et la célébration de l'appartenance au Corps des pétroliers. Cependant, cette volonté de reconstruire le « mythe des pionniers » pour le transmettre aux jeunes embauchés génère parfois des incompréhensions. Cela est le cas chez Jacques Verdier :

---

856 *Ibid.*

857 AH TotalEnergies, AO011904, Archives orales de la Compagnie française des pétroles Algérie (CFP-A), Récit de carrière de Jacques Verdier, La Défense, 21 juin 2018

858 AH TotalEnergies, Fonds audiovisuels n° 17, Compagnie française des pétroles Algérie, Maison Verte, réalisation Sidney Jezquel, 1969.

« [À Hassi Messaoud] une chose m'amusait... c'est que de temps en temps ils se traitaient de pionniers... je trouvais que le mot était excessif, ils l'avaient peut-être été ! Au fait, le mot pionnier correspondait bien à ceux qui les avaient précédés et qui avaient découvert le Sahara en voyageant avec un chameau dans des tentes non climatisées avec le souci de trouver de l'eau. [Eux] c'étaient des pionniers qui risquaient leur vie pour aller découvrir quelque chose ! En 1967, il y avait de l'air conditionné partout, sauf dans les voitures »[859].

L'apport de la gestion prévisionnelle dans les programmes d'algérianisation

Les demandes d'accélérer le programme d'algérianisation s'intensifient à partir de 1969. Alors que l'Algérie annonce son adhésion à l'OPEP, les représentants syndicaux commencent à contester les résultats obtenus par les membres algériens du comité d'entreprise. Quelques semaines avant l'ouverture du troisième congrès des travailleurs du pétrole, l'UGTA critique l'action « peu rentable » de la commission d'algérianisation de la CFP-A[860]. Le secrétaire de la section syndicale, un certain Herzallah, souligne que l'action du comité d'entreprise devra désormais prendre un tournant revendicatif et favoriser la convergence entre les intérêts du syndicat et ceux des travailleurs. Au lieu de concerter la mise en place d'un programme de formation, l'UGTA décide donc de fonder sa nouvelle stratégie sur des revendications ponctuelles et de formuler des demandes d'algérianisation « poste par poste », avec une attention particulière pour la réduction des délais de promotion[861].

Cette orientation confirme le changement des rapports de force entre l'UGTA et le gouvernement algérien. Après une période caractérisée par une relative autonomie du syndicat, la montée en puissance du président Boumediene accompagne la progressive prise de contrôle des sections locales en 1969[862]. Le dialogue entre la direction de la CFP-A

---

859 AH TotalEnergies, AO011904, Archives orales de la Compagnie française des pétroles Algérie (CFP-A). Récit de carrière de Jacques Verdier, La Défense, 21 juin 2018

860 AH TotalEnergies, 18V01807/350, Note du secrétaire de la section syndicale Herzallah au chef de district, Maison Verte, 5 mars 1969.

861 *Ibid.*

862 AH TotalEnergies, 18V01807/497, Note manuscrite : Réunion syndicat UGTA D'Herbès Redron Castellani, à la Maison Verte, 9 mars 1969.

et les représentants des travailleurs algériens est alors brusquement interrompu. Cela a des conséquences directes sur les programmes d'activité de l'entreprise. Comme l'explique le chef de district Jean-Paul Drouin dans une lettre destinée à Herzallah, « l'élément dominant de la politique de la compagnie demeure l'association la plus rapide possible d'un nombre croissant d'agents algériens (placés en position de véritable responsabilité) à la réalisation des objectifs généraux du district »[863]. Néanmoins – souligne-t-il –, il est nécessaire d'adapter les revendications d'algérianisation aux objectifs techniques et économiques acceptés par le comité d'entreprise lors du vote du plan quinquennal d'activité. Drouin définit donc « irréalistes » les nouveaux délais d'algérianisation invoqués par l'UGTA, puisque ceux-ci ne tiendraient pas compte des difficultés de recrutement des techniciens spécialisés.

En dépit des tentatives de dialogue, en mars 1969, l'UGTA décide de « prendre le dossier "Algérianisation" en main »[864] et de suspendre les travaux de la commission d'algérianisation. Les négociations avec la CFP-A sont désormais pilotées par la direction du syndicat par l'intermédiaire de la section locale[865]. L'UGTA durcit ses revendications en matière de postes à algérianiser et invoque la suppression de la priorité de recrutement pour le personnel originaire de la *wilaya* des Oasis[866]. Pour apaiser la situation et limiter le risque de grève ou d'interruption de la production, la direction de la CFP-A décide de faire certaines concessions. D'Herbès propose de recentrer les négociations sur les postes à algérianiser plutôt que sur les hommes qui doivent les occuper, tout en privilégiant la définition d'un plan de promotion fondé sur des principes d'action partagés[867].

Les discussions permettent de signer un accord sur la promotion sociale du personnel algérien le 12 juin 1969. Pour assurer la promotion interne tout en préservant l'équilibre social, la direction propose d'élargir

---

863 AH TotalEnergies, 18V01807/497, Lette du chef de district J.-P. Drouhin au secrétaire de la section syndicale Herzallah, 12 mars 1969.

864 AH TotalEnergies, 18V01807/350, Note du secrétaire de la section syndicale Herzallah au chef de district, Maison Verte, 5 mars 1969.

865 AH TotalEnergies, 18V01807/497, Redron, CR Réunion du 14 mai 969 à Alger, analyse de la situation de promotion sociale, 19 mai 1969.

866 AH TotalEnergies, 18V01807/497, Réunion préparatoire « Problème d'algérianisation », Alger, 14 mai 1969.

867 AH TotalEnergies, 18V01807/497, Jean D'Herbès, Notes manuscrites « préparation réunion du 12 juin », 27 mai 1969.

aux Algériens le programme de gestion prévisionnelle déjà lancé au sein de l'entreprise[868]. Jean D'Herbès confie la conception du nouveau plan d'algérianisation à EUREQUIP. Le cabinet de Silvère Seurat avait acquis une grande expertise dans le domaine de la formation et du transfert de technologie en contexte industriel grâce notamment au plan de nigérisation mis en place en 1968 pour la Société des mines de l'Aïr (SOMAÏR)[869]. Inspirée par la gestion prévisionnelle, la méthode d'EUREQUIP se fonde sur la définition de plannings de remplacement ainsi que sur la mise en œuvre de plans de recrutement, de formation, de mutation et de promotion interne[870]. Le plan de remplacement du personnel est conçu en trois étapes: l'étude des postes de travail et des ressources disponibles, la définition des plans de progressions et des organigrammes prévisionnels, l'accompagnement à la prise de décision.

Employé au service du personnel de la CFP-A, Pierre Maréchal participe à la définition du plan avec les ingénieurs-conseils d'EUREQUIP. Il résume ainsi le déploiement de ce dispositif:

> «On a commencé à balayer tous les postes qui étaient encore occupés par les Français… les expatriés… et on a ensuite regardé la population algérienne pour voir qui étaient ceux qui pouvaient accéder, moyennant une formation, à un poste tenu par un expatrié. Il y avait, à la fois, à regarder les

---

868 La majorité des témoins reconnaissent à Jean D'Herbès des qualités d'innovateur dans la méthode de gestion du personnel. Pierre Maréchal, qui a côtoyé D'Herbès à la CFP-A et dans les expériences successives, souligne combien le directeur général «était ouvert à l'innovation à niveau RH» et qu'il «[n'hésitait] pas à mettre un peu de perturbation à la base pour leur montrer que le monde évolue». Son apport à la promotion des méthodes de gestion humaine est présenté aussi dans la presse de l'époque. Cf. AH TotalEnergies, 18V01807/587, «D'Herbès et la gestion humaine de l'entreprise, thème du débat animé par M. J. D'Herbès à la maison de la promotion sociale d'Artigues», *La France*, 31 octobre 1969; «La gestion humaine des entreprises», *La vie de Bordeaux*,15 novembre 1969; «Contestation et gestion humaine de l'entreprise», *La Semaine économique*, 11 novembre 1969.

869 Fondée en 1968 par le CEA, Péchiney, AGIP Nucleare et la Compagnie, la SOMAÏR fait appel à EUREQUIP pour construire et mettre en fonction une unité de traitement d'uranium dans la région de l'Aïr en plein Sahara.

870 AH TotalEnergies, 18V01807/497, Eurequip, La gestion prévisionnelle du personnel, 30 octobre 1969.

> profils des expats et qu'est-ce qu'il fallait – dans le vivier algérien – rajouter à "Mohamed" pour qu'il vienne reprendre le poste de "Marcel" »[871].

L'étude des postes de travail permet de décomposer les activités de chaque agent en tâches élémentaires. La définition d'une séquence des postes permet alors d'identifier les compétences nécessaires à accéder au niveau supérieur, de définir les besoins de formation et de quantifier en nombre de mois les délais de promotion[872]. L'évaluation des possibilités de progression permet quant à elle de comprendre le potentiel des ressources existantes et l'adéquation des agents aux postes disponibles. Des grilles d'évaluation sont alors proposées pour réaliser des entretiens avec les agents de la société. Diplômé de l'École des Mines de Paris et ancien employé de la CREPS, Jean-Pierre Dequeker participe en 1969 à la mise en place du plan d'algérianisation en tant qu'ingénieur-conseil :

> « Je me déplaçais sur place et donc j'interviewais les employés, qui sentaient très bien leur avenir à l'époque… on leur demandait ce qu'ils faisaient, ce qu'il leur fallait comme connaissance dans le domaine de la logistique des transports, dans les magasiniers, la gestion des stocks… Je faisais un peu de fiches de travail pour ce qu'ils faisaient et c'était comparé – avec le responsable du personnel – avec le potentiel du personnel algérien qui arrivait sur le marché du travail… donc comment faire la promotion des Algériens à des postes donnés pour qu'ils remontent au poste en dessous… c'était surtout dans les services de logistique, de transport »[873].

Les données collectées permettent de compléter une fiche pour chaque poste présent en organigramme et une fiche pour chaque agent de l'entreprise. Les « fiches poste » indiquent le nom du titulaire, la catégorie, les qualités nécessaires pour occuper cette position et la séquence des postes positionnés en amont et en aval. En même temps, les « fiches homme » permettent de centraliser les informations sur les agents disponibles, leurs compétences et les prospectives de progression individuelles.

Le projet montre tous les avantages d'une gestion rationnelle de la « dynamique des hommes »[874] au sein de l'entreprise. Pour faciliter

---

871 AH TotalEnergies, AO011908, Archives orales de la Compagnie française des pétroles Algérie (CFP-A), Récit de carrière de Pierre Maréchal, Paris, 19 septembre 2018.

872 AH TotalEnergies, 18V01807/497, CFP-A – EUREQUIP, Présentation rapide du système de gestion prévisionnelle, Neuilly-sur-Seine, 7 mai 1969.

873 AH TotalEnergies, AO011911, Archives orales de la Compagnie française des pétroles Algérie (CFP-A), Récit de carrière de Jean-Pierre Dequeker, Sèvres, 18 octobre 2018.

874 AH TotalEnergies, 18V01807/497, EUREQUIP, Organisation de la cellule prévision, avant-projet, 31 juillet 1969.

l'implémentation du plan, EUREQUIP suggère de créer au sein du service du personnel une cellule prévision chargée de piloter les recrutements, les formations, les promotions et les mutations. La cellule prévision devient alors la clé de voûte de la gestion des ressources humaines en accompagnant les directions dans la prise de décisions. La planification des actions de recrutement, de mouvement et de formation se révèle rapidement très efficace. Nommé chef du secteur de gestion prévisionnelle à Neuilly-sur-Seine en 1969, Pierre Maréchal confirme que la gestion prévisionnelle permet de réduire le nombre de Français au sein de l'entreprise dans un temps relativement court :

> « On avait encore à Messaoud, en 1969, des mécaniciens français, des mécaniciens de marine qui étaient capables de se débrouiller, comme s'ils étaient sur un bateau, sur les champs pétroliers. Jusqu'à quelques années avant, on avait encore des chauffeurs de Kenworth, des énormes camions, qui étaient français… ce qui était, quand même, complètement aberrant ! Un Algérien était capable de conduire un Kenworth »[875].

Les résultats satisfaisants du projet pilote réalisé sur le service de forage justifient l'élargissement de la gestion prévisionnelle à l'ensemble de la filiale. En liaison avec le service de la formation et les directions, la cellule prévision commence donc à mettre en œuvre les premiers plans de progression et de qualification professionnelle (PPQP). Dans ce contexte, 776 personnes accèdent à un programme de formation sur mesure qui leur permettra d'évoluer vers un poste supérieur après une période de 3 à 9 mois[876]. La multiplication des données collectées et la complexité des calculs de modélisation nécessitent d'améliorer les méthodes bureautiques et de mécaniser le traitement de l'information[877]. Si les archives sont muettes au sujet des techniques employées, la découverte du fichier central d'algérianisation nous a donné un aperçu de la méthode utilisée[878]. Réalisées durant la mise en place du système de gestion du personnel, les fiches

---

875 AH TotalEnergies, AO011908, Archives orales de la Compagnie française des pétroles Algérie (CFP-A), Récit de carrière de Pierre Maréchal, Paris, 19 septembre 2018.

876 AH TotalEnergies, 18V01807/350, Procès-Verbal de la 48e réunion du comité d'entreprise, Alger, 20 mars 1969.

877 AH TotalEnergies, 18V01807/350, Point de l'Action GP au 7 mai 1969 ; remarques sur l'intérêt d'un traitement mécanique du système de gestion prévisionnelle, sdnl.

878 Nous avons découvert le fichier central d'algérianisation lors d'une opération de demenagement des archives de TotalEnergies réalisée en 2018. L'exploitation des informations contenues dans ce fichier n'a pas été possible en raison des règles de communicabilité des archives du groupe.

individuelles contenues dans le fichier reportent toutes les informations concernant les carrières des agents. Au-delà des informations d'état civil, la fiche présente les différents postes occupés, les études et les compétences linguistiques. Une évaluation des aptitudes intellectuelles (instruction générale, esprit d'initiative, niveau mental, aptitude gestuelle) et physiques (équilibre général, équilibre moteur, vision, audition, force dorso-lombaire) complète le cadre général. Chaque paramètre donne lieu à une note d'évaluation qui est reportée dans la fiche et complétée par l'apposition d'un signet coloré. Ce système assure un classement synoptique qui permet d'identifier le profil nécessaire à répondre aux besoins d'algérianisation de certains postes grâce à un code couleur.

L'émergence de conflits autour de la gestion prévisionnelle : les « cadrables » français et les nouveaux cadres algériens

Le recours à la gestion prévisionnelle pour remplacer les agents expatriés et former des travailleurs locaux n'est pas une spécificité de la CFP-A. Au milieu des années 1960, cette méthode est déjà employée par certaines sociétés pétrolières comme Esso et Shell[879]. Les échanges entre ces sociétés permettent donc de partager des solutions à des problèmes communs, comme l'opposition des expatriés aux programmes de régionalisation. À titre d'exemple, à la CFP-A, les agents français s'opposent ouvertement au système de promotion des travailleurs algériens. Pour les agents de maîtrise expatriés, la progression des agents algériens, tout comme le recrutement des jeunes ingénieurs français, est perçue comme un frein aux possibilités d'avancement de carrière. Comme l'explique Pierre Maréchal :

> « Les agents de maîtrise qui sont sur place voient arriver, au fait, une masse de jeunes ingénieurs diplômés […] et beaucoup se sont rendus compte en voyant cette masse de jeunes ingés qu'ils allaient être bloqués. Et ils savent très bien, vu qu'ils participent avec moi aux plans de formation et à l'algérianisation, qu'ils sont poussés derrière par la volonté de la direction d'algérianiser Messaoud. Donc ils sont coincés »[880].

---

879 AH TotalEnergies, 18V01807/350, Middle East Industrial Relations Counselor (MEIRC), IXe conférence annuelle, Beirut, 14 et 15 octobre 1969.

880 AH TotalEnergies, AO011908, Archives orales de la Compagnie française des pétroles Algérie (CFP-A), Récit de carrière de Pierre Maréchal, Paris, 19 septembre 2018.

Les choix de gestion du personnel adoptés par la direction à la fin des années 1960 restent peu compréhensibles pour les personnes interviewées. À l'exception de ceux qui ont contribué à mettre en place le PPQP, les agents qui ont fait l'objet de mesurer d'algérianisation peinent à comprendre l'objectif de ce programme. Cela est dû principalement à l'absence de communication mais également au manque d'une culture de la gestion prévisionnelle auprès des agents interviewés.

Tableau 10. Algérianisation et déseuropéanisation du personnel titulaire de la CFP-A (1963–1969)

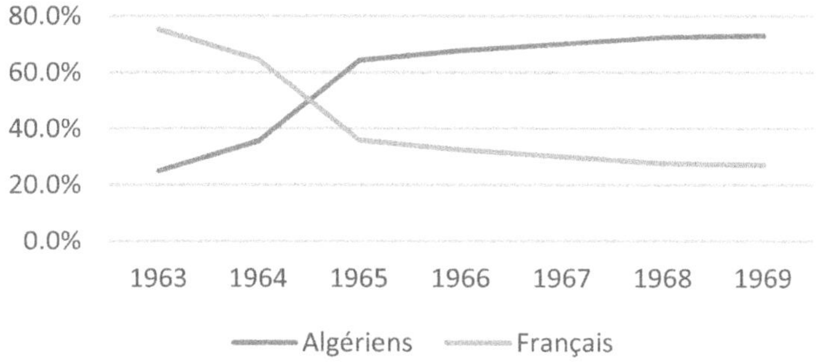

Source : AH TotalEnergies, 18V01807/340, Tableau du personnel français et algérien de la CFP-A

Le témoignage d'Ali Friha est un véritable cas d'études de l'algérianisation de la fin des années 1960. Titulaire d'un certificat d'aptitude professionnelle d'ajustage, soudure et mécanique générale, Ali Friha travaille à Alger dans un atelier mécanique dont il est copropriétaire. Au moment de la nationalisation de son entreprise, il continue à travailler comme chef d'atelier avant d'être recruté par la CFP-A en 1965 :

> « J'ai été affecté à l'atelier mécanique, à Hassi Messaoud, Maison Verte. Je réparais les véhicules, aussi bien les légers que les lourds, mais moi j'étais plutôt sur les lourds. Après 6 ou 7 mois [j'ai commencé à m'occuper] des poids lourds comme les Kenworth, les Berliet et tout ça qui étaient utilisés pour les déménagements et les transports tubulaires »[881].

881 AH TotalEnergies, AO011913, Archives orales de la Compagnie française des pétroles Algérie (CFP-A), Récit de carrière de Ali Friha, Paris, 22 novembre 2018.

Ses compétences dans la réparation des véhicules poids lourds lui permettent d'évoluer rapidement. Après avoir suivi des stages de spécialisation sur l'entretien des moteurs et la transmission automatique, il assiste son chef de service pendant une période de transition, avant de le remplacer en octobre 1969. Ali Friha est donc promu agent de maîtrise dans un contexte où la majorité du personnel mécanicien de la CFP-A est encore de nationalité française. Interrogé sur les effets des programmes d'algérianisation, Friha ne considère pas sa promotion comme la conséquence de cette politique :

> « J'ai entendu parler de l'algérianisation, des revendications syndicales et tout ça: il y en a eu! Il y en a qui ont profité du système! Moi je vous dis, sincèrement, d'ailleurs j'en avais parlé aussi à mon patron de l'epoque, je lui ai dit "écoutez, moi si j'ai des compétences pour ce poste d'accord sinon je ne l'accepte pas". Il m'a dit carrément "[votre promotion] a été prévue dès votre embauche" »[882].

Cette considération permet de comprendre l'écart entre les revendications des représentants de l'UGTA et la perception d'évolution de carrière du personnel algérien plus éloigné des positions du syndicat. Les témoignages et les documents d'archives mettent en évidence une opposition généralisée des travailleurs aux privilèges obtenus par les représentants de l'UGTA en raison de rôle politique joué dans cette phase de transition.

Le témoignage de Jean Manceron met en évidence la vision des agents de maîtrise français remplacés par les Algériens. Recruté en 1957, Manceron travaille comme opérateur boue en Algérie et en Libye tout au long des années 1960. Après une formation à l'IFP, il est affecté au service de la formation d'Hassi Messaoud, où il est chargé de former le personnel local aux techniques du forage, d'évaluer leurs compétences et de définir les plans de formation pour le remplacement des foreurs français. Il raconte ainsi les raisons de son départ de la société en 1969 :

> « Un jour, mon patron vient me voir et il me dit : "il vaut mieux pour ta matricule de ne plus rester à la formation". Effectivement, je pense qu'il y a eu deux-trois Algériens qui voulaient ma peau et qui disaient, "Manceron, il peut partir et c'est nous qui allons former les Algériens". Donc, je n'avais plus mon rôle dans ce truc-là, c'était fin 1969, début 1970… j'ai pris le premier avion et je suis parti à Paris »[883].

---

882 *Ibid.*

883 AH TotalEnergies, AO011909, Archives orales de la Compagnie française des pétroles Algérie (CFP-A), Récit de carrière de Jean Manceron, Paris, 19 décembre 2019.

Manceron met l'accent sur la volonté de son adjoint de « prendre sa place », mais il n'évoque à aucun moment l'existence d'un plan de remplacement pour son poste[884]. Les agents de maîtrise perçoivent eux-mêmes comme des ressources indispensables au bon fonctionnement de la société et estiment improbable leur remplacement par des Algériens. La promotion au niveau de cadre est donc perçue comme une évolution naturelle de carrière selon le modèle en vigueur dans l'entreprise en ce moment. En effet, en 1970, la DCEP compte encore 51 « ingénieurs-maison » et les agents de maîtrise élevés au niveau supérieur représentent 20 % des cadres du secteur amont[885].

Pour limiter les effets secondaires de l'algérianisation, la société propose d'introduire une nouvelle catégorie destinée aux agents de maîtrise français : les « cadres CFP-A ». Cette décision répond à la fois à des impératifs d'ordre politique et psychologique puisqu'elle permet de « donner la dénomination de cadre à un certain nombre d'agents dont le potentiel ne leur permet pas d'accéder à des fonctions d'ingénieurs »[886]. L'accès à la catégorie « cadres CFP-A » est uniquement réservé aux agents de maîtrise de la filiale algérienne. Une commission composée des directeurs des services et des responsables du personnel est chargée de dresser une liste de « cadrables » fondée sur plusieurs critères, comme l'appartenance à un groupe supérieur à 15, le coefficient hiérarchique et une « aptitude suffisamment confirmée à s'élever à des responsabilités de cadre »[887]. Les agents de maîtrise devenus « cadres CFP-A » continuent à être régis par le statut du personnel non-cadre mais ils bénéficient de meilleures conditions de salaire et de logement. Toutefois, c'est l'accès à la fameuse salle des cadres de Maison Verte qui confirme la reconnaissance du statut social. Dans le cas de Jean Manceron, cette promotion est la première étape d'un parcours qui lui permettra de « devenir ingénieur » en 1975. Cela est accompagné par

---

884 Comme il explique dans son témoignage : « C'était un Algérien qui m'aidait dans la formation des Algériens… quand il y avait un cours sur le forage c'était lui qui le faisait. […] C'était un gars un peu spécial et il voulait prendre ma place. » Cf. AH TotalEnergies, AO011909, Archives orales de la Compagnie française des pétroles Algérie (CFP-A), Récit de carrière de Jean Manceron, Paris, 19 décembre 2019.

885 AH TotalEnergies, 18V01807/533, Note de la direction administrative CFP, « Passage de non-cadre à cadre », 11 mai 1970.

886 AH TotalEnergies, 18V01807/533, Note au président-directeur général de la CFP-A, 23 juillet 1970.

887 *Ibid.*

un passage immédiat du tutoiement au vouvoiement dans sa relation avec les collègues :

> « Avant d'être ingénieur, les gens ne me connaissaient pas. Le jour que je suis passé ingénieur, c'est bizarre, les gens me disaient bonjour… alors ma femme rigolait et me disait : "Tu vois ? Tu viens de passer ingénieur et tout le monde te connaît, avant personne te connaissait !"… c'est un changement ! … Total c'était un peu ça… la hiérarchie c'était beaucoup »[888].

Photo 27. La salle des cadres de la base Maison Verte à Hassi Messaoud, 1965 (est.) – Photothèque historique TotalEnergies, 17V00537-40-1, Grevin S.T.E.P.- J. ©

[888] AH TotalEnergies, AO011909, Archives orales de la Compagnie française des pétroles Algérie (CFP-A), Récit de carrière de Jean Manceron, Paris, 19 décembre 2019.

Le recrutement des premiers cadres algériens contribue à modifier les équilibres hiérarchiques de la société. Leur intégration au sein l'entreprise ne se limite pas à l'acquisition de compétence technique, mais concerne également l'intériorisation du rôle social de l'ingénieur. Le positionnement de l'ingénieur algérien est extrêmement délicat dans cette période où les revendications politiques et syndicales atteignent leur paroxysme. En premier lieu, l'ingénieur algérien doit être accepté par ses confrères et doit démontrer sa capacité à reproduire les codes liés à sa nouvelle position sociale. En deuxième lieu, il doit obtenir la reconnaissance de sa supériorité technique et hiérarchique de la part des agents de maîtrise, tout en faisant face aux rapports de force hérités de la période coloniale. En troisième lieu, il doit montrer son dévouement au projet politique et économique de l'entreprise sans dénier son « algérianité ».

Diplômé de l'École nationale d'aviation civile d'Alger, Aziz Ait Saïd raconte ses premières années à la CFP-A à la suite de son recrutement en 1969. Après des expériences professionnelles à la direction de l'aviation civile à Alger et à la Compagnie industrielle des communications, il décide de répondre à une annonce publiée dans *Le Monde*. Il passe alors deux entretiens avec le responsable de la nouvelle cellule prévision de la CFP-A Jean-Claude Neyrolle et le chef du personnel Jean Coulomb. Quelques jours après, il rencontre Khaled Madaoui, un ancien camarade de l'Université d'Alger qui lui donne quelques conseils pour faciliter son embauche dans la société :

> « [J'ai rencontré Madaoui] en boulevard des Capucines avec un autre ancien de la CFP-A, on a bu un café ensemble, je lui ai dit que j'étais en train de discuter [mon recrutement à] la CFP-A et là il m'a dit : "il faut que je t'explique les fondamentaux du recrutement à la CFP-A". C'était intéressant puisqu'il m'a dit : "tu vas rencontrer le directeur technique qui est Monsieur Redron, et Monsieur Redron va t'expliquer que travailler au Sahara c'est très difficile, d'abord en célibataire, en plus il fait chaud l'été, il fait froid l'hiver et les conditions ne sont pas évidentes, et donc on veut s'assurer que vous ne changeriez pas d'avis ; pour cela on va vous envoyer un week-end là-bas et puis, à la suite de ce week-end, on verra. Mais la vérité ce n'est pas du tout ça" – me dit Madaoui – "au fait la vérité c'est de savoir que tu vas plaire aux gens qui travaillent là-bas" […] "Quand tu arriveras, puisque tu vas aller à la salle des ingénieurs, avec tout le cérémonial de la salle des cadres, tu vas offrir du vin, du Mascara, à toute la table et après tu verras". Je suis arrivé, j'ai été interviewé tout le samedi matin et puis arrivée l'heure du repas, on est allées à la salle des cadres et on attendait le chef de district. Entre-temps j'avais commandé les dix bouteilles de Mascara à mettre sur la

table et j'ai vraiment réalisé que j'avais impressionné tout le monde… tout le monde venait me dire merci… c'était au-delà de mes attentes. Je me suis retrouvé à la piscine à 2 heures de l'après-midi et tous les jeunes ingés qui étaient là se félicitaient et me disaient “bravo pour ce que tu as fait là”… le soir à 17 h Jean-Paul Drouin, le chef de district envoyait un télex à Paris en disant qu'ils étaient d'accord pour recruter Aziz Ait Saïd… Donc quand on me demande comment je suis rentré à CFP-A je dis simplement que je suis rentré en payant dix bouteilles de Mascara »[889].

Le récit d'Ait Saïd évoque l'acceptation des codes liés au statut de l'ingénieur pétrolier. L'apprentissage des règles de vie du district, le respect de la hiérarchie et du cérémonial de la salle des cadres lui vaut l'acceptation de ses pairs et de la hiérarchie. Dans son témoignage, il ne mentionne aucune difficulté d'interaction avec « l'ancienne génération » d'ingénieurs et les agents de maîtrise français, des personnes qu'il considère comme essentielles pour sa formation[890]. Au contraire, il souligne à plusieurs reprises le climat favorable à l'intégration humaine et professionnelle qu'il trouve à Hassi Messaoud :

> « [À Maison Verte, on était] dans un environnement… on était tous ensemble ! Ce n'était pas du tout l'atmosphère que j'avais avant, où tout était individuel… là c'était une équipe, tout le monde travaillait ensemble que ce soient les agents de maîtrise ou les opérateurs… ça, c'était très important pour le moral et pour moi, pour la continuation de cette motivation »[891].

En revanche, Djamel Dib, ingénieur algérien affecté au service forage, met en évidence plusieurs problèmes d'intégration, qu'il dénonce ouvertement dans une lettre conservée dans les archives. Diplômé de l'École polytechnique d'El Harrach, Dib est préembauché par la CFP-A en 1965. Il suit plusieurs cycles de formation à l'ENSPM et au sein de l'entreprise. Intégré au service forage en 1968, il mentionne les relations difficiles avec ses collègues. Dans sa lettre de confession adressée au chef de district Drouin, Dib évoque une « situation pénible » et une « douloureuse expérience » dans le service forage, un service qui « [ne serait] pas encore mûr pour tolérer dans ses rangs l'intrusion ambitieuse

---

889 AH TotalEnergies, AO011903, Archives orales de la Compagnie française des pétroles Algérie (CFP-A), Récit de carrière de Aziz Ait Saïd, Paris, 19 décembre 2019.

890 *Ibid.*

891 *Ibid.*

d'un cadre algérien»[892]. Il déplore alors son exclusion systématique des réunions de service et la non-transmission volontaire d'informations de la part des agents de maîtrise, ce qui rend très difficile son travail au quotidien. Par ailleurs, il conteste l'attitude de son chef de service qui s'opposerait à sa participation aux conférences du district puisqu'« il n'était ni dans les traditions ni dans l'esprit du service qu'un Algérien pût prétendre à ce niveau de commandement»[893].

Au-delà des difficultés d'accès à un statut social qui semble encore interdit à un cadre algérien, Dib conteste la réaction de la direction à l'égard de ses difficultés d'intégration :

> « [...] On se plaint cyniquement de ce que je n'assiste pas au whisky de 19h30 et de ce que je déserte les terrains de tennis et de volley, mais personne n'osera s'inquiéter de mon absence aux réunions techniques de 18h au bureau du chef de service. Un psychologue de passage envoyé par je ne sais pas qui est venu me dire que si je fréquentais un peu plus la salle des cadres je serais beaucoup mieux informé des affaires du forage![894] »

Ce témoignage met en évidence les effets de la séparation entre la dimension sociale et la dimension technique dans le parcours d'intégration des ingénieurs algériens. À la différence d'Ait-Saïd, Dib semble ne pas accepter les codes en vigueur à la CFP-A. Au contraire, il dénonce la politisation d'un processus d'intégration qu'il définit comme une « naturalisation de fait ». En ce sens, se demande-t-il, l'algérianisation des cadres ne correspondrait-elle pas à une francisation des jeunes Algériens destinés aux positions d'encadrement ? Malheureusement, les sources à notre disposition ne sont pas suffisantes pour approfondir ce volet de la politique d'algérianisation. Néanmoins, les indices collectés nous permettent d'affirmer que la reproduction du statut d'ingénieur pétrolier et la transmission de l'esprit de corps demeurent une condition essentielle de l'appartenance au groupe social même dans cette période de grands changements.

---

892 AH TotalEnergies, 18V01807/533, Lettre de Djamel Dib à Jean-Paul Drouin, Maison Verte, 23 avril 1970.

893 *Ibid.*

894 *Ibid.*

CHAPITRE 6

LES NATIONALISATIONS DES HYDROCARBURES EN ALGÉRIE : UN LABORATOIRE POUR DE NOUVELLES FORMES DE COOPÉRATION AVEC LES PAYS PRODUCTEURS

À la fin des années 1960, le nouveau contexte politique remet en cause la place des entreprises pétrolières dans le système international. Les pays de l'OPEP imposent une augmentation des prix et de la fiscalité et le fantasme de la nationalisation fait son retour en Algérie. En 1969, tous les projets de développement sont brusquement interrompus et, le 24 février 1971, le gouvernement algérien annonce la prise de contrôle du secteur des hydrocarbures et de 51 % des concessions attribuées aux sociétés françaises. Privée de ses actifs, la CFP envisage une nouvelle stratégie pour assurer sa permanence au Sahara. Après l'échec des négociations diplomatiques entre Paris et Alger, la société accepte les mesures de nationalisation en échange d'une indemnisation en huile et d'un droit d'accès à la production du Sahara. La création de la nouvelle filiale Total Algérie permet de mettre en œuvre un système d'assistance technique avec la Sonatrach pour assurer la continuité de la production sur le gisement d'Hassi Messaoud.

A. La lente marche vers la nationalisation des sociétés françaises

La remise en cause d'un équilibre précaire

Les événements de la fin des années 1960 changent profondément les rapports de force entre les pays producteurs et les sociétés pétrolières internationales. Le 5 juin 1967, l'armée israélienne lance une offensive en Égypte et en Syrie, en occupant le Sinaï, le Golan, la Cisjordanie et Gaza. Le soutien des pays occidentaux à cette initiative provoque une forte réaction des pays arabes qui annoncent un embargo sur les exportations d'hydrocarbures vers les États-Unis et la Grande-Bretagne[895]. La Syrie

[895] P. Tristani, *L'Iraq Petroleum Company de 1948 à 1975*, *op. cit.*, p. 376.

arrête les stations de pompage des pipelines qui passent sur son territoire, le Liban interdit la cargaison du brut dans son terminal pétrolier tandis que l'Arabie saoudite, le Koweït, l'Irak et la Libye annoncent une réduction de la production de 70 %[896]. En dépit de cette tentative d'utiliser le pétrole comme une arme diplomatique, la dépendance des producteurs vis-à-vis du revenu pétrolier impose une levée rapide des restrictions. Si ce choix a un impact limité sur le cours du brut, le recours au choc de l'offre marque le début de la radicalisation des positions de l'OPEP et ses États membres[897].

Vu d'Alger, le déclenchement de la guerre des Six Jours devient une occasion pour rallier les régimes révolutionnaires du tiers-monde et dénoncer les pays capitalistes[898]. Boumediene se propose alors comme chef de file de cette nouvelle tendance pour renforcer son image en Algérie et sur le plan international. Le 5 juillet, au début des opérations militaires au Moyen-Orient, le président annonce la prise de contrôle des sociétés pétrolières anglo-saxonnes actives au Sahara. Phillips Petroleum, Mobil Oil, Shell-Algérie, Esso, Sinclair Mediterranean, El Paso Natural Gas et Getty Oil sont donc mises sous la tutelle d'un commissaire du gouvernement[899]. En réponse à cette décision, les sociétés décident de rappeler leurs agents expatriés mais ceux-ci sont aussitôt remplacés par des Algériens[900]. De la même manière, le retrait du personnel décidé par certaines sociétés parapétrolières n'entraîne pas des répercussions sur l'avancement des projets de Sonatrach. Les techniciens de la John Brown Constructors, l'entreprise chargée de la construction du troisième pipeline, sont rapidement remplacés par des spécialistes soviétiques déployés dans le cadre des programmes de coopération technique[901].

La nationalisation des sociétés anglo-américaines au début de la guerre des Six Jours met en évidence l'opportunisme politique de Boumediene dans cette phase de transition. Les raisons de ce choix sont précisées lors de la première réunion du Groupe des 77, une organisation politique qui rassemble les pays du tiers-monde. Durant son discours, le président

---

896 A. Nouschi, *Pétrole et relations internationales de 1945 à nos jours*, *op. cit.*, p. 101.

897 P. Tristani, *L'Iraq Petroleum Company de 1948 à 1975*, *op. cit.*, p. 377.

898 Ardavan Amir-aslani, *L'âge d'or de la diplomatie algérienne*, Paris, Éditions du Moment, 2015.

899 H. Malti, *Histoire secrète du pétrole algérien*, *op. cit.*, p. 100.

900 A. Rebah, *Sonatrach*, *op. cit.*

901 *Ibid.*

algérien critique ouvertement l'industrie pétrolière internationale et le partage inégal des bénéfices de la production. Boumediene estime que 93,3 % des revenus du pétrole sont contrôlés par les entreprises pétrolières internationales et que tous les pays producteurs doivent se doter d'une société nationale pour mettre fin au système des concessions[902]. Après des hésitations initiales, les membres de l'OPEP s'alignent sur les positions du président. Durant la 17e conférence organisée à Bagdad en décembre 1968, les pays producteurs approuvent une résolution qui invoque la participation directe des nouvelles sociétés nationales à la recherche et à la production d'hydrocarbures[903]. Rassurée par cette décision de l'OPEP, l'Algérie décide ainsi d'adhérer à l'organisation[904].

Dans cette nouvelle conjoncture internationale, le gouvernement algérien élargit ses participations pour donner à la Sonatrach un rôle de premier plan dans le secteur[905]. Devenu le principal opérateur dans la distribution de carburants, la Sonatrach augmente son portefeuille minier[906] grâce à la signature d'un contrat d'exploration avec Getty Oil Company. En parallèle, la société nationale augmente sa production de 4,5 à 8,1 millions de tonnes par an et lance la construction d'un quatrième pipeline grâce à l'assistance de Snamprogetti, une filiale de la société italienne ENI. Pour garantir le ravitaillement de son réseau de distribution, la Sonatrach prend le contrôle de la Société de la raffinerie d'Alger (SRA) et lance un programme d'algérianisation extrêmement rapide. En juillet 1969, la raffinerie compte seulement 6 Français, dont 3 ingénieurs et 3 agents de maîtrise sur un total de 329 personnes et 16 ingénieurs[907].

Cette nouvelle orientation commence à déstabiliser la position de la CFP-A. Devenu secrétaire général après le départ de Jean Picard en

---

902 *Ibid.*

903 G. Garavini, *The Rise and Fall of OPEC in the Twentieth Century*, *op. cit.*, p. 176.

904 *Ibid.*

905 AH TotalEnergies, 18V01807/587, «Sonatrach accroît sa part» Petroleum Press Service, décembre 1968.

906 En 1969, le domaine minier de la société est ainsi composé : 50 000 km^2 de permis exclusif, 180 000 km^2 de permis relevant de l'Association coopérative et 11 500 km^2 de l'accord Getty passé avec Oil Company.

907 AH TotalEnergies, 18V01807/329, René Gourgouillon, Mémorandum : « Raffinerie d'Alger ». Point du 22 mai 1969, 29 mai 1969.

1967, René Gourgouillon évoque un changement des relations avec les pouvoirs publics :

> « L'administration algérienne s'est montrée, petit à petit, tatillonne, pointilleuse, soupçonneuse, et nos relations avec la direction des Carburants ont été extrêmement tendues et difficiles… mais en fait nous n'étions pas les seuls parce que toutes les compagnies pétrolières étaient sous le même régime, disons… d'hostilité. Donc, c'est un climat qui était assez curieux parce que, d'un côté, on avait de bonnes relations personnelles avec un certain nombre de responsables, mais, par ailleurs, vis-à-vis de l'administration générale on était considérés comme des gens à surveiller… c'est un climat très délétère qui s'est instauré petit à petit »[908].

Au-delà de la volonté du gouvernement de remettre en cause les accords de 1965, l'hostilité s'élargit aussi aux relations techniques. Grâce à l'assistance des consultants soviétiques, la Sonatrach annonce le lancement d'un nouveau projet d'expansion de la production d'Hassi Messaoud par la mise en place d'un système de réinjection d'eau dans le gisement. Ce projet est considéré irréaliste par la CFP-A en raison d'une incompatibilité entre la structure géologique du réservoir et le procédé en question. Par ailleurs, l'augmentation de la production était considérée comme disproportionnée par rapport aux besoins de consommation du marché français et des possibilités d'écoulement :

> « Il y a eu une bagarre qui était extrêmement violente. La Sonatrach nous accusait de sous-produire… ce qui n'était pas notre intérêt ! Nous n'avions pas d'intérêt à sous-produire, s'il y avait un intérêt, compte tenu du climat politique, c'était de produire à toute vitesse. Nous accuser de sous-produire c'était totalement aberrant »[909].

L'intérêt de « produire à toute vitesse » évoqué par Gourgouillon se réfère à la volonté de limiter les risques d'une éventuelle nationalisation. Si la sauvegarde du patrimoine immobilisé de la CFP-A est une priorité, une augmentation de la production d'Hassi Messaoud est néanmoins peu souhaitable à la fin des années 1960. Dans un contexte caractérisé par la baisse du cours du baril, toute augmentation de la production aurait

---

908 AH TotalEnergies, AO011906, Archives orales de la Compagnie française des pétroles Algérie (CFP-A).,Récit de carrière de René Gourgouillon, Aix-en-Provence, 29 juin 2018.

909 *Ibid.*

entraîné des conséquences sur les prix et sur l'équilibre financier de la société.

L'interruption des projets de développement du GPL : un signe prémonitoire de la rupture

Le climat d'incertitude qui précède la nationalisation des hydrocarbures se reflète aussi dans le domaine des relations gazières. Commencées en 1966, les négociations sur le gaz d'Hassi R'Mel se concluent par la signature d'un accord entre le gouvernement algérien, le gouvernement français et Gaz de France. Les signataires s'engagent à réaliser d'importants investissements pour développer les capacités de production et garantir la cession à la France de 3,5 milliards de m^3 par an à un prix préférentiel. Cela impose donc de développer les installations d'Arzew, de construire un nouveau gazoduc entre Hassi R'Mel et Skikda ainsi qu'une deuxième usine de liquéfaction pour transporter la production saharienne vers le terminal de gazéification de Fos-sur-Mer. Cette tentative de « verrouiller l'interconnexion énergétique »[910] trouve une réponse plutôt accommodante de la part de l'Algérie. L'existence d'une production largement supérieure aux possibilités de consommation d'exportation et la rigidité du marché européen du gaz naturel imposent de continuer les projets de développement en association avec les partenaires français. Pour cette raison, le principe de « gaz algérien » introduit par les accords de coopération de 1965 reste lettre morte jusqu'en 1968. Au lendemain de la guerre des Six Jours, la question gazière est nouvellement mise sur la table des discussions[911]. Alors que le président Boumediene annonce la construction d'un réseau de distribution et la création d'une filière de production de butane en bouteille, une campagne de dénonciation est lancée par les médias locaux. Les entreprises françaises sont alors accusées de sous-exploiter le gaz algérien et l'image du gaz brûlé dans les torchères devient le symbole du gaspillage de la richesse nationale[912].

Si cette opération de propagande devait justifier la prise de contrôle de la filière du gaz, plusieurs projets de valorisation avaient été lancés par les entreprises à la demande du gouvernement. En 1966, le ministre de

---

910 H. Malti, *Histoire secrète du pétrole algérien*, *op. cit.*

911 A. Rebah, *Sonatrach*, *op. cit.*

912 H. Malti, *Histoire secrète du pétrole algérien*, *op. cit.*, p. 109.

l'Industrie et de l'Énergie Abdesselam avait chargé la CFP-A de réaliser une étude sur la valorisation du GPL[913] d'Hassi Messaoud qui était utilisé pour la production d'électricité, la réinjection dans le gisement ou qui était brûlé dans les torchères[914]. En octobre 1968, Jean D'Herbès, Christian Redron et le secrétaire général adjoint François Castellani présentent au président Ghozali un projet de construction d'une usine de liquéfaction et offrent à la Sonatrach une participation de 49 %. Pour construire l'unité de liquéfaction 1 (UL1), la CFP-A constitue une équipe pilotée par Jacques Verdier. Après une année d'expérience dans le secteur pétrolier, Verdier assume la responsabilité d'un chantier aux multiples enjeux :

> « En 1968, D'Herbès a décidé de construire l'unité de liquéfaction 1 qui va récupérer le gaz torché et en extraire butane, propane et pentane, trois produits assez faciles à liquéfier – il suffit de le comprimer à 40 bars et de baisser un peu la température – et qui vont être expédiés en France, où on va créer un marché de butane propane. [...] On me nomme chef de projet de l'UL1. Je n'ai [pas une] formation en pétrochimie, je ne suis pas un producteur de pétrole [mais] je suis à l'aise dans la construction et quand il s'agit de fondations, de ferraille et de tuyauterie, je suis dans mon domaine... mais alors une unité de liquéfaction »[915].

Accompagné par Gérard Rigaud, Verdier commence à travailler à l'UL1 en liaison avec Stone & Webster, la société d'*engineering* chargée de la conception technique des installations. À la conclusion des études préliminaires, un projet de construction d'une usine avec une capacité de production de 400 000 tonnes de condensat par an est lancé mais aussitôt arrêté[916]. En avril 1969, le président de Sonatrach Sid Ahmed Ghozali annonce officiellement la prise en main du projet et la volonté d'assurer la commercialisation à l'étranger de 500 000 tonnes de GPL par

---

913 Le GPL (gaz de pétrole liquéfié) est un mélange d'hydrocarbures légers produits à partir du raffinage du brut, essentiellement le butane et le propane. Nous utilisons l'acronyme GPL même si dans la majorité des sources exploitées on utilise la forme anglaise LPG (*Liquefied Petroleum Gas*).

914 AH TotalEnergies, 18V01807/587, Point sur la situation actuelle concernant le projet d'Extraction des GPL d'Hassi Messaoud Nord, 16 octobre 1969.

915 AH TotalEnergies, AO011904, Archives orales de la Compagnie française des pétroles Algérie (CFP-A), Récit de carrière de Jacques Verdier, La Défense, 21 juin 2018.

916 Les études techniques estiment que 50 000 tonnes produites seront destinées à la consommation algérienne. Cf. AH TotalEnergies, 18V01807/587, LPG réunion du 16 janvier 1969, Neuilly-sur-Seine, 17 janvier 1969.

an[917]. En dépit de cette prise de position, la CFP-A décide de continuer ce projet stratégique pour protéger ses intérêts à Hassi Messaoud, mais cela provoque la réaction des responsables algériens[918]. Comme l'explique Nourredine Aït Laoussine, les dirigeants de la Sonatrach sont étonnés du fait que la société française poursuive la construction de l'UL1 « alors qu'il semble clair que la Sonatrach a manifesté officiellement son intention de réaliser la construction de cette usine »[919]. Selon le jeune cadre de la société nationale « il y [aurait] dans cette affaire une partie qui se moque de l'autre »[920]. En effet, la décision montre la volonté de la CFP-A de faire valoir ses droits de concessionnaire, une stratégie fortement soutenue par François Castellani.

Dans cette période, l'entrée de la Sonatrach dans le marché américain du gaz contribue à bouleverser les équilibres existants. En octobre 1969, la société nationale algérienne signe un contrat avec El Paso Natural Gas qui prévoit la livraison de 17 milliards de m^3 par an durant 25 ans et la réalisation des investissements nécessaires à multiplier la production d'Hassi R'Mel par cinq[921]. Présenté comme « le plus grand contrat de gaz jamais passé »[922], cet accord ouvre de nouvelles perspectives techniques et commerciales. Les actionnaires de la SEHR commencent donc à négocier un nouveau prix de cession pour le gaz destiné au marché américain mais l'opposition de la CFP-A à toute réduction des prix contribue à crisper les positions des deux parties[923]. Le 27 novembre 1969, à la veille de la reprise des négociations entre France et Algérie, le ministre Abdesselam interdit formellement la construction de l'usine de liquéfaction de la CFP-A[924]. Le chantier est alors bloqué par l'intervention des forces de

917 Il s'agit de deux tiers de la production initiale de l'usine. AH TotalEnergies, 18V01807/587, Point sur la situation actuelle concernant le projet d'extraction des LPG d'Hassi Messaoud, 20 mars 1969.

918 *Ibid.*

919 AH TotalEnergies, 18V01807/587, Castellani, Compte rendu d'un entretien entre M. Ait-Laoussine et moi-même, 1er octobre 1969

920 *Ibid.*

921 AH TotalEnergies, 18V01807/587, Compte rendu de la réunion du 16 octobre 1969 à 11h chez Sonatrach, Neuilly-sur-Seine, 20 octobre 1969.

922 *Ibid.*

923 AH TotalEnergies, 18V01807/587, Réponse de CFP-A à la demande de fourniture de gaz pour le gisement de Hassi R'Mel, 19 novembre 1969.

924 Les négociations se déroulent à Alger le 19 novembre 1969 en la présence de François Castellani, René Gourgouillon, Sid Ahmed Ghozali et Hocine Malti.

l'ordre et le matériel est mis sous séquestre. Jacques Verdier raconte ainsi le moment où le projet marque un coup d'arrêt définitif :

> « On [avait] achète tout le matériel en France en Italie et aux États-Unis… Tout [était] prêt à être expédié et on [avait commencé] les fondations. Et à ce moment-là, le gouvernement algérien envoie la gendarmerie et donne l'ordre d'arrêter tout […]. C'était un an avant la vraie nationalisation. On a arrêté le projet sans utiliser le mot nationalisation parce qu'il n'y avait pas de droit de propriété sur le gaz. On a dit : "ce gaz il ne vous a jamais appartenu, vous n'en aviez jamais rien fait, c'est la Sonatrach qui va l'exploiter !" Et ça s'arrête comme ça »[925].

Les sources écrites et orales confirment que les ingénieurs impliqués dans le projet ne sont pas au courant des raisons de cette interruption. Ils savent que la direction a décidé de continuer la construction de l'usine malgré les avertissements, mais ils n'imaginent pas que des négociations soient conduites à Alger par François Castellani. En somme, l'interruption du chantier de construction de l'UL1 a une valeur hautement symbolique pour le gouvernement algérien. Cela permet de montrer au monde pétrolier international que la Sonatrach est capable de réaliser de grands projets industriels et que la question énergétique ne relève plus du cadre des relations bilatérales entre la France et l'Algérie.

Les négociations sur le prix fiscal et la nationalisation du 24 février 1971

La fin des années 1960 est caractérisée par une rapide dégradation des relations entre la Sonatrach et les sociétés françaises. En septembre 1968, l'Algérie impose à Elf-ERAP un premier embargo de 24 heures sur la reprise du brut en raison du prix d'achat jugé trop bas[926]. Quelques semaines plus tard, une demande de dédommagement est transmise à

À la demande de la Sonatrach de fournir un prix de référence pour la cession de 17 millions de m^3/an de gaz, les représentants de la CFP-A indiquent 0,11 DA par m^3, le même tarif appliqué pour la fourniture de 500 000 de m^3/an destinée au marché algérien. L'opposition de la CFP-A à toute réduction du prix de cession est due aux importants investissements nécessaires à augmenter la capacité de production.

925 AH TotalEnergies, AO011904, Archives orales de la Compagnie française des pétroles Algérie (CFP-A), Récit de carrière de Jacques Verdier, La Défense, 21 juin 2018.

926 AH TotalEnergies, 18V01807/587, Mémorandum, 27 janvier 1969.

la CREPS qui est accusée de « surexploiter le gisement d'Edjeleh »[927]. De longues discussions sur le budget opérationnel de l'ASCOOP se poursuivent jusqu'en février 1969, quand le gouvernement algérien invoque la réouverture des négociations sur le prix du brut en vertu de l'article 27 des Accords d'Alger. Le ministre Abdesselam demande alors l'augmentation des prix postés[928] à 2,65 dollars FOB le baril pour le brut chargé à Bejaïa, à 2,665 dollars FOB pour celui chargé à Arzew et à 2,61 FOB pour celui de La Skhirra[929]. Si le prix d'achat réel se maintient à 2,08 dollars le baril, cette revendication met en évidence la volonté de reconsidérer les privilèges acquis par les sociétés françaises[930]. Devant l'accusation de ne pas respecter les accords de coopération, le gouvernement français accepte de s'asseoir à la table des négociations. Néanmoins, le prix de 2,65 dollars le baril prévu dans l'accord d'association signé avec Getty Oil en octobre 1968 affaiblit fortement la position des entreprises concessionnaires[931].

Le 24 novembre commencent les discussions entre les représentants du gouvernement français et l'administration pétrolière algérienne. Réunies à Alger, les deux délégations décident de nommer une commission d'experts pour aborder sur le plan technique un problème purement politique. Dans ce contexte, des positions divergentes commencent à émerger[932]. Selon René Gourgouillon, les Français souhaitent uniquement négocier l'augmentation du prix de référence alors que les Algériens demandent à

---

927 AH TotalEnergies, 98.8/8, Emmanuel Catta, Chronologie des rapports pétroliers franco-algériens 1966-1971.

928 Dans le marché pétrolier le prix posté (*posted price*) est le prix de référence indiqué pour le brut Free On Bord (FOB) vendu dans les ports d'expédition. Le prix posté peut être utilisé comme base de calcul pour la redevance fiscale et l'impôt sur le revenu et il fait l'objet de rabais et de négociations entre vendeur et acheteur.

929 AH TotalEnergies, 18V01807/587 « Lettres de l'Algérie sur les prix publiés », Compte rendu de la réunion à la Chambre Syndicale, 10 mars 1969.

930 J. Kabbanji, *La stratégie pétrolière de la France en Algérie, 1962-1971*, *op. cit.*, p. 250.

931 Cet accord d'association fixe un prix de reprise du brut algérien à 2,65 dollars le baril. En contrepartie, il reconnaît à la société américaine une participation à l'exploration. Cf. AH TotalEnergies, 18V01807/587, Visite à Devillers de la DICA, Neuilly-sur-Seine, 21 novembre 1968 ; 50ZZ507/10 Entretien entre Maurice Schuman et Belaid Abdesselam (jeudi 2 octobre de 12h45 à 13h30), 3 octobre 1969.

932 AH TotalEnergies, 18V01807/587, René Gourgouillon, Négociation France Algérie et révision du prix fiscal, 11 décembre 1969.

« déterminer la valeur relative du pétrole algérien par rapport aux pétroles concurrents [pour] déterminer le nouveau prix fiscal »[933]. La commission d'expert est donc chargée de définir une méthode de calcul pour évaluer la qualité du brut saharien en fonction des produits obtenus grâce au raffinage, des prix et des quantités de vente sur les marchés européens. Si l'ordinateur facilite cette tâche, le désaccord sur certains critères de calculs du prix de référence contribue à éloigner les positions des parties. Les négociations se déroulent dans une atmosphère très tendue et René Gourgouillon met en évidence l'impréparation des négociateurs algériens qui basent leurs revendications uniquement sur les études réalisées par leurs consultants américains[934]. Par ailleurs, il explique que la négociation en cours dépasse largement le cadre des relations franco-algériennes. En effet, l'attitude des membres de la délégation change complètement après l'arrivée au pouvoir de Muhammad Kadhafi en septembre 1969 et le voyage de Sid Ahmed Ghozali en Libye[935]. Ces événements donnent un nouvel élan aux revendications pour la réforme de la fiscalité en vigueur en Algérie, encore trop favorable aux entreprises étrangères[936].

Les négociations sont interrompues en février 1970, ce qui contribue à augmenter la distance entre les deux parties. Dans la presse, les cadres de la société algérienne déclarent vouloir desserrer le lien avec les sociétés françaises et ouvrir la coopération dans le secteur des hydrocarbures à tous les pays intéressés[937]. À la reprise des négociations en mai, les Français offrent une augmentation du prix posté à 2,15 dollars le baril contre une requête algérienne de 2,65 dollars. Cela provoque la violente réaction du ministre algérien qui interrompt toute discussion et prend le contrôle des autres sociétés étrangères actives en Algérie le 15 juin 1970[938]. La nationalisation de Phillips Petroleum et des filiales de la Royal Dutch Shell permet donc à la Sonatrach de contrôler 30 % de la production algérienne, alors que 70 % reste sous le contrôle de la CFP-A et de

---

933 *Ibid.*

934 *Ibid.*

935 *Ibid.*

936 Hubert Breton, « Le pétrole libyen au service de l'unité arabe ? », *Revue française de science politique*, n° 22, 1972/6, p. 1256-1275.

937 Centre européen pour le développement industriel et la mise en valeur de l'Outre-mer.

938 AH TotalEnergies, 18V01807/530, Conversation entre MM Abdesselam et Brunet, Alger, 13 juin 1970.

l'ERAP[939]. Pour mieux surveiller l'activité des entreprises françaises, le gouvernement renforce l'obligation de rapatriement des fonds déjà introduite en 1965[940]. Ce jeu de trésorerie impose aux sociétés de payer leur propre pétrole en contribuant à leur asphyxie financière. Comme le résume le secrétaire général de la CFP Vincent Labouret, ancien haut fonctionnaire du Quay d'Orsay, dans ces conditions, « la notion de pétrole franc perd toute réalité puisque l'huile saharienne deviendrait un pétrole à coût exorbitant, accumulant entre mains algériennes des francs convertibles sans limitation en devise étrangère »[941]. Par ailleurs, cette décision serait « un précédent très dangereux » puisque d'autres pays producteurs pourraient adopter la même stratégie.

En juillet 1970, la décision d'augmenter rétroactivement les prix de référence du baril de brut à 2,85 dollars provoque une forte contestation française[942]. Le gouvernement dénonce alors la violation du principe *pacta sunt servanda* et menace de recourir à l'arbitrage en vertu de l'accord de 1965. De son côté, la presse met en garde l'opinion publique sur l'augmentation des prix des carburants en présentant les consommateurs européens comme des otages de la politique agressive du gouvernement socialiste de Boumediene[943]. Pour sortir de cette impasse, le président français Georges Pompidou invoque l'ouverture d'un nouveau cycle de négociations à Alger[944]. Le ministre du Développement industriel

---

939 AH TotalEnergies, 18V01807/530, « Pétrole Algérie : ERAP et CFP seront les prochaines victimes », *Combat*, 17 juin 1970

940 AH TotalEnergies, 18V01807/530, Télex de D'Herbès à Gourgouillon reportant la lettre du ministre de l'Industrie Abdesselam adressée au président de la CFP-A Jacques Bénézit, Alger, 24 juin 1970.

941 AH TotalEnergies, 50ZZ507/10, Lettre de Vincent Labouret à Wormser (Banque de France), Brunet (Quai d'Orsay), Vaillaud (DICA), Esteva (ministère de l'Industrie), à la Présidence de la République (puis de Metz et Bénézit), « Questions algériennes », 9 juillet 1970.

942 AH TotalEnergies, 18V01807/530, Note AFP après la décision algérienne de relever les prix du Pétrole, Paris, 21 juillet 1970.

943 AH TotalEnergies, 18V01807/530, « Énergiques représentations françaises avant tout réexamen des problèmes pétroliers », *Le Figaro*, 23 juillet 1970 ; « Après l'initiative du gouvernement Boumediene Paris soumettrait à l'arbitrage son conflit avec Alger sur la fiscalité pétrolière », *Le Monde*, 23 juillet 1970 ; « Recours à l'arbitrage d'un tribunal paritaire » et « Le consommateur ne doit pas être la victime », *L'Aurore*, 23 juillet 1970 ; « Charges fiscales majorées de 50 % pour les entreprises pétrolières françaises en Algérie », *Le nouveau journal*, 23 juillet 1970.

944 J. Kabbanji, *La stratégie pétrolière de la France en Algérie, 1962-1971*, *op. cit.*, p. 257.

et de la Recherche scientifique François-Xavier Ortoli et le directeur des Carburants Michel Vaillaud entament alors les discussions avec le ministre des Affaires étrangères Abdelaziz Bouteflika et le président de la Sonatrach Sid Ahmed Ghozali le 27 août 1970. Ces échanges sont pourtant influencés par les négociations en cours à Tripoli et à Téhéran et par la décision unilatérale de l'OPEP d'harmoniser la fiscalité et les prix, ce qui affaiblit la position des sociétés pétrolières.

Conduites par les représentants de la puissance publique, les négociations laissent aux entreprises un rôle extrêmement marginal, ce qui fait émerger des intérêts divergents. En 1970, le pétrole algérien représente 20,4 % des ressources de la CFP et plus de 79 % de celles de l'ERAP. Sur le plan relationnel, si les cadres de la CFP comme D'Herbès, Castellani et Gourgouillon entretiennent des rapports amicaux avec les responsables algériens, les sources montrent des relations très tendues entre ERAP et Sonatrach. À ces conditions, le maintien du statu quo paraît nécessaire pour la survie de l'entreprise nationale tandis que pour la CFP un futur sans pétrole algérien semble possible. Selon les hypothèses du directeur René de Montaigu entre 1971 et 1976, la CFP pourrait extraire 65 millions de tonnes du gisement d'Hassi Messaoud avant que le déclin du taux de productivité impose de réaliser des investissements. En raison des nouvelles conditions fiscales et de l'instabilité des prix sur le moyen terme, explique de Montaigu, « il serait presque plus rentable de se faire nationaliser et rembourser de la valeur des investissements »[945]. Le directeur estime que la compensation d'une éventuelle nationalisation pourrait assurer 75 millions de tonnes sur 6 ans, un délai suffisant pour remplacer la production algérienne avec celle des pays du Golfe[946]. Toutefois, l'acceptation d'un prix de reprise plus élevé et la négociation d'une indemnité de nationalisation représenterait « un grave précédent pour toutes les concessions auxquelles la CFP est intéressée dans le reste du monde »[947]. En dépit des considérations de l'entreprise, ce sont les représentants du gouvernement français qui ont le dernier mot sur l'orientation des négociations. Le 28 janvier 1971, François-Xavier Ortoli demande aux sociétés de verser à l'administration fiscale algérienne

945 AH TotalEnergies, 50ZZ507/10, Note de de Montaigu à de Metz « Considération sur la valeur d'Hassi Messaoud », 27 novembre 1970 ; Note de de Montaigu à de Metz « Valeur des intérêts de la CFP-A », 1er décembre 1971.

946 AH TotalEnergies, 50ZZ507/10, Note sommaire, 7 janvier 1971.

947 *Ibid.*

l'arriéré de l'impôt sur l'activité pétrolière qui avait été gelé depuis 1969 et annonce la suspension des discussions dans l'attente du résultat des négociations sur le prix de référence en cours à Tripoli. Quelques jours après cette décision, le gouvernement algérien déclare la nationalisation de l'industrie algérienne des hydrocarbures.

B. Un nouveau départ : les négociations avec l'État algérien

La nationalisation vue par la Compagnie française des pétroles : problème ou opportunité ?

Le 24 février 1971, le président Houari Boumediene annonce aux cadres syndicaux réunis à Alger la décision de « porter la révolution dans le secteur des hydrocarbures »[948]. Dans le discours prononcé pour le quinzième anniversaire de l'UGTA, il dénonce la tentative française de faire échouer les accords de 1965 et le complot des entreprises pétrolières internationales. Boumediene revendique le droit de l'Algérie à prendre « toute décision découlant de l'exercice normal de la souveraineté »[949] et d'assurer un contrôle direct sur cette industrie stratégique pour le pays. Au nom du conseil de la révolution et du gouvernement, le président annonce la nationalisation des gisements de gaz naturel, de l'infrastructure de transport ainsi que la prise de contrôle de 51 % des actifs des sociétés françaises[950]. Tout en assurant l'indemnisation des sociétés touchées par ces mesures, il se dit prêt à recommencer des négociations sur la base des dispositions de l'accord de Tripoli et à garantir la possibilité de ravitaillement aux prix du marché.

---

948 Les événements de la nationalisation sont reconstruits à partir de la correspondance diplomatique conservée dans les archives du secrétaire général de la CFP Vincent Labouret. Ancien diplomate au Quai d'Orsay, les télégrammes conservés dans ses archives sont systématiquement diffusés en interne et constituent des sources de premier ordre pour orienter la prise de décision du président Victor de Metz. AH TotalEnergies, 50ZZ507/12, Télégramme de l'ambassadeur de France Jean Basdevant au ministère des Affaires étrangères (cc Vincent Labouret), « Texte officiel du discours du président Boumediene du 24 février », Alger, 25 février 1971 à 14h.

949 *Ibid.*

950 *Ibid.*

Selon René Gourgouillon, la décision de Boumediene était complètement inattendue puisqu'aucune information en ce sens n'avait été collectée par le réseau de renseignement de la CFP-A. En voyage avec Jean D'Herbès et leurs épouses pour participer au comité de direction de l'Ascoopette dans le Tassili N'Ajjer, le secrétaire général est informé de la nationalisation au moment de son arrivée à Alger le soir du 24 février :

> « Le jour de la nationalisation, quand on a pris l'avion à Paris pour Alger, on partait rejoindre nos collègues de la Sonatrach pour aller au Tassili à l'occasion du comité de direction de l'Ascoopette. On était avec nos épouses et c'est à la descente de l'avion à Alger, je ne sais pas... à six heures du soir... que notre chargé de relations publiques, Guellal, qui était un Algérien, il nous dit : "Boumediene vient de parler, il a nationalisé le pétrole !" Alors, en réalité, une partie de notre délégation est partie pour le Tassili avec le gars qui dirigeait la délégation de la Sonatrach, Megatelli. Donc D'Herbès et Megatelli sont partis et sont allés faire la balade du Tassili. Moi, je suis resté à Alger finalement, et j'ai accueilli le lendemain matin Monsieur Malti qui venait pour prendre possession de la société »[951].

Arrivé au siège algérois de la CFP-A, Gourgouillon contacte l'ambassadeur de France Jean Basdevant, mais il découvre que les autorités algériennes n'ont pas diffusé d'informations sur les mesures annoncées. La nuit du 24 février, une première note de la présidence de la République explique que la nationalisation détermine la prise de contrôle des sociétés « où les intérêts français possèdent la totalité, la majorité ou la moitié du capital social »[952], des infrastructures de transport et la révocation des concessions gazières sans pourtant préciser les modes d'exécution des décisions :

> « Je suis resté à Alger pendant 48 heures pour voir comment on allait s'y prendre. Nationalisation à 51 %... personne n'avait connu ça ! On ne savait pas ce que ça voulait dire [...] la nationalisation c'est à 100 % ! Quand c'est

951 AH TotalEnergies, AO011906, Archives orales de la Compagnie française des pétroles Algérie (CFP-A), Récit de carrière de René Gourgouillon, Aix-en-Provence, 29 juin 2018.

952 AH TotalEnergies, 50ZZ507/12, Télégramme de l'ambassadeur de France Jean Basdevant au ministère des Affaires étrangères (cc Vincent Labouret), « Nationalisation des sociétés pétrolières françaises », Alger, 25 février 1971, à 01h58.

à 51 %, qu'est-ce que ça veut dire ? Qui c'est qui conduit ? Qui c'est qui est dans le *driver's seat* comme disent les Anglais ? »[953]

Même si les effets de ces mesures restent extrêmement flous, la nationalisation montre les premiers effets le 25 février. Les comptes bancaires des sociétés françaises sont gelés tandis qu'au terminal de Bejaïa les douaniers interdisent le chargement des navires pétroliers[954]. L'incertitude commence à se diffuser aussi dans les autres pays : aux États-Unis, les autorités s'interrogent sur la stabilité de l'accord signé par El Paso ; en Italie, le gouvernement confirme sa solidarité aux entreprises françaises ; en Grande-Bretagne le Parlement s'inquiète pour les répercussions d'une telle crise sur les pays producteurs[955]. Au siège de la Sonatrach, le président Ghozali organise les équipes chargées de prendre le contrôle des sociétés. Le matin suivant, René Gourgouillon accueille au siège de la CFP-A Hocine Malti, nommé responsable des gisements d'Hassi Messaoud et Hassi R'Mel :

« [Le 25 février] j'ai accueilli Malti, on lui avait aménagé un des bureaux de direction dans notre immeuble d'Hydra. Je lui ai dit, "prenez possession de votre bureau", j'attendais qu'il me dise "je vais faire ceci, je vais faire cela", mais en réalité rien de tout ça ! […] Malti a pris possession de son bureau, mais il n'est pas intervenu dans l'activité de la boîte et nous, on a continué à travailler comme si de rien n'était ! Notre personnel a continué à travailler, donc la nationalisation avait un caractère parfaitement théorique, sauf sur un point, qui était l'exportation de pétrole. Nous, on était autorisés

---

953 AH TotalEnergies, AO011906, Archives orales de la Compagnie française des pétroles Algérie (CFP-A), Récit de carrière de René Gourgouillon, Aix-en-Provence, 29 juin 2018.

954 AH TotalEnergies, 50ZZ507/12, Télégramme de l'ambassadeur de France Jean Basdevant au ministère des Affaires étrangères (cc Vincent Labouret), « Mise en application des mesures pétrolières annoncées le 24 février, 25 février 1971, 14h45.

955 AH TotalEnergies, 50ZZ507/12, Télégramme de l'ambassadeur de France Lucet au ministère des Affaires étrangères (cc Vincent Labouret), « Attitude américaine à l'égard des récentes décisions algériennes », Washington, 26 février 1971, 02h33 ; Télégramme de l'ambassadeur de France Bruin des Roziers au ministère des Affaires étrangères (cc Vincent Labouret), « Mesures prises par l'Algérie dans le domaine des hydrocarbures », Rome, 27 février 1971 ; Télégramme de l'ambassadeur de France M. Courcel au ministère des Affaires étrangères (cc Vincent Labouret), « Crise pétrolière », Londres, 1er mars 1971, à 21h52.

> à exporter, avec la DEH dont je vous ai parlé, qu'au cas par cas et bateau par bateau sur autorisation »[956].

L'ordonnance signée par le tribunal d'Alger reconnaît au représentant de la Sonatrach le rôle de « cogestionnaire » des sociétés mais tout continue à fonctionner comme avant. La seule exception est constituée par la nouvelle obligation en matière de trésorerie. Toutes les opérations doivent désormais porter la double signature du responsable français et du nouveau responsable algérien[957].

Sur le champ d'Hassi Messaoud, le drapeau algérien est hissé le 6 mars 1971 mais la décision de Boumediene est annoncée aux agents présents à Maison Verte l'après-midi du 24 février[958]. Ali Friha se souvient parfaitement du moment où le directeur technique Christian Redron interrompt la réunion d'information en cours pour annoncer la nouvelle aux agents de maîtrise de la société :

> « À l'époque c'était Monsieur Redron qui nous a convoqués, avec tout le personnel d'encadrement dans la salle de restaurant des agents de maîtrise. Il y avait un tableau devant et il nous parlait de production, il faisait la comparaison avec les cousins d'à côté… la Repal quoi… mais on était meilleurs ! Il ne faisait que rentrer et sortir. À un certain moment il nous a dit : "Messieurs, je viens d'apprendre par la radio qu'on a été nationalisés à 51 %" – c'était le 24 février 1971 – [il nous dit] "on ne bouge pas ! continuez à travailler jusqu'à ce qu'on ne reçoive les textes pour savoir où l'on va !". On a continué à travailler, tout le monde l'a fait »[959].

Aziz Ait Saïd confirme qu'un climat d'incertitude s'empare du district même si toutes les activités continuent comme avant :

---

956 AH TotalEnergies, AO011906, Archives orales de la Compagnie française des pétroles Algérie (CFP-A), Récit de carrière de René Gourgouillon, Aix-en-Provence, 29 juin 2018.

957 AH TotalEnergies, 50ZZ507/12, Télégramme de l'ambassadeur de France Jean Basdevant au ministère des Affaires étrangères (cc Vincent Labouret) « Application donnée aux mesures de nationalisation du 24 février », Alger, 1er mars 1971, à 00h53

958 AH TotalEnergies, 50ZZ507/12, Télégramme de l'ambassadeur de France Jean Basdevant au ministère des Affaires étrangères (cc Vincent Labouret) « Application donnée aux mesures de nationalisation du 24 février », Alger, 9 mars 1971, à 00h34.

959 AH TotalEnergies, AO011913, Archives orales de la Compagnie française des pétroles Algérie (CFP-A). Récit de carrière de Ali Friha, Paris, 22 novembre 2018.

> « [...] Au fait il ne s'est rien passé ! À part la décision politique qui annonçait la nationalisation du pétrole le 24 février, sur le champ, dans l'absolu, il ne s'est rien passé. Les gens travaillaient comme avant, mais les vrais sujets c'étaient entre Alger et Paris »[960].

Les témoins présents au siège de Neuilly-sur-Seine, le centre du pouvoir décisionnel de la CFP-A, évoquent une situation beaucoup plus tendue. Les cadres et les agents administratifs de la filiale s'inquiètent pour les conséquences de cette décision sur leur avenir. Le 24 février, Michel Naylies participe à l'assemblée extraordinaire convoquée par la direction dans la salle de cinéma du siège en rue des Graviers. Il commence alors à mesurer l'impact de la nationalisation sur son parcours professionnel :

> « Au moment de la nationalisation en rue des Graviers – en deux mots – c'était la panique ! Des gars comme D'Herbès et Redron faisaient le tour en disant "vous restez ! on ne bouge pas ! On va s'arranger ! On va vous trouver du boulot !" D'autres gars en dessous, comme mon patron de l'époque Maurice Piotin, me disaient "tu as 26 ans : ne reste pas ! C'est une catastrophe !" »[961].

Également présent au siège le 24 février, Jacques Verdier évoque un certain optimisme sur la possibilité de trouver un arrangement :

> « Il y avait une incertitude par rapport à la situation, mais il y avait également une grande confiance sur le fait que les chefs allaient trouver la solution. On a une telle confiance pour de gens comme D'Herbès, qui a su gagner la confiance de grands patrons comme Germes, Bénézit ou Victor de Metz... On savait qu'on trouverait des solutions pour nous ! »[962].

Profondément concerné par les nouvelles mesures, le président de la CFP Victor de Metz prend en main le dossier de la nationalisation. Il constitue alors une cellule de crise composée de l'état-major de la maison-mère et de deux négociateurs de la CFP-A : le secrétaire général René Gourgouillon et son adjoint François Castellani.

Le 1er mars, lors de la publication des ordonnances de nationalisation dans le *Journal officiel*, Gourgouillon et Castellani consultent des

---

960 AH TotalEnergies, AO011903, Archives orales de la Compagnie française des pétroles Algérie (CFP-A), Récit de carrière de Aziz Ait Saïd, Paris, 12 juin 2018.

961 AH TotalEnergies, AO011921, Archives orales de la Compagnie française des pétroles Algérie (CFP-A), Récit de carrière de Michel Naylies, Argeliers, 29 mars 2019.

962 AH TotalEnergies, AO011904, Archives orales de la Compagnie française des pétroles Algérie (CFP-A), Récit de carrière de Jacques Verdier, La Défense, 21 juin 2018.

spécialistes de droit international pour évaluer la légitimité de ces mesures. Si le professeur René-Jean Dupuy suggère de dénoncer la violation des accords de 1965 et de recourir à l'arbitrage international[963], le professeur Jean Rivero et la direction des affaires juridiques du Quai d'Orsay expriment leur perplexité sur cette stratégie. D'une part, la France dispose de 4 voix favorables sur 15 disponibles à la Cour internationale de justice, d'autre part ; les accords passés avec l'Algérie « n'ont jamais garanti la propriété [des concessions] ni ont remis en cause le droit imprescriptible de l'État à nationaliser »[964]. Au-delà du débat doctrinal, les stratégies envisagées par le gouvernement français et par la CFP commencent à diverger puisque si la rupture *de facto* des relations diplomatiques affaiblit la position de l'ERAP, cette situation favorise les négociations avec les représentants de la Sonatrach[965]. Alors que les deux gouvernements continuent à réaffirmer leurs positions officielles, le 10 mars 1971, Jacques Bénézit et François Castellani rencontrent à Alger Sid Ahmed Ghozali, Nourredine Aït Laoussine et Hocine Malti pour discuter du futur de la CFP en Algérie.

L'ouverture du dialogue : une condition préalable à la solution du conflit

Durant le premier entretien avec les représentants de la CFP, le président Ghozali invoque la participation de Sonatrach à toutes les décisions financières, techniques et commerciales, ainsi que la création d'une société mixte pour la gestion des droits nationalisés. D'accord avec ce principe, la CFP insiste sur le besoin de définir le montant des indemnités de nationalisation, préciser les méthodes de calcul de l'impôt arriéré et détailler les conditions des nouveaux contrats pétroliers. Durant ce premier colloque, les négociateurs soulèvent plusieurs interrogations.

---

963 AH TotalEnergies, 18V01807/239, Requête à M. le président et MM. les membres de la commission de conciliation instituée par l'accord entre la République française et la République algérienne démocratique et populaire concernant le règlement de questions touchant les hydrocarbures et le développement industriel de l'Algérie du 29 juillet 1965, 1er mars 1971.

964 AH TotalEnergies, 18V01807/239, Note très confidentielle « Mesures de nationalisation requête en conciliation : compte rendu », 4 mars 1971.

965 AH TotalEnergies, AO011906, Archives orales de la Compagnie française des pétroles Algérie (CFP-A), Récit de carrière de René Gourgouillon, Aix-en-Provence, 29 juin 2018 ; H. Malti, *Histoire secrète du pétrole algérien*, *op. cit.*, p. 165.

Quel sera le statut de la nouvelle société ? Dans quelle mesure participera-t-elle à la recherche des nouveaux gisements ? Quel sera le cadre fiscal de référence ? Si les conditions financières demeurent au centre des discussions, la question du personnel est également évoquée. À la demande de la Sonatrach, la CFP se dit disponible à conserver le personnel français en place dans une nouvelle organisation en échange d'un droit de regard sur les plannings de départ et les plans de remplacement[966].

Durant la réunion du 10 mars, Sid Ahmed Ghozali évoque la possibilité d'attribuer à la CFP-A le rôle d'opérateur en dépit de sa participation minoritaire. Le président précise « qu'il serait heureux de conserver le personnel [français] »[967], même si la nouvelle société mixte devra faire l'objet d'une algérianisation plus accentuée. En effet, la prise de contrôle des entreprises étrangères confirme la principale préoccupation des cadres de la Sonatrach : l'incapacité à faire tourner les installations en autonomie. La permanence du personnel français est donc un enjeu majeur pour la continuité de la production et de l'exportation. Si la CFP garde une certaine marge de manœuvre, dans les sociétés nationalisées à 100 %[968] l'arrivée des nouveaux responsables algériens a pour conséquence l'expulsion des agents français, un événement qui ressemble tout à fait à une deuxième décolonisation[969]. En raison du manque de spécialistes, ces travailleurs sont remplacés par des consultants soviétiques déployés dans le cadre de l'assistance technique ou par des agents détachés par des sociétés étrangères[970].

---

966 AH TotalEnergies, 50ZZ507/11, Entretien du 10 mars 1971, sdnl.

967 AH TotalEnergies, 50ZZ507/12, Télégramme de l'ambassadeur de France Jean Basdevant au ministère des Affaires étrangères (cc Vincent Labouret) « Contacts pris par la CFP avec la Sonatrach à Alger », Alger, 11 mars 1971, à 17h46.

968 En vertu des ordonnances de nationalisation, les sociétés gazières et celles spécialisées dans le transport par *pipeline* sont nationalisées à 100 %. C'est le cas de la SEHR, de la SOPEG et de la TRAPSA.

969 50ZZ507/12, Télégramme de l'ambassadeur de France Jean Basdevant au ministère des Affaires étrangères (cc Vincent Labouret, Bénézit), « Situation de la SOPEG », Alger, 15 mars 1971, à 22h10 ; Télégramme de l'ambassadeur de France Jean Basdevant au ministère des Affaires étrangères (cc Vincent Labouret), « Application donnée aux mesures de nationalisation du 24 février », Alger, 9 mars 1971, à 00h34.

970 AH TotalEnergies, 50ZZ507/12, Lettre du consul de France Gérard Simon à l'ambassadeur français Basdevant, Béjaïa, 14 avril 1971.

Les discussions entre la CFP et la Sonatrach continuent entre Paris et Alger grâce au volontarisme de René Gourgouillon, de François Castellani et du directeur de la CFP Fréderic Berbigier. Odette Casalta-Ribès, ancienne secrétaire de Castellani, suit de très près l'évolution de la situation. Originaire d'Alger comme son ancien responsable, elle résume ainsi la préoccupation du personnel vis-à-vis d'un nouveau départ :

> « On savait forcément [ce qui se passait] parce qu'on était en relation avec Alger tout le temps donc... oui, on savait que ça n'allait pas ! Je sais que Monsieur Castellani recevait toujours de gens d'Alger ou de la Sonatrach... Donc on savait qu'il y avait des pourparlers puisqu'il faisait des voyages très, très fréquents »[971].

Durant les premières semaines de pourparlers, les délégations fixent les principes généraux des négociations. En premier lieu, la Sonatrach demande l'assistance technique de la CFP-A et délègue à la société française toutes les responsabilités opérationnelles durant cette phase de transition. En deuxième lieu, le montant des indemnisations est fixé en fonction du niveau d'investissements prévu dans les années à venir. En troisième lieu, le prix de référence fiscale est établi sur la base des dispositions de l'accord de Tripoli avec une majoration de 0,15 dollar le baril[972]. Cette décision conduit à la création d'ALREP – une société mixte contrôlée par CFP-A à 49 % et par la Sonatrach à 51 % – et à la définition d'un programme d'investissements financé grâce aux amortissements et aux indemnités de nationalisation[973].

La stratégie de la CFP-A se révèle très différente de celle définie par le secrétaire général du Quai d'Orsay Hervé Alphand durant les négociations gouvernementales. Si l'État français invoque le désengagement immédiat de l'ERAP en échange d'une indemnisation de sortie, la CFP estime plus rentable de réorganiser sa présence en Algérie. Cette décision est confirmée par les calculs de simulations réalisés grâce aux modèles informatiques mis en place avec IBM, des outils indispensables pour les négociations :

---

971 AH TotalEnergies, AO011912, Archives orales de la Compagnie française des pétroles Algérie (CFP-A), Récit de carrière d'Odette Casalta-Ribès, Paris, 23 octobre 2018.

972 AH TotalEnergies, 50ZZ507/11, Lettre de Roland de Montaigu (DCEP 03), Renégociation Sonatrach CFP-A du 26 au 30 mars 1971, 31 mars 1971.

973 La société ALREP est formellement constituée le 20 mars 1971. Cf. AH TotalEnergies, 50ZZ507/11, Mémorandum, 31 mars 1971.

> « [Notre outil informatique] était une reproduction des données essentielles de la comptabilité de la CFP-A qui nous permettait d'avoir un compte d'exploitation, la trésorerie et le bilan… Dans n'importe quelle situation on pouvait faire varier le prix fiscal, on pouvait faire varier la fiscalité, la durée des amortissements, les coûts d'exploitation et chaque fois vous obteniez un résultat qui vous permet de savoir si vous êtes encore dans les clous, si ça marchait ou si ça ne marchait pas »[974].

Même si la signature de l'Accord de Tripoli se présente comme une opportunité pour stabiliser les relations entre les sociétés et les pays producteurs, cet événement accélère la rupture définitive des négociations conduites par François-Xavier Ortoli. Le 13 avril, le président Boumediene annonce l'abolition du régime des concessions, l'introduction d'un prix posté de 3,60 dollars le baril et fixe l'indemnité de nationalisation à 500 millions de DA[975]. Le gouvernement français délègue alors aux sociétés pétrolières le choix de continuer les discussions et la décision de la CFP ne se fait pas attendre : une *warning letter* est adressée à tous les acteurs du secteur pétrolier pour dénoncer cette décision[976]. Le pétrole algérien est défini de « pétrole rouge » et la société menace de traîner devant la justice tous ceux qui l'achèteront[977]. À la suite de cette initiative, la situation se dégrade très rapidement. Les chargements de brut dans les ports algériens sont interrompus, ce qui impose à la CFP-A de résilier les contrats avec les fournisseurs et définir une nouvelle politique de gestion du personnel. Gourgouillon propose donc de transférer à l'ALREP l'ensemble du personnel algérien de la CFP-A et de détacher des ingénieurs et des techniciens français dans le cadre d'un contrat d'assistance technique[978]. Le 29 et le 30 avril Gourgouillon et Castellani sont à Alger pour discuter les conditions pour la reprise des chargements pétroliers sur la base d'un prix de 2,35 dollars le baril. Aït Laoussine refuse cette proposition en précisant que le jour précédent la CFR, autre filiale de la CFP, avait acheté en Libye un produit de la même qualité à

---

974 AH TotalEnergies, AO011906, Archives orales de la Compagnie française des pétroles Algérie (CFP-A), Récit de carrière de René Gourgouillon, Aix-en-Provence, 29 juin 2018.

975 Nicole Grimaud, « Le conflit pétrolier franco-algérien », *Revue française de science politique*, n° 22, 1972/6, p. 1276-1307, ici p. 1202.

976 AH TotalEnergies, 50ZZ507/11, « Warning letter », Lettre de Jacques Bénézit,

977 H. Malti, *Histoire secrète du pétrole algérien*, *op. cit.*, p. 185.

978 AH TotalEnergies, 50ZZ507/11, Note de Gourgouillon, Nationalisation cessation d'activité de la CFP-A, 27 avril 1971.

2,45 dollars le baril[979]. Cette remise en cause unilatérale du prix d'achat théorique et la dévaluation du pétrole algérien par rapport au pétrole libyen auront des conséquences majeures sur l'activité de l'entreprise.

Le retrait des travailleurs français expatriés et la reprise des négociations

Les sources collectées rapportent différentes versions des événements qui ont lieu entre le 30 avril et le 1er mai 1971. La première version est présentée par Hocine Malti qui raconte d'une réunion tenue à Alger avec une délégation de la CFP-A composée de Gourgouillon, Castellani, Philippe Legrand et Raymond de Cidrac. Durant cette rencontre, Gourgouillon aurait communiqué la décision de rapatrier le personnel français du district d'Hassi Messaoud. Dans son livre, Malti évoque le « ton sec, déterminé et dramatique » du secrétaire général de la CFP-A qui aurait d'ailleurs déclaré :

> « [...] Voilà maintenant un peu plus de deux mois que vous avez nationalisé la CFP (A). Durant cette période, vous avez continué à exploiter Hassi Messaoud grâce à l'assistance de notre société. C'est nous qui avons financé les opérations. Vous avez pris notre pétrole. Récemment vous avez commencé à apporter des modifications à notre organigramme en procédant à l'algérianisation de certains postes. Vous avez créé une nouvelle société sans notre accord. La comédie a assez duré ! Nous avons décidé de mettre fin à nos opérations en Algérie. La première mesure que nous avons décidée est de retirer notre personnel d'Hassi Messaoud dès ce soir. Si vous êtes intéressés par la fourniture d'une assistance technique, transmettez-nous la liste de personnes que vous souhaitez garder »[980].

La deuxième version est fournie par le témoignage de René Gourgouillon. L'ancien secrétaire général explique que les responsables algériens lui auraient annoncé l'interdiction d'accès au district d'Hassi Messaoud pour l'ensemble du personnel. Cette initiative de la Sonatrach aurait eu comme conséquence le retrait immédiat de l'ensemble du personnel français présent en Algérie :

---

979 AH TotalEnergies, AO011906, Archives orales de la Compagnie française des pétroles Algérie (CFP-A), Récit de carrière de René Gourgouillon, Aix-en-Provence, 29 juin 2018.

980 H. Malti, *Histoire secrète du pétrole algérien*, *op. cit.*, p. 187.

> « Le lendemain matin [le 1er mai], Malti se présentait à la CFP-A, là où on était, et il nous dit : "Je viens prendre cette fois-ci la direction effective de la maison. Désormais tous les ordres passent par moi, vous n'avez plus aucune autorisation de faire quoi que ce soit dans cette compagnie !"… Alors si c'est comme ça… j'ai réuni d'abord le personnel européen et je leur ai dit "ce n'est pas la peine de rester, vous partez dans vos appartements et vous attendez qu'on vous dise ce qu'on fera et comment on va vous emmener en France" Et puis au personnel local j'ai dit : « voilà, la Sonatrach prend la direction de la compagnie et donc désormais vous leur obéissiez, ce n'est plus à nous qu'il faut obéir. […] J'ai appelé Paris pour expliquer ce qui se passe et D'Herbès, qui était notre directeur général, m'explique qu'il va envoyer les caravelles pour rapatrier le personnel européen. J'ai téléphoné à Hassi Messaoud et j'ai parlé avec Klein, qui était notre chef de district, en disant que la Sonatrach était en train d'arriver pour prendre possession du district donc on vous envoie les avions et vous rapatriez tout le monde »[981].

Cette succession des faits est confirmée par les sources de la diplomatie française qui mentionnent la décision de la Sonatrach de licencier le personnel français de la CFP[982]. Selon l'ambassadeur Basdevant, la société algérienne aurait communiqué « l'interdiction des agents français d'accéder aux bureaux et aux installations industrielles ». Elle aurait appliqué cette mesure grâce au détachement de gendarmes et de douaniers sur les périmètres des concessions[983].

Ces deux versions sont aussitôt relayées dans la presse. Selon le premier communiqué officiel de la Sonatrach, la décision de retirer le personnel aurait été annoncée par Castellani et Gourgouillon lors d'une réunion tenue en présence d'Ait Laoussine, Mazaoui et Mzamia le 30 avril[984]. Un deuxième communiqué de presse repris dans *Le Monde*

---

981 AH TotalEnergies, AO011906, Archives orales de la Compagnie française des pétroles Algérie (CFP-A) Récit de carrière de René Gourgouillon, Aix-en-Provence, 29 juin 2018.

982 AH TotalEnergies, 50ZZ507/12, Télégramme de l'ambassadeur de France Jean Basdevant au ministère des Affaires étrangères (cc Victor de Metz), « Licenciement par la Sonatrach du personnel français de la C.F.P.A. », Alger, 30 avril 1971, à 22h54.

983 AH TotalEnergies, 50ZZ507/12, Télégramme de l'ambassadeur de France Jean Basdevant au ministère des Affaires étrangères, « Situation à Hassi Messaoud », Alger, 1er mai 1971, à 01h40.

984 À remarquer que le communiqué ne mentionne pas la présence d'Hocine Malti à cette réunion, un détail qui est confirmé également par le témoignage de René Gourgouillon. AH TotalEnergies, 85ZW666/7, Note AFP, Une mise au point de la Sonatrach, 3 mai 1971 ; Télégramme de l'ambassadeur de France Jean Basdevant

précise que la décision de retirer le personnel français de la CFP-A aurait été communiquée à Malti par Castellani et Gourgouillon. Cette reconstruction des événements est néanmoins contestée par le service de presse et de l'information de la CFP-A :

> « Notre filiale, la CFP-A n'a pas décidé de rapatrier son personnel, mais il y a été contrainte – l'administration algérienne refusant à nos agents l'accès à leurs bureaux et postes travail – alors que des représentants s'étaient précisément rendus à Alger pour examiner les conditions dans lesquelles son personnel pourrait être maintenu sur place et mis à la disposition de la société algérienne la Sonatrach »[985].

Une troisième version des faits est reportée dans une communication du syndicat des cadres et des travailleurs français de la CFP-A. Retrouvé dans les archives, ce document explique que le départ du personnel de la CFP-A a été nécessaire « parce qu'il n'est pas concevable de laisser sur une base saharienne, 97 personnes inactives à la suite d'une décision verbalement notifiée par un représentant dûment accrédité de la Sonatrach »[986]. Une reconstruction des événements est donc proposée grâce à la synthèse des témoignages des personnes présentes à Paris, à Alger et à Hassi Messaoud. Le vendredi 30 avril à 15 heures, alors que Gourgouillon et Castellani rencontrent à Alger Aït Laoussine, un contrôle de police est installé à Maison Verte pour vérifier les véhicules à l'entrée et à la sortie du site. À 16 heures, Hocine Malti informe Philippe Legrand de l'interdiction d'accès au bureau pour le personnel français et en début de soirée, les communications téléphoniques entre Maison Verte et Paris sont interrompues. Arrivé à Hassi Messaoud, le matin du 1er mai, Malti convoque le personnel du district pour notifier l'interdiction d'accès au lieu de travail et l'obligation de quitter la base dans les plus brefs délais[987]. Des Anglais, des Américains et des Canadiens contractés par la Sonatrach arrivent sur les chantiers alors que les Français sont rapatriés par avion ou escortés en voiture jusqu'à la frontière tunisienne[988].

---

au ministère des Affaires étrangères « Mise au point de la Sonatrach », Alger, 3 mai 1971, à 12h22.

985 AH TotalEnergies, 85ZW666/7, Lettre de Marot (Service Presse Information) à Jacques Favet (Le Monde), 6 mai 1971.

986 AH TotalEnergies, 85ZW666/7, Communication des déléguées du personnel CFP-A, Syndicat des cadres et des ingénieurs et du personnel, sdnl.

987 *Ibid.*

988 *Ibid.*

Les trois versions montrent une évidente discordance dans la reconstruction des événements qui ont eu lieu entre le 30 avril et le 1er mai 1971. Si la version reportée par le syndicat de la CFP-A semble la plus détaillée, celle-ci présente une vision partielle puisque les auteurs du document n'ont pas participé aux discussions avec les représentants de Sonatrach. En ce qui concerne les deux autres versions, il est nécessaire de tenir compte des distorsions mémorielles et des difficultés à comparer une source orale avec une source écrite. La forte politisation d'un événement crucial dans l'histoire du pétrole algérien permet de supposer l'omission volontaire de certains détails et la volonté des témoins de se conformer au discours officiel. Il est difficile d'établir les responsabilités des actions, d'autant plus que la question du personnel occupe une place centrale dans les négociations de la CFP-A. La société doit éviter d'être accusée d'adopter une « tactique de terre brûlée » mais, en même temps, elle doit empêcher la Sonatrach de considérer son personnel « comme un instrument de travail qui lui était de toute façon acquis et dont elle pouvait disposer à sa guise »[989]. Dans un scénario où la signature d'un accord de production et de commercialisation déléguerait le rôle d'opérateur à une société de services, la CFP-A envisage de « mettre, par contrat, à la disposition de Sonatrach, tout ou une partie de son personnel français, sous réserve de l'accord des intéressés et à condition que le groupe CFP n'ait pas besoin de ses agents pour ses activités hors Algérie »[990].

En dépit de cette rupture, la décision de « régler contractuellement les problèmes nés de la série de décisions unilatérales algériennes »[991] impose de relancer des discussions « de façon constructive et sans arrière-pensée »[992]. Cela requiert néanmoins l'accord de principe des hautes sphères politiques et, en particulier, celui du ministre Abdesselam. C'est donc François Castellani qui doit faciliter la réouverture du dialogue :

> « Il s'est passé après [la] rupture quelques jours d'attente, on ne savait pas bien comment les choses allaient se passer. Et puis, on a envoyé Castellani, mon adjoint, qui était… disons… la conscience politique de notre équipe. C'était un pied-noir d'Alger, il connaissait très bien le pays, il connaissait

---

989 AH TotalEnergies, 50ZZ507/12, Télégramme de l'ambassadeur de France Jean Basdevant au ministère des Affaires étrangères, « Renvoi par la Sonatrach du personnel français de la CFP-A », Alger, 2 mai 1971, à 15h30.

990 *Ibid.*

991 AH TotalEnergies, 50ZZ507/11, Note interne pour Alger, 10 mai 1971.

992 *Ibid.*

très bien les mentalités algériennes – on était tous, d'ailleurs, des anciens d'Afrique du Nord, moi du Maroc, D'Herbès du Maroc aussi, Castellani d'Algérie–, il a renoué le fil par Lakhdari, avec lequel il avait de bonnes relations, et d'autres gens de la Sonatrach [et il avait expliqué] notre désir de reprendre le contact et de négocier »[993].

Sous la direction de Fréderic Berbigier et de René de Montaigu, directeurs de la CFP et grands spécialistes de fiscalité pétrolière, René Gourgouillon et François Castellani sont chargés de relancer les discussions avec les responsables algériens. Si le premier est choisi en raison de sa profonde connaissance de la filiale algérienne sur le plan financier, le deuxième garantit la légitimité politique des négociations grâce à ses relations privilégiées avec certains membres de l'élite algérienne, avec lesquels il partage un passé commun.

Le 12 mai 1971, les délégations de la Sonatrach et de la CFP-A commencent à discuter de la création de deux entités pour assurer le fonctionnement d'ALREP. Elles abordent également la question de l'apport d'actifs nationalisés, des obligations d'investissement et des conditions de reprise de l'huile. En dépit des difficultés initiales, le protocole d'accord signé le 30 juin 1971 règle les litiges en cours et définit les conditions d'activité pour une période de 5 ans renouvelables, à l'instar des accords de Téhéran, Tripoli et Bagdad[994]. Selon les dispositions du protocole, une nouvelle filiale de la CFP-A appelée Total Algérie détiendra 49 % du capital d'ALREP et 31 % des intérêts détenus à Haoud Berkaoui dans le cadre de l'Ascoopette. En même temps, la société française obtient un droit de reprise sur un quota de la production équivalente à la participation au capital et accepte d'acheter la production supplémentaire à 2,75 dollars le baril. Au-delà d'une indemnité de nationalisation de 300 millions de DA, la société s'engage dans un programme d'investissements qui lui permettra de disposer de 2,8 millions de tonnes de brut au second semestre 1971 et une quantité comprise entre 7 et 7,5 millions durant les 4 années suivantes[995].

---

993 AH TotalEnergies, AO011906, Archives orales de la Compagnie française des Ppétroles Algérie (CFP-A), Récit de carrière de René Gourgouillon, Aix-en-Provence, 29 juin 2018.

994 AH TotalEnergies, 85ZW666/7, Aide-mémoire sur le protocole d'accord CFP-Sonatrach du 30 juin 1971.

995 *Ibid.*

Le 27 juin, les premiers ingénieurs français de la CFP-A font leur retour à Maison Verte[996], désormais renommée « base du 24 février 1971 », un événement qui confirme la continuité des relations pétrolières entre la France et l'Algérie. En contrepartie d'un accès au pétrole saharien, la CFP reconnaît le rôle de la Sonatrach sur le plan international, tout en assurant « la création d'un nouveau système qui était quand même calqué sur l'ancien »[997]. *Mutatis mutandis*, la société française négocie des conditions qui garantissent un accès privilégié à la production algérienne et protègent ses intérêts patrimoniaux. Quelques semaines plus tard, l'ERAP signe un autre accord avec la Sonatrach mais les conditions négociées sont moins favorables. Questionné sur les raisons du meilleur résultat obtenu par la CFP, Gourgouillon explique que l'état d'esprit et l'approche humaine adoptée par la délégation ont été les clés de cette réussite :

> « Je crois que [l'élément humain] aussi a été très important au fond… Le fait qu'il y avait des pieds-noirs là-dedans ça n'a été pas si mauvais. Si on regarde ce qui s'est passé à l'ERAP, qui avait mis elle dans ses équipes de l'association et dans ses équipes de négociations des universitaires français de pure souche, les choses se sont beaucoup moins bien passées… ils n'ont jamais eu des contacts, je crois, faciles… C'est difficile à expliquer… Déjà au Lycée quand on était gamins les patos pour nous ils étaient des patos… Ils étaient… Ils ne faisaient pas partie de… J'exagère en disant ça… Mais je traduis quelque chose qui a existé, qui était vrai… Qui était une forme d'entente dont on n'est pas toujours conscients… Une entente sans avoir besoin d'employer de gros mots »[998].

L'identité partagée et l'origine nord-africaine des négociateurs de la CFP n'est certainement pas la seule raison du succès, mais le témoignage de Gourgouillon permet de questionner l'importance des relations humaines et de la reproduction des codes professionnels. Si la nationalisation avait conduit à une véritable excommunication de la Sonatrach du monde pétrolier international, la reprise d'une négociation entre pairs, libérée

[996] 50ZZ507/11, Télégramme de l'ambassadeur de France Jean Basdevant au ministère des Affaires étrangères, « Arrivée d'ingénieurs français à Hassi Messaoud », Alger, 27 juin 1971, à 13h50.

[997] AH TotalEnergies, AO011906, Archives orales de la Compagnie française des pétroles Algérie (CFP A), Récit de carrière de René Gourgouillon, Aix-en-Provence, 29 juin 2018.

[998] *Ibid.*

de toutes les hiérarchisations de dérivation coloniale, assure à la CFP une nouvelle place en Algérie.

C. La création de Total Algérie : vers un nouveau modèle d'activité

Le besoin de continuité opérationnel : la « nationalisation » du personnel algérien et le retour du personnel français

Le protocole d'accords signé entre la CFP et la Sonatrach en juin 1971 définit un nouveau cadre politique et fiscal qui ne provoque pas une rupture avec la situation précédente. En effet, si plusieurs récits de la nationalisation parlent de « prise de contrôle » d'Hassi Messaoud, dans très peu de cas ceux-ci précisent que les techniciens envoyés par la Sonatrach étaient seulement quelque dizaine et que la majorité des agents ayant garanti la continuité opérationnelle étaient déjà sur place. Comme l'explique Aziz Ait Saïd :

> « La Sonatrach n'est pas arrivée dans le district. C'étaient les gens du district qui étaient là… La Sonatrach était une entité, mais c'étaient les gens du district qui géraient ça ! Des gens sont venus, mais quelques personnes et c'était tout ! La Sonatrach n'est pas arrivée en force à Hassi Messaoud, elle était la responsable globale du champ pétrolier et, à ce titre, elle était en charge de ça, mais par les gens qui étaient sur place »[999].

Cela confirme que les mesures de nationalisation ont visé le capital financier et les installations, mais également le capital humain. Ingénieur au service travaux neufs et futur adjoint au chef de district d'Hassi Messaoud, Ait Saïd est lui aussi « nationalisé » par Sonatrach, à l'instar des autres agents algériens de la CFP-A. Son témoignage explique bien comment les techniciens algériens formés par l'entreprise dans les années 1960 ont assuré le fonctionnement du champ en transmettant les connaissances acquises.

En dépit des ambitions politiques, la découverte de la réalité de terrain confirme aux dirigeants de la société algérienne le rôle indispensable des techniciens français. Interrogé par un cadre de la Sonatrach au moment de la nationalisation, Ali Friha confirme que leur expertise était

---

[999] AH TotalEnergies, AO011903, Archives orales de la Compagnie française des pétroles Algérie (CFP-A), Récit de carrière de Aziz Ait Saïd, Paris, 19 décembre 2019.

essentielle pour le bon fonctionnement de l'atelier mécanique dont il est responsable :

> « Quelque temps après la nationalisation, notre ancien patron, qui était ALREP, il vient avec un responsable de la Sonatrach. Il me dit : "Ali, ce monsieur veut vous poser quelques questions"... Pour savoir comment ça marchait le service et tout ça... Il me pose des questions sur le travail et, après, il me dit : "M. Friha si jamais – il me dit comme ça – il y a un départ massif de Français... les gens veulent partir... on ne sait jamais... Est-ce que [cela] vous gênerait dans le travail du service ?". Moi j'ai dit : "Non, à moi ça ne me gênerait pas tellement, voyez, nous on peut travailler"... Et puis, en regardant en face où il y avait un grand atelier qui s'occupait uniquement de l'UP1, l'unité de production, il me demande : "D'après vous, il y a quelqu'un qui peut remplacer"... Il s'appelait Robert [l'ancien responsable]... Là je me pose des questions... je lui dis : "Écoutez, franchement si c'était à moi, à Monsieur Robert, je lui doublerais son salaire pour le garder, je ne vois personne pour le remplacer en ce moment !" Le type il se lève et il me serre la main, il me remercie en me disant : "Vous êtes le seul à m'avoir parlé comme ça, partout où je suis passé ils m'ont dit que [le personnel français était remplaçable]" »[1000].

Les cadres de la Sonatrach comprennent rapidement que les agents algériens « nationalisés » auraient pu assurer le fonctionnement du district sur le court terme. Cependant, ils n'auraient pas su faire face à des dysfonctionnements majeurs ou stabiliser la production sur le long terme. Comme l'explique Jacques Verdier :

> « [À Hassi Messaoud] il y avait des gens qui étaient là et qui ont continué à faire tourner le champ. Mais ce qui était difficile à imaginer c'était le long terme de ce champ. Il fallait de gens qui réfléchissent au futur de la production, ce qui ne se faisait pas à Hassi Messaoud, mais à Alger ou à Paris. Le miracle d'un champ pétrolier c'est que tant que vous pouvez faire produire les puits ça produit, ça ne peut pas durer vingt ans sans rien faire, mais au moins un an deux ans ça peut produire, même si la production peut diminuer »[1001].

L'absence d'ingénieurs de production et de spécialistes de géologie du réservoir ne permet pas à la Sonatrach de mettre en place un plan de

---

1000 AH TotalEnergies, AO011913, Archives orales de la Compagnie française des pétroles Algérie (CFP-A), Récit de carrière de Ali Friha, Paris, 22 novembre 2018.

1001 AH TotalEnergies, AO011904, Archives orales de la Compagnie française des pétroles Algérie (CFP-A), Récit de carrière de Jacques Verdier, La Défense, 21 juin 2018.

développement du champ d'Hassi Messaoud en toute autonomie. Par ailleurs, le recours à des consultants étrangers se révèle une solution extrêmement aléatoire en raison de la spécificité du gisement. En somme, pour contraster le déclin naturel de la production du plus grand champ pétrolier du pays, la société algérienne doit faire appel à l'expertise de la CFP.

À Neuilly-sur-Seine, la signature des accords du 30 juin est perçue comme une grande opportunité. La présence d'ingénieurs français à Hassi Messaoud et Haoud Berkaoui garantit un accès direct à cette importante source de ravitaillement. Par ailleurs, le lancement de Total Algérie permet de redéployer une partie des agents CFP-A, mais un plan de réaffectation du personnel spécialisé se révèle nécessaire pour préserver les capacités techniques de la société[1002]. Pierre Maréchal est alors chargé de recaser le personnel technique au sein du groupe, en particulier à Abu Dhabi et dans d'autres filiales du Moyen-Orient où de nouveaux projets de développement s'apprêtent à commencer[1003]. En dépit des tentatives de réaffectation, la réduction des activités rend inévitables le licenciement et l'indemnisation d'un certain nombre d'agents de maîtrise. Un discours différent est fait pour les cadres que l'entreprise souhaite garder parmi ses effectifs. Michel Naylies met en évidence la grande incertitude qui caractérise cette période de transition :

> « Après le 24 février, de mars à juillet c'était un peu flou… On nous disait "ne bougez pas on fait de la formation"… On ne faisait rien… Moi je suis allé faire l'informatique chez IBM […]. Ils avaient vraiment bien réagi, ils ont pris tous les mecs qui allaient partir, qui n'étaient pas attachés au système et ils leur ont trouvé quelque chose à faire… J'ai fait deux mois à Londres pour apprendre l'anglais »[1004].

Pour certains jeunes qui avaient vécu les dernières années de la CFP-A, la création de Total Algérie est une occasion pour continuer leur parcours de formation pétrolière. Par ailleurs, la permanence d'un certain nombre d'agents est fortement souhaitée par la Sonatrach. Comme l'explique

---

1002 AH TotalEnergies, 18V01807/780, décision n° P26975, Paris, 31 juillet 1970 ; Demande de garantie, 18 août 1970.

1003 AH TotalEnergies, AO011908, Archives orales de la Compagnie française des pétroles Algérie (CFP-A), Récit de carrière de Pierre Maréchal, Paris, 19 septembre 2018.

1004 AH TotalEnergies, AO011921, Archives orales de la Compagnie française des pétroles Algérie (CFP-A), Récit de carrière de Michel Naylies, Argeliers, 29 mars 2019.

Pierre Maréchal, des demandes spécifiques sont formulées par la société algérienne :

> « Nous avons signé les accords de nationalisation en juin et en septembre la Sonatrach a envoyé une première liste d'ingénieurs qu'elle voulait voir revenir sur Hassi Messaoud… Ils avaient nommé quasiment tous ceux qui… Vitry qui était directeur de la production, Naylies qui était ingénieur des travaux neufs… J'ai même apparu dans la première liste et là j'ai dit à Castellani : "Ce n'est pas possible !… J'étais RH ! ils ne vont pas me reprendre comme RH maintenant qu'ils ont nationalisé !" »[1005].

En dépit des demandes de Sonatrach, la responsabilité de trouver un équilibre entre exigences techniques et humaines est laissée au nouveau directeur général d'ALREP Christian Redron[1006]. Ce dernier doit sélectionner des ingénieurs et des agents de maîtrise capables d'accepter les nouveaux équilibres politiques afin de préserver de bonnes relations entre les deux sociétés. Comme le précise Naylies :

> « [Redron] prenait des gens qui n'étaient pas marqués – parce que je n'étais ni pied-noir et n'avais jamais foutu les pieds à Alger dans ma vie – et qui étaient prêts à avoir des relations normales avec tout le monde. Il n'est pas parti avec les anciens pieds-noirs qui avaient déjà l'indépendance à travers la gorge »[1007].

À l'automne 1971, l'arrivée de l'ancien personnel de la CFP-A à Hassi Messaoud est perçue comme une sorte de retour à la normale. Si après la nationalisation les parties nord et sud du champ sont formellement unifiées, l'huile continue à être expédiée vers les deux centres de production construits dix ans auparavant. En revanche, les hiérarchies socioprofessionnelles se trouvent complètement bouleversées. Nommé responsable des travaux neufs au sein d'ALREP, Michel Naylies précise :

> « À Messaoud sont revenus tout un tas de gens, notamment la maîtrise. Là, quand même, Redron et D'Herbès ont visé à peu près juste pour retrouver la maîtrise de base… Donc tout a repris à Messaoud. La salle des cadres était

---

1005 AH TotalEnergies, AO011908, Archives orales de la Compagnie française des pétroles Algérie (CFP-A), Récit de carrière de Pierre Maréchal, Paris, 19 septembre 2018.

1006 Hocine Malti est, de son côté, nommé président de la nouvelle société.

1007 AH TotalEnergies, AO011921, Archives orales de la Compagnie française des pétroles Algérie (CFP-A), Récit de carrière de Michel Naylies, Argeliers, 29 mars 2019.

> toujours la même, il y avait toujours les mêmes serveurs, il y avait toujours le même champagne »[1008].

Chargé de normaliser la comptabilité analytique au siège de la Sonatrach, Pierre Maréchal explique que le retour a été la suite logique de la rupture :

> « Quand Bernard Vitry – qui était directeur de la production, l'un des postes clés d'Hassi Messaoud – est reparti là-bas, avec lui et Naylies on s'est retrouvés à Alger [...] il avait quitté le 1er mai et il revient en octobre, celui qui devait être son secrétaire, il lui rend une clé en disant : "Monsieur, je savais que vous alliez revenir" et il lui rend la clé de son bureau »[1009].

Si les témoignages mettent en évidence cette continuité technique et humaine, l'organisation du cadre opérationnel détermine la naissance d'un nouveau modèle d'interaction avec les pays producteurs.

L'organisation de Total Algérie et les relations avec la Sonatrach

Chargée de gérer la participation de 49 % au sein d'ALREP, Total Algérie est organisée autour de deux principes fondamentaux : l'assistance technique et un circuit commercial capable d'assurer la défiscalisation du brut algérien. La nouvelle structure permet d'augmenter le nombre de Français détachés sur les chantiers sahariens et de garder un accès privilégié aux approvisionnements. Cependant, la fin des avantages fiscaux impose de concevoir un nouveau circuit commercial pour assurer l'écoulement du brut algérien sur le marché français. Total Algérie doit céder sa part de production à la CFP-A, son actionnaire unique, au prix de 2,75 dollars le baril. Par la suite, la même production est revendue à Total International avec une majoration de 0,15 dollar le baril, avant que cette dernière se charge de la commercialisation auprès de la CFR et d'autres clients internationaux à des prix beaucoup plus importants. Ce système permet donc de limiter l'impact de la fiscalité en amont de la chaîne de production et de détourner les obligations de rapatriement imposées par la loi algérienne[1010].

1008 *Ibid.*

1009 AH TotalEnergies, AO011908, Archives orales de la Compagnie française des pétroles Algérie (CFP-A), Récit de carrière de Pierre Maréchal, Paris, 19 septembre 2018.

1010 AH TotalEnergies, 85ZW666/7, Circuit commercial relatif au brut algérien : aspect fiscal, 1er juillet 1971 ; Réunion du 8 juillet 1971, Paris, 9 juillet 1971.

La création de Total Algérie en juillet 1971 répond au besoin de continuité du ravitaillement et à la volonté de consolider la position du groupe dans le pays. Cinq jours à peine s'écoulent entre la déclaration de Victor de Metz à l'assemblée générale de la CFP et la signature du nouvel accord tandis que trois jours sont nécessaires à créer la nouvelle filiale. Dès l'obtention des autorisations de l'administration algérienne, un statut similaire à celui de la CFP-A est déposé par le futur président Fréderic Berbigier au greffe du tribunal d'Alger. Le jour suivant, une assemblée générale est convoquée pour nommer les représentants de la société, puis, le troisième jour, l'ouverture du compte bancaire permet de compléter les formalités essentielles[1011]. Une organisation provisoire est mise en place en Algérie pour assurer le chargement des bateaux et garder les liens avec l'administration mais toute l'activité administrative est assurée par les services de la CFP-A de Neuilly-sur-Seine[1012]. Après la création de Total Algérie, des agents de la CFP-A sont détachés à Alger pour s'occuper de l'organisation matérielle de la filiale, des liens avec Paris et du personnel détaché[1013]. Le mode d'installation des agents soulève des débats puisque si la direction envisage initialement d'occuper les bureaux d'ALREP au siège de la Sonatrach, pour des raisons psychologiques, elle décide de louer un bâtiment à proximité. En effet, cette solution garantit une meilleure séparation d'ALREP « [et] donc de mieux couper court aux nombreux reproches (actions psychologiques sur le personnel, disparition de document, etc.) »[1014], ainsi qu'une meilleure protection des réseaux de communication téléphonique et télex. La reprise des enlèvements pétroliers impose de dépasser le caractère provisoire de la structure et de compléter l'organigramme de la société. Total Algérie procède à la nomination d'un directeur local, un adjoint administratif et un adjoint technico-commercial, ainsi qu'au recrutement de trois secrétaires, deux assistants, un comptable et un employé chargé de la gestion du personnel local. Si tous les agents français sont détachés, Total Algérie procède également au recrutement de personnel local pour respecter les

1011 AH TotalEnergies, 18V01807/568, Note de Chantal Bauchet, Constitution Total Algérie, 28 juin 1971.

1012 AH TotalEnergies, 18V01807/568, Organisation administrative provisoire de Total Algérie, 12 août 1971.

1013 *Ibid.*

1014 AH TotalEnergies, 85ZW666/7, Première liste de problèmes posés par le démarrage de Total Algérie : quelque proposition de solution, sdnl.

engagements prévus dans les accords. En application de la législation algérienne du travail, la société reconnaît au personnel local les mêmes conditions sociales qu'aux agents CFP-A, ce qui impose de renforcer les liaisons fonctionnelles entre le centre et la périphérie et la cohésion des équipes.

En automne 1971, Total Algérie recommence les activités de terrain. Le capital de la nouvelle filiale passe de 10 000 DA à 30 millions de DA grâce à la liquidation des certains biens nationalisés, comme les bâtiments administratifs et industriels, les infrastructures et les installations en cours de réalisation sur la surface d'Haoud Berkaoui-Ben Kahla. À la fin de l'année, une deuxième augmentation entièrement souscrite par la CFP-A porte le capital de la société à 240 millions de DA. D'après Michel Naylies, la stabilisation financière et la reprise des opérations contribuent à améliorer les relations avec la Sonatrach :

> « Petit à petit, tout le monde a trouvé sa place. Nous avions devant nous des Algériens de la Sonatrach, qui n'en savaient pas plus que nous, et qui étaient plus contents à la limite que l'on soit [là]. Il y en avait deux trois qu'au début ils nous traitaient d'anciens colonialistes, mais ça s'est passé vite et nous on s'en foutait de toute façon »[1015].

Néanmoins, la présence des consultants étrangers de la Sonatrach complique les relations au sein des équipes d'ALREP. Appelés à combler le manque de personnel d'encadrement de la société nationale algérienne, les ingénieurs soviétiques, irakiens et syriens ne sont pas bien vus par les agents français qui mettent en évidence leurs limites techniques et la distance de culture professionnelle :

> « La Sonatrach a amené des Irakiens, des Syriens et des Russes qui n'avaient pas la connaissance [du champ d'Hassi Messaoud], qui n'avaient pas la langue, et puis franchement il y en a certains qui n'avaient pas la compétence ! J'avais un assistant iranien – mais cela m'a fait marrer beaucoup plus tard parce que j'ai compris ce qui était l'Iran quand j'y ai vécu et travaillé longuement – il était très gentil, mais, disons, il n'avait pas les mêmes… on vivait dans un autre monde ! À la Sonatrach et à la Compagnie française des pétroles, les mecs avaient fait les mêmes études aux mêmes endroits et avaient travaillé ensemble en même temps. C'est tout. Simplement, il y en a qui étaient algériens et qui

1015 AH TotalEnergies, AO011921, Archives orales de la Compagnie française des pétroles Algérie (CFP-A), Récit de carrière de Michel Naylies, Argeliers, 29 mars 2019.

> avaient fait le choix de revenir dans leurs pays pour le développer, ce qui était à leur honneur, mais il n'y avait pas de rupture à l'époque. Ils étaient tous de culture française et de formation française, même si certains avaient fait leurs études aux États-Unis »[1016].

À la fin de la première année d'activité, plusieurs difficultés de fonctionnement sont mises en évidence. Les plannings des forages sont extrêmement retardés et malgré l'introduction d'un appareil supplémentaire seulement 12 puits sont mis en production en 1971 contre 16 l'année précédente. Plusieurs retards sont signalés : les durées des forages et celles des déménagements des appareils augmentent de 20 %, tandis que le projet de construction d'une nouvelle unité de recompressions du gaz est retardé de plus d'un an. Le rapport du conseil d'administration ne cache pas aux actionnaires les risques existants :

> « Si l'année 1971 s'achève sur le plan technique d'une façon assez satisfaisante, compte tenu de l'évolution de la situation l'année 1972 apparaît plus inquiétante, même en éliminant l'hypothèse d'un accident grave, toujours possible surtout avec l'encadrement actuel du personnel des champs. On risque d'assister à une forte montée des prix de revient, et à une limitation de la potentialité des champs étant donné le retard considérable pris par les travaux neufs »[1017].

En dépit des difficultés, l'activité de Total Algérie commence à se stabiliser. Sous la responsabilité du directeur général François Castellani et de son adjoint Pierre Vuillemenot, l'effectif de la société augmente à 10 personnes, dont 3 cadres, 2 agents de maîtrise et 5 employés en 1972. La direction technique est confiée à Philippe Legrand qui est chargé des relations opérationnelles avec ALREP et de l'encadrement des agents détachés en assistance technique. En même temps, les services administratifs se réorganisent autour de trois secteurs : le service juridique, la comptabilité et la gestion du personnel. Assurée depuis Neuilly-sur-Seine, la gestion du personnel reste un enjeu majeur pour la nouvelle société. Total Algérie est toujours considérée comme une filiale de formation où la maison-mère souhaite détacher ses jeunes cadres pour apprendre le métier et se familiariser à l'environnement de travail[1018].

1016 *Ibid.*

1017 AH TotalEnergies, 18V01807/568, Procès-verbal de la délibération du conseil d'administration, 17 mars 1972.

1018 AH TotalEnergies, 18V01807/568, Note de Vuillemenot, Organigramme Total Algérie, Alger, 26 juin 1972.

Les demandes d'assistance technique : une nouvelle opportunité pour la Compagnie française des pétroles

En avril 1972, une nouvelle décision annoncée par les autorités algériennes modifie le mode de fonctionnement de la société. Le gouvernement algérien reconnaît à la Sonatrach le rôle d'opérateur sur l'ensemble des gisements de pétrole et de gaz du pays en application de la loi du 12 avril 1971[1019]. À l'instar des treize entreprises ayant fait l'objet de nationalisation, ALREP est intégrée à la nouvelle direction production et la gestion du personnel français détaché est confiée à la société nationale algérienne. Vu le changement du contexte d'activité, Castellani négocie les conditions de permanence du personnel français. Signé le 26 janvier 1973, le nouvel accord sur le détachement du personnel de Total Algérie inaugure l'ère de l'assistance technique[1020]. Ce dispositif permet à la Sonatrach de sélectionner des agents français pour des périodes et des missions définies. L'ensemble du personnel est désormais assujetti aux règles disciplinaires de la société et un droit de retrait des agents peut être invoqué en cas de faute professionnelle. L'accord introduit un système de tarification basé sur la catégorie d'agent et le nombre de jours travaillés. En même temps, la Sonatrach prend en charge les frais de déplacement, les congés de récupération et met à disposition de chaque agent un logement meublé, en fonction du niveau hiérarchique et de la situation familiale[1021].

Tableau 11. Grille tarifaire pour le personnel détaché dans le cadre de l'assistance technique à la Sonatrach (en DA/mois)

Catégorie d'agent	Nord Algérie	Sahara
Agent de maîtrise	8600	9400
Agent de maîtrise supérieure	11 100	12 500
Ingénieur	10 400	13 300
Ingénieur principal	13 200	16 100
Ingénieur divisionnaire	17 300	21 000
Ingénieur en chef	22 500	23 500

Source : AH TotalEnergies, 85ZW490/15, Convention de détachement du personnel CFP-A à la Sonatrach, 1973

1019 H. Malti, *Histoire secrète du pétrole algérien, op. cit.*, p. 205

1020 AH TotalEnergies, 85ZW490/15, Convention de détachement du personnel CFP-A à la Sonatrach, 26 janvier 1973.

1021 *Ibid.*

Malgré la solidité du système d'assistance technique, la situation du district commence à inquiéter Total Algérie, qui détient une participation de 24,5 % sur la production d'Hassi Messaoud. Lors d'une visite réalisée en juin 1973, le directeur technique Philippe Legrand met en évidence une dégradation des conditions d'activité due au mauvais fonctionnement de l'organisation. L'absence de longue durée du chef de district Namik Gamgit aurait généré un « vide hiérarchique de plus en plus inquiétant »[1022] puisque les directives pour la gestion du champ ne seraient plus transmises aux équipes de manière structurée. Par ailleurs, l'absence d'une répartition précise des tâches entre les équipes chargées des forages d'exploration et celles chargées de la complétion des puits et des *work-over* contribue à faire réémerger les anciennes rivalités entre foreurs et producteurs[1023]. Le manque d'ingénieurs et de personnel spécialisé dans la production continue par ailleurs à poser des problèmes et les programmes de formation inaugurés par la société nationale algérienne ne semblent pas suffisants.

Pour limiter le déclin de la production et assurer la poursuite de l'exploration, la Sonatrach recourt massivement à l'assistance technique de la CFP. Après de longues discussions, les deux partenaires trouvent un accord sur un programme de production pour Hassi Messaoud « raisonnable à l'égard de la conservation des gisements et réalisable quant aux moyens et aux délais »[1024]. Les représentants de la Sonatrach abandonnent la prétention de produire 40 millions de tonnes et acceptent de fixer un objectif de 27 millions de tonnes, ce qui impose de réaliser de nouveaux forages et de mettre en fonction un nouveau système d'injection en 1976. Après avoir trouvé un accord de principe sur la poursuite de l'exploration et le développement de la production, en juin 1972, François Castellani et le ministre de l'Industrie et de l'Énergie Belaïd Abdesselam signent un contrat d'association sur une surface de 12 700 km^2 qui attribue 49 % des parts à Total Algérie et 51 % à Sonatrach[1025]. Total Algérie devient donc opérateur sur les permis de

1022 AH TotalEnergies, 18V01807/579, Mission à Hassi Messaoud, 13 juin 1973.

1023 *Ibid.*

1024 AH TotalEnergies, 18V01807/579, Compte rendu de la mission d'Alger des 18 et 19 juillet 1973, entretiens avec Ait Laoussine et Ghozali, 23 juillet 1973.

1025 AH TotalEnergies, 85ZW626/2, Total Algérie, conseil d'administration du 22 février 1974, Rapport d'activité, sdnl.

Naial et El Harcha, une mission qui prévoit également une obligation à former le personnel de la Sonatrach[1026].

Les obligations d'assistance technique sur les surfaces d'Ouan Dimeta et Zemlet el Mederba, où la Sonatrach garde le rôle d'opérateur, imposent à Total Algérie d'augmenter le nombre de géologues, géophysiciens et d'agents de maîtrise spécialisés dans le forage. Le personnel local n'étant pas suffisant pour répondre aux besoins des campagnes d'exploration, la société doit faire appel à des entreprises de prestation de service[1027]. Le détachement de personnel contracté est assuré par les services de la CFP-A à Neuilly-sur-Seine qui s'occupent d'assurer les relations avec les contracteurs et de transmettre à la Sonatrach les profils des agents détachés en assistance technique. Comme l'explique Odette Casalta-Ribès :

> « [Après la nationalisation] j'ai fait l'administration du personnel… on passait par FORASOL ou FORAMER et on vendait des gens de Total à la Sonatrach, donc on leur refaisait le CV […] Moi, quand [la Sonatrach] avait besoin, je disais à FORASOL – c'est un peu loin tout ça – qu'on avait besoin de tant de personnes, et cetera. En ce moment-là, il faisait refaire un peu le CV [et puis] j'étais en charge d'avertir les gens qui partaient »[1028].

Ce témoignage permet d'apprécier les effets concrets du nouveau système de circulation triangulaire mis en place par la société. Au-delà des ingénieurs et de la maîtrise, le personnel d'exécution est contracté auprès de sociétés de prestation grâce à l'assistance du cabinet EUREQUIP. Un tel système permet de réaliser les campagnes d'exploration sans recruter directement le personnel et augmenter ainsi la masse salariale de l'entreprise.

La reprise de l'exploration dans le cadre de l'assistance technique donne des résultats intéressants sur un temps relativement réduit. En juillet 1973, un appareil de forage de la Sonatrach manœuvré par les foreurs de Total Algérie met en évidence des indices de gaz imprégné

1026 AH TotalEnergies, 18V01807/579, Contrat de recherche avec l'Algérie, Paris, 6 juin 1973.

1027 AH TotalEnergies, 18V01807/579, Reprise de l'exploration en Algérie, besoins en personnel et en matériel, Alger, 19 juillet 1973.

1028 AH TotalEnergies, AO011912, Archives orales de la Compagnie française des pétroles Algérie (CFP-A), Récit de carrière de Odette Casalta-Ribès, Paris, 23 octobre 2018.

d'huile sur le permis d'Ouan Dimeta[1029]. L'année suivante, un deuxième forage confirme la présence d'un réservoir exploitable dans le socle de l'ordovicien à une profondeur de 2800 mètres[1030]. Le 9 août 1974, une lettre signée par Aït Laoussine confie à Total Algérie l'ensemble des opérations de forage et le développement des installations de production du nouveau champ de Mereksen. Rentré à Paris après son expérience à ALREP, Michel Naylies est chargé de diriger les opérations de développement du champ :

> « Je rentre [à Paris] en 1973 et je vais bricoler à ce qui n'était pas encore la direction développement. Puis, un jour m'appelle D'Herbès – c'était comme ça à l'époque – et il me dit "donc t'as aimé l'Algérie ? Tu y reviens !" En fin 1973, on m'a dit qu'il y a un champ qui se développe. [...] En 1973, j'avais 28 ans, j'ai dit oui on y va ! [...] Je descends voir le champ, au milieu des dunes... c'était absolument horrible ! il y avait un appareil de forage qui était en train de tester, ils ont trouvé un truc remarquable ! Je suis tombé sur des copains – d'ailleurs que j'ai connu à Messaoud – et ils étaient en train de faire le test. J'ai fait le champ de A à Z ! J'avais un géophysicien, je lui ai dit "montre-moi la patate", on va faire tel puits et tel puits ! La patate, elle est comme ça ? Bon, alors on va mettre le centre de production au milieu »[1031].

La mise en production du champ de Mereksen marque une nouvelle étape dans les relations pétrolières franco-algériennes : quatre ans après la nationalisation, la CFP retrouve une place de premier plan dans le pays. Tout en ayant perdu le contrôle de la production d'Hassi Messaoud, le développement du dispositif d'assistance technique permet, d'une part, de maintenir un accès préférentiel au brut et, d'autre part, de reconquérir le rôle d'opérateur sur les surfaces sahariennes.

1029 AH TotalEnergies, 85ZW626/2, Conseil d'administration du 5 février 1975, rapport d'activité, sdnl.

1030 AH TotalEnergies, 85ZW626/2, Total Algérie, Rapport du conseil d'administration, 25 mars 1975.

1031 AH TotalEnergies, AO011921, Archives orales de la Compagnie française des pétroles Algérie (CFP-A), Récit de carrière de Michel Naylies, Argeliers, 29 mars 2019.

Photo 28. Forage à Mereksen, derrick, ouvrier, désert, 1978 – Photothèque historique TotalEnergies, 17V00538-479-1, Droits réservés TotalEnergies©

PARTIE 3

D'UNE CRISE À L'AUTRE : ADAPTATION INDUSTRIELLE ET TRANSFERT DE TECHNOLOGIE (1973–2003)

Au début des années 1970, l'industrie pétrolière française doit faire face à plusieurs défis. Les nationalisations qui ont lieu en Algérie et au Moyen-Orient et le choc pétrolier de 1973 remettent en cause la stabilité du secteur et marquent le début de « l'ère de la pénurie ». Les entreprises doivent donc adapter leurs stratégies pour contraster l'augmentation des prix et les restrictions des pays producteurs. Pour faire face à ces nouvelles contraintes, la CFP commence à s'intéresser à d'autres terrains d'activités. Le capital technologique et les innovations introduites dans le domaine de la recherche pétrolière *offshore* ouvrent en effet des perspectives intéressantes. La mer du Nord devient alors le territoire de la nouvelle épopée du pétrole français. L'arrivée de la CFP dans cette région inexplorée du nord de l'Europe permet donc de déployer les chercheurs d'or noir rapatriés du Sahara et de garantir le ravitaillement énergétique de la France.

En dépit de la fermeture du domaine minier annoncée par l'OPEP, la mise en place de programmes d'assistance technique et de coopération industrielle permet de relancer l'activité de la CFP au milieu des années 1970. Le financement de projets industriels et la formation du personnel local stabilisent la position de l'entreprise et de son personnel expatrié en Afrique, en Asie et au Moyen-Orient. Anciennement perçus comme des agents de la colonisation, les chercheurs d'or noir français assistent désormais les pays du tiers-monde dans la création de leur industrie nationale. Néanmoins, ce modèle d'activité est remis en cause par le contre-choc pétrolier des années 1980, quand la chute du prix du baril impose à la CFP de reconsidérer son positionnement dans le marché mondial. Alors que l'opinion publique internationale conteste la place du pétrole dans la société de consommation, la CFP encourage la métamorphose de ses chercheurs d'or noir en chercheurs d'énergies.

CHAPITRE 7

ORGANISATION ET INNOVATIONS TECHNOLOGIQUES : LA RECHERCHE D'HYDROCARBURES APRÈS LE CHOC PÉTROLIER

La nationalisation du 24 février 1971 ouvre une phase d'incertitude pour les entreprises pétrolières françaises, mais c'est le choc pétrolier de 1973 qui confirme l'avènement de « l'ère de la pénurie ». Pour assurer, la continuité d'accès aux ressources énergétiques, les entreprises doivent repenser leurs structures et leurs relations avec les gouvernements des pays producteurs. Alors que le besoin de soutenir la consommation de produits pétroliers impose de formuler une nouvelle stratégie de communication, la diversification des sources de ravitaillement se révèle nécessaire. La fermeture des domaines miniers en Afrique du Nord et au Moyen-Orient encourage le développement de la recherche pétrolière *offshore :* la mer du Nord devient ainsi le théâtre idéal pour le redémarrage des activités d'exploration. Les chercheurs d'or noir français sont donc appelés à participer à la mise en production de nouveaux gisements grâce à l'application des techniques pétrolières apprises au Sahara et des innovations introduites à Hassi Messaoud. Ainsi, le mythe des grandes profondeurs prend la place de l'épopée du pétrole saharien.

A. Le choc pétrolier de 1973 et l'adaptation au contexte de pénurie

De nouvelles relations entre producteurs et consommateurs

La nationalisation du pétrole algérien est une étape cruciale dans la phase de transition qui précède le choc pétrolier. Si cet événement semble remettre en cause uniquement les relations entre anciens colonisateurs et anciens colonisés, la décision de Boumedienne a un impact remarquable sur l'équilibre global du secteur des hydrocarbures. Au début des années 1970, les membres de l'OPEP invoquent le besoin de restructurer un système excessivement axé sur le consommateur et de remettre la question du développement au centre du débat politique[1032]. Catalyseur des aspirations des pays producteurs, l'OPEP annonce en décembre 1970 les lignes guide du nouvel ordre pétrolier international : fixation des impôts sur la production à 55 %, indexation des prix postés aux fluctuations monétaires, augmentation des investissements en exploration et développement pour stabiliser les recettes fiscales sur le long terme[1033]. Au début de l'année 1970, alors que le gouvernement français définit les nouvelles relations pétrolières avec l'Algérie, des négociations entre producteurs et sociétés pétrolières se déroulent à Téhéran et à Tripoli. Dans un contexte de pénurie de l'offre et d'expansion de la demande de consommation, les membres de l'OPEP imposent une augmentation unilatérale de la fiscalité et des prix de référence.

Si les entreprises concessionnaires acceptent le principe de révision périodique des prix, elles s'opposent aux variations du système de fiscalité et à l'introduction d'une obligation de réinvestir dans le pays les recettes de l'activité industrielle[1034]. Effrayées par le risque d'une rupture des négociations, les sociétés proposent une solution globale qui prévoit une hausse modérée des prix, un ajustement correctif à l'inflation monétaire et une compensation pour la surenchère des coûts de transport due à la fermeture du canal de Suez[1035]. Toutefois, la signature de l'accord de Téhéran le 15 février 1971 confirme l'augmentation des impôts sur les bénéfices d'activité à 55 % et le relèvement des prix de référence de 0,35 dollar le baril avec une clause d'ajustement annuel. En contrepartie, les pays producteurs du golfe Persique – Arabie saoudite, Iran, Irak, Abu Dhabi, Koweït et Qatar – acceptent de ne pas remettre en cause les prix et les conditions pour une période de cinq ans[1036]. Un deuxième accord-cadre est signé le 20 mars 1971 à Tripoli. Celui-ci confirme le taux d'imposition sur les bénéfices et une augmentation du prix de

---

1032 Giuliano Garavini, « Completing Decolonization : The 1973 "Oil Shock" and the Struggle for Economic Rights », *The International History Review*, n° 33, 2011/3, p. 473-487.

1033 AH TotalEnergies, 10AH0787/56, Compte rendu de la réunion du conseil d'administration de la CFP, 3 février 1971

1034 Jean Devaux-Charbonnel, « Les Accords de Téhéran et de Tripoli », *Annuaire français de droit international*, n° 17, 1971/1, p. 131-145.

1035 Compte rendu de la réunion Comité d'études, 2 mars 1971

1036 J. Devaux-Charbonnel, « Les Accords de Téhéran et de Tripoli », art. cit., p. 140.

référence de 0,65 dollar le baril au net de la prime de Suez. Les nouvelles conditions ont un effet immédiat sur le prix d'achat du brut du Moyen-Orient et d'Afrique du Nord qui augmente respectivement de 1,30 dollar et 1,70 dollar à 2 dollars et 3 dollars le baril[1037].

Quelques mois après la signature des deux accords, le président américain Richard Nixon annonce la fin du système monétaire créé en 1944 à Bretton Woods. Le passage entre l'étalon or et un système de change flottant réduit les recettes fiscales des pays producteurs en remettant en cause l'équilibre déjà précaire du marché du pétrole. Durant la conférence tenue à Beyrouth le 22 septembre 1971, l'OPEP demande d'adapter les accords de Tripoli et Téhéran aux nouvelles conditions monétaires[1038]. La signature de l'accord de Genève le 20 janvier 1972 reconnaît une augmentation des prix de 8,49 % et introduit un système de révision trimestriel pour compenser les effets de la fluctuation du dollar. Au-delà de cette modeste concession, les négociations confirment la vulnérabilité des membres de l'OPEP vis-à-vis de l'érosion du pouvoir d'achat, un problème qui entraîne des conséquences majeures sur les projets de développement d'une industrie nationale[1039]. Les pays traditionnellement modérés commencent à se rallier aux positions de l'Algérie et de la Libye et à définir le contrôle direct de l'activité pétrolière comme la seule opportunité d'émancipation de la domination du monde occidental[1040]. Dans le cadre du nouvel accord, l'OPEP charge le ministre du Pétrole saoudien Ahmed Zaki Yamani de négocier la restitution des actifs détenus par les sociétés étrangères dans les pays producteurs[1041]. Si Yamani propose de compenser les sociétés avec un droit sur l'achat de brut, ces dernières s'opposent à cette spoliation et engagent des discussions directes avec les pays producteurs. En Arabie saoudite, l'ARAMCO négocie la cession de 20 % de sa participation aux ressources nationales en échange d'une indemnisation et d'un droit d'achat de la production à prix préférentiel[1042]. En Irak, l'échec des négociations avec

---

1037 T. Mitchell, *Carbon Democracy*, *op. cit.*, p. 230.

1038 P. Tristani, *L'Iraq Petroleum Company de 1948 à 1975*, *op. cit.*, p. 480.

1039 A. Nouschi, *Pétrole et relations internationales de 1945 à nos jours*, *op. cit.*, p. 119-121.

1040 G. Garavini, *The Rise and Fall of OPEC in the Twentieth Century*, *op. cit.*, p. 203.

1041 AH TotalEnergies, 10AH0787/56, Compte rendu de la réunion du conseil d'administration de la CFP, 9 février 1972.

1042 AH TotalEnergies, 10AH0787/56, Compte rendu de la réunion du conseil d'administration de la CFP, 10 mai 1972.

le gouvernement conduit à la nationalisation de l'IPC et à la signature d'un accord d'assistance technique avec l'Union soviétique[1043]. En dépit des tentatives des sociétés pétrolières de maintenir un accès préférentiel aux ressources du Moyen-Orient, les membres de l'OPEP menacent d'augmenter la production pour impacter ainsi le cours du brut dans le marché international[1044].

À l'instar de l'expérience algérienne, la nationalisation du pétrole en Irak se présente comme une véritable opportunité pour la CFP. Après les annonces officielles, le gouvernement de Bagdad se dit prêt à engager des discussions avec la France pour sauvegarder ses intérêts stratégiques[1045]. En raison de l'interruption des livraisons de brut, la société nationale irakienne cherche de nouveaux canaux pour écouler une production de plus de 50 millions de tonnes par an et commence à négocier avec la France[1046]. L'acceptation de l'indemnité de nationalisation garantit à la CFP une reprise progressive des enlèvements et un accès sécurisé au brut d'Irak en échange d'une assistance technique et financière. Ce modèle sera adopté par l'ensemble des anciens actionnaires de l'IPC à partir de 1973[1047]. Entre la fin de 1972 et le début de 1973, les négociations se poursuivent également avec les gouvernements des pays du Golfe qui invoquent une augmentation généralisée des prix. La montée des revendications impose donc aux entreprises de renforcer les relations avec l'Iran, le dernier pays qui garantit l'accès à une production abondante et bon marché. Cependant, le gouvernement du Shah décide de tirer profit de ce contexte d'incertitude et commence à dicter de nouvelles conditions. Le 24 février 1973, un accord signé avec les membres du consortium iranien reconnaît à la NIOC le rôle d'opérateur et la propriété exclusive des concessions. En même temps, cet accord prévoit

1043 AH TotalEnergies, 10AH0787/56, Compte rendu de la réunion du conseil d'administration de la CFP, 7 juin 1972.

1044 *Ibid.*

1045 P. Tristani, *L'Iraq Petroleum Company de 1948 à 1975*, *op. cit.*, p. 519.

1046 AH TotalEnergies, 10AH0787/56, Compte rendu de la réunion du conseil d'administration de la CFP, 7 juin 1972.

1047 AH TotalEnergies, 10AH0787/56, Compte rendu de la réunion du conseil d'administration de la CFP, 6 décembre 1972 ; 87ZY357/72, Relations entre compagnies pétrolières et pays producteurs – développements récents (du 26 juillet au 8 septembre 1972), 8 septembre 1972.

de stabiliser la vente de brut sur une période de 20 ans, une condition qui se révèle très avantageuse pour les différentes parties[1048].

Les signatures des accords avec l'Iran et l'Irak définissent un nouveau cadre d'activité mais les effets de l'inflation remettent en cause le mécanisme mis en place à Genève. En avril 1973, un groupe de négociateurs de l'OPEP composé par les ministres du Pétrole de Libye, d'Irak et du Koweït demandent la réouverture des discussions avec les représentants des sociétés pétrolières[1049]. Si cette revendication est présentée comme un acte politique, du point de vue financier elle trouve toute sa cohérence : dans le cadre du système institué en 1972, la volatilité du dollar se révèle extrêmement inéquitable à l'égard des pays producteurs[1050]. D'une part, la révision trimestrielle des prix ne permet pas de contrecarrer les effets du cours du dollar, puisqu'une période assez longue s'écoule entre la fluctuation monétaire et la mise en fonction du mécanisme de compensation. D'autre part, l'accord de Genève n'assure pas une compensation des effets combinés de l'inflation et de l'érosion du pouvoir d'achat, alors que les pays producteurs peinent à importer les biens d'équipement nécessaires au développement industriel[1051]. Des discussions pour modifier les accords de Genève se déroulent tout au long du printemps 1973 au Caire, à Vienne et à New York. La complexité des échanges confirme la distance entre les pays producteurs qui souhaitent stabiliser les prix et le cours de la monnaie et les entreprises qui essaient de tirer profit du système de changes variables[1052].

Le 15 septembre 1973, une nouvelle résolution de l'OPEP déclare caduc le système défini par les accords de Tripoli et de Téhéran et des négociations s'ouvrent à Vienne le 8 octobre 1973, deux jours après le début de la Guerre de Yom Kippour[1053]. Même si les discussions se déroulent « dans une atmosphère courtoise »[1054], les demandes d'augmenter de 60 %

1048 G. Garavini, *The Rise and Fall of OPEC in the Twentieth Century*, *op. cit.*, p. 209.

1049 AH TotalEnergies, 10AH0787/56, Compte rendu de la réunion du conseil d'administration de la CFP, 4 avril 1973.

1050 87ZY357-40, Application de l'accord de Genève et perspectives après la dévaluation du dollar du 13 février 1973.

1051 Ibid.

1052 Ibid.

1053 AH TotalEnergies, 10AH0787/56, Compte rendu de la réunion du conseil d'administration de la CFP, 7 novembre 1973.

1054 Ibid.

les prix de référence trouvent la nette opposition des gouvernements des pays de l'OCDE, ce qui conduit à la rupture du dialogue. Le 16 octobre, les pays du Golfe, puis les autres membres de l'OPEP, annoncent une augmentation unilatérale des prix de référence de 70 % et une réduction de la production entre 5 % et 10 %[1055]. Par ailleurs, un embargo sur les produits pétroliers est décrété contre les États-Unis, les Pays-Bas et d'autres pays engagés du côté d'Israël. Si la décision de générer un choc par l'augmentation des prix n'est pas une conséquence directe de cet embargo, l'effet cumulé de ces événements a pour conséquence le bouleversement du système international et le renversement des rapports de force entre producteurs et consommateurs[1056].

La réaction au choc pétrolier : un changement de modèle d'activité

En 1973, la CFP commence à mesurer les effets de l'augmentation des prix du brut sur son équilibre financier et sur les programmes de développement définis avant la crise. Dans ce contexte, le président Granier de Lilliac est appelé à imaginer une nouvelle stratégie globale pour stabiliser la position du groupe sur le marché international. Polytechnicien et ingénieur du Corps des mines, Granier de Lilliac commence sa carrière à la DICA, puis il intègre en 1954 la CFP, société où il deviendra président de la filiale de raffinage en 1969, puis du holding en 1971. Après avoir réorganisé Total Chimie et Total-Compagnie française de navigation, la filiale de transport maritime, le nouveau président est appelé à réorganiser l'ensemble de la société pour assurer la continuité opérationnelle durant la période du choc pétrolier[1057]. La réforme de l'organisation envisagée par Granier de Lilliac se fonde sur la définition d'un nouvel équilibre entre les besoins et les ressources disponibles. En effet, au début des années 1970, les besoins de la société sont répartis en deux catégories : les besoins directs des filiales de raffinage et de distribution et les contrats de cession signés avec les clients étrangers. Si le ravitaillement de l'outil de raffinage et du réseau de distribution reste

---

1055 *Ibid.*

1056 G. Garavini, *The Rise and Fall of OPEC in the Twentieth Century*, *op. cit.*, p. 218-221.

1057 AH TotalEnergies, Notes d'Hervé L'Huillier : biographie des personnalités du groupe.

un intérêt primordial pour la société, les contrats de cession génèrent le *cash-flow* nécessaire à financer les investissements[1058]. En revanche, les ressources disponibles sont réparties en deux catégories : les ressources propres et les achats commerciaux. Les ressources propres reviennent à la société en raison des concessions ou des accords conclus avec les pays producteurs (par exemple au Moyen-Orient), sont extraites dans les nouvelles zones de production (le gisement d'Ekofisk en Norvège) ou sont obtenues au prix de revient au titre d'indemnité de nationalisation (comme c'est le cas pour en Algérie, Irak et Iran). Les achats commerciaux correspondent, quant à eux, aux transactions réalisées dans le cadre des contrats de cession de l'huile négociés avec les fournisseurs[1059].

En raison de la réduction de la production et de l'augmentation de la demande de consommation, les études financières estiment que les ressources propres permettraient à la CFP de couvrir les besoins directs et indirects à la hauteur de 80 % entre 1972 et 1973. Toutefois, les nouvelles restrictions annoncées par l'OPEP laissent envisager une rapide érosion du taux de couverture, qui devrait s'élever à 70 % au cours de l'année 1975. Dans une telle situation, la CFP serait obligée de baisser les objectifs de vente aux clients extérieurs même si cela pourrait avoir un impact sur l'équilibre financier et le rayonnement international de la société. D'une part, la CFP risquerait de perdre des clients et des marchés stratégiques, comme le marché japonais par exemple[1060], d'autre part, le démantèlement du réseau commercial aurait déterminé l'effondrement du taux d'autofinancement avec une obligation de recourir à l'endettement dans une période de grande instabilité financière. Après l'étude de différentes hypothèses, la CFP décide de maintenir les ventes commerciales et de respecter ses engagements à l'égard des clients étrangers en augmentant les achats de brut de 4 millions de tonnes par an en 1974 à 7 millions en 1975, ce qui permet de contrecarrer la réduction des ressources propres. Les statistiques confirment cette inversion de tendance dans la stratégie d'approvisionnement : si en 1972 le brut acheté sur le marché était 21 % des ressources totales, en 1975, cela augmente à 39 %. Néanmoins, ces

---

1058 AH TotalEnergies, 87ZY35/60, Philippe Dunoyer de Segonzac, Perspectives 1973 1975 du groupe Total, 24 septembre 1973.

1059 *Ibid.*

1060 *Ibid.*

opérations ont un impact remarquable sur les résultats financiers de la CFP en raison de prix du marché de plus en plus élevés[1061].

Alors que le prix du baril est multiplié par onze entre 1973 et 1982, la CFP décide de doubler ses investissements, ce qui confirme la volonté d'élargir le cadre d'activité[1062]. En raison de l'augmentation des prix du brut, la mise en production des gisements découverts en mer du Nord et en Indonésie devient de plus en plus rentable, mais les contraintes techniques et géographiques impactent lourdement les coûts de développement. Les investissements dans le secteur amont passent alors de 445 millions de francs en 1972 à 1 milliard 963 millions de francs en 1975[1063]. Par ailleurs, les statistiques de la société laissent transparaître une profonde modification du modèle d'activité. En 1972, 37 % du budget du secteur amont était destiné au développement de la production au Moyen-Orient et seulement 5 % aux autres zones d'activité. En 1975, en revanche, le développement de la production hors Moyen-Orient représente 51 % des investissements, soit presque 1 milliard de francs[1064]. Au-delà des obligations qui découlent des accords de concession, la CFP commence également à développer la filière du gaz, une activité qui absorbe, désormais, plus du 7 % du budget de l'amont[1065].

Dans le secteur aval, on assiste à une augmentation relative des investissements consolidés qui passent de 1 milliard 267 millions de francs en 1972 à 1 milliard 692 millions de francs en 1974. Cette décision permet d'adapter l'offre de produits raffinés pour faire face aux demandes des consommateurs. Les investissements sont destinés à rationaliser l'outil de raffinage et le réseau de distribution afin d'augmenter la compétitivité de la CFP sur le marché international. Comme le souligne le rapport sur les perspectives du groupe, la restructuration du secteur aval assume une importance stratégique dans le contexte de choc pétrolier puisque « [...] les compagnies pétrolières, ayant perdu le contrôle de leurs matières

1061 *Ibid.*

1062 AH TotalEnergies, 87ZY35/60, Philippe Dunoyer de Segonzac, Perspectives 1973-1975 du groupe Total, 24 septembre 1973. Cf. A. Nouschi, *Pétrole et relations internationales de 1945 à nos jours*, *op. cit.*, p. 129 et 147.

1063 AH TotalEnergies, 87ZY35/60, Statistiques sur les besoins et les ressources, sdnl.

1064 *Ibid.*

1065 C. Hubin, *Stratégie industrielle de la Compagnie Française des Pétroles (1945-1975)*, *op. cit.*, p. 469.

premières, auront pour mission essentielle de transporter, transformer et distribuer le pétrole qui sera mis sur le marché et qu'elles achèteront en compétition les unes avec les autres»[1066]. Les investissements de la CFP dans le secteur aval sont beaucoup plus importants de ceux réalisés par les concurrents anglo-américains[1067]. Cela confirme la volonté de réduire les effets de l'expansion incontrôlée du secteur qui a eu lieu au cours des années précédentes. En somme, durant cette phase de transition, les maîtres mots pour la direction générale deviennent: «production» et «réduction des charges d'exploitation». La mise en production de nouveaux gisements et la rationalisation de l'outil industriel sont donc la seule opportunité pour équilibrer les finances de la société et préparer la nouvelle phase de développement.

Tableau 12. Évolution des investissements consolidés du groupe CFP par secteur en MF (1972–1975)

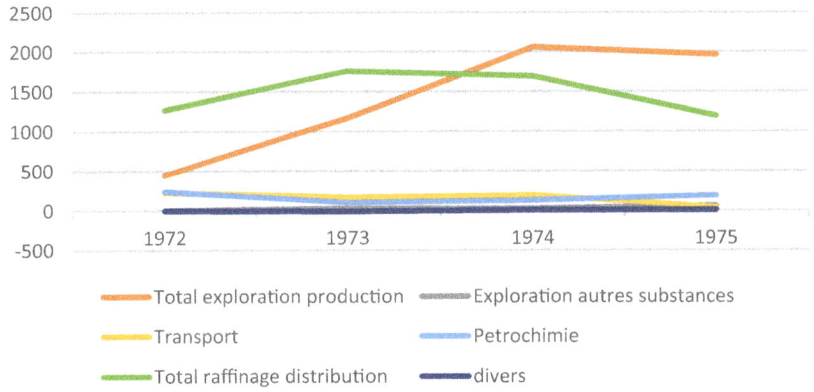

Source: AH TotalEnergies, 87ZY35/60, Statistiques sur les besoins et les ressources.

1066 AH TotalEnergies, 87ZY35/60, Philippe Dunoyer de Segonzac, Perspectives 1973-1975 du groupe Total, 24 septembre 1973.

1067 *Ibid.*

Communication et consommation énergétique aux temps de la pénurie

Au début de l'année 1974, la direction de la communication de la CFP réalise un film intitulé *Le Groupe aujourd'hui*[1068]. Destinée aux collaborateurs et aux actionnaires, cette production souligne la capacité de l'entreprise de faire face aux défis du nouveau contexte international. Accompagné par un carrousel d'images qui montrent la réaction de la presse mondiale au choc pétrolier, le narrateur explique : « Les événements de 1973 sont au fait le résultat d'une évolution commencée depuis plusieurs années à laquelle nous étions préparés[1069]. » Pour rassurer le public, il confirme que le savoir-faire des hommes et les disponibilités financières permettront à la CFP de résister aux grands bouleversement. Pour justifier ce propos, une succession de plans montre l'état des activités du groupe dans les différents secteurs industriels. Le film évoque, à la fois, l'introduction des actions de la CFP à la bourse de Londres et à celle de Tokyo, le lancement des premiers navires pétroliers de 260 000 tonnes, la modernisation de l'outil de raffinage et les innovations techniques ayant permis le démarrage de la production en mer du Nord. La rhétorique véhiculée par ce film est bien claire : le gigantisme des moyens déployés par la société permettra de surmonter cette situation de pénurie.

Durant les années 1970, l'émergence de l'idée de pénurie énergétique contribue à modifier radicalement le modèle de consommation dans le monde occidental. Néanmoins, l'artificialité de ce concept est évoquée par plusieurs auteurs à l'instar de Timothy Mitchell. Celui-ci notamment considère la pénurie comme le résultat du choix de ne pas contrebalancer la réduction de la production décidée par l'OPEP par l'augmentation des ressources propres[1070]. Cette interprétation explique bien la corrélation entre la montée des tensions politiques au Moyen-Orient et l'augmentation du prix des carburants qui est évoquée par l'historiographique et par l'opinion publique. En effet, la rhétorique qui envahit le débat politique à partir du choc pétrolier soutient que l'augmentation des prix, l'embargo et la pénurie d'essence dans les stations-service seraient des leviers utilisés par les pays arabes pour remettre en cause la société de consommation.

1068 AH TotalEnergies, Fonds audiovisuel n° 24, Compagnie française des pétroles, *Le Groupe aujourd'hui*, 1974.

1069 *Ibid.*

1070 T. MITCHELL, *Carbon Democracy*, *op. cit.*, p. 239 et ss.

L'image de la pénurie comme atteinte aux libertés des consommateurs véhiculée par le président américain Richard Nixon se diffuse rapidement dans l'ensemble des pays européens[1071]. En France, pays qui n'est pas touché par l'embargo, cette conception est renforcée par l'impact des décisions du gouvernement sur les prix du carburant, une mesure nécessaire pour assurer la survie des entreprises françaises et protéger un secteur stratégique pour l'économie nationale[1072].

L'augmentation des prix de l'énergie détermine un déclin de la consommation de carburant. Pour soutenir la commercialisation des produits pétroliers, la CFP fait appel aux techniques de marketing et décide de déployer une nouvelle stratégie commerciale fondée sur la fidélisation des clients. Durant l'été 1972, les stations-service Total lancent une campagne promotionnelle qui cible les automobilistes et leurs enfants en proposant des objets en échange de l'achat de produits de la marque. Grâce à la campagne *Lire aujourd'hui*, pour chaque achat de carburants et d'huiles Total les clients obtiennent des chèques cadeaux qui peuvent être échangés avec un livre ou une bande dessinée[1073]. Parmi les titres proposés, on trouve des classiques de la littérature française, des romans policiers mais aussi les albums de Lucky Luke, le célèbre personnage de la bande dessinée franco-belge créé par Morris en 1947. Connu par le jeune public pour ses aventures « à l'ombre des derricks », Lucky Luke devient le protagoniste de la plus importante campagne publicitaire lancée par l'entreprise depuis la création de la marque de distribution. Au-delà du matériel publicitaire qui décore les stations-service, l'initiative commerciale se fonde sur le recours massif à la communication télévisée et radiophonique : des messages publicitaires sont donc diffusés tout au long de l'été et la chanson *Parasol* de Véronique Sanson, bande-son de la campagne, est écoutée par plusieurs millions de Français[1074]. La campagne *Lire aujourd'hui* se révèle un grand succès puisque les ventes des stations-service augmentent entre 30 % et 130 %

1071 AH TotalEnergies, 86ZW284/22, « Text of President Nixon Energy Statement », *Petroleum Intelligence Weekly*, 2 novembre 1973.

1072 AH TotalEnergies, 86ZW284/22, Information presse, « Une interview d'Étienne Dalemont sur les antennes de RTL », 16 octobre 1974.

1073 AH TotalEnergies, 08AH0129/1760, Lire aujourd'hui 24 livres pour l'été à lire toute l'année, livret mode d'emploi pour gérant stations de service, été 1972.

1074 AH TotalEnergies, Fonds audiovisuel n° 4366, *Les grands succès : lire aujourd'hui 1*, 1972.

malgré la surenchère des prix de l'essence[1075]. Par ailleurs, l'impact en termes d'images est extrêmement important chez les jeunes puisque le personnage clé de la campagne commence à être identifié avec les produits de la marque. Les clients commencent même à demander aux gérants de stations-service : « mettez du Lucky Luke dans mon réservoir ! »[1076].

Photo 29. Campagne promotionnelle « Lire aujourd'hui », 1972 – Photothèque historique TotalEnergies, 102380, Droits réservés – TotalEnergies ©

Les campagnes commerciales lancées durant le choc pétrolier montrent également la volonté de diversifier les consommateurs cibles grâce au lancement de produits « super haute vitesse », « spécial autoroute » ou « spécial moto ». À l'instar du supercarburant Elf, les nouveaux produits Total construisent leur image sur l'optimisation des performances du

1075 AH TotalEnergies, 08AH0129/1760, Lire aujourd'hui, Bulletin n° 3 de la campagne, 30 août 1972.

1076 *Ibid.*

moteur et la réduction des coûts[1077]. Cela est le cas pour la campagne publicitaire *Totalconfort* qui fait la promotion du fioul domestique. Dans un contexte où la rentabilité du chauffage domestique au fioul est fortement remise en cause, la CFP renouvelle complètement sa stratégie commerciale. En premier lieu, le fioul est présenté comme un combustible « pas cher » qui garantit au consommateur confort, tranquillité et sécurité dans l'espace domestique. En deuxième lieu, le distributeur propose aux potentiels clients d'installer un chauffage au fioul grâce à un financement de la durée de 5 ans pouvant atteindre 80 % du coût d'installation. En troisième lieu, le consommateur peut demander un paiement échelonné en 10 solutions avec un cycle de facturation qui commence en septembre et se termine en juin. Cela décharge les ménages français du paiement des frais de chauffage durant la période des vacances quand la consommation de carburants est plus importante[1078].

Alors que les campagnes publicitaires encouragent la consommation de produits pétroliers, les pouvoirs publics prennent des initiatives en matière d'économies d'énergie. En décembre 1973, les premières restrictions à l'éclairage public sont mises en place avec l'obligation d'éteindre les décorations lumineuses des cinémas sur la voie publique à partir de 22 heures[1079]. Une loi sur la limitation des vitesses de circulation est promulguée en 1973 dans l'objectif de réduire la consommation d'environ 8 millions de tonnes par an, tandis qu'en septembre 1975 l'heure d'été est réintroduite pour réaliser une économie estimée entre 170 000 et 240 000 tonnes[1080]. Ce cadre de réforme est complété par la promulgation de la loi du 29 octobre 1974 relative aux économies d'énergie qui attribue aux autorités publiques un pouvoir de contrôle sur les ressources énergétiques et reconnaît le droit d'interdire « toute publicité sous quelque forme que ce soit de nature à favoriser l'accroissement de la consommation d'énergie »[1081].

1077 AH TotalEnergies, Fonds audiovisuel n° 4505, Supercarburant Elf Moins – En ville, 1977 ; n° 4506, Supercarburant Elf Moins – Les embouteillages, 1977.

1078 AH TotalEnergies, 08AH0129/1760, « Totalconfort le fuel n° 1 pour l'économie », 1973.

1079 AN, 20 150 184/40, Fédération nationale des cinémas français, Restriction aux éclairages et illumination, Paris, 4 décembre 1973.

1080 AN, 20 150 184/40, ministère du Développement industriel, Décalage heures de travail, 10 janvier 1974.

1081 Loi n° 74-908 du 29 octobre 1974 relative aux économies d'énergie.

Dans un contexte caractérisé par la fin du «pétrole franc», les pouvoirs publics interviennent directement sur le marché national. La décision d'augmenter les prix du brut est considérée comme une solution nécessaire pour rééquilibrer la balance commerciale de la France. Celle-ci aurait dû passer d'un excédent de 10 milliards de francs à un déficit de 25 milliards en 1974. Si l'on compare ces chiffres à celles des réserves de change disponibles estimées à 30 milliards de francs, il est facile de comprendre qu'à défaut de mesures correctrices, le déficit aurait pu atteindre 45 milliards de francs en 1976[1082]. En l'absence d'une perspective de réduction des prix du brut sur le court terme, le gouvernement envisage trois types de solutions: financer le déficit commercial pour assurer l'approvisionnement, augmenter les stocks en sécurisant l'accès aux sources de production et économiser de l'énergie «sans gêner l'économie»[1083]. Créée par le décret du 29 novembre 1974, l'Agence pour les économies d'énergie (AEE) est chargée de concevoir la nouvelle politique et d'entreprendre des actions de réglementation, d'incitations et d'informations en s'adressant au grand public et aux différentes catégories professionnelles. L'objectif des campagnes d'information de l'AEE est de «convaincre l'opinion publique de la pérennité et de l'inéluctabilité du problème énergétique»[1084] tout en expliquant que la réduction de la consommation ne correspond pas forcément à une politique d'austérité. À partir de sa création, l'agence multiplie les actions de sensibilisation qui prennent l'allure d'une véritable propagande d'État.

En septembre 1975, la campagne *On n'a pas de pétrole, mais on a des idées* est lancée à la télévision, au cinéma, à la radio, et dans la presse. Astérix, le petit Gaulois de la bande dessinée française, devient la personnification du consommateur astucieux qui doit repenser sa relation avec l'énergie sans remettre en cause son style de vie. Comme l'annonce le texte de la campagne:

> «En France on a Astérix, le plus grand aéroport d'Europe, la pétanque et la tour Eiffel, 30 milliards de réserves d'or et 400 variétés de fromages, mais on n'a pas de pétrole. Le pétrole, nous sommes obligés de l'acheter à d'autres. Très cher. Car c'est notre richesse qui s'en va et notre façon de vivre qui est menacée. Alors qu'est-ce qu'on peut faire? D'abord mieux utiliser l'énergie.

1082 AN, 20 150 184/40, Énergie: dimension du problème, 12 avril 1974.

1083 *Ibid.*

1084 AN, 19870072/23, Présentation de l'Agence et des activités, briefing pour les agences publicitaires, sdnl.

> Et à ça, justement, on peut y arriver sans changer notre façon de vivre. On a déjà fait pas mal de choses, mais il y en a des tas d'autres à faire »[1085].

La campagne de l'AEE permet de diffuser des informations concernant la situation de crise énergétique et aussi de sensibiliser aux bonnes pratiques de consommation. Toutefois, malgré les efforts réalisés par l'AEE, le message véhiculé par l'astucieux Astérix n'est pas suffisant pour contraster l'incitation à la consommation du malin Lucky Luke, ce qui anticipe le retour en vogue du mythe de l'or noir.

B. Anticiper les grands bouleversements : la réforme du secteur amont

Organisation et résistance au changement : l'expertise de McKinsey au service de la Compagnie française des pétroles

Au début des années 1970, plusieurs mois avant le choc pétrolier, la CFP commence à s'interroger sur la cohérence organisationnelle de sa structure. La diversification de ses activités ainsi que les difficultés relationnelles entre le secteur aval et le secteur amont avaient empêché l'adoption d'un modèle d'industrie intégrée, avec de lourdes conséquences sur la productivité de l'entreprise. En raison du changement de conditions d'activité, la société confie à McKinsey une étude sur l'organisation[1086]. Fondé en 1926 à Chicago, le cabinet-conseil McKinsey est un acteur majeur dans la conception et la circulation des modèles de décentralisation, d'organisation multidivisionnelle, de marketing et de management par objectif[1087]. Après les projets de restructuration réalisés chez Royal-Dutch Shell et British Petroleum, le cabinet américain

---

1085 AN, 19870072/23, Agence pour les économies d'énergie, Campagnes septembre-décembre 1975.

1086 AH TotalEnergies, 83ZX903/1, Mémorandum à Victor de Metz, suggestion pour annoncer l'étude de McKinsey, 24 avril 1970.

1087 Matthias Kipping et Nick Tiratsoo, « The "americanisation" of European companies, consumers and cultures : contents, processes and outcomes », *in* Mathias Kipping (dir.), *Americanization in 20th Century Europe : business, culture, politics*, vol. 2, Lille, Publications de l'Institut de recherches historiques du Septentrion, 2018, p. 7-23 ; Ludovic Cailluet, « McKinsey, Total-CFP et la M-form. Un exemple français d'adaptation d'un modèle d'organisation importé », *Entreprises et histoire*, n° 25, 2000/2, p. 26-45, ici p. 33.

apporte donc son expertise à la CFP, à Elf-ERAP et à d'autres groupes français comme Lafarge et Péchiney[1088].

Un premier audit sur la structure de la CFP est lancé en juin 1970 alors que l'entreprise négocie les futures relations pétrolières avec l'Algérie. Dans ce contexte d'incertitude, John Macomber, Al McDonald et Jacques Bouvard, ingénieurs-conseils de la firme américaine, prennent contact avec les directeurs pour analyser les activités du groupe et identifier les principales difficultés de fonctionnement[1089]. En particulier, ils s'intéressent aux processus métier de la DCEP et au système de prise de décision dans le cadre des activités de recherche et de production d'hydrocarbures[1090]. Le rapport propose un diagnostic du système de liaison et schématise les grandes orientations opérationnelles de la société, tout en mettant l'accent sur les difficultés de fonctionnement[1091]. Dans le domaine de l'exploration, les experts de McKinsey évoquent deux problématiques majeures : l'incapacité de la CFP à trouver de nouveaux gisements et les difficultés à sécuriser l'accès aux ressources. En ce qui concerne la production, ils mettent en évidence l'excessive concentation des activités dans la région du Moyen-Orient, une condition qui fragilise la position du groupe français vis-à-vis de ses concurrents[1092]. En somme, selon McKinsey, la DCEP est incapable de renouveler ses réserves et de répondre aux demandes du marché de consommation en raison du faible volume d'investissement dans le secteur amont et du déséquilibre structurel déterminé par la coexistence de deux directions chargées de ravitailler le groupe : la DCEP et la DMO[1093].

1088 Ludovic Cailluet, « Stratégies, structures d'organisation et pratiques de gestion de Pechiney des années 1880 à 1971 », Thèse de doctorat, Université Lumière Lyon 2 1995 ; AH TotalEnergies, 83ZX903, Étude Mac Kinsey sur l'organisation du groupe CFP, sdnl.

1089 AH TotalEnergies, 83ZX903/1, Mémorandum à Victor de Metz, suggestion pour annoncer l'étude de McKinsey, 24 avril 1970.

1090 AH TotalEnergies, 83ZX903/1, Lettre de Jacques Bouvard à Jacques Bénézit, 16 octobre 1970.

1091 AH TotalEnergies, 83ZX903/1, Étude McKinsey, « Premières questions clés sur l'organisation du groupe », juillet 1970.

1092 *Ibid.*

1093 AH TotalEnergies, 83ZX903/1, Remarques sur l'organisation de l'exploration et de la production à la CFP, 24 juin 1970.

Les échanges autour du premier rapport McKinsey témoignent de la prise de conscience des incohérences organisationnelles, mais également de la résistance au changement des cadres de la société. L'idée de dépasser le dualisme qui existe entre la DMO et la DCEP, en effet, est fortement contestée. À titre d'exemple, le nouveau directeur de l'exploration Jacques Dupouy-Camet souligne la différence entre les responsabilités de participation confiées à la DMO et les fonctions opérationnelles de la DCEP. Il explique que la DMO étant responsable de la majorité des réserves de brut de la CFP « ses problèmes affectent immédiatement et directement les ressources de la CFP, donc son existence, et nécessitent un contact étroit avec le DGO et le président »[1094]. Par ailleurs, les archives confirment la persistance d'une altérité identitaire entre « l'élite des négociateurs » du Moyen-Orient et les « techniciens » de la DCEP. La proposition de réorganiser le secteur amont autour de quatre grandes directions – une direction Moyen-Orient, une direction exploration, une direction production et une direction opérations chargée des filiales géographiques – est donc rapidement écartée en raison de sa « séduisante, mais illusoire simplicité »[1095]. Selon Dupouy-Camet, celle-ci ne tiendrait pas compte des risques et des difficultés psychologiques et sociales dérivant d'une subordination de la DMO à la nouvelle structure de la DCEP.

1094 *Ibid.*

1095 *Ibid.*

Tableau 13. McKinsey, Proposition d'organigramme du secteur amont écartée par la direction de la CFP, 1970

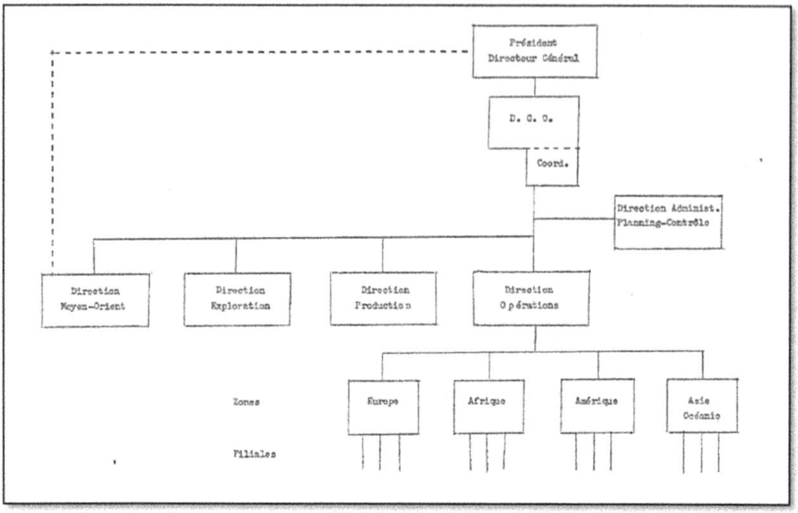

Source: AH TotalEnergies, 83ZX903/1, Proposition d'organigramme pour la CFP, 24 juin 1970.

En se basant sur l'audit de McKinsey, la direction générale de la CFP décide de concentrer les efforts de réorganisation autour de quatre secteurs prioritaires. En premier lieu, elle cible la construction industrielle, le développement des procédés et la recherche scientifique, des fonctions attribuées à la filiale Total Technique. En deuxième lieu, elle s'intéresse aux activités de transport, d'approvisionnement et d'achat du brut, des compétences de la filiale Total Logistique. En troisième lieu, elle cible la planification, le contrôle opérationnel et la gestion des ressources humaines, des fonctions partagées entre plusieurs entités. En quatrième lieu, la direction se concentre sur l'exploration et la production d'hydrocarbures, une activité qui dépasse largement le périmètre fonctionnel de la DCEP. En 1971, Jacques Bénézit institue un groupe de réflexion qui réunit Granier de Lilliac et l'état-major de la DCEP[1096]

1096 Celui-ci se compose de Jacques Dupouy-Camet Jean Duroc Danner, Pierre Germes, Jean D'Herbès, Michel Lemaignan et Jacques Nizery cf AH TotalEnergies, 83ZX903/4, McKinsey, Compagnie Française des pétroles, «Accélérer la mise en œuvre en constituant quatre équipes ad hoc», avril 1971.

pour définir un schéma de réorganisation et un nouveau système de partage des responsabilités pour la branche amont. Accompagné par les consultants américains, le groupe d'étude analyse les points forts et les points faibles de la fonction exploration et production au sein de la CFP. Les comptes rendus confirment les compétences acquises en matière de forage, de géologie, de géophysique et des techniques de l'*offshore* en expliquant que l'expertise juridique, financière et fiscale a renforcé la capacité d'adaptation de la société[1097]. Néanmoins, les documents parlent d'une organisation « confuse dans ses principes et souvent mal comprise des participants [ce qui] rend difficile la délégation d'autorité, la définition de la ligne hiérarchique, la prise de décision et le contrôle de l'action »[1098]. En somme, la prépondérance des « familles de métier » sur les lignes hiérarchiques provoque une grande confusion entre les objectifs et les moyens et détermine « une prédominance des considérations scientifiques et parfois même académiques sur le souci du résultat économique »[1099].

Pour faciliter la solution du problème, le groupe d'étude définit une feuille de route du projet de réorganisation. La priorité est de mieux définir les responsabilités en fonction des postes occupés en organigramme et de limiter la prédominance des individus sur l'organisation[1100]. Autrement dit, la société doit limiter les effets du « syndrome de la double casquette », un phénomène largement répandu au sein du secteur amont. À titre d'exemple, nous pouvons mentionner le cas du fondateur du service géologique de la CFP-A Henri Vautrin. Cet homme est à la fois directeur de l'exploration, chef de famille des géologues et responsable des filiales en Amérique. Toutefois, le cas le plus significatif est celui de Pierre Germes. L'ancien directeur général adjoint de la CFP-A cumule les fonctions de responsable des affaires nouvelles, responsable des filiales du Moyen-Orient pour les projets *offshore*, président-directeur général de Total Indonésie, de la French Petroleum Company of Australia (FPC-A), d'OMNIREX, chef de famille des ingénieurs techniciens

---

1097 AH TotalEnergies, 83ZX903/4, Marciel Campos (McKinsey) projet de discussion « évaluation de l'organisation actuelle dans les domaines de l'exploration et de la production de brut (DCEP et DMO).

1098 *Ibid.*

1099 *Ibid.*

1100 AH TotalEnergies, 83ZX903/4, Groupe d'étude activités exploration et production, compte rendu de la réunion du 26 mai 1971.

et directeur production du groupe[1101]. La deuxième préconisation est de définir une stratégie d'exploration sur dix ans et mettre en place de systèmes de planification à tous les niveaux hiérarchiques. Enfin, la troisième recommandation est d'améliorer la coordination entre le niveau de négociation et le niveau opérationnel ainsi que d'imaginer une nouvelle division du travail entre la DCEP et la DMO pour libérer cette dernière de toute responsabilité d'opérateur[1102]. Ce dernier principe ne fait guère l'unanimité chez les cadres de la DCEP. Comme l'explique Jacques Bénézit, cette solution aurait tendance « à accentuer la différence de situation psychologique entre deux mondes à l'intérieur de la CFP : le grand style d'un côté, la technocratie et les "plombiers" de l'autre »[1103].

Une nécessaire redéfinition de la politique de gestion du personnel

L'étude de McKinsey s'intéresse également à la gestion des ressources humaines. Entre juillet et août 1971, un groupe de travail qui réunit les chefs des services de la DCEP, de la DCAD, de la CFR et de TCFD et les ingénieurs-conseils commence à recenser les politiques du personnel des différentes filiales[1104]. En partant des informations collectées, le groupe élabore une définition de ressources humaines pouvant harmoniser les diverses conceptions de hiérarchie et d'évolution de carrière[1105]. Les résultats du rapport montrent que les 1640 cadres de la société relèvent de quatre statuts différents : le statut de la CFP, le statut de la TCFD, le statut de la CNP et celui de la CFR[1106]. Créé dans les années 1950, le statut de la CFP prévoit un régime général et un régime de recherche

1101 AH TotalEnergies, 83ZX903/4, Marciel Campos (McKinsey) projet de discussion « Évaluation de l'organisation actuelle dans les domaines de l'exploration et de la production de brut (DCEP et DMO) ».

1102 AH TotalEnergies, 83ZX903/4, Groupe d'étude activités exploration et production, compte rendu de la réunion du 26 mai 1971.

1103 AH TotalEnergies, 83ZX903/4, Analyse détaillée, 7 juin 1971.

1104 AH TotalEnergies, 83ZX903/4, Groupe de travail « Fonction du personnel », 16 août 1971.

1105 AH TotalEnergies, 83ZX903/4, Observations sur les critères du groupe d'étude, 12 juillet 1971.

1106 Le statut de la CNP se base sur les principes du statut de la marine marchande et répond aux obligations de pavillon imposées par la loi française. Le statut de la CFR s'inspire au statut de l'industrie de raffinage promulgué en France

réparti en quatre sous-régimes spécifiques. Le régime général est destiné au personnel administratif et technique du siège, au personnel de TAO et à celui des filiales de distribution et des établissements étrangers, comme la DMO de Londres et les succursales de la CFP à New York, Téhéran et Beyrouth. En revanche, le régime de recherche concerne les cadres dirigeants, le personnel de la DCEP, de la DMO, de la CFP-A et des filiales du Moyen-Orient. Au-delà des différentes conditions salariales, les deux régimes montrent une divergence considérable en matière de gestion du personnel. Les cadres de la CFP gardent une grande autonomie vis-à-vis de la direction administrative de la DCEP, même s'ils dépendent hiérarchiquement de celle-ci. En revanche, les cadres de la DCEP sont complètement indépendants de la gestion administrative de la CFP qui est chargée du personnel soumis aux autres régimes[1107].

L'étude de McKinsey montre que le système en place ne s'appuie pas sur la gestion prévisionnelle des ressources humaines. Par exemple, si à la holding les recrutements sont gelés depuis l'époque de Victor de Metz[1108], plusieurs cadres de 25 ou 30 ans sont régulièrement embauchés sans que cette décision soit prise dans le cadre d'une estimation des besoins réels. Au-delà des constatations générales, le rapport de McKinsey décrit en détail le mode de gestion du personnel de la DCAD, la CFR, la TCFD et la DCEP. Cette analyse comparative permet de mieux apprécier les spécificités propres à chaque secteur.

Chargée de la politique de distribution en France et à l'international, la DCAD emploie plus de 500 personnes, dont 200 cadres et 300 non-cadres en 1971. Si la gestion des agents français est assurée en liaison avec la direction administrative de la CFP, la gestion des agents étrangers dépend des modes de recrutement propres à chaque pays. Depuis sa création, la DCAD est marquée par un profond ethnocentrisme puisque tous les cadres supérieurs sont formés en France mais seulement les Français assurent le commandement des filiales étrangères. Cependant,

---

en 1928. Cf M. Le Dez, *Le commerce et l'industrie des pétroles dans la basse vallée de la Seine*, *op. cit.*; B. Doessant, *Le transport maritime d'hydrocarbures. Les compagnies pétrolières françaises entre impératifs économiques et obligation de pavillon (1918-1998)*, *op. cit.*, p. 105 et ss.

1107 AH TotalEnergies, 83ZX903/4, D. Chevrière à Bénézit, Note d'information « Groupe d'études du personnel : examen du statu quo », 19 juillet 1971.

1108 AH TotalEnergies, 83ZX903/4, Groupe d'étude, gestion et développement des ressources humaines : compte rendu de la réunion du 22 juillet 1971.

à partir des années 1960, la branche met en place une politique d'européanisation qui se traduit par la promotion et la rotation d'un certain nombre de cadres européens. La direction estime désormais « concevable de muter des cadres italiens par exemple en France ou en Angleterre [ou alors] d'affecter aux services du siège quelques Anglais désirant maintenant travailler à Paris et le méritant »[1109].

À la différence de la DCAP, la gestion du personnel de la CFR est très influencée par la forte hiérarchisation qui caractérise l'industrie du raffinage. Les 500 cadres repartis entre le siège, la Raffinerie de Provence et la Raffinerie de Normandie sont administrés par les services centraux tandis que la gestion des autres agents est déléguée aux services administratifs de chaque site. En raison de la répartition géographique des activités, les mouvements internes sont presque inexistants, à l'exception de certaines positions techniques à très haute spécialisation. L'étude de McKinsey met néanmoins en évidence une tendance à la concertation entre la CFR et la CFP en matière de gestion du personnel. Celle-ci est particulièrement visible dans le domaine de la mécanisation des méthodes de gestion, puisque la filiale de raffinage reste profondément ancrée à la politique ouvrière[1110]. À l'instar de la CFR, la structure de la TCFD est caractérisée par la prédominance du personnel non-cadre et par une répartition géographique très accentuée. La branche chargée de gérer le réseau de distribution en France compte plus de 5200 employés, dont une grande partie dépasse la moyenne d'âge de 52 ans[1111]. Ce personnel faiblement spécialisé est numériquement très important en raison de la fusion de six sociétés de distribution qui a eu lieu entre 1966 et 1968[1112].

1109 *Ibid.*

1110 AH TotalEnergies, 91ZZ226-3, Ordinateurs gestion Raffinage Distribution, Remplacement des ordinateurs actuels par des ordinateurs IBM de la série 360, 20 octobre 1966; CFR, Ordinateurs IBM 360-65, 14 novembre 1967.

1111 *Ibid.*

1112 Mohamed Sassi, *La politique pétrolière de la France de 1861 à 1974 : à travers le rôle de la compagnie privée Desmarais Frères*, Thèse de doctorat, Université-IV, Paris, 2018.

Photo 30. Stage de formation à la réparation d'une pompe à essence au centre de formation de Gonfreville, 1962 – Photothèque historique TotalEnergies, 102368, Droits réservés Total ©

La DCEP et ses filiales emploient de leur côté environ 300 cadres, dont 90 % soumis au régime du personnel de recherche. Toutefois, mise à part l'expérience de la CFP-A, la gestion prévisionnelle est loin d'être généralisée au début des années 1970. En effet, les aléas de l'activité d' exploration ainsi que les nationalisations en cours empêchent la DCEP de parvenir à un équilibre entre besoins et ressources ainsi que de définir un plan de remplacement sur le moyen terme. Par ailleurs, deux conditions spécifiques entravent les possibilités de rotation des cadres dans le groupe. D'une part, la spécificité du régime de recherche limite la rentabilité des mutations vers les services parisiens de la société. D'autre part, l'héritage de la structure des familles de métier contribue à créer un système cloisonné et résistant au changement. Ces sociétés partielles gardent une grande influence sur les décisions de rotation du personnel de la DCEP et s'opposent ouvertement à l'intégration de toute personne refusant de faire allégeance à l'autorité du doyen

À la lumière de ces considérations, les ingénieurs-conseils de McKinsey suggèrent de formuler une nouvelle politique du personnel fondée sur les principes d'utilité et de nécessité. Du point de vue organisationnel, ils soulignent le besoin de mettre en place un système capable de « centraliser la politique humaine et destinée à l'accomplir »[1113]. Les conclusions du rapport encouragent donc à centraliser la gestion du personnel de « haut niveau » et à décentraliser dans les filiales toutes les responsabilités de gestion du personnel non-cadre. Cela permettrait d'éviter la redondance des services chargés de l'administration et de la gestion des agents et de réduire ainsi tous les « facteurs de viscosité » qui pourraient limiter le mouvement des cadres au sein de l'entreprise. Selon les experts de la firme américaine, la mise en place de plans de carrière cohérents est une condition essentielle pour assurer la progression technique de la société. Comme l'a démontré l'expérience algérienne, la gestion prévisionnelle permettrait de faire face à la croissante internationalisation de l'entreprise tout en assurant une pleine intégration du personnel étranger.

La naissance de Total exploration production

À la conclusion de l'étude de McKinsey, la CFP dispose d'une véritable feuille de route pour réorganiser sa structure autour des principes d'efficacité, d'optimisation des ressources et d'unité de stratégie. Les organigrammes et les systèmes de commandement sont réimaginés pour répartir les tâches autour de trois typologies de missions : concevoir, concerter et élaborer la stratégie ; diriger, coordonner et contrôler l'action des unités ; assurer l'utilisation optimale des ressources[1114]. Les ingénieurs-conseils de McKinsey proposent de regrouper autour du président une direction générale hiérarchique, deux comités, deux directions d'études et de planification et trois fonctions support. Le président-directeur général est chargé de diriger et animer le groupe en concertation avec un comité stratégique, tandis que le directeur général des opérations encadre des unités d'action et de soutien et des regroupements de filiales dans chaque secteur d'activité[1115]. La seule exception dans cette structure hiérarchique est représentée par la CFR. En effet, la filiale de raffinage garde une

1113 *Ibid.*

1114 AH TotalEnergies, 83ZX903/4, Compte rendu de réunion « Premières grandes lignes de la nouvelle organisation », 27 avril 1971.

1115 *Ibid.*

complète autonomie vis-à-vis de la direction générale opérations (DGO) même si son président cumule également la fonction de directeur au sein de la maison-mère.

La mise en place de la nouvelle organisation confirme l'importance attribuée à l'amélioration du processus décisionnel. Dans un contexte caractérisé par le bouleversement du marché international, la CFP décide d'adapter son fonctionnement aux aléas d'un futur incertain en dépassant le système d'autorité centralisé mis en place par Victor de Metz à partir des années 1940. Granier de Lilliac accepte donc de codifier les attributions du président pour définir quand le pouvoir décisionnel peut être exercé par délégation[1116]. Selon la nouvelle définition, le président renonce au *jus in omnia* mais il demeure responsable de toute « décision stratégique » et « décision fondamentale » pour la vie de l'entreprise. Cela comprend à la fois l'approbation des plans pluriannuels, la signature d'accords de partenariat avec d'autres entreprises pétrolières, les choix d'implantation dans de nouvelles zones d'activité, l'organisation et la désignation des hauts dirigeants et à la fois toute décision ayant des conséquences financières (augmentation de capital, engagement financier), commerciales ou juridiques. Toutes les autres questions liées à la mise en œuvre d'une décision présidentielle, la coordination entre les structures, le règlement des conflits d'attribution et la définition des méthodes et des procédures de fonctionnement sont déléguées au directeur général opérations.

1116 AH TotalEnergies, 87ZY357/12, Organisation du groupe – essai du classement des décisions, 17 février 1972.

Tableau 14. Esquisse de la nouvelle organisation du groupe CFP, 1971

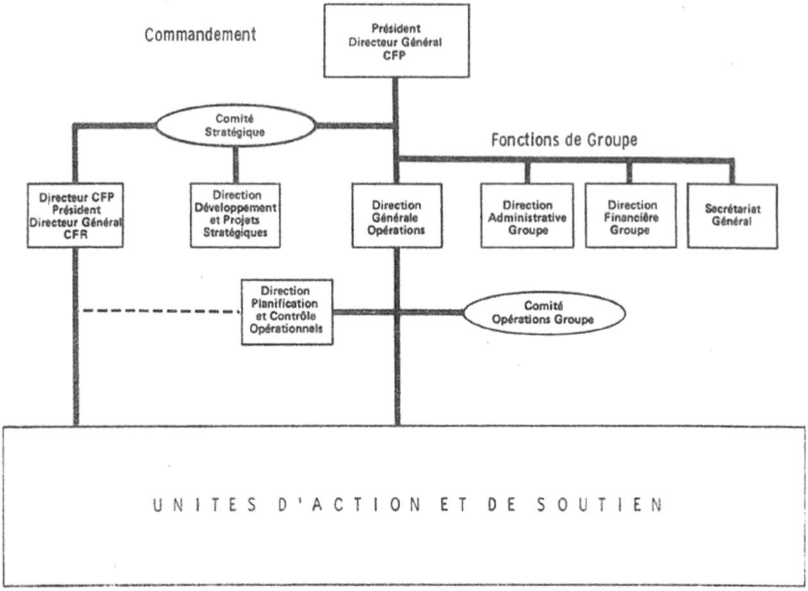

Source : AH TotalEnergies, 83ZX903/4, « Premières grandes lignes de la nouvelle organisation », 27 avril 1971.

Les nouveaux principes d'organisation attribuent une grande importance aux instances consultatives et aux organismes chargés de préparer la prise de décision. Créée en 1972, la nouvelle direction du développement des projets stratégiques (DPS) est chargée d'exécuter ou de faire exécuter les travaux préparatoires aux décisions susceptibles d'avoir un impact sur l'avenir du groupe[1117]. En particulier, la DPS réalise des études sur l'environnement économique international et récupère des informations stratégiques sur les activités de chaque filiale pour constituer des dossiers de synthèse. L'expertise de cette direction permet de mieux évaluer la rentabilité des affaires nouvelles, d'estimer l'impact de toutes les décisions prises et d'accompagner la préparation des plans de développement sur le long et le moyen terme. Dans ce sens, la DSP joue

[1117] AH TotalEnergies, 83ZX903/3, Note de service, 12 octobre 1972.

un rôle majeur dans la définition des stratégies de diversification mises en place après le choc pétrolier de 1973[1118].

L'amélioration de la structure impose également de réformer l'ensemble des fonctions support précédemment déléguées aux directions de secteur. La mise en place de liaisons fonctionnelles entre la holding et les filiales en matière de gestion financière, administrative et de ressources humaines permet d'harmoniser les processus de travail et d'alléger l'organisation. Dans le cas de la direction financière, cette réforme se traduit en une accélération de la transmission et du traitement de l'information. La grande innovation concerne néanmoins les services chargés de la gestion du personnel. En 1973, la création de la direction du personnel et administration groupe DPA(G) permet d'élargir le système de gestion prévisionnelle au niveau du « groupe restreint »[1119] et de définir un plan organique pour l'ensemble des filiales. Trois départements de la nouvelle direction sont donc chargés d'implémenter cette politique : le département des mouvements, le département de la formation et le département des études. Le département des mouvements doit « contribuer à un développement harmonieux des carrières des cadres au niveau du groupe en fonction des structures existantes et de leur évolution »[1120]. Celui-ci est chargé de définir les évolutions de carrière et les plans de remplacement des cadres en liaison avec les hiérarchies et l'administration du personnel au sein des différentes unités d'action et de soutien. Le département de la formation évalue les besoins et met en place des programmes de formation pour réaliser les objectifs de la gestion prévisionnelle[1121]. Le département des études prépare des rapports de synthèse utilisés pour orienter la politique générale du groupe en liaison avec la direction générale. Ce service est également chargé des relations avec l'Union des chambres syndicales de l'industrie du pétrole, les écoles d'ingénieurs,

---

1118 *Ibid.*

1119 Selon la nouvelle définition, le « groupe restreint » se compose de l'ensemble du personnel français et des étrangers « suivis par le siège » régi par le régime général ou le régime recherche au sein des sociétés suivantes : CFP, CFP-G, CFP-GR, CFP-A, TAO, OFP, SFPA (société foncière de la place d'Auteuil) et CNP (uniquement pour le personnel non navigant).

1120 AH TotalEnergies, 83ZX903/3, Note de service, 12 octobre 1972.

1121 AH TotalEnergies, 83ZW529/2, Procès-verbal de la réunion du 25 octobre 1974 sur les cadres de haut niveau du groupe restreint, sdnl.

les organismes de formation et les autres entreprises du secteur pétrolier pour toutes les questions liées à la gestion du personnel[1122].

Avec l'introduction des unités d'action et de soutien, la société complète la réforme des anciennes directions de secteur. De ce fait, en 1972, la DCEP se transforme en Total exploration production (TEP), une société anonyme de droit français entièrement contrôlée par la CFP. Dans la nouvelle organisation, le directeur général Pierre Germes est assisté par un secrétariat général, un service de relations industrielles, un département des accords et un département chargé des études économiques, du contrôle budgétaire et des études conjoncturelles[1123]. Dans sa première configuration, l'organigramme de la TEP s'articule autour de deux directions fonctionnelles en charge de la production et de l'exploration. Dirigée par Jean D'Herbès, la direction production est chargée des forages, des études de réservoir et du développement des techniques nécessaires à l'exploitation pétrolière *offshore* et *onshore*. La direction fonctionnelle de l'exploration regroupe sous la responsabilité de Jacques Dupouy-Camet le bureau des bassins, le département des affaires nouvelles et le département en charge de la géologie et la géophysique. Par ailleurs, un département spécifique assure la liaison avec Total Moyen-Orient, filiale créée après la réorganisation de la DMO. La direction exploration et la direction du développement complètent l'organigramme de la société. Dirigée par Michel Lemaignan, la première est chargée de coordonner l'activité des filiales d'exploration tandis que la deuxième assure le développement de la production hors du Moyen-Orient sous l'autorité de Pierre Vaillaud[1124].

La création de la TEP entraîne un véritable bouleversement des équilibres de pouvoir au sein de la société. Au cours des vingt années précédentes, le secteur amont s'était développé autour de la plus importante filiale du groupe : la CFP-A. Comme nous l'avons vu, celle-ci était très indépendante de la maison-mère et les seuls liens avec la structure centrale étaient assurés par Jacques Bénézit qui cumulait les fonctions de président de la filiale algérienne et de directeur amont de la CFP. Toutefois, à partir des années 1970, la répartition du personnel de la CFP-A vers d'autres contextes d'activité permet d'envisager une réelle

1122 *Ibid.*

1123 AH TotalEnergies, 89ZY444/4, Organigramme de Total Exploration Production, 1972.

1124 *Ibid.*

intégration de la filiale et une harmonisation de l'activité de la TEP et de TMO grâce à la normalisation des processus de travail, mais surtout à la création d'une identité professionnelle et d'un sentiment d'appartenance à l'entreprise[1125]. La distance socioprofessionnelle qui existe entre les cadres de la DMO et ceux de la DCEP est évoquée à plusieurs reprises dans les témoignages collectés. À titre d'exemple, Gérard Marion explique comment son arrivée à la DMO change profondément le cours de sa carrière et sa perception du travail d'ingénieur du pétrole. Auparavant chargé des questions de production à la CFP-A et à la DCEP, il est muté à Londres en avril 1968 pour suivre l'activité des filiales du Moyen-Orient[1126]. Marion met en évidence le besoin d'adaptation au nouveau contexte d'activité, en particulier par l'apprentissage de la langue anglaise, l'acquisition de notions de droit international et l'adoption de « procédures de discussion plus anglo-saxonnes »[1127]. Si la mutation des cadres entre la CFP-A et la DMO est un événement encore rare à la fin des années 1960, la nationalisation algérienne encourage ces mouvements. Ayant été un des premiers à être muté entre la DCEP et la DMO, Marion est donc chargé d'accompagner l'intégration du personnel au nouveau contexte d'activité :

> « Quand il y a eu la nationalisation en 1971, il y a eu le problème de comment occuper les ingénieurs de CFP-A. Moi j'étais à Londres à la DMO et on nous a demandé d'essayer de placer ces ingénieurs dans les filiales du Moyen-Orient. Je me souviens très bien que le premier a été un foreur… il y avait une place pour un foreur à l'ADPC et ils avaient demandé aux actionnaires […] de placer un de ses agents. [Cette personne] est venue à Londres on est allés dans les bureaux de l'IPC, on avait un étage dans le même immeuble de l'IPC […] je dis : "Vous cherchez un ingénieur ? il en a un de très bon, et cetera" et ils ont discuté, il a été embauché et il a passé deux ou trois ans à Abu Dhabi »[1128].

1125 AH TotalEnergies, 87ZY357/12, Organisation du groupe – essai du classement des décisions, 2 mars 1973.

1126 AH TotalEnergies, AO011910, Archives orales de la Compagnie française des pétroles Algérie (CFP-A), Récit de carrière de Gérard Marion, Paris, 12 octobre 2018.

1127 Cette expression est utilisée par le président Granier de Lilliac. AH TotalEnergies, 87ZY357/12, Réflexion de Granier de Lilliac sur la note organisation du groupe – essai du classement des décisions du 2 mars 1973, 17 mars 1972.

1128 AH TotalEnergies, AO011910, Archives orales de la Compagnie française des pétroles Algérie (CFP-A), Récit de carrière de Gérard Marion, Paris, 12 octobre 2018.

L'adaptation organisationnelle et l'harmonisation des processus facilitent la circulation des techniciens, même si le sentiment d'appartenance n'est pas encore généralisé à l'ensemble du personnel. Les témoins soulignent en particulier la forte rivalité à l'égard des anciens agents de la CFP-A. Ces derniers sont connus au sein de la TEP comme les « lions de l'Atlas »[1129], une appellation qui souligne la spécificité d'un groupe social ayant fondé son identité sur la participation à l'aventure saharienne. Pour favoriser l'émergence d'une identité partagée, la direction lance entre 1971 et 1972 un nouveau programme de communication à travers la revue *Chaud Froid*, une publication interne destinée aux agents de la branche amont. Le premier numéro de *Chaud Froid* transmet un message fédérateur : « Tout en appartenant aussi à la grande tribu TOTAL, il est incontestable que l'histoire nous a formés en un groupe humain avec un réseau serré de liens amicaux et professionnels et une vie propre[1130]. » Cette formulation confirme l'ambition de construire une identité commune et d'imprégner les membres de la TEP avec les valeurs du groupe CFP.

C. Diversification et innovations technologiques : de nouvelles perspectives de développement

Le démarrage balbutiant de l'exploration offshore

Le changement de contexte international dans les années 1970 impose de repenser la stratégie d'exploration et production d'hydrocarbures. La CFP doit donc élargir ses activités de prospection dans de nouvelles zones géographiques et augmenter le volume d'investissements. La hausse des prix du brut sur le marché international se présente comme une opportunité unique pour le groupe français qui peut désormais envisager l'exploitation de certains gisements considérés peu rentables jusqu'en ce

---

1129 À la demande « Comment les anciens CFP-A étaient-ils perçus au sein du Groupe ? », Guy de Lombarès répond : « Nous, on les appelait "les lions de l'Atlas"… parce qu'il… ah ! c'étaient eux qui avaient découvert le pétrole ! ».

AH TotalEnergies, AO011917, Archives orales de la Compagnie française des pétroles Algérie (CFP-A), Récit de carrière de Guy de Lombarès, Paris, 1er février 2019.

1130 AH TotalEnergies, 09AH0429/1, Chaud Froid, revue d'entreprise de la CFP, 1er février 1972.

moment[1131]. Toutefois, la concurrence entre compagnies pétrolières pour le développement de l'*offshore* en mer du Nord impose de mettre au point des techniques de recherche, transport et production plus rentables et adaptées. En somme, si le choc pétrolier affaiblit l'équilibre financier du groupe sur le court terme, cet événement se présente comme une grande occasion pour abandonner temporairement le milieu désertique et concentrer davantage les efforts de recherche et production en environnement marin.

C'est à partir de l'indépendance de l'Algérie que la CFP montre son intérêt pour de nouvelles zones d'activité. Si dans cette période la société n'a pas besoin de sources complémentaires d'hydrocarbures, elle commence à acquérir des permis de recherche pour diversifier ses investissements et assurer la rotation du personnel de la CFP-A. Après une expérience peu fructueuse en Libye, la DCEP continue l'exploration de bassins géologiques similaires à celui du Sahara. Le désert Simpson en Australie attire l'attention de l'entreprise qui obtient des permis de recherche en 1962 et crée une nouvelle filiale: la French Petroleum Company of Australia (FPC-A). Muté en Australie durant cette période, Jean Laherrere explique que la société souhaite tester la fiabilité des techniques de prospection géophysiques mises au point au Sahara même si celles-ci ne conduisent pas à des découvertes majeures[1132]. Après cet échec, la DCEP relance les recherches au Canada, où les activités d'exploration avaient commencé dans les années 1950. En janvier 1967, Henri Desbordes est muté à Calgary à la French Petroleum Company of Canada (FPC-C) avec d'autres géologues et géophysiciens de la CFP-A. En dépit des attentes, la recherche d'hydrocarbures en Alberta se révèle une grande déception[1133]. La CFP décide alors de recentrer dans le secteur aval sa stratégie d'implantation en Amérique du Nord[1134]. Grâce au rapprochement avec la société Leonard Refinery et la création de Total

1131 AH TotalEnergies, AO011906, Archives orales de la Compagnie française des pétroles Algérie (CFP-A), Récit de carrière de René Gourgouillon, Aix-en-Provence, 29 juin 2018.

1132 AH TotalEnergies, AO011918, Archives orales de la Compagnie française des pétroles Algérie (CFP-A), Récit de carrière de Jean Laherrere, La Défense, 7 février 2019.

1133 AH TotalEnergies, AO011914-11, Archives orales de la Compagnie française des pétroles Algérie (CFP-A), Récit de carrière de Henri Desbordes, La Défense, 11 décembre 2018.

1134 E. Catta, *Victor de Metz*, *op. cit.*, p. 338.

Petroleum (North America), l'entreprise commence à créer un réseau de distribution avec plus de 900 stations-service Total implantées entre le Canada et les États-Unis[1135].

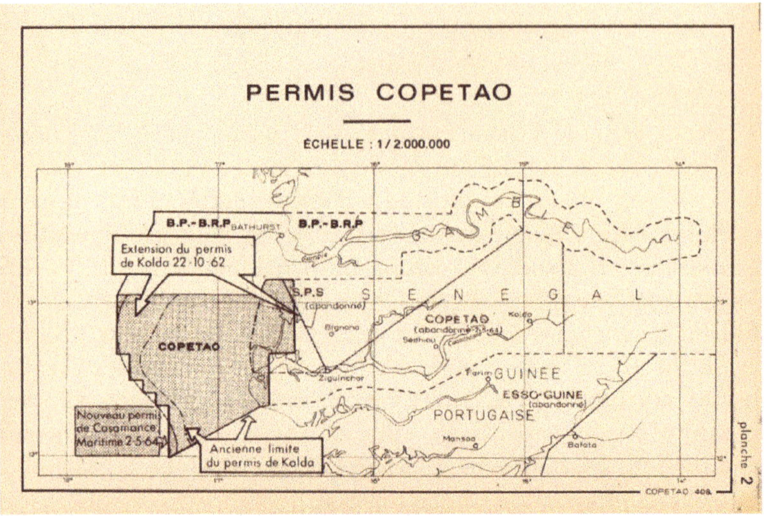

Carte 2. Permis de la COPETAO au Sénégal en 1965[1136]

Les expériences d'exploration *onshore* montrent toutes leurs limites aussi au Sénégal, où la société détient un permis de recherche dans la région de la Casamance. Après la création de la COPETAO en 1959, tous les forages se révèlent secs, ce qui dément l'hypothèse de l'existence d'un grand bassin pétrolier à la même profondeur que celui d'Hassi Messaoud[1137]. Néanmoins, les indices collectés durant les campagnes de prospection mettent en évidence l'extension d'une structure d'intérêt pétrolier au-delà de la côte, ce qui encourage à réaliser les premiers forages en *offshore*[1138].

1135 AH TotalEnergies, 10AH0639-3, Rapport annuel de la Compagnie française des pétroles, 1970.

1136 AH TotalEnergies, 50ZZ549-33, Carte des permis de la COPETAO au Sénégal, 1965.

1137 AH TotalEnergies, « Exploration offshore en Casamance », *Total Information*, n° 25, 1966.

1138 E. Catta, *Victor de Metz*, *op. cit.*, p. 330.

L'expérience du Sénégal permet de mesurer les contraintes techniques du travail en mer, un terrain opérationnel que la société française avait découvert uniquement sur le champ d'Umm Shaïf dans le cadre de sa participation à l'Abu Dhabi Marine Area (ADMA). Selon Pierre Orieux, à cette époque, la recherche en mer relève encore de l'inconnu pour la CFP[1139]. Nommé responsable de la production de la COPETAO en 1964, Orieux agit sous les ordres du directeur des opérations André Bruin et du directeur technique Louis Le Thérisien, son ancien chef de district à Hassi Messaoud. Dans ce contexte, il doit faire face aux difficultés techniques liées à l'emploi de la plateforme autoélévatrice Île-de-France tout comme aux contraintes environnementales qui imposent de faire preuve de créativité pour adapter les méthodes de travail :

> « [Au Sénégal] on s'est lancé dans des élucubrations Le Thérisien, Bruin et moi… comme on n'avait pas beaucoup d'argent, on savait qu'on ne pouvait pas mobiliser de grosses plateformes pour tirer des pipelines, on s'est dit on va faire ça avec les bateaux de service… donc on a fait de l'ingénierie – à l'époque il n'y avait pas d'ordinateur – à la règle à calcul. On a fait des essais grandeur nature, on a tiré des pipelines vides qui étaient soudés sur la côte, tirés par nos bateaux à nous, soutenus par des bouées et quand on arrivait sur place, pour couler on pompait de la boue dans la pipe et on le coulait avec les bouées. On avait fait des stages de plongée et on avait pris des diplômes. Il y avait des plongeurs professionnels avec nous, mais Brun [et] moi on plongeait et on travaillait »[1140].

L'activité pétrolière en contexte maritime nécessite de repenser la place du technicien dans son environnement de travail. En ce qui concerne le forage, le recours à une plateforme assure la permanence de l'appareil dans un environnement sec, ce qui modifie modérément la relation entre les équipes de foreurs et leur outil de travail. Les accrocheurs continuent à accrocher les tiges de forage sur la moufle mobile du derrick, tandis que les ouvriers de plancher préparent les opérations de vissage et dévissage et les maîtres-sondeurs manœuvrent le trépan. En revanche, le développement de la production sous plusieurs mètres d'eau implique de recourir aux techniques de plongée pour travailler au fond de la mer. Pour assurer la mise en production des gisements du Sénégal, la CFP commence donc à former à la plongée les premiers techniciens. En 1965,

1139 AH TotalEnergies, AO011922, Archives orales de la Compagnie française des pétroles Algérie (CFP-A), Récit de carrière de Pierre Orieux, Paris, 23 octobre 2019.

1140 *Ibid.*

une première école de plongée est créée pour organiser des stages destinés aux agents de la COPETAO et de Total oil marine (TOM), la filiale active en mer du Nord britannique[1141].

Photo 31. Construction de la barge Île-de-France à Dakar, des ouvriers dans une nacelle, Dakar en arrière-plan, 1966 – Photothèque historique TotalEnergies, 17V00540-47, Bracher G. – Total ©

Initialement essentiel pour la construction et la maintenance des équipements[1142], le travail en plongée libre montre rapidement ses limites. La profondeur et la température des eaux, tout comme le temps nécessaire à compléter les missions, sont les premières causes de complication pour les plongeurs. Pour faire face à ces problématiques, la CFP commence

1141 AH TotalEnergies, Louis Ramette, « Offshore, Forages et développements sous-marins », *Total Information*, n° 23, 1965.

1142 Flora Gressier Soudan, « Conquérir la mer du Nord : une aventure de la recherche française d'hydrocarbures ? (1963-1990) », Mémoire de Master 2, Université Panthéon-Sorbonne, Paris, 2020, p. 110 et ss.

alors à imaginer des solutions futuristes, comme la construction de bases sous-marines pour héberger les techniciens en intervention ou la création de cloches de plongée pour permettre l'immersion à plus de 100 mètres de profondeur[1143]. Les premières expériences montrent par ailleurs que l'adaptation des techniques *onshore* au travail en mer ne donne pas des résultats satisfaisants. La construction des systèmes de production en surface est moins rentable à des grandes profondeurs donc, la CFP étudie la possibilité de placer les installations au fond de la mer.

En 1967, la COPETAO commence à tester une nouvelle méthode pour développer les champs pétroliers en milieu sous-marin. La technique de développement à pression atmosphérique (DPA) consiste à « enfermer la tête de puits dans une enceinte étanche et de pouvoir venir y travailler à l'aide de véhicules également à pression atmosphérique, capables de se mouvoir dans l'eau et de s'accrocher à la chambre du puits par l'intermédiaire d'un sas »[1144]. Nommé responsable du projet en 1967, Pierre Orieux réalise à Hassi Messaoud les premiers tests d'étanchéité pour les têtes de puits qui seront installées au fond de la mer. Les résultats satisfaisants encouragent à étudier un système pour assister les techniciens durant les interventions sous-marines. Une collaboration entre la CFP, la Compagnie maritime d'expertise (COMEX), la Société européenne de propulsion (SEP) et la Société des ateliers de la méditerranée (SAM) permet de mettre au point un prototype de sous-marin conçu pour le transport de personnel et de matériel : Total Sub 01[1145]. L'année suivante, la CFP signe un accord avec BP pour tester la nouvelle technique sur les concessions de l'ADMA. Comme l'explique Pierre Orieux, cet événement est une grande opportunité pour l'entreprise française :

> « Dans cette période, c'était intéressant de faire des essais en vraie grandeur dans une mer qui était agréable, une mer chaude, pas très profonde – c'était une vingtaine de mètres–, très accessible et pas très coûteuse. ADMA a mis à disposition de notre projet un puits, Zakoum 39, qui avait des caractéristiques intéressantes pour faire nos essais [...] En ce moment-là, on avait carte blanche pour développer tout ce qu'il fallait. L'idée c'était de

---

1143 AH TotalEnergies, Louis Ramette, « Offshore, Forages et développements sous-marins », *Total Information*, n° 23, 1965.

1144 AH TotalEnergies, 83ZX913/1, Étude de Pierre Orieux, Exploitation à pression atmosphérique des gisements de pétrole sous-marin, Dakar, septembre 1967.

1145 AH TotalEnergies, « Le sous-marin mouillé Total Sub001 », *Total Information*, n° 41, 1970.

tout mettre au fond, la tête de puits, les séparateurs… tout ! Les vannes, tout ça… rien à la surface »[1146].

Le projet *Well Bravo* confirme la fiabilité des procédés de développement de la production sous-marine et fournit une estimation des coûts d'installation et d'entretien de l'ensemble des équipements[1147]. Les résultats montrent qu'il est possible de réduire les risques sécuritaires, les dommages environnementaux et les autres contraintes provoquées par le travail humain en mer[1148].

Photo 32. Mission en eaux profondes (COMEX), le submersible Total Sub 01 en attente sur le pont – Photothèque historique TotalEnergies, 17V00544–108, Droits réservés – Total©

1146 AH TotalEnergies, AO011922, Archives orales de la Compagnie française des pétroles Algérie (CFP-A). Récit de carrière de Pierre Orieux, Paris, 23 octobre 2019.

1147 AH TotalEnergies, P. Orieux et R.I. Walker, « Projet de production sous-marine à Zakoum », *Total Information*, n° 41, 1970.

1148 AH TotalEnergies, « Zakoum 39 : essais d'exploitation d'un puits sous-marin », *Total Information*, n° 50, 1972.

La virée vers le Grand Nord : un nouveau terrain d'innovation ?

Le Sénégal et Abu Dhabi permettent de préparer la nouvelle phase de l'histoire de la CFP : le développement de la production en mer du Nord. L'intérêt du groupe pour cette nouvelle province pétrolière commence à se développer après la découverte du gisement gazier de Groningue par Royal-Dutch Shell et la Standard Oil Company of New Jersey en 1959. L'identification d'un réservoir d'intérêt commercial et la mise au point d'une législation pétrolière encouragent les sociétés françaises à obtenir les premiers permis dans le plateau continental néerlandais[1149]. En 1963, la BRP, la RAP et la CFP signent un accord d'association qui attribue à chaque partenaire un droit de participation au capital de 30 %, le restant 10 % étant partagé entre OMIREX, FRANCAREP et EURAFREP, principaux bailleurs de fonds pour la recherche pétrolière au Sahara[1150]. Fortement encouragé par la DICA, l'accord d'association est fondé sur le partage des responsabilités opérationnelles et des relations avec les pouvoirs publics : la CFP devient responsable de la zone britannique, la RAP de la zone hollandaise et le BRP de la zone norvégienne, danoise et allemande. Au-delà des contraintes techniques, ce sont des problèmes de nature politique et financière qui retardent le démarrage des opérations. Au début des années 1960, la Grande-Bretagne et la Norvège ne disposent pas de législation pétrolière et aucun accord sur la répartition du plateau continental n'a été défini entre les deux pays. Par ailleurs, la société doit créer deux filiales locales, Total oil marine (TOM) et Total marine Norsk (TMN), pour assurer la domiciliation fiscale de ses activités.

Tout comme au Sahara, l'interaction entre les sociétés et les organismes publics se révèle un catalyseur pour le développement de la recherche d'hydrocarbures[1151]. Les activités sont coordonnées par un comité de direction des associés de la mer du Nord qui regroupe l'ancien directeur général de la SN Repal Michel Tenaille, l'ancien directeur exploration de la CREPS Pierre Michel et le directeur général de TOM Michel Lemaignan,

---

1149 Firmin Lentacker, « Le gaz néerlandais, une source d'énergie à l'échelle européenne », *Hommes et Terres du Nord*, n° 2, 1969/1, p. 79-87, p. 82.

1150 AH TotalEnergies, « Le Groupe en mer du Nord », *Total Information*, n° 23, 1965.

1151 F. Gressier Soudan, *Conquérir la mer du Nord : une aventure de la recherche française d'hydrocarbures ? (1963-1990)*, *op. cit.*, p. 23.

futur directeur en charge de l'exploration de la TEP. L'expérience au Sahara est un point en commun également pour les premiers cadres et techniciens chargés du démarrage des opérations de terrain. Les forages commencent en 1965 avec la mise en fonction de Neptune I, la première plateforme française active en mer du Nord. Inaugurée aux chantiers Dubigeon le 2 juin 1964, cette plateforme autoélévatrice est construite par la Société des forages en mer Neptune, filiale du Groupe Forenco[1152]. Équipée de trois pieds coulissants, Neptune I est une plateforme triangulaire très légère qui permet de forer à une profondeur d'environ 50 mètres, une innovation pour la technologie de l'époque[1153]. La plateforme est dotée de tous les éléments qui composent un chantier de forage à terre : un derrick, une hélisurface, des magasins pour le stockage des tiges, des ateliers pour la réparation des équipements et un quartier d'habitation pour héberger soixante personnes. Contrairement aux attentes, la CFP ne réalise pas de découvertes majeures dans cette période. Bien au contraire. l'endommagement de la plateforme Neptune 1 en 1966 met en évidence le risque de l'impact cumulé des phénomènes atmosphériques, de la corrosion des matériaux et de l'inadaptation de la structure au fond marin.

Le besoin d'innovation en matière de techniques de forage et de production reste un enjeu majeur dans cette période de transition. À la fin des années 1960, la CFP s'intéresse à des parcelles de plus en plus éloignées de la côte dans la partie septentrionale de la mer du Nord[1154]. Les résultats des nouveaux forages sont encore une fois très décevants et les seules découvertes sont réalisées par les sociétés concurrentes. Afin de réduire les risques d'activité, en 1966, la CFP achète une participation de 20 % sur les permis de Phillips Petroleum en association avec Elf-ERAP et Norsk Hydro. Deux ans plus tard, la découverte du gisement d'Ekofisk marque une étape essentielle dans l'apprentissage du travail *offshore* : grâce à cette participation, les ingénieurs de la CFP commencent à se familiariser aux questions de commercialisation et à

1152 AH TotalEnergies, L. Ramette, « Offshore, forages et développements sous-marins», *Total Information* n° 23, 1965.

1153 F. Gressier Soudan, *Conquérir la mer du Nord : une aventure de la recherche française d'hydrocarbures ? (1963-1990)*, *op. cit.*, p. 40.

1154 Paul Lossel et Pierre Gérard, « Une histoire mouvementée », *Total Information*, n° 71, 1977.

tous les problèmes liés aux techniques d'exploitation. Pour faire face aux contraintes climatiques et météorologiques qui rendent l'évacuation du brut par navire extrêmement complexe, les partenaires font appel à la société Doris. Cette entreprise conçoit un nouveau modèle de réservoir à haute capacité de stockage pouvant assurer la continuité de la production. La conception et l'installation des premières plateformes en béton précontraint ouvrent donc un nouveau cycle d'innovation caractérisée par la primauté française dans ce domaine technique[1155].

Photo 33. Transport du réservoir en béton « Ekofisk Centre », 1969 – Photothèque historique TotalEnergies, 30117, Droits réservés – TotalEnergies ©

La mise en production d'Ekofisk ouvre la nouvelle phase de « boom pétrolier » de la mer du Nord. Les campagnes sismiques se multiplient et en juin 1971 les équipes d'Elf-ERAP annoncent la découverte d'un champ de gaz à la frontière entre la Grande-Bretagne et la Norvège. L'année suivante, un deuxième forage réalisé par la CFP confirme l'extension du gisement du côté britannique et l'intérêt de son

[1155] AH TotalEnergies, Hervé L'Huillier, Total un leader dans l'Offshore, novembre 2019.

développement commercial. Quinze ans après les grandes découvertes sahariennes, les anciens partenaires d'Hassi Messaoud sont appelés à mettre en production un gisement stratégique pour l'indépendance énergétique de l'Europe. En dépit des longues négociations pour obtenir les autorisations d'exploitation, les partenaires trouvent rapidement un accord sur un schéma d'activité qui prévoit l'évacuation de la production vers l'Écosse. La CFP est donc chargée de la construction du pipeline tandis qu'Elf-ERAP doit s'occuper des forages pour le développement du champ.

La mise en production du gisement de Frigg entraîne une migration massive des cadres de la DCEP vers la mer du Nord et permet de relancer le recrutement de jeunes techniciens. Muté en mer du Nord après son expérience à Total Algérie, Michel Naylies décrit ainsi le contexte de l'époque :

> « Le champ de Frigg est découvert entre 1972 et 1973 : miracle il est à cheval ! C'est quand même Elf qui est opérateur du champ, mais l'évacuation du gaz ne peut pas se faire à côté du norvégien parce qu'il y a une fosse de 200 mètres de profondeur, donc elle va se faire côté Écosse, donc Total devient opérateur du développement. Elf fait les forages et c'est Total qui se charge du développement. Donc, là, panique à bord parce qu'il n'y a pas beaucoup de monde chez Total ! On embauche de gars à droite et à gauche et on essaie de récupérer les gars qui sont plus ou moins formés. Donc, hop ! Michel Naylies part en mer du Nord »[1156].

Le développement du champ de Frigg est un défi remarquable pour les équipes des deux sociétés. La spécificité du champ requiert l'étude « d'un modèle d'aménagement qui tienne compte de tous les impératifs politiques, techniques et de sécurité »[1157] tandis que le contexte géographique impose de recourir aux structures en béton et en acier, mieux adaptées à l'ancrage sur un fond marin irrégulier. La construction de sept plateformes qui composent l'archipel de Frigg permet de rassembler le centre de traitement, le système de stockage et les installations nécessaires

---

1156 AH TotalEnergies, AO011921, Archives orales de la Compagnie française des pétroles Algérie (CFP-A), Récit de carrière de Michel Naylies, Argeliers, 29 mars 2019.

1157 Paul Lossel et Pierre Gérard, « Une histoire mouvementée », *Total Information*, n° 71, 1977.

à héberger le personnel. Cependant, la grande innovation repose sur les techniques de construction et d'installation des conduites sous-marines. Les ingénieurs de la société complètent la construction d'un pipeline de 36" qui relie les plateformes au terminal de Saint-Fergus sur une distance de 360 kilomètres. Ancrée à 150 mètres de profondeur, la conduite est construite avec des aciers spéciaux qui assurent une grande élasticité et permettent d'adopter la technique de « pose en S »[1158]. Les accords de coopération en matière de recherche et développement avec l'Institut français de soudure permettent de perfectionner et adapter les techniques au contexte d'activité[1159].

Au fur et à mesure des découvertes, la mer du Nord devient un terrain stratégique pour la CFP. Dans une période où les grandes « provinces pétrolières » sont contrôlées par les pays de l'OPEP ou par les grandes compagnies internationales, la découverte de ce territoire riche en ressources inexploitées offre une opportunité pour matérialiser les projets de diversification de la société. Néanmoins, la CFP doit faire face à plusieurs contraintes technologiques et financières. D'une part, le coût de la mise en production d'un gisement *offshore* comme Frigg est entre deux et trois fois supérieur que celui d'un gisement *onshore*[1160]. D'autre part, les investissements nécessaires à l'innovation technologique dans le domaine de l'*offshore* sont extrêmement élevés, même si l'augmentation des prix et des besoins de consommation permet de justifier ces dépenses. En 1972, la CFP estime que la production *offshore* pourrait passer de 17 % de la production totale en 1969 à 40 % en 1990 pour répondre aux besoins du marché[1161]. Ces prévisions laissent envisager une forte augmentation de la demande d'expertise, notamment dans le *deep-offshore*, une technique qui vise des profondeurs comprises entre 600 et 3000 mètres[1162].

1158 AH TotalEnergies, André Durand de Bousingen, « Une opération difficile : la pose de pipeline en mer profonde », *Total Information*, n° 60, 1975.

1159 AH TotalEnergies, Hervé L'Huillier, Total un leader dans l'offshore, novembre 2019.

1160 AH TotalEnergies, 86ZW284-36, Note réunion d'information, 16 mars 1972, Groupe Total « Exploration Production », 16 mars 1972.

1161 AH TotalEnergies, 86ZW284-36, Note réunion d'information, 16 mars 1972, Groupe Total « Études et réalisations technologiques en matière de recherche pétrolière », 16 mars 1972.

1162 AH TotalEnergies, 86ZW284-35, Groupe de travail offshore profond, 6 juin 1973.

L'épopée de la mer du Nord et le mythe des grandes profondeurs

La diversification de l'activité de la CFP est accompagnée par une évolution de la stratégie de communication de l'entreprise. À partir des années 1970, dans un contexte caractérisé par l'émergence de la question environnementale, Granier de Lilliac décide de réorganiser la direction des relations extérieures (DRE) pour élargir son périmètre d'action et s'adresser à une opinion publique internationale. Dans sa nouvelle configuration, cette direction est chargée d'entretenir des relations avec les autorités politiques et de transmettre une image de haute qualité aux diverses catégories de public tout en apportant support et expertise dans le domaine de l'audiovisuel à l'ensemble du groupe CFP[1163]. C'est donc à partir de la période du choc pétrolier que la société française commence à construire une nouvelle scénographie pour ses productions audiovisuelles. À l'exception des projets de coopération qui mettent en évidence les bienfaits de l'entreprise, l'image de la recherche pétrolière dans les déserts du Moyen-Orient et d'Afrique du Nord est rapidement effacée[1164]. Le déplacement des frontières de la recherche d'hydrocarbures vers de nouvelles latitudes contribue à diffuser un nouveau paysage pétrolier dans l'imaginaire collectif. L'image du « Grand Nord » permet donc de mettre en scène ce nouveau chapitre des aventures des chercheurs d'or noir, qui doivent désormais explorer les glaces de l'arctique pour trouver de nouvelles sources d'énergie. Le film *Objectif Forage au Spitzberg*[1165] réalisé en 1972 par Jean-Jacques Languepin est le meilleur exemple de réorientation de la stratégie de communication audiovisuelle. Spécialisé dans les documentaires et les films de montagne, Laguepin présente les différentes étapes de la campagne de forage conduite par Total marine Norsk dans l'archipel du Spitzberg. Si la difficulté d'adaptation des hommes et des installations aux climats extrêmes reste un thème central, cette production confirme la volonté de la CFP d'associer son image à un nouveau contexte géographique[1166].

1163 AH TotalEnergies, 83ZX903/12, Note de service, 29 novembre 1973.

1164 *Ibid.*

1165 AH TotalEnergies, Fonds audiovisuel n° 125, Compagnie française des pétroles, *Objectif Forage au Spitzberg*, réalisation Jean-Jacques Languepin, 1973.

1166 AH TotalEnergies, 25303, Opération Spitzberg: rapport technique de l'opération Spitzberg, 20 décembre 1972.

Photo 34: Tournage du film « Objectif Forage au Spitzberg », 1972 – Photothèque historique TotalEnergies, 17V00538-328, Languepin Jean-Jacques ©

C'est à cette période que les premières découvertes en mer du Nord favorisent l'émergence du « Mythe des grandes profondeurs ». La mise en production du gisement de Frigg devient donc l'occasion de raconter en images la nouvelle ambition industrielle des sociétés pétrolières françaises. Chargée de piloter le projet de réalisation cinématographique pour le compte des associés, la direction de la communication d'Elf-Aquitaine décide de faire appel à Georges Pessis et à la société de production Les Films du Centaure. Cinéaste de renommée internationale, Pessis contribue avec Robert Enrico et Paul de Roubaix à faire évoluer le film de commande au-delà du format conçu dans l'après-guerre. Dans un contexte caractérisé par la démocratisation de la télévision, ces spécialistes du film d'entreprise modifient radicalement les formats et les modes d'interaction entre discours et images, ce qui encourage le recours aux techniques les plus modernes et à des budgets de plus en plus conséquents pour réaliser des films de grande qualité[1167].

[1167] G. Pessis, *Entreprise et cinéma*, *op. cit.*, p. 154 et ss.

Produit en 1973, le film *Frigg* raconte la vie et le travail des chercheurs d'or noir en mer du Nord. En ouverture, les images d'une plateforme et de deux bateaux dans les vagues conduisent le spectateur à la découverte d'un paysage méconnu. Accompagné par le chant des muettes, le narrateur explique : « hier sillonnée par le drakkar des Vikings [la mer du Nord est] aujourd'hui sondée par les plateformes de forage à la recherche de gisements pétroliers »[1168] et demeure un lieu hautement symbolique pour l'histoire de la Norvège. Dans les eaux troublées de l'extrême nord du continent se trouve aujourd'hui « l'un de leurs plus grands gisements marins de gaz [que] les Norvégiens ont [baptisé au] nom de l'épouse du dieu scandinave Odin, celui de la déesse Frigg »[1169]. Puisant dans les sources de la mythologie nordique, cette présentation succincte et évocatrice introduit le spectateur dans la plateforme de forage Neptune 7, où les équipes travaillent sans cesse pour développer le champ de gaz. Un mélange d'informations sur les équipements et sur le personnel employé créé un contraste entre l'environnement naturel et les techniques sophistiquées nécessaires à la réalisation des opérations de forage. Cofinancé par la CFP, Elf-Aquitaine et Norsk Hydro, le film de Georges Pessis souligne l'importance de la coopération franco-norvégienne dans le domaine des hydrocarbures. Après avoir présenté les installations, le film conduit le spectateur à Stavanger pour montrer l'impact de la découverte d'hydrocarbures sur une économie locale dominée par la pêche et la conserverie, ainsi que les opportunités professionnelles offertes aux jeunes par cette nouvelle industrie. La solidarité entre Français et Norvégiens est une thématique récurrente dans le film : les scènes de vie et de travail sur la plateforme mettent en évidence la proximité des travailleurs et les perspectives de coopération sur le long terme. Le champ de Frigg est donc présenté comme un véritable « lieu de rencontre » où Norvégiens et Français apprennent à se connaître et à travailler pour le même objectif[1170].

1168 AH TotalEnergies, Fonds audiovisuel n° 4507, Elf-Aquitaine, *Frigg*, 1973, réalisateur George Pessis.

1169 *Ibid.*

1170 *Ibid.*

Photo 35. Moment de détente dans une plateforme pétrolière en mer du Nord, 1980 – Photothèque historique TotalEnergies, 17V00546–105-2, Droits réservés – TotalEnergies ©

Au moment de l'inauguration du champ en 1978, un nouveau film sur l'aventure de la mer du Nord est commandé par les partenaires. Produit par Total oil marine, *Les sept îles de Frigg*[1171] est conçu comme une rétrospective du projet, dès la découverte jusqu'à la mise en production du gisement. Primé au Festival du film d'entreprise de Biarritz (1979), Melbourne (1979) et Chicago (1980), le film réalisé par Robert Enrico et Paul de Roubaix est une véritable mise en scène du rapport prométhéen entre l'homme et la nature. L'interaction entre des images sombres de la mer en tempête et une musique sinistre contribue à construire une scénographie qui rappelle les films de science-fiction de la fin des années 1970. En ouverture, la caméra placée dans un bateau pris dans les vagues accompagne le spectateur à la découverte d'un paysage spectral, un endroit dominé par le bleu de la mer, le gris du ciel et les silhouettes des plateformes pétrolières. C'est ainsi que les réalisateurs montrent pour la première fois au grand public les sept plateformes qui composent le champ de Frigg, des « îles artificielles en béton et en

1171 AH TotalEnergies, Fonds audiovisuel, n° 6052, Total oil marine, *Les sept îles de Frigg*, 1978, réalisateur Robert Enrico et Paul de Roubaix.

acier construites de mains d'hommes»[1172]. Le film présente la grande réussite de ce projet visionnaire tout en soulignant le rôle joué par les hommes, le gigantisme des installations et l'importance des moyens mobilisés. Alors que le narrateur mentionne les 200 000 tonnes de béton et 10 000 tonnes d'acier qui ont servi à construire les îles artificielles, les images accompagnent les spectateurs à travers les différentes étapes de la construction et du remorquage. Le contraste entre une nature hostile et une technologie moderne célèbre le succès d'une aventure industrielle qui a mobilisé plus de 3000 hommes de nationalité différente[1173]. La mise en production de Frigg est en effet présentée comme une victoire des compagnies pétrolières françaises qui ont pu ainsi mettre fin à la situation de pénurie déterminée par le choc pétrolier. En somme, grâce au succès de l'exploration en mer du Nord, la CFP se positionne comme un acteur majeur dans ce domaine technique et se montre prête à relever les défis de demain.

Photo 36. Plateforme MCP 1 du champ de Frigg, 1978 – Photothèque historique TotalEnergies, 101466, Droits réservés – TotalEnergies ©

[1172] *Ibid.*

[1173] *Ibid.*

CHAPITRE 8

LES RELATIONS AVEC LES PAYS PRODUCTEURS : TRANSFERT DE TECHNOLOGIE ET FORMATION DES TRAVAILLEURS LOCAUX

Les crises qui se succèdent tout au long des années 1970 accélèrent la diversification géographique des activités du secteur amont de la CFP et imposent de réimaginer ses modes d'interaction avec les pays du tiers-monde. Comme les nouvelles formes de collaboration expérimentées en Algérie donnent des résultats satisfaisants, la CFP décide de formuler une véritable politique d'assistance technique destinée à l'ensemble des pays producteurs. Dans un contexte caractérisé par l'affirmation de la coopération au développement, la société comprend la nécessité de s'engager sur ce terrain. Au milieu des années 1970, la CFP lance les premiers programmes de coopération industrielle et inaugure les « affaires de troisième type ». En accompagnant les pays producteurs dans leurs projets de développement industriel, elle obtient un accès privilégié aux ressources pétrolières et aux marchés de consommation émergents. En parallèle, cela permet de véhiculer une nouvelle image d'une entreprise qui était perçue jusque-là comme un outil au service du colonialisme français.

A. Le développement de l'assistance technique à la Compagnie française des pétroles

La création de Total assistance technique

Les bouleversements politiques qui précèdent le choc pétrolier contribuent à l'émergence de nouvelles formes d'interaction avec les pays producteurs ayant adopté des mesures restrictives à l'égard des sociétés pétrolières. Les négociations qui ont lieu en Algérie après la nationalisation confirment l'émergence d'une nouvelle typologie d'accords pétrolier, à savoir les contrats de service. À la différence du système des concessions et des *production sharing contracts*, les contrats de service se présentent comme une alternative adaptée au contexte de transition[1174]. Ce dispositif permet aux entreprises de déployer des moyens humains et techniques pour assister les nouvelles sociétés pétrolières des pays producteurs. Peu onéreux du point de vue financier, les contrats de service assurent la présence du personnel français sur certains gisements stratégiques pour la politique de ravitaillement de la CFP. Comme nous l'avons vu dans le chapitre précédent, les accords de nationalisation signés en Algérie offrent un contexte idéal pour expérimenter cette nouvelle forme contractuelle. Après avoir obtenu des résultats satisfaisants, en 1974, la CFP créée Total assistance technique (TAT), une filiale chargée de développer l'assistance technique « sous toute forme et par tous les moyens dans toutes les sociétés ou tous les organismes à l'étranger ou en France »[1175]. Dirigée par l'ancien chef du personnel de la CFP-A et directeur général de Total Algérie Pierre Vuillemenot, la société commence à adapter le système de détachement du personnel et à formaliser les mécanismes de circulation des techniciens entre les sociétés de services basées en France et les entreprises nationales dans les pays producteurs[1176].

La structuration du système d'assistance technique impose à la TAT de réorganiser ses relations avec EUREQUIP et EURATEC, filiale chargée de recruter les agents temporaires destinés à travailler en Algérie. Après une phase d'expérimentation, la société demande à mettre en place un cadre contractuel pour répondre à l'augmentation du volume d'activités et aux contraintes juridiques liées aux contextes opérationnels. Successivement, Pierre Vuillemenot commence à négocier les relations entre la TAT et la TEP avec le nouveau directeur administratif Christian Redron. Une convention signée pour la période 1974–1980 reconnaît à la TAT le rôle de société de services et de contracteur unique pour toutes les activités d'assistance technique du groupe[1177]. Selon cet accord, la société

1174 Ebtissam El Kailani-Chariat, « La stabilisation des contrats pétroliers », Thèse de doctorat, Université Panthéon-Sorbonne, 2017, p. 193 et ss. ; Jean-Jacques Biteau et François Baudin, *Géologie du pétrole : Historique, genèse, exploration, ressources*, Paris, Dunod, 2017.

1175 AH TotalEnergies, 85ZW887/1, Statut, Total assistance technique, 4 janvier 1974

1176 AH TotalEnergies, 85ZW887/1, Réunion du 1er février 1974

1177 AH TotalEnergies, 85ZW887/1, Convention d'assistance entre la CFP (représentée par le directeur administratif de la TEP Redron) et Pierre Vuillemenot.

peut désormais intervenir sur tous les terrains d'activité à la demande du directeur général de la TEP, du directeur administratif ou des filiales. La TAT est donc chargée de détacher de personnel sur les chantiers tandis que la CFP reste l'unique propriétaire des informations, des brevets et des inventions éventuellement élaborés par ces agents. En somme, cette réorganisation formalise la nouvelle ambition commerciale de la CFP dans le secteur amont : la TAT devient un véritable outil pour la gestion du personnel technique recruté sur une base temporaire, ce qui permet de limiter les coûts de la main-d'œuvre sur les budgets d'activités.

Les échanges entre la TAT et EUREQUIP confirment que l'assistance technique dépasse la simple fonction de détachement de personnel d'exécution mais est conçue comme une véritable assistance à la maîtrise d'œuvre dans la conduite des travaux[1178]. Par ailleurs, la dimension pédagogique demeure un volet fondamental puisque, grâce à l'accompagnement d'EUREQUIP, la CFP propose aux entreprises des pays producteurs un service de formation du personnel local, en s'inspirant du dispositif d'algérianisation. La décision de la TEP de développer le système d'assistance technique dans le secteur amont suscite un grand intérêt chez Silvère Seurat. Fort de son expérience dans le domaine du transfert de technologie, le fondateur du cabinet-conseil voit dans ce projet une grande opportunité pour élargir son champ d'intervention et accéder aux marchés émergents des pays du tiers-monde. Mais en dépit de la volonté de coopération, EUREQUIP doit faire face aux limites imposées par le droit français en matière de détachement à l'étranger de personnel recruté avec un contrat de travail intérimaire[1179]. Seulement après avoir obtenu une dérogation à la loi n° 72–1 du 3 janvier 1972 sur le travail intérimaire, EURATEC devient la première société française spécialisée dans le recrutement en intérim de techniciens du secteur pétrolier[1180].

La centralisation de l'activité d'assistance technique facilite la signature d'un nouveau contrat avec la Sonatrach en mars 1974. Si les accords négociés avec Total Algérie prévoyaient le détachement

1178 AH TotalEnergies, 85ZW887/1, Lettre de Vuillemenot (Gérant de TAT) à Eurequip Silvère Seurat, Paris, 7 mars 1974.

1179 AH TotalEnergies, 85ZW887/1, Lettre du directeur régional du travail et de la main-d'œuvre M. Bois à de Seurat, Paris, 8 mars 1974

1180 AH TotalEnergies, 85ZW887/1, Lettre de Seurat au directeur régional du travail et de la main-d'œuvre M. Bois, Vaucresson, 7 mars 1974.

ponctuel de techniciens et la fourniture d'équipements, le nouveau cadre contractuel permet de mettre en place un système plus structuré. La TAT propose à la Sonatrach des appareils de forage « clef en main » avec tout l'essentiel pour la réalisation d'une campagne de forage, du champ d'habitation jusqu'aux pièces de rechange[1181]. Par ailleurs, la filiale offre le détachement de deux types d'équipes à des taris différents : les équipes de supervision chargées de former le personnel de la Sonatrach et les équipes de chantier chargées de réaliser les travaux de forage[1182]. En dépit de cette formalisation, le dispositif d'assistance proposé par la TAT est parfaitement adaptable aux besoins de chaque client. À titre d'exemple, le contrat signé en 1974 avec Sonatrach prévoit un programme de formation de 3 mois pour les ouvriers foreurs, 6 mois pour les seconds et 9 mois pour les accrocheurs. Les programmes de perfectionnement pour les maîtres sondeurs ont quant à eux une durée de 12 mois avec l'option de 6 mois supplémentaires pour accéder au poste de chef de chantier[1183]. En complément aux stages pratiques, des cours théoriques sont dispensés au centre de formation d'Hassi Messaoud et un suivi pédagogique est mis en place pour évaluer les stagiaires tout au long de la formation. Basé sur le contrôle continu et la remise d'un rapport de fin de stage, ce dispositif répond aux attentes de la Sonatrach et confirme la volonté d'assurer la relève progressive du personnel détaché par la TAT sur le moyen terme. Comme précisé dans le contrat, tous les programmes sont établis conjointement avec le client dans l'objectif de garantir « après un an le remplacement de tous les seconds de la TAT par des seconds de la Sonatrach formés [et] après deux ans le remplacement de la moitié des maîtres sondeurs de la TAT par des maîtres sondeurs de la Sonatrach formés »[1184].

1181 AH TotalEnergies, 85ZW490/15, Contrat n° 30.150, location d'équipement de forage entre CFP et Sonatrach, 24 mars 1974.

1182 Les équipes de supervision sont composées d'un ingénieur, quatre superintendants, quatre formateurs et deux opérateurs boue, tandis que les équipes de chantier sont composées de deux chefs de chantier, quatre maîtres sondeurs, quatre seconds, deux chefs mécaniciens-électriciens, quatre mécaniciens et deux secrétaires de sonde. AH TotalEnergies, 85ZW490/15, Contrat n° 30.180 entre Sonatrach et CFP, mise à disposition de personnel pour l'assistance forage en Algérie.

1183 *Ibid.*

1184 *Ibid.*

L'expansion des programmes d'assistance : un modèle économique incertain

Au milieu des années 1970, le dispositif d'assistance technique commence à se généraliser au sein des différentes branches d'activités. Après la création de la TAT, la CFP créée Total service golfe (TSG) pour élargir l'activité d'assistance au Moyen-Orient, en particulier à Abu Dhabi[1185]. En même temps, des initiatives similaires sont lancées par plusieurs entités de la branche aval dans l'objectif d'élargir les activités traditionnelles du groupe et pénétrer de nouveaux marchés[1186]. Pour éviter la multiplication sauvage de l'assistance technique, la TEP sollicite la mise en place d'un système de concertation pour orienter les pratiques commerciales, juridiques et financières. Quelles activités doivent relever de l'assistance technique ? Quels clients et quels pays faut-il viser ? Comment la société peut-elle optimiser la gestion des ressources humaines ? Pour répondre à ces questions, la TEP demande à EUREQUIP de réaliser une étude sur les stratégies des entreprises françaises et internationales, sur les pratiques commerciales et sur les problématiques liées à cette activité[1187]. Entre mai et juin 1975, le cabinet-conseil réalise une campagne d'entretien auprès des dirigeants de certaines grandes entreprises impliquées dans le transfert de technologie et d'équipements[1188].

Interrogés sur les raisons du développement de cette activité, les dirigeants expliquent que l'assistance technique est « la seule façon de se maintenir sur les marchés des pays en voie de développement »[1189]. Cette activité permet de créer des flux d'exportation vers ces pays et bénéficier de conditions douanières préférentielles, ce qui favorise la position des sociétés vis-à-vis de la concurrence. Par ailleurs, les interviewés évoquent

---

1185 AH TotalEnergies, 91ZZ221/33, Mémorandum « Développement des activités d'assistance technique », sdnl.

1186 *Ibid.*

1187 AH TotalEnergies, 91ZZ221/33, Eurequip, Stratégies et pratiques commerciales d'organismes pétroliers prestataires d'assistance technique. Résultats d'enquête, sdnl.

1188 Les enquêteurs d'EUREQUIP sollicitent des sociétés françaises comme la RATP, Air France, Aéroports de Paris, Poclain, mais aussi des entreprises multinationales comme General Electric et Phillips et la société italienne Sadelmi.

1189 *Ibid.*

le besoin de rentabiliser le savoir-faire industriel et de former leurs agents grâce à des expériences d'expatriation. Du point de vue de la stratégie de déploiement de l'offre, un accord se dégage autour de trois principes généraux. En premier lieu, la transmission de savoir-faire doit être accompagnée par une forme de contrôle économique pour éviter que le client se transforme en concurrent direct. En deuxième lieu, le transfert est rentable uniquement si la société garantit une avancée technologique constante grâce à la recherche et aux investissements en innovation. En troisième lieu, le transfert de savoir-faire ne doit pas être considéré comme une source de profit en tant que telle puisque l'avantage économique est généré par les opérations qui accompagnent la transmission de savoir-faire, comme la vente d'équipements, de pièces détachées ou encore les redevances et les dividendes[1190].

Au-delà des difficultés commerciales liées aux contextes d'activités, les entreprises interrogées évoquent à maintes reprises le problème des ressources humaines. Si toutes les opérations d'assistance technique prévoient le détachement d'une équipe de spécialistes sur place, cela devient de plus en plus difficile. Les cadres qualifiés acceptent moins souvent une expatriation de longue durée dans des contextes géographiques éloignés et, dans certains cas, leur conception des relations sociales et professionnelles se heurte à des réactions de rejet de la part des locaux. Mais, au-delà des difficultés d'intégration, d'autres problèmes se posent quant à l'adaptabilité des nouveaux profils aux conditions d'expatriation. La tendance à la spécialisation et la division du travail qui caractérise l'industrie des années 1970 contribuent à la raréfaction du modèle d'« homme à tout faire », une figure qui s'adaptait bien au contexte de travail en outremer. En même temps, l'absence de sensibilité pédagogique chez les cadres contribue à créer des obstacles dans la communication et la transmission de savoir-faire[1191].

Les conclusions de l'étude d'EUREQUIP permettent à la TEP de définir un nouveau cadre général pour développer l'activité d'assistance technique. Les prestations offertes par la TAT doivent se répartir entre des activités d'assistance ponctuelle et d'assistance globale. L'assistance ponctuelle implique le détachement d'un groupe restreint de techniciens

---

1190 *Ibid.*

1191 AH TotalEnergies, 91ZZ221/33, Total Exploration Production, Conclusions sur les possibilités de développement de l'assistance technique. Note de synthèse sur les orientations TEP, septembre 1975.

chargés d'effectuer des tâches précises. Ces prestations répondent à des critères très précis comme l'insertion dans une nouvelle zone d'activité, le respect d'obligations contractuelles ou le besoin d'employer des agents de la TEP temporairement sans affectation. En revanche, l'assistance globale vise l'ensemble des domaines d'expertise comme les études générales de développement, les avant-projets et l'assistance à exploitation des installations industrielles. Ce type de prestation permet de fournir au client « un conseil et une assistance lui permettant de mieux maîtriser les diverses phases de son développement dans un secteur déterminé »[1192]. Les prestations d'assistance technique peuvent être de nature très différente et toucher à plusieurs domaines d'expertise de la société comme les études géologiques, les études de réservoir, la préparation des campagnes de forage, la construction d'installation de production ou de transport. Au-delà des études et de la conduite des projets, la formation du personnel et l'organisation des structures demeurent une composante essentielle de l'offre de service de la TAT. Ce type de prestation permet « d'éviter les implications financières et la prise de risques commerciaux, industriels ou politiques trop importants »[1193].

La définition des pays d'intervention se révèle également une question cruciale pour mettre en place un dispositif d'assistance technique. Selon la conception initiale, la TAT ne doit pas disperser ses efforts sur différents terrains d'opération mais privilégier des actions pilotes dans certains pays cibles. Autrement dit, la société doit lancer un premier projet avec un périmètre restreint pour arriver progressivement à proposer un service intégré à des clients privilégiés, comme des gouvernements, des sociétés nationales ou leurs sous-traitants[1194]. Une fois ces principes énoncés, la direction de la TEP commence à repartir les pays d'intérêt prioritaire en deux catégories principales. Dans la première catégorie, on trouve l'Indonésie, les Émirats arabes unis, l'Algérie et le Nigeria, des pays où un développement « volontariste » doit être recherché. Dans la deuxième catégorie, on trouve l'Arabie saoudite, l'Iran, l'Irak, l'Inde, le Vietnam, le Maroc, la Tunisie, la Grèce et la Turquie, des pays où un développement

---

1192 *Ibid.*

1193 *Ibid.*

1194 AH TotalEnergies, 91ZZ221/33, Note sur l'assistance technique, 24 septembre 1975.

« opportuniste » paraît possible[1195]. En effet, si les pays du premier groupe sont des marchés stratégiques pour la CFP, l'accès aux pays du deuxième groupe offre des opportunités pour développer l'activité sur le moyen terme.

Au-delà des aspects commerciaux, le déploiement de l'assistance technique sur grande échelle remet en cause la politique de gestion des ressources humaines encore en vigueur à ce jour. Si le démarrage des premiers projets en Algérie permet d'absorber le personnel sous-employé de la CFP-A, la nouvelle organisation de la TAT ne peut plus s'appuyer uniquement sur la rotation de ces agents. Pour faire face aux nouvelles conditions d'activité, la société doit multiplier le recours au recrutement en intérim d'agents extérieurs. Comme l'explique le rapport de la TEP sur l'assistance technique, « le recours à du personnel extérieur ne peut s'improviser au dernier moment, sous peine de graves déboires pouvant ternir l'image de la Compagnie. Il doit en revanche être envisagé dans le cadre d'une politique industrielle d'accords avec des partenaires capables de mettre à disposition en temps utile les hommes compétents indispensables au développement des activités d'assistance technique de la TEP »[1196]. Si initialement EURATEC est le seul fournisseur de ressources humaines de la TAT, la diversification des activités d'assistance impose de faire appel à d'autres sociétés de service, d'*engineering* et de conseil en organisation et en formation. En ce sens, l'encadrement des équipes contractées par le personnel de la TEP devient crucial pour coordonner les activités et garantir des prestations conformes aux attentes des clients.

Total assistance technique et le retour au Sahara

Si la nouvelle stratégie d'assistance technique élargit les perspectives d'activité dans le secteur amont, elle assure également la permanence de la CFP en Algérie. Alors que la société s'oriente vers de nouvelles zones d'implantation, la multiplication des projets de développement au Sahara renforce le partenariat avec la Sonatrach. En décembre 1974, une convention-cadre pour le détachement du personnel de la TAT est signée à Alger dans l'objectif normaliser les procédures de détachement

---

1195 AH TotalEnergies, 91ZZ221/33, Total Exploration Production, Conclusions sur les possibilités de développement de l'assistance technique. Note de synthèse sur les orientations TEP, septembre 1975.

1196 *Ibid.*

d'agents français sur les chantiers sahariens[1197]. Selon cet accord, la Sonatrach exprime ses besoins en personnel tandis que la TAT propose des candidats en fonction de leurs compétences, leur expérience et le barème de facturation correspondant. À la différence du système adopté par Total Algérie, le nouveau dispositif prévoit une véritable intégration du personnel en intérim au sein de la Sonatrach. Autrement dit, les agents détachés sont soumis à l'autorité hiérarchique de l'entreprise cliente, ce qui détermine un bouleversement des relations entre anciens colonisateurs et anciens colonisés. Pour assurer l'encadrement du personnel français, des mesures disciplinaires ainsi qu'un système de contrôle sont mises en place. À titre d'exemple, on interdit aux agents détachés la consommation de boissons alcoolisées sur le site d'activité, l'engagement de discussions politiques ou religieuses et l'ostentation de signes politiques ou confessionnels sur les vêtements. Les travailleurs doivent s'abstenir de toute forme de propagande politique ou syndicale et, pour raison de sécurité, la Sonatrach se réserve le droit de procéder à des vérifications et à des fouilles sur le personnel[1198]. Ces principes montrent un profond changement de rapports de force et confirment la volonté de bâtir l'assistance technique sur des bases complètement nouvelles, ce qui requiert un effort d'adaptation non négligeable pour l'ensemble des techniciens français.

Au cours de l'année 1975, le lancement de nouveaux projets pétroliers en Algérie élargit les perspectives opérationnelles de la TAT. Avec la mise en production du champ de Mereksen, de nouveaux contrats sont signés avec la Sonatrach pour détacher trois équipes de forage et des formateurs chargés d'assister les travailleurs locaux[1199]. Les résultats sont très encourageants : le chiffre d'affaires augmente et la société commence à détacher son personnel de recherche à la Qatar Petroleum Company (QPC) et à l'Abu Dhabi Petroleum Company (ADPC). En prévision de futures évolutions, la TAT signe avec la CFP-A un accord pour répartir les bénéfices d'activité, en adoptant le même système utilisé par Total Algérie. En même temps, la société décide de prendre une participation de 13 % dans le capital d'EUREQUIP, ce qui contribue à renforcer l'alliance

---

1197 AH TotalEnergies, 85ZW890/15, Convention de détachement de personnel de Total assistance technique (TAT) et SONATRACH, 2 décembre 1974.

1198 *Ibid.*

1199 AH TotalEnergies, 85WZ626/4, Pierre Vuillemenot, Rapport de la gérance, Exercice 1975.

industrielle avec le cabinet-conseil de Sylvère Seurat[1200]. En dépit des tentatives de diversification de l'assistance technique, les résultats les plus importants continuent à être réalisés en Algérie. En 1976, les missions d'assistance technique à la Sonatrach apportent plus de 56 millions de francs sur un total de 61 millions de francs de recettes[1201]. Le nombre de travailleurs détachés augmente très rapidement, contrairement au nombre d'agents titulaires. En 1976, on estime 355 techniciens détachés dans le cadre de l'assistance technique alors que l'organigramme de la TAT comprend seulement 6 personnes : le président Vuillemenot, deux adjoints, un agent administratif, un aide-comptable et une secrétaire. Le nombre d'agents détachés augmente jusqu'à atteindre 673 agents en 1979, mais la CFP s'oppose au recrutement direct de personnel en raison de l'impact que cela pourrait avoir sur les coûts d'activités[1202].

Tableau 15. Évolution du personnel temporaire de la TAT (1974–1982)

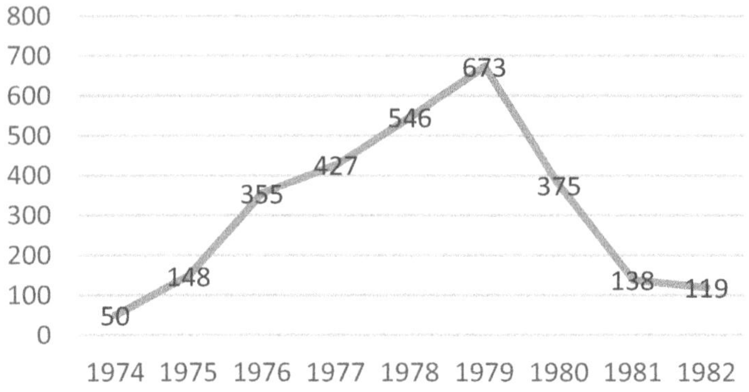

Source : AH TotalEnergies, 91ZZ221/33, Rapport annuel de la TAT.

L'augmentation du volume d'activité accompagne la transformation de la TAT en société anonyme. Cela permet à la filiale d'élargir son champ d'activité et de renforcer sa présence en Algérie, où un nouveau contrat pour le développement du champ gazier d'Alrar est signé en 1978. Dans ce contexte, la TAT commence à repenser sa stratégie commerciale

1200 *Ibid.*

1201 AH TotalEnergies, 91ZZ221/33, Budget TAT, 1976.

1202 AH TotalEnergies, 91ZZ221/33, Exercice 1976, 27 octobre 1975.

et à renforcer le partenariat avec ses fournisseurs afin de structurer un véritable marché du travail temporaire destiné aux métiers du pétrole. La société CIFAIR fournit les techniciens de forage, tandis que IPEX met à disposition les opérateurs et les superintendants de production pour les champs de Hassi R'Mel et Mereksen[1203]. En même temps, si MICHELEM détache des techniciens de boue de forage, la quasi-totalité des superintendants de forage vient de la société OCEANEX. La fin des travaux sur le champ de Alrar et Mereksen en 1979 marque un coup d'arrêt au développement de l'assistance technique et détermine une réduction des effectifs détachés d'environ 50 %[1204]. Dans ce nouveau contexte, la TEP décide de sous-traiter ces activités à des entreprises parapétrolières en participant à la création d'un groupement d'intérêt économique avec TECHNIP, Geosolutions et le Bureau d'études industrielles et de coopération de l'IFP (BEICIP). Cette nouvelle organisation est chargée de « la mise en route d'assistance technique à la marche de toute installation industrielle, en France et à l'étranger, et en particulier dans les domaines de la recherche et de la production du pétrole à terre ou en mer »[1205].

La démission de Vuillemenot et la nomination de Christian Redron comme directeur général de la TAT modifient le positionnement de la filiale au sein de la branche amont. Redron propose d'intégrer au conseil d'administration de la filiale les responsables des départements de la TEP qui fournissent la majeure partie des ingénieurs chargés de la conduite des projets et de l'encadrement des agents temporaires. Si le nouveau directeur général souhaite nommer en tant qu'administrateurs le responsable du département des études marines Louis Le Thérisien et le chef du département forage André Bruin, il s'oppose en revanche à la présence de François Castellani, président de Total Algérie, directeur général de la CFP-A et responsables de la zone Afrique du Nord-Méditerranée, autrement connue sous le nom de « zone couscous »[1206]. En effet, la participation de l'homme chargé de la politique algérienne du groupe aurait pu influencer l'orientation stratégique de la filiale

1203 AH TotalEnergies, 85WZ626/4, Rapport du conseil à l'assemblée générale du 31 mars 1978.

1204 AH TotalEnergies, 85ZW523/2, Projet de rapport du conseil d'administration à l'assemblée générale, 29 mai 1980.

1205 AH TotalEnergies, 85ZW523/2, Administrateurs TAT, Paris, 25 novembre 1981

1206 Le nom « zone couscous » est employé par les cadres de la TEP pour indiquer la zone d'activité comprise entre l'Afrique et la région Méditerranéenne. Cf. AH

d'assistance technique et limiter le contrôle de la TEP sur l'ensemble des activités du secteur amont en Algérie. En dépit des nouvelles orientations, l'activité de la TAT continue à se réduire et à se concentrer quasi exclusivement en Algérie où les derniers contrats sont négociés en 1984[1207]. La CFP décide alors de fermer le chapitre de l'assistance technique sans pourtant abandonner le modèle de sous-traitance et de recrutement temporaire. Ces principes se trouvent désormais au cœur de la stratégie de développement du secteur amont.

B. La coopération industrielle et les « affaires de troisième type »

Total coopération industrielle et le changement de paradigme

Le dispositif d'assistance technique contribue à renforcer l'activité de l'entreprise et les relations avec les pays producteurs. Dans le cas de l'Algérie, si le drapeau tricolore ne flotte plus sur la base d'Hassi Messaoud, l'activité de la TAT stabilise la présence des ingénieurs et des techniciens français sur les sites d'activité de la Sonatrach et renforce les liens avec la direction de la société. Dans un contexte caractérisé par l'émergence du droit au développement, la CFP envisage une nouvelle forme de coopération industrielle avec les gouvernements des pays producteurs pour faciliter l'accès aux terrains d'activité et améliorer son image aux yeux de l'opinion publique[1208]. En 1976, le président Granier de Lilliac décide de créer Total coopération industrielle (TCI), une direction chargée d'harmoniser les pratiques de participation financière et d'assistance[1209]. La direction de TCI est confiée à Jean D'Herbès qui quitte temporairement l'état-major de la TEP pour se dédier à un sujet qui lui tient à cœur: le transfert de technologie. Pour constituer

---

TotalEnergies, AO011921, Archives orales de la Compagnie française des pétroles Algérie (CFP-A), Récit de carrière de Michel Naylies, Argeliers, 29 mars 2019.

1207 AH TotalEnergies, 85ZW523/2, Département fiscal audit interne, TAT, 15 septembre 1983.

1208 AH TotalEnergies, 50ZZ614-1/15, Compte rendu de la réunion du comité central du groupe restreint du vendredi 17 janvier 1986, 10 juillet 1986.

1209 AH TotalEnergies, 50ZZ600/1, Note de service du PDG, « Création d'une direction de la coopération industrielle », 16 juillet 1976.

la nouvelle équipe, D'Herbès commence à coopter les personnes qui l'avaient assisté durant ses expériences précédentes, notamment quand il était directeur général de la CFP-A. Ainsi, Pierre Maréchal raconte avoir été contacté par D'Herbès alors qu'il travaillait pour François Castellani à la direction de la zone Afrique du Nord-Méditerranée :

> « Je remplaçais régulièrement mon patron, un jour il y avait une réunion mensuelle – je me souviens toujours, c'était début juillet et je partais en vacances le soir – et là on m'annonce la création de Total coopération industrielle. Je sors de la réunion, D'Herbès était là, il m'appelle et il me dit "est-ce que je peux vous voir ?" [...] on va dans son bureau et il me demande : "il y a ce projet-là, vous voulez venir avec moi ?" [Moi je dis] "Pour moi... seulement l'idée du transfert de technologie!... j'y suis à 100 % ! Mais je vous signale quand même qu'il y a quinze jours j'ai été muté en Indonésie". Il me regarde et il me dit : "D'accord, ça, c'est mon problème" »[1210].

La création de TCI confirme l'importance attribuée aux « affaires de troisième type » dans la stratégie de diversification de la CFP. Les accords de coopération sont en effet considérés comme des opportunités pour améliorer les relations avec les pays producteurs. Avec la fin du régime des concessions, ces contrats hybrides facilitent la signature de nouveaux accords de cession ou de partage de la production d'huile, même si la notion de coopération industrielle reste floue à ce stade. Comme précisé dans la note de la création de TCI, on entend par coopération industrielle « toutes opérations au cours de laquelle la Compagnie œuvre pour le compte d'un pays ou d'une société nationale étrangère sans participation financière importante »[1211]. Cependant, le principe d'absence de « participation financière importante » donne lieu à des interprétations fort contradictoires qui renforcent le conflit d'attribution entre TCI et TEP. À ce propos, Pierre Maréchal évoque les tentatives de la TEP d'assumer le pilotage de tous les projets de développement de la production :

[1210] AH TotalEnergies, AO011908, Archives orales de la Compagnie française des pétroles Algérie (CFP-A), Récit de carrière de Pierre Maréchal, Paris, 19 septembre 2018.

[1211] AH TotalEnergies, 50ZZ600/1, Note de Service du PDG, « Création d'une direction de la coopération industrielle », 16 juillet 1976.

> «Je me souviendrai toujours [...] quand les Indiens ont décidé d'ouvrir une partie de leur *offshore* avec des pourcentages extrêmement faibles aux compagnies étrangères, le patron de l'exploration production – c'était Germes, un polytechnicien – me dit: "Maréchal, vous avez vu sur l'Inde, bien évidemment ce n'est pas vous, c'est la TEP!" Même si le pourcentage des compagnies étrangères est minime, vous n'êtes pas dedans. [La TEP] a tout fait pour que TCI reste, essentiellement, une direction de négociations, d'apporteurs d'idées, mais leur touille était qu'on devienne opérationnels et, même sur une opération sur laquelle on n'avait que 10%, que ce soit nous qui gérions... Ça, c'était inacceptable pour les gens de l'exploration production à l'époque »[1212].

Les opérations de coopération industrielle sont caractérisées par une grande diversité d'activités et modes de rémunération. À la différence de l'assistance technique, les activités vont de la mise à disposition d'une équipe jusqu'à la construction d'un ensemble industriel, avec ou sans transfert de technologie. La rémunération quant à elle peut correspondre à un paiement en devise, en brut ou en droits de participation[1213].

Au sein du groupe, TCI cumule des fonctions d'orientation générale et des fonctions de coordination des projets. En premier lieu, elle propose une politique de coopération industrielle cohérente et identifie les zones d'intervention prioritaires. En deuxième lieu, elle facilite les négociations des contrats de coopération en structurant les relations commerciales et les liens politiques avec des interlocuteurs locaux. En troisième lieu, TCI assure la coordination technique et commerciale ainsi que le suivi économique, politique et financier des projets grâce au support des équipes de la TEP[1214]. Pour réaliser ces missions, TCI est dotée d'une structure légère et transversale qui facilite l'interaction avec les autres unités du groupe. Le directeur Jean D'Herbès est assisté par une secrétaire, un chargé d'études juridiques et financières, une documentaliste et trois délégués de zone chargés d'assurer la coordination des projets. Véritable appui opérationnel, le délégué de zone doit étudier les possibilités d'implantation, établir les budgets des missions et assurer le suivi des opérations en relation avec les clients[1215].

1212 AH TotalEnergies, AO011908, Archives orales de la Compagnie française des pétroles Algérie (CFP-A), Récit de carrière de Pierre Maréchal, Paris, 19 septembre 2018.

1213 *Ibid.*

1214 AH TotalEnergies, 50ZZ600/1, Note de Service du PDG, «Création d'une direction de la coopération industrielle», 16 juillet 1976.

1215 *Ibid.*

Au-delà de la TCI, une deuxième structure contribue à définir la stratégie de la CFP : le comité de coopération industrielle. Cet organisme réunit le directeur général opérations et les principaux directeurs du groupe pour fixer les objectifs prioritaires de la filiale et nommer les correspondants locaux, des intermédiaires qui accompagnent les responsables de zone et les chefs de projet. Avec cette organisation, la nouvelle direction peut explorer les possibilités du marché international et proposer son expertise aux pays intéressés.

Coopération industrielle : un état d'esprit ?

Le développement de la coopération industrielle est fortement influencé par l'action et les idées de Jean D'Herbès, un personnage de premier plan dans l'histoire de la CFP. Selon l'ancien directeur général de la CFP-A, la coopération est une réaction aux grands bouleversements des années 1970 qui ont privé les compagnies de leurs capacités financières et leurs concessions, en remettant en cause leur positionnement international. Comme il l'explique à *Total Information*, la revue interne de l'entreprise :

> « Si l'on analyse les événements des dernières années, on s'aperçoit que le droit est devenu fluctuant, la théorie de changement des circonstances (*rebus sic stantibus*) l'ayant emportée sur le principe du respect des engagements (*pacta sunt servanda*). Sur la pression de ces doctrines, le droit international évolue d'une manière désormais moins favorable aux pays développés. Quant à la puissance financière, elle est désormais dans les mains des États producteurs, par suite de l'augmentation foudroyante des prix pétroliers dont la fiscalité a fait de ces États les bénéficiaires exclusifs »[1216].

Si le marché pétrolier international reste temporairement sous le contrôle des entreprises, les politiques volontaristes des pays producteurs contribuent à modifier la situation. Le développement autonome des gisements d'hydrocarbures, l'acquisition de flottes pétrolières, la construction de raffineries et de complexes pétrochimiques sont des indicateurs d'une profonde transition. Selon D'Herbès, dans un tel contexte, la CFP doit mettre à disposition des pays producteurs le savoir-faire acquis « en matière de réalisation d'ensemble industriel

---

1216 AH TotalEnergies, « La coopération industrielle, un état d'esprit », *Total Information*, n° 73, printemps 1978.

dont la complexité est tout à la fois technique, logistique, financière et surtout humaine»[1217]. Dans cette démarche de rentabilisation du capital technologique, la compagnie doit adopter un positionnement très différent par rapport à celui des sociétés d'*engineering*. Autrement dit, TCI ne doit pas entrer en concurrence avec Bechtel, Fluor et Brown & Root, mais elle doit se présenter comme un organisme capable d'accompagner les pays producteurs dans la réalisation de tout type de projet pétrolier, en mettant en avant sa capacité de pilotage et coordination[1218]. En somme, la CFP est appelée à jouer le rôle du chef d'orchestre qui «sait créer de l'harmonie» sans pourtant avoir «le talent de chacun des solistes»[1219].

Au-delà du discours sur le savoir technique, l'idée de coopération industrielle véhiculée par D'Herbès se fonde sur une nouvelle vision du rôle des entreprises dans la société industrielle. Autrefois présenté comme un remède miraculeux au sous-développement, le concept de transfert de technologie est définitivement remplacé par celui de coopération, ce dernier étant considéré plus «humain» et cohérent avec les nouveaux équilibres internationaux. La coopération industrielle est alors définie comme un «état d'esprit», une forme d'interaction qui vise à construire des liens de confiance avec les pays producteurs. Fortement inspirés par Jean Tuscoz, professeur de droit international à l'Université de Nice, les concepts mobilisés par D'Herbès montrent une profonde compréhension des opportunités créées par la transition politique des années 1970. Dans une époque où les interactions économiques se développent davantage dans l'axe nord-sud, la coopération industrielle permet à la CFP d'effacer son image d'entreprise coloniale et se transformer en partenaire industriel fiable aux yeux des anciens pays colonisés. En même temps, l'expertise industrielle et la technologie constituent une monnaie d'échange pour accéder à de nouvelles sources d'approvisionnement[1220].

1217 *Ibid.*

1218 AH TotalEnergies, 50ZZ600/1, Note sur la coopération industrielle «I. Contexte international», 6 septembre 1979.

1219 *Ibid.*

1220 AH TotalEnergies, 50ZZ600/1, Note de Jean Tuscoz, professeur de droit international public, Ancien président de l'Université de Nice, «La coopération industrielle internationale répond aux exigences de la société internationale contemporaine».

Dans la nouvelle conception de coopération industrielle, l'individu garde une place centrale puisqu'il est présenté comme le principal vecteur de la circulation des techniques. Mais à la différence des experts en détachement dans le cadre de l'assistance technique, il doit adapter au contexte d'activité toutes les actions nécessaires au transfert de technologie. Les agents de la coopération industrielle doivent donc faire preuve de compétences techniques mais ils « [ne doivent] pas rechigner à une ouverture nouvelle »[1221]. Autrement dit, ils doivent s'acclimater à des environnements très différents, ce qui impose « de s'intéresser très précisément à un pays, d'apprendre à le connaître, d'accepter d'y vivre, en un mot de l'aimer avec ses différences et ses caractéristiques propres »[1222]. Le changement de posture et de méthodes d'interaction est un problème majeur pour le développement de la stratégie de coopération industrielle de la CFP. Plusieurs cadres et techniciens de la TEP rencontrent des difficultés à dépasser le modèle fondé sur les relations hiérarchiques entre les chercheurs d'or noir dépositaires du savoir technologique et les pays producteurs qui détiennent les ressources naturelles. En somme, si l'assistance technique se réduit à mettre à disposition des hommes et des moyens dans le cadre d'un contrat de prestation, la coopération remet en cause l'orientation du personnel et la structure de l'entreprise.

Trois ans après la création de TCI, la CFP créée un groupe de réflexion pour réaliser un diagnostic de fonctionnement de la nouvelle structure. Les travaux du groupe montrent plusieurs incohérences entre la stratégie énoncée et les principes d'organisation technique et humaine, en confirmant que la coopération industrielle « n'est pas claire, pas connue et pas comprise » au sein de la CFP[1223]. Les informations collectées par le groupe de réflexion montrent la coexistence de trois différentes définitions de coopération industrielle qui circulent parmi les agents de la CFP. La première définition considère la coopération industrielle une « activité récente annexe et marginale [qui] permet d'obtenir sans investissements du brut »[1224]. La deuxième présente la coopération industrielle comme une activité de plus en plus importante qui se développe en raison du

---

1221 AH TotalEnergies, « La coopération industrielle, un état d'esprit », *Total Information*, n° 73, printemps 1978.

1222 *Ibid.*

1223 AH TotalEnergies, 5022600/1, Rapport des travaux du groupe de réflexion sur la coopération industrielle, juin 1979.

1224 *Ibid.*

contexte international. La troisième soutient que la nouvelle stratégie vise à accomplir la mission de ravitaillement énergétique grâce au déploiement à l'international d'activités industrielles complexes. Au-delà des différentes conceptions, plusieurs contraintes compliquent la mise en route des projets de coopération industrielle. Le changement d'état d'esprit du personnel se révèle lent et difficile, tandis que la persistance d'un byzantinisme comptable et financier complexifie les relations entre les parties[1225]. C'est pourquoi, ces dysfonctionnements sont parfois dus à l'opposition de deux modèles de développement pour le secteur amont: l'un fondé sur la vision progressiste des «affaires de troisième type» incarnée par D'Herbès et l'autre, plus conservateur, partagé par les dirigeants de la TEP. Pour ces derniers, la fin du système des concessions avait ouvert de grandes perspectives pour le développement des *production sharing contracts* (PSC), un type de contrat combinant transfert de technologie et investissement financier utilisé par la CFP en Indonésie[1226]. C'est pour cette raison que Michel Naylies souligne que le volet financier – un aspect central dans tout projet pétrolier – est sous-estimé dans le modèle de coopération industrielle:

> «Qu'est-ce qu'ils veulent les pays producteurs? Ils veulent de la technologie et très souvent du financement. Il y a eu entre les années 1970 et 1980 des contrats qui se sont formés pour lesquels les compagnies internationales amenaient leur technologie, y compris la technologie de management. Parce que vous pouvez pendant longtemps, et les Algériens ont été très forts en ça ils ont cru qu'ils pouvaient tout acheter, mais il y a un truc que vous ne pouvez pas acheter, c'est la capacité de management »[1227].

En dépit des aspects techniques et organisationnels, la mise en place de la coopération industrielle est fortement conditionnée par les problèmes de gestion du personnel. Le système de recrutement par intérim mis en place par la TAT se révèle peu adapté aux exigences des projets de

---

1225 *Ibid.*

1226 Pour une définition des *production sharing contracts*, voir le paragraphe A du chapitre 9 «Les *production sharing contracts* : conjuguer les investissements industriels et le transfert de technologie»

1227 AH TotalEnergies, AO011921, Archives orales de la Compagnie française des pétroles Algérie (CFP-A), Récit de carrière de Michel Naylies, Argeliers, 29 mars 2019.

coopération puisque « le client souhaite et s'attend à recevoir du personnel de la CFP compétent et expérimenté et ne peut admettre de voir arriver du personnel embauché quelques jours auparavant ». Par ailleurs, si le recours aux techniciens contactés permet d'accélérer la circulation des compétences, ce personnel n'est pas formé à travailler dans le cadre d'un dispositif si spécifique[1228].

Pour résoudre cette question, TCI doit donc développer les compétences humaines et relationnelles de ses agents. La direction décide alors d'organiser « des actions d'information et de formation systématique ainsi qu'une préparation en profondeur de certains responsables comme les chefs de projet, les responsables de filiale ». En même temps, elle propose de créer une nouvelle filiale chargée de la gestion et la formation du personnel de coopération, même si cette solution imposerait des investissements trop importants pour un volume d'activités relativement faible[1229]. Pour pallier le manque de personnel français capable d'assurer les projets de coopération, TCI décide de se doter d'un service chargé de la formation des « coopérants » et du personnel recruté dans les pays d'activités[1230]. Si le démarrage de la coopération industrielle se révèle extrêmement difficile, les perspectives de recrutement et de formation du personnel étranger offrent de nouvelles possibilités de développement.

Les projets de coopération industrielle et les nouvelles relations avec les pays producteurs

Au cours des deux premières années, l'activité de coopération se concentre principalement sur le transfert de technologie et la maîtrise industrielle des projets pétroliers. Cela permet de tisser de nouveaux liens avec les pays producteurs mais, en même temps, impose une importante mobilisation des ressources humaines et matérielles. Entre 1976 et 1979, les équipes de TCI sont chargées de coordonner les projets de développement de la production *offshore* de Zakum à Abu Dhabi et de Bombay High en Inde. En même temps, elles contribuent à la construction d'installations de transport et de raffinage, comme le pipeline du Soudan et la raffinerie de La

---

1228 AH TotalEnergies, 50ZZ600/1, Rapport des travaux du groupe de réflexion sur la coopération industrielle, juin 1979.

1229 *Ibid.*

1230 AH TotalEnergies, 50ZZ600/1, Note de service de Bizot de la direction personnel administrative groupe (DPAG), 4 mai 1981.

Plata en Argentine. Dans les années qui suivent, la négociation de nouveaux contrats avec l'Argentine, l'Inde et le Venezuela, confirme la capacité de TCI de renforcer la présence du groupe sur les marchés émergents[1231]. Par ailleurs, les interactions avec l'Institut pour le développement de la coopération internationale, dont D'Herbès est l'un des fondateurs, permettent à la CFP de contribuer à la définition d'une véritable théorie de la coopération industrielle[1232]. Cette théorie prévoit l'élargissement des activités aux domaines de l'agriculture, des transports, des mines et de l'industrie, des secteurs considérés prioritaires par les programmes de développement de la Banque mondiale[1233]. La nouvelle orientation de la coopération industrielle s'inspire de l'expérience d'autres compagnies pétrolières internationales comme BP, qui avait lancé plusieurs projets de coopération dans le domaine minier, ou ENI, qui avait financé des programmes de construction de logements sociaux en Iran. À l'instar de ses consœurs, la CFP participe au développement de l'industrie locale en Norvège en échange de plusieurs permis d'exploration situés au nord du 62e parallèle et lance des projets de développement agricole en Arabie saoudite et au Mexique afin de faciliter la signature de nouveaux contrats de cession de brut.

1231 AH TotalEnergies, 50ZZ600/2, Dossier Total coopération industrielle, « Réflexions sur la coopération industrielle », mars 1981.

1232 Jean D'Herbès et Jean Touscoz, *Les Contrats internationaux de coopération industrielle et le nouvel ordre économique international: colloque*, Paris, Presses universitaires de France, 1980; Jean D'Herbès et Jean Touscoz, *L'Inde et la coopération internationale: actes du colloque international*, Paris, Éditions du CNRS, 1983.

1233 *Ibid.*

Photo 37. Signature d'un accord de coopération industrielle le développement du gisement *offshore* Bombay High, 1979 – Photothèque historique TotalEnergies, 17V00545-509-3, Droits réservés – Total ©

Dans une période caractérisée par l'essor de la coopération industrielle, TCI commence à perdre le contrôle des projets réalisés par la CFP. À la fin des années 1970, les unités opérationnelles multiplient les initiatives autonomes et commencent à développer des champs de gaz en Égypte, à étudier les possibilités pétrolières de la Birmanie, à construire des usines d'ammoniac à Abu Dhabi, ou encore, à financer des recherches sur les procédés industriels en Corée. Dans le domaine non pétrolier, Total Indonésie débute la construction d'une ferme de crevettes tandis que Total Nigeria lance un programme de développement de fermes agricoles. Par ailleurs, un grand nombre de projets comme la construction de raffineries au Nigeria, en Tanzanie, au Bénin et le développement de la production pétrolière en Thaïlande ne voient pas le jour en raison du manque de moyens financiers et humains[1234].

En 1981, la réalisation d'un bilan sur la coopération industrielle confirme l'importance de ces projets pour l'expansion de l'entreprise à l'international. À titre d'exemple, en 1980, la CFP arrive à s'implanter au Chili et participer au démarrage de la recherche pétrolière dans le pays. Après la signature d'un premier accord avec l'Empresas Copec, TCI détache deux spécialistes de la TEP pour assurer la formation des

1234 *Ibid.*

ingénieurs et des techniciens chiliens et accompagner le démarrage des études de développement de la production. De même, TCI s'intéresse au Venezuela, où la nationalisation de 1976 avait attribué le monopole des concessions à Petróleos de Venezuela (PDVSA). La signature d'un accord de coopération avec la société nationale ouvre la voie à plusieurs projets dans le domaine de la recherche, la distribution, le raffinage et la pétrochimie. En même temps, cela permet d'accéder à un pays où toutes les tentatives d'installation avaient été infructueuses, dès les missions d'exploration réalisées par Victor de Metz dans les années 1920 jusqu'aux campagnes de forage réalisées avec Pantepec dans les années 1940[1235].

Tout comme en Amérique du Sud, la volonté d'élargir les partenaires encourage le lancement de plusieurs projets de coopération en Afrique. Au Nigeria, pays traditionnellement exclu de l'influence française, TCI s'associe au Crédit lyonnais et au groupe indien Birla pour construire une raffinerie de la capacité de 6 millions de tonnes par an[1236]. La société française fournit l'expertise technique et l'assistance de ses ingénieurs, tandis que le management et la gestion administrative sont assurés par l'entreprise indienne[1237]. Réalisé grâce aux bonnes relations entretenues avec le manager Aditya Birla et l'ancien ministre nigérian du Pétrole Umaru Dikko, ce projet permet de renforcer la présence française dans le pays au moment où le gouvernement négocie avec les sociétés étrangères l'attribution de nouveaux permis d'exploration. Mais les résultats de la politique de coopération industrielle sont visibles aussi au Soudan, où TCI signe un accord pour la formation de techniciens, la construction d'un pipeline, d'une raffinerie et de plusieurs installations de stockage à Khartoum. Grâce à sa contribution, la CFP peut dépasser la concurrence de Shell et Chevron et obtenir ainsi l'autorisation de développer un réseau de distribution de la marque Total dans le pays[1238].

Les relations privilégiées entre la France et le bloc soviétique permettent, également, d'élargir le dispositif de coopération vers les pays de l'Est. À partir de 1978, des missions préliminaires sont réalisées

---

1235 AH TotalEnergies, 50ZZ600/3, Total coopération industrielle, Fiche projet: Venezuela, sdnl.

1236 AH TotalEnergies, 50ZZ600/3, Total coopération industrielle, Fiche projet: Nigeria, sdnl.

1237 *Ibid.*

1238 AH TotalEnergies, 50ZZ600/3, Total coopération industrielle, Fiche projet: Soudan, sdnl.

par les responsables de TCI en Roumanie, en Tchécoslovaquie, en Hongrie, en Pologne et en Union soviétique[1239]. Les projets lancés dans ce contexte géopolitique sont très hétérogènes en raison de la spécificité de la politique énergétique de chaque pays. L'Union soviétique est un pays producteur et exportateur d'hydrocarbures tandis que la Roumanie, berceau de l'industrie pétrolière européenne, ne produit que la moitié de ses besoins de consommation. En revanche, la Yougoslavie et la Bulgarie ne sont pas producteurs mais commencent à s'intéresser à la recherche pétrolière en mer Adriatique et en mer Noire[1240]. Au-delà des possibilités pétrolières, la société doit adapter ses modes d'interaction à des systèmes économiques, industriels et commerciaux très différents. En Yougoslavie et en Roumanie, les représentants de TCI ont des relations directes avec les politicens et les ministres compétents, tandis qu'en Tchécoslovaquie les projets sont coordonnés par des comités techniques. Dans les deux cas, les négociations sont très longues, ce qui contribue à stabiliser les relations avec les responsables politiques tout en facilitant la lente et graduelle introduction de conseillers commerciaux français dans ces pays.

La stratégie d'expansion vers l'est mise en place par TCI est favorisée par deux éléments conjoncturels. D'une part, l'arrivée à échéance des plans quinquennaux en 1980 permet d'inscrire les projets de coopération pétrolière dans les nouveaux dispositifs de planification économique. D'autre part, l'initiative de la CFP est appuyée par le Conseil national du patronat français (CNPF) qui souhaite élargir la connaissance des entreprises et l'expertise industrielle française dans les marchés émergents. Les projets envisagés sont de plusieurs types et visent tous les secteurs d'expertise de la CFP. La société commence à détacher des formateurs en Hongrie et en Roumanie, des techniciens de forage en Pologne et des gérants des stations-service en Yougoslavie. Des licences ATO-Chimie et des procédés de la CFR sont vendus en Tchécoslovaquie et en Yougoslavie. En même temps, les nouveaux accords permettent la construction d'un réseau de stations-service GPL et l'installation d'*hydrant refueling*

1239 AH TotalEnergies, 50ZZ600/3, Total coopération industrielle, Coopération avec les pays de l'est, sdnl.

1240 *Ibid.*

systems Air Total[1241] dans plusieurs aéroports de l'Union soviétique[1242]. Cette coopération se poursuit également dans le secteur amont où la société française participe aux projets de développement de la production jusqu'aux années 1990.

Même si les perspectives de développement restent incertaines tout au long de cette période, la politique de coopération est un atout majeur pour la CFP. Les résultats ne sont pas seulement liés à la qualité et à la sophistication de la technologie exportée, « mais aux relations interpersonnelles, la patience et la volonté d'aboutir »[1243] des cadres de la société. En ce sens, la capacité d'interaction avec les responsables politiques locaux et le support d'organisations comme la Commission mixte franco-soviétique pour le gaz et le pétrole permettent à la CFP de confirmer son rôle de chef de file dans ce secteur. Par ailleurs, si la crise économique qui accompagne la chute de l'Union soviétique laisse envisager une forte réduction des échanges commerciaux sur le court terme, l'ancrage de la CFP dans ces pays ouvre de nouvelles perspectives dans le domaine de la recherche d'hydrocarbures et de la modernisation du secteur industriel pour les décennies à venir.

C. La coopération dans le domaine de l'agriculture

Les premières expériences d'agriculture en zone désertique à Hassi Messaoud

L'agriculture devient un domaine d'intervention privilégié de la CFP dans le cadre de la coopération industrielle. Néanmoins, l'intérêt pour ce secteur est beaucoup plus ancien puisque la société contribue au développement agricole des provinces pétrolières dès les années 1950. Durant les premières missions d'exploration du Sahara, le futur président de la CFP-A Jacques Bénézit commence à collecter des informations pour mesurer l'impact des activités pétrolières sur la vie des autochtones et

---

1241 À partir des années 1960, Air Total se spécialise dans les systèmes de ravitaillement en carburant pour les avions et contribue à la construction de réseaux de distribution dans plusieurs aéroports en Europe et à l'international.

1242 *Ibid.*

1243 *Ibid.*

faciliter le recrutement du personnel local[1244]. En suivant l'exemple des compagnies internationales, le développement d'une production agricole locale devient un volet essentiel de la politique d'implantation puisque cela permet de réduire les coûts tout en participant à la sédentarisation des populations nomades. Lors de la création du district pétrolier d'Hassi Messaoud, la CFP-A lance donc une étude sur le développement des cultures agricoles en milieu désertique[1245]. En août 1959, le jeune stagiaire de l'École nationale d'agriculture de Maison Carrée Jean Mangin est chargé d'analyser les sols d'Hassi Messaoud, l'impact des facteurs géologiques et atmosphériques sur le développement de l'agriculture saharienne et d'explorer les possibilités d'irrigation par la conversion de puits de forage secs en puits d'eau[1246].

L'étude des terrains autour des puits Omp 35, Omp 13 et Omn 17, confirme que la présence d'eau peut faciliter l'irrigation mais la pauvreté des sols et l'exposition aux vents sont des contraintes majeures pour le développement de plantations maraîchères à grande échelle[1247]. En dépit des possibilités technologiques, Mangin conclut que l'installation de cultures sur des plateaux sableux n'est pas une solution rentable. Le jeune agronome suggère en revanche de les installer sur les lits d'anciens oueds, des terrains qui pourraient fournir un support naturel aux plantations. Le rapport de Jean Mangin explique par ailleurs que l'enrichissement des sols ne peut pas se baser uniquement sur l'apport des matières organiques, comme cela est le cas dans les zones tempérées. En effet, il est nécessaire d'employer de grandes quantités de fumier pour contraster la présence de sel et les conditions de drainage, ce qui impacte lourdement la rentabilité du procédé. Mangin suggère donc de répliquer à Hassi Messaoud les expériences de culture sans sol déjà réalisées par

1244 Nous avons largement abordé ce sujet dans le chapitre dédié aux effets de l'industrialisation sur l'économie saharienne et aux mesures adoptées par la CFP pour réduire le risque de prolétarisation du personnel autochtone.

1245 AH TotalEnergies, 18V01807/496, Lettre de Durand (ingénieur d'études du bureau de liaison) au docteur Lambert de PROHUZA, Alger, sdnl.

1246 AH TotalEnergies, 18V01807/496, Note pour M le président-directeur général de la CFP (A), « Étude sur l'amélioration des sols en zone désertique », Léon Mangou, Paris 8 décembre 1959.

1247 AH TotalEnergies, 18V01807/496, Rapport de stage CFP (A), 15 août-15 septembre 1959, Jean Mangin, sdnl.

le Centre de recherches sahariennes de Béni-Abbès[1248]. Créée en 1942 par Nicolas Menchikoff, cette station du CNRS avait mis à l'étude des techniques de culture permettant de nourrir la plante « par injection de solutions nutritives diluées [dans] une couche sableuse où se situent les systèmes radiculaires »[1249] en utilisant un réseau de tubes en plastique. Les expériences du centre de Beni-Abbès avaient confirmé qu'il était possible de cultiver avec de faibles quantités d'eau en faisant sortir l'agriculture désertique du champ de l'utopie[1250].

Photo 38. Entretien des plantations dans la base Maison Verte à Hassi Messaoud, 1958 – Photothèque historique TotalEnergies, 17V00548-418-3, Dimka Dimitri ©

À la fin de l'année 1959, le travail de Jean Mangin attire l'attention de la direction de la CFP-A. En décembre, à l'occasion de la cérémonie d'inauguration du pipeline entre Hassi Messaoud et Béjaïa, Roger Goetze annonce à Victor de Metz la décision de la SN Repal de recruter un pédologue pour poursuivre l'étude des sols d'Hassi Messaoud. Dans

1248 *Ibid.*
1249 *Ibid.*
1250 *Ibid.*

un contexte caractérisé par la mise en œuvre du plan de Constantine, le président de la CFP demande à Jacques Bénézit de relancer le programme de recherche sur l'agriculture au Sahara pour « traduire en fait une politique dont la valeur de propagande est facile »[1251]. Jean Mangin est alors chargé de réaliser une synthèse des expériences existantes en matière d'agriculture dans les zones arides et de conduire des essais pratiques sur les surfaces d'Hassi Messaoud[1252]. Ce deuxième rapport confirme la rapide évolution des techniques dans ce domaine. En premier lieu, il montre l'évolution des méthodes de culture sur support chimiquement neutre, comme le sable de rivière, le sable marin dessalé, les fragments de briques de briques ou les cendres volcaniques. En deuxième lieu, il présente les nouveaux systèmes d'irrigation par percolation, arrosage et brumisation qui permettent de réaliser d'importantes économies en ressources hydriques. En troisième lieu, il donne un aperçu du matériel industriel récemment développé, comme les bacs de culture, les pompes, les canalisations et les systèmes de drainage. En même temps, le rapport se concentre sur le choix des variétés de plantes à cultiver en présentant celles qui présentent plus d'avantages du point de vue de la rentabilité[1253].

L'étude du périmètre d'Hassi Messaoud Nord permet d'identifier des terrains d'intérêt prioritaire à proximité des surfaces productives. Jean Mangin suggère alors de concentrer les efforts autour d'Haoud el Msseid, une localité située à 15 kilomètres au nord de Maison Verte à proximité du terminal de départ du pipeline de la SOPEG. Dans cette dépression où la végétation spontanée a un degré de couverture plus important qu'ailleurs, les profils pédologiques mettent en évidence des terrains sableux, caractérisés par une excellente perméabilité et un bon

---

1251 AH TotalEnergies, 18V01807/496, Note de M. Bénézit à M. Crosnier, « À propos du stagiaire Jean Mangin et de son étude pédologique », Paris, 11 décembre 1959.

1252 AH TotalEnergies, 18V01807/496, Note de BL à DO, « Plan de travail de M. Mangin Jean chargé d'études par BL », Alger, 22 février 1960.

1253 Le rapport de Mangin se base sur les recherches réalisées au Sahara dans la station agricole expérimentale d'Al Arfiane. Celles-ci avaient montré que « […] les asperges, betteraves, blettes, carottes, choux-fleurs, oignons et poireaux donnent une production intéressante et de bonne qualité [tandis que] les céleris, courgettes, haricots et pommes de terre donnent lieu à une production médiocre ». AH TotalEnergies, 18V01807/496, Note du BL « Note sur les cultures sans sol – généralités – cultures en milieux solides, meubles et poreux », sdnl ; Étude de M. Mangin sur les cultures maraîchères expérimentées dans les oasis sahariennes, Alger, 10 octobre 1960.

drainage[1254]. Ces conditions permettent d'envisager la mise en œuvre d'un premier projet de culture sur une surface de 100 hectares irriguée par l'eau de la nappe de l'Albien. La première version du plan de développement prévoit de réaliser d'importants travaux de nivellement, de construire un système de distribution d'eau et d'aménager trois vastes parcelles pour la culture de céréales, le maraîchage, la culture du palmier et la luzerne. Toutefois, les archives sont muettes sur les besoins de main-d'œuvre et le volume d'investissements nécessaires à construire les installations pour loger le personnel et stocker les produits agricoles.

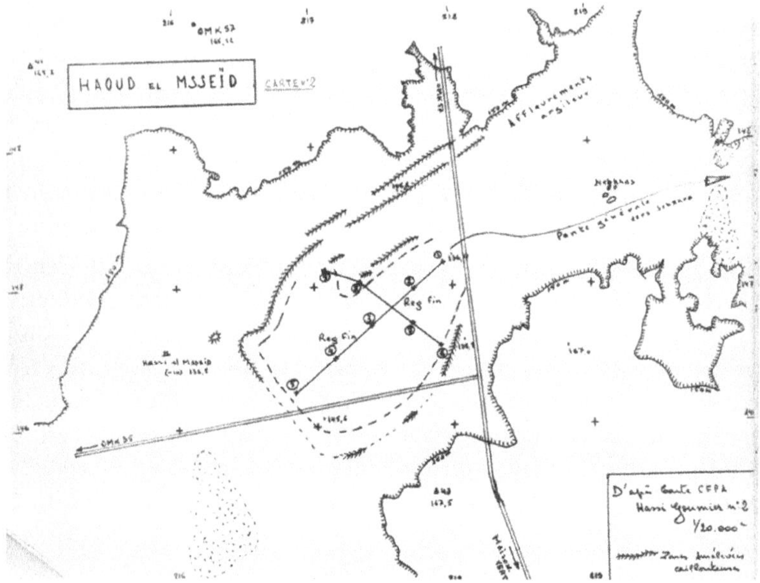

Carte 3. Projet d'installation d'un centre de production agricole à Haoud el Msseid, 1961[1255].

En dépit du volontarisme de la CFP-A, le contexte de la guerre d'Algérie ne permet pas de concrétiser les projets envisagés. Appelé au

---

1254 AH TotalEnergies, 18V01807/496, Étude des sols du périmètre d'Hassi Messaoud en vue de trouver des terrains aptes à la pratique des cultures irriguées (septembre-octobre 1960), M. Mangin, Alger, 15 novembre 1960.

1255 *Ibid.*

contingent, Jean Mangin laisse inachevé le projet d'aménagement des surfaces d'Haoud el Msseid que Jacques Bénézit lui avait confié[1256]. Cette expérience contribue néanmoins à sensibiliser les dirigeants de la société à l'expérimentation des techniques d'agriculture en zone désertique et à faire avancer la réflexion technologique autour d'autres procédés, comme le refroidissement de l'eau saharienne extraite du sous-sol à plus de 50° ou la production de film en plastique[1257]. Dans ce contexte, la CFP-A participe également à la recherche dans le domaine des engrais et des produits agrochimiques appliqués à l'agriculture. Grâce à une collaboration avec la Badische anilin und soda fabrik (BASF), des mousses synthétiques composées d'engrais azotés sont testés pour la première fois sur les terrains d'Hassi Messaoud[1258]. Des spéculations autour de la potentialité fertilisante du pétrole brut commencent à susciter la curiosité des certains ingénieurs de la CFP-A comme Jean D'Herbès qui s'interroge sur les usages potentiels des ressources d'Hassi Messaoud[1259].

La ferme expérimentale d'Al Aïn : l'industrialisation de la coopération agricole

Dans les années 1960, la stratégie de diversification du secteur aval renforce la position de la CFP dans le domaine de la chimie ainsi que son intérêt pour l'agriculture industrielle. En 1961, la CFR créé une filiale spécialisée dans la production de trimères, propylène et éthylène dans la raffinerie Normandie, en suivant l'exemple de la SNPA qui avait intégré le marché des engrais azotés grâce au traitement du gaz de Lacq[1260]. L'entrée

[1256] AH TotalEnergies, 18V01807/496, Lettre manuscrite de Mangin à Mangou, 14 janvier 1961.

[1257] AH TotalEnergies, 18V01807/496, Étude du procédé de refroidissement de l'eau de l'albien, Alger, 17 octobre 1960.

[1258] AH TotalEnergies, 18V01807/496, Note de synthèse, Recherche et industrie des matières plastiques, Paris, 5 avril 1960 ; Note DCEP à MM. Bénézit et Renouard : « Utilisation d'une mousse synthétique urée formelle pour la culture en terrain désertique », 8 avril 1960.

[1259] AH TotalEnergies, 18V01807/496, Lettre de Grawitz à Jean D'Herbès, 24 mars 1961 ; Lettre de Grawitz à la direction générale, 6 avril 1961 ; Lettre de Chevrière, 15 avril 1961.

[1260] AH TotalEnergies, « L'essor des activités pétrochimiques du Groupe », *Total Information*, n° 49, 1972.

des compagnies pétrolières dans ce marché accompagne l'émergence de la nouvelle industrie pétrochimique nationale[1261]. Riche en matières premières, mais dépourvue de brevets et de savoir-faire, la CFP achète 33 % du capital de la Compagnie française de l'azote (COFAZ), une entreprise spécialisée dans la production d'ammoniac et d'engrais phosphatés qui contrôle plus du 20 % du marché français en 1970[1262]. En même temps, la naissance de la branche Total Chimie en 1968 et la création du groupement économique Aquitaine-Total-Organico (ATO) avec Elf-ERAP contribuent à renforcer la présence industrielle du groupe CFP dans le marché des matières plastiques et des engrais destinés à l'agriculture industrielle.

Au-delà des produits pétrochimiques pour la grande industrie agroalimentaire, l'assistance au développement de l'agriculture locale devient un argument de plus en plus employé dans les relations pétrolières avec les pays producteurs. Si en Algérie la guerre d'indépendance n'avait pas permis de concrétiser les projets envisagés, à la fin des années 1960 l'émirat d'Abu Dhabi se présente comme un terrain idéal pour réaliser des essais concluants. Dans une période caractérisée par la montée des revendications de l'OPEP, la CFP commence à étudier plusieurs projets de développement local pour favoriser la position de la compagnie aux yeux du cheikh Zayed ben Sultan, émir d'Abu Dhabi et fondateur des Émirats arabes unis[1263]. Après avoir écarté les projets de scolarisation, de coopération culturelle et d'assistance médicale, elle propose de construire un centre de recherche et d'expérimentation agricole chargé « d'étudier et de développer les techniques les mieux adaptées à la région [ainsi que de] former le personnel et d'appliquer les nouvelles méthodes et connaissances aux différentes fermes présentes dans la région »[1264]. L'objectif est de faciliter la pénétration de l'entreprise dans le pays mais aussi d'apporter un soutien diplomatique à la politique de cheikh

---

1261 René Musset, « Les progrès de la pétrochimie en France », *Annales de géographie*, 71-386, 1962, p. 441-444.

1262 AH TotalEnergies, « L'essor des activités pétrochimiques du Groupe », *Total Information*, n° 49, 1972.

1263 AH TotalEnergies 90ZZ049/20, Note de Vincent Labourer à Victor de Metz « Consistance d'une offre de la Compagnie au Sheikh d'Abu Dhabi, 6 juillet 1969.

1264 AH TotalEnergies 90ZZ049/20, Communication au conseil d'administration relative au projet d'Abu Dhabi, 4 novembre 1969.

Zayed au moment de la création des Émirats arabes unis[1265]. En effet, le développement de l'agriculture dans ce territoire désertique pourrait renforcer la souveraineté de l'émir sur le nouvel État et sécuriser l'accès au pétrole d'Abu Dhabi qui représente en 1969 un sixième des ressources de la CFP[1266].

Après les échanges préliminaires avec les autorités locales, la CFP présente le projet du nouveau centre expérimental qui sera installé à Al Aïn, le lieu de naissance de cheikh Zayed, à proximité d'une ferme gouvernementale. Le fonctionnement du centre sera assuré par des agronomes français grâce aux techniques et aux matériaux mis au point par Total Chimie et Total Fertilisants[1267]. Après les études de faisabilité, un accord est signé avec le gouvernement local : la CFP prend en charge la construction du centre, les frais de fonctionnement, d'assistance et de formation du personnel tandis que le gouvernement d'Abu Dhabi s'engage à fournir les terrains, les ressources hydriques et la main-d'œuvre[1268]. La conception du centre est confiée à la Société grenobloise d'études et d'application hydraulique, qui est par ailleurs chargée d'assurer la formation du personnel local et de conduire la recherche dans le domaine des techniques de culture et d'irrigation[1269]. Les travaux de construction commencent le 15 septembre 1971 sous la direction de la société Centre expérimentale agricole d'Al Aïn SA, une nouvelle filiale de droit français contrôlée par la direction des relations extérieures de la CFP[1270]. La société est dirigée par Marc Bellavoine, un ingénieur agronome spécialisé dans la culture en zone aride qui avait piloté plusieurs projets de recherche en Tunisie et en Algérie. La structure est complétée par un adjoint et deux agents techniques de la CFP-A, un chef mécanicien et un secrétaire

1265 *Ibid.*

1266 AH TotalEnergies 90ZZ049/20, Note de Vincent Labourer à Victor de Metz, « Note pour le président sur Abu Dhabi », 19 février 1969 ; Communication au conseil d'administration relative au projet d'Abu Dhabi, 4 novembre 1969.

1267 AH TotalEnergies 90ZZ049/20, Note de Vincent Labourer à Victor de Metz, « Consistance d'une offre de la Compagnie au Sheikh d'Abu Dhabi, 6 juillet 1969.

1268 AH TotalEnergies 90ZZ049/20, Consistance réelle de l'offre faite par la CFP au Sheikh d'Abu Dhabi d'un centre expérimental agricole et contrepartie aboudhabienne, novembre 1969.

1269 AH TotalEnergies 90ZZ049/20, Convention entre SOGREAH et CFO, 14 septembre 1971.

1270 AH TotalEnergies 90ZZ049/20, DRE/Action Culturelle, Note pour Monsieur de Metz, 3 mars 1972.

administratif, détachés « pour une période de deux ou trois ans pour assurer la formation linguistique et technique de deux autochtones »[1271]. En dépit du retard sur le planning de construction, le centre est inauguré le 19 mars 1972, en présence du président des Émirats arabes unis, du ministre du Pétrole Mana Al Otaiba, du ministre de l'Agriculture cheikh Tanhnoon, et du président d'honneur de la CFP Victor de Metz.

Photo 39. Vue aérienne du centre expérimental agricole d'Al Aïn, 1978 – Photothèque historique TotalEnergies, 105149, Droits réservés TotalEnergies ©

Un premier programme d'études agronomiques est aussitôt lancé dans l'objectif de définir les typologies de cultures à mettre en place dans cet espace de 22 hectares situé en plein désert. Les expérimentations commencent à la fin de l'année 1972 après l'installation des haies brise-vent autour des parcelles destinées aux cultures maraîchères, aux céréales et aux engrais verts. Quelques mois plus tard, la mise en fonction d'une pépinière de 2000 m^2 permet de démarrer les études sur l'acclimatation

1271 *Ibid.*

des arbres fruitiers au terrain désertique[1272]. Toutefois, le manque de main-d'œuvre ralentit les essais de plantation. Initialement destiné à contribuer au développement économique et social d'Al Aïn, lieu de naissance de l'émir d'Abu Dhabi, le centre n'arrive pas à recruter son personnel parmi la population d'Abu Dhabi. À l'exception de trois gardiens, les employés sont principalement des immigrés originaires d'Oman et du Pakistan, ce qui ne garantit pas la continuité opérationnelle. Comme l'indiquent les rapports d'activités, « [si] cette main-d'œuvre très docile travaille bien compte tenu de sa capacité et de sa rapidité d'exécution, son principal défaut est son instabilité. Au bout de quelques semaines de travail, beaucoup d'ouvriers éprouvent le besoin de changer de travail, de région »[1273].

En dépit des difficultés initiales, l'expérience du centre agricole d'Al Aïn donne grande satisfaction aux autorités locales et permet à la CFP de renforcer sa présence dans le pays. Dans une période caractérisée par l'extension de l'influence de la Sonatrach au sein de l'ADNOC[1274], la participation à ce projet de coopération agricole contribue à consolider les relations entre le groupe français et l'émirat d'Abu Dhabi. En effet, cette orientation répond aux aspirations de l'émir d'Abu Dhabi qui considère l'agriculture comme une véritable « force civilisatrice », capable d'accompagner la formation du nouvel État[1275]. Comme l'explique Pierre Orieux, le responsable du développement du gisement de Zakum en 1977 :

> « Cheikh Zayed a été très reconnaissant à Total parce que [le projet du centre agricole] a créé l'exemple… On a fait venir des agronomes qui faisaient des recherches et qui finalement ont permis à un tas de petits producteurs du

---

1272 AH TotalEnergies 90ZZ049/20, Note sur le centre expérimental agricole d'Al Aïn, Abu Dhabi, 9 janvier 1973.

1273 AH TotalEnergies 90ZZ049/34, Rapport trimestriel 1er janvier-31 mars 1973, avril 1973.

1274 En 1973, Boumediene offre son support à l'ADNOC et promet de détacher du personnel dans le cadre de l'assistance technique. Des cadres algériens sont alors envoyés dans la société aboudhabienne pour contribuer au développement de ses activités. Cf. AH TotalEnergies, AO011910, Archives orales de la Compagnie française des pétroles Algérie (CFP-A), Récit de carrière de Gérard Marion, Paris, 12 octobre 2018.

1275 Alain Cariou, « Fleurir le désert, le mirage de l'agriculture », *Études rurales*, n° 204, 2019/2, p. 192-220, ici p. 200-202.

coin de produire des fruits et des légumes dans des zones désertiques en suivant les méthodes de Total »[1276].

L'engagement de la CFP sur ce terrain renforce les relations pétrolières avec l'émirat d'Abu Dhabi et facilite le lancement de projets de développement avec des formules inédites. C'est le cas du gisement de Zakum supérieur, développé grâce à l'assistance de la CFP. La diversification de l'activité dans le domaine de l'agriculture ouvre de nouveaux marchés pour la vente de procédés, de matières plastiques et d'engrais chimiques produits par la société dans une période caractérisée par la forte contraction des marchés de consommation européens. Par ailleurs, les projets de coopération agricole se révèlent extrêmement rentables du point de vue financier. La rémunération de l'investissement est estimée à 13 % contre une rémunération de 9,5 % obtenue en moyenne pour la construction d'une raffinerie de 6 millions de tonnes par an[1277]. En somme, l'instabilité des marchés pétroliers et l'expertise cumulée dans le domaine encouragent la CFP à reproduire l'expérience du centre d'Al Aïn dans d'autres zones d'activités.

Total agrosystem international : entre recherche scientifique et expansion du marché de consommation

En 1982, la CFP réalise le court métrage *Les récoltes du désert*[1278] pour présenter la réussite de ses projets de développement agricole dans l'émirat d'Abu Dhabi. Le film reprend un thème maintes fois évoqué dans les productions cinématographiques de l'entreprise : la capacité des hommes à vaincre des environnements désertiques à l'aide des technologies les plus modernes. Grâce à l'interaction entre le son, l'image et une narration aux tons littéraires, *Les récoltes du désert* met en valeur le rôle de la société française dans le développement économique et social de cette jeune monarchie du golfe Persique. En ouverture du film, des vues panoramiques du désert d'Abu Dhabi montrent au spectateur une

---

1276 AH TotalEnergies, AO011922, Archives orales de la Compagnie française des pétroles Algérie (CFP-A), Récit de carrière de Pierre Orieux, Paris, 23 octobre 2019.

1277 AH TotalEnergies 90ZZ049/20, Note pour Monsieur Labouret, Centre expérimental agricole d'Al Aïn, annexe 1 : rémunération de l'engineering, 7 mai 1971

1278 AH TotalEnergies, Fonds audiovisuel n° 137, Compagnie française des pétroles-Total, *Les récoltes du désert,* réalisation François Duperon, 1982.

lande « balayée par le vent, brûlée par le soleil ; où rien ne pousse pendant six mois de l'année »[1279]. Les facteurs géographiques sont présentés comme la cause principale du sous-développement de la région puisque la rareté des ressources hydriques et la production agricole peu diversifiée ne permettent pas de satisfaire les besoins des populations locales[1280]. Après avoir dressé ce tableau, des vues aériennes et une musique aux sonorités orientales accompagnent le spectateur vers le Centre agricole expérimental d'Al Aïn, une véritable oasis artificielle créée en plein désert grâce à l'expertise des agronomes français et aux technologies de la CFP.

L'idée que le développement économique soit la conséquence de l'essor d'une agriculture nationale commence à être évoquée dans la stratégie de communication de la CFP[1281]. En ce sens, le projet d'Al Aïn montre à l'opinion publique internationale la contribution de la société au bien-être des populations locales, sa sensibilité pour l'environnement, son attitude à la coopération mais aussi l'expertise acquise dans ce domaine. Ce discours reflète la nouvelle orientation de la direction générale de la CFP et, en particulier, celle du secrétaire général Vincent Labouret, ancien haut fonctionnaire du Quay d'Orsay, qui est persuadé de l'importance des projets de développement agricole dans la diplomatie pétrolière de l'entreprise. Selon Labouret, le savoir-faire acquis au fil des ans par la CFP est un atout essentiel « soit pour consolider ses positions dans certains pays producteurs, soit pour trouver un terrain original de coopération avec des pays où à des titres divers elle souhaiterait s'implanter ; soit pour entamer une nouvelle action de diversification industrielle, destinée à valoriser son expérience par la vente de *know-how*, de services et de produits liés à l'activité agricole (plastiques, engrais, etc.) »[1282].

Cette orientation stratégique repose sur les résultats très positifs obtenus par le centre expérimental d'Al Aïn depuis sa création. Au cours des deux premières années d'activité, l'introduction d'ombrières avec des grillages en plastique[1283] a permis d'allonger les périodes de productivité des plantations entre six et neuf mois par an, ce qui garantit une récolte

---

1279 *Ibid.*

1280 *Ibid.*

1281 *Ibid.*

1282 AH TotalEnergies, 90ZZ049/39, Note de Labouret au président, Valorisation de l'expérience de la CFP dans le domaine de l'agriculture, Paris, 18 juillet 1975.

1283 Cette technique fait l'objet d'un brevet d'invention appelé « Nouvelles ombrières pour la culture de végétaux par fort ensoleillement ».

de tomates même durant les mois d'été[1284]. Les serres climatisées conçues par la société Serres fleuries d'Orléans permettent de réduire la température jusqu'à 18° en dessous de celle perçue à l'extérieur et d'assurer une productivité tout au long de l'année. En même temps, le remplacement de l'irrigation gravitaire par l'irrigation goutte à goutte permet de réduire la consommation d'eau par hectare de 9600 m^3 à 3000 m^3 par cycle de culture pour contraster ainsi l'épuisement des nappes phréatiques[1285]. Mais au-delà de l'aspect strictement agronomique, l'expérience d'Al Aïn montre les potentialités commerciales des dérivés du pétrole utilisés dans l'agriculture industrielle, en particulier les fuels lourds, les matières plastiques utilisées pour l'irrigation, la construction des serres et l'emballage des produits frais ou, encore, les engrais azotés, phosphatés et les pesticides[1286].

En 1975, l'ingénieur agronome de Total Technique Jean-Pierre Bianchi réalise une étude de marché pour identifier les zones géographiques où l'on exportera les techniques mises au point à Al Aïn[1287] ». En raison des bonnes perspectives de développement, la CFP crée Total agrosystems international (TAI), une filiale chargée de poursuivre les recherches et la commercialisation des procédés agricoles. Cela confirme les efforts et la volonté de poursuivre la coopération industrielle dans ce domaine[1288]. Au cours des premières années d'activité, TAI commence à développer son réseau commercial et à proposer son expertise aux pays du Moyen-Orient. Plusieurs missions sont réalisées en Arabie saoudite où le gouvernement demande de contribuer à la création d'une ferme de 300 hectares dans la région de Wadi ad-Dawasir et de développer une production maraîchère

---

1284 AH TotalEnergies, 90ZZ049/39, Note de J.-P. Bianchi à l'attention de M. Labouret, « Assistance aux pays producteurs de pétrole dans le domaine de l'agriculture. Extension de l'expérience du CEA de Maziad », 1er juillet 1975.

1285 AH TotalEnergies, 90ZZ049/39, Claude Beauchene et Germain Jannaud (ingénieurs SOGREAH), « Utilisation de l'eau en agriculture de zone aride : la création d'un centre expérimental agricole dans l'émirat d'Abu Dhabi », communication au Colloque international du Centre nationale des expositions et concours agricoles « L'eau et les activités agricoles », Paris, 3-5 mars 1976.

1286 AH TotalEnergies, 90ZZ049/39, Note de J.-P. Bianchi à l'attention de M. Labouret, « Assistance aux pays producteurs de pétrole dans le domaine de l'agriculture. Extension de l'expérience du CEA de Maziad », 1er juillet 1975.

1287 AH TotalEnergies, 90ZZ049/39, Note de Labouret au président, Valorisation de l'expérience de la CFP dans le domaine de l'agriculture, Paris, 18 juillet 1975.

1288 AH TotalEnergies, 90ZZ049/39, Note de Service : Département « Techniques Agricoles », 15 octobre 1976 ; La vie des sociétés BIP, n° 3269, 3 février 1977.

dans la région d'Al-Kharadj[1289]. Au-delà des missions d'études sur la sédentarisation des populations locales autour de centres de production agricole en Irak, au Niger et en Tunisie, au cours des premières années l'activité de TAI limite donc son action à la recherche technologique. En s'appuyant sur l'expertise des laboratoires de la CFR à la Raffinerie de Normandie, de Hutchinson-Mapa et d'ATO-Chimie, TAI poursuit son activité d'expérimentation dans le domaine des matières plastiques. Mais la société s'intéresse aussi à la recherche en biotechnologie et conduit des expériences dans le domaine de la fixation de l'azote, de la création de plantes résistantes à la sécheresse et des procédés d'extraction de protéines des végétaux[1290].

En 1981, TAI est intégré à la l'organigramme de TCI en raison d'une convergence d'objectifs de plus en plus évidente. Jean D'Herbès est alors nommé président de la filiale et chargé d'assurer la fusion des deux structures[1291]. Selon D'Herbès, l'expertise de TAI doit devenir une pièce maîtresse de la politique de coopération industrielle, d'innovation et de transfert de technologie. Par ailleurs, le président de TCI décide d'élargir le périmètre d'intervention à la culture maraîchère, la pisciculture et aux techniques de fertilisation, ce qui permet de diversifier les projets de coopération et les zones d'interventions. Au début des années 1980, la filiale lance de nouvelles initiatives à Abu Dhabi, en Arabie saoudite et en Égypte, où un centre d'exploitation agricole de 2100 hectares est construit sur demande de la compagnie pétrolière nationale Egyptian General Petroleum Company. Au même moment, TCI participe à la création de fermes de crevette en Indonésie, au développement de l'industrie de la pêche en Arabie saoudite, à la domestication d'animaux sauvages pour la production de viande et de lait en Afrique et à l'exploitation de l'huile de palme en Asie du Sud-Est[1292].

L'Algérie reste un terrain d'activité privilégié pour la coopération agricole. À partir de 1978, la Sonatrach demande à TAI de réaliser une

1289 AH TotalEnergies, 90ZZ049/39, Procès-verbal du conseil d'administration TAI, 27 juin 1977.

1290 AH TotalEnergies, 90ZZ049/39, Département des techniques agricoles, Activités d'études et de recherche, 17 septembre 1980.

1291 AH TotalEnergies, 90ZZ049/39, Objectif de recherche du centre expérimental agricole de la CFP à Abu Dhabi, 16 février 1981.

1292 AH TotalEnergies, 50ZZ600/3, Total coopération industrielle, Fiches par projet, Projets de développement agricole en zone aride.

étude sur le développement de la production au Sahara pour satisfaire les besoins des bases pétrolières et favoriser le peuplement progressif des régions du sud[1293]. Pierre Maréchal participe activement à ce projet qui a pour objectif d'assurer l'autosuffisance alimentaire des villes pétrolières du Sahara :

> « [...] On avait mis au point [un projet] à partir de l'expérience d'Abu Dhabi... On avait fait les plans et tout le schéma de développement de trois fermes expérimentales auprès d'Hassi Messaoud, Hassi R'Mel et In Amenas. On a mis au point ça avec Ghozali – qui était président de la Sonatrach – pour amener une production maraîchère... c'étaient des fermes de 100 hectares ! Moi j'en ai discuté personnellement, j'ai proposé ce projet à Ghozali et puis en suite, les choses ont évolué, moi je suis parti, Ghozali est devenu ministre et les choses sont tombées à l'eau »[1294].

Le projet prévoit d'assurer le ravitaillement alimentaire d'une population d'environ 30 000 personnes pour une consommation maraîchère de 180 kg par an et par personne[1295]. Cette réalisation impose de mobiliser d'importants moyens pour assurer la protection contre le vent, développer l'irrigation et installer des serres climatisées sur des surfaces de plusieurs dizaines d'hectares mais aussi pour rémunérer les 1000 travailleurs et 100 cadres nécessaires au fonctionnement des sites de production[1296]. Si l'installation d'unités pilotes montre la fiabilité des procédés employés, Sonatrach décide de décliner la proposition du groupe français. Il faudra attendre 1986 pour voir la réalisation d'un projet qui est le fruit de plus de 30 ans de recherches et développement dans le domaine de l'agriculture en zones arides. Dans un contexte caractérisé par le contre-choc pétrolier, l'effondrement du prix du brut donne de la compétitivité à la production saharienne et encourage Sonatrach à relancer les investissements dans ce domaine.

1293 AH TotalEnergies, 08AH0883/35, Projet de production maraîchère région Hassi Messaoud, Algérie, préconisations de productions agricoles, 1986.

1294 AH TotalEnergies, AO011908, Archives orales de la Compagnie française des pétroles Algérie (CFP-A), Récit de carrière de Pierre Maréchal, Paris, 19 septembre 2018.

1295 AH TotalEnergies, 08AH0883/35, Projet de production maraîchère région Hassi Messaoud, Algérie, préconisations de productions agricoles, 1986.

1296 AH TotalEnergies, 50ZZ600/3, Total coopération industrielle, Fiches par projet, Projets de développement agricole en zone aride.

CHAPITRE 9

CONTRE-CHOC PÉTROLIER ET RESTRUCTURATION INDUSTRIELLE : LA NAISSANCE DU GROUPE TOTAL

La formation du personnel et le transfert de technologie restent au cœur de la stratégie de développement de la CFP tout au long des années 1970. Au-delà des dispositifs d'assistance technique et de coopération industrielle, la société commence à signer avec les gouvernements locaux les premières *productions sharing contracts*. Mis en place pour la première fois en Indonésie, ces contrats de partage de la production permettent d'obtenir un accès privilégié aux ressources énergétiques des pays producteurs en échange d'investissements et de soutien à la formation du personnel local. En dépit de la rentabilité de ce modèle industriel, le contre-choc pétrolier et l'effondrement des prix remettent en cause cette stratégie de développement. À partir de 1986, la CFP doit réduire ses frais opérationnels et redimensionner son organisation, ce qui détermine le lancement des plans sociaux et le départ des ingénieurs et des techniciens du pétrole formés sur les terrains opérationnels. Par ailleurs, le changement de contexte international et les fusions qui anticipent la naissance du groupe Total en 2003 modifient les orientations stratégiques de la société. L'orientation vers d'autres segments du marché de l'énergie anticipe l'ère des chercheurs d'énergie.

A. Les *production sharing contracts* : conjuguer les investissements industriels et le transfert de technologie

La signature du premier production sharing contract en Indonésie

Au cours des années 1960, la remise en cause du système des concessions impose à la CFP de renégocier les conditions d'activités avec les gouvernements locaux et les entreprises nationales. L'émergence des *production sharing contracts* (PSC) ouvre de nouvelles perspectives dans plusieurs pays où l'accès au domaine miner avait été fortement limité. Ces contrats stipulés entre l'État propriétaire des ressources et les compagnies pétrolières internationales prévoient l'apport d'expertise technique et le financement des activités d'exploration. En cas de découvertes, c'est la société pétrolière nationale qui devient responsable de la vente et de la distribution, même si la société opératrice obtient un droit sur un quota de la production après rémunération des investissements. Le système de partage de la production est considéré comme une véritable opportunité pour relancer les relations avec l'Indonésie au moment de la chute du régime de Soukarno en 1965[1297]. Alors que la nouvelle junte militaire du général Suharto encourage le lancement de campagnes de prospection, la CFP s'intéresse à l'exploration de ce territoire, à l'instar d'autres sociétés comme la Japanese Petroleum Exploration Company (JAPEX). En effet, si l'instabilité politique du pays est perçue comme un risque majeur, plusieurs raisons encouragent l'entreprise française à se lancer dans cette activité[1298]. En premier lieu, les données géologiques à disposition de l'IFP confirment l'existence de gisements d'intérêt commercial à proximité de la côte, ce qui pourrait garantir une production d'huile à faible coût. En deuxième lieu, la position de quasi-monopole et la localisation géographique des zones d'activités garantissent la possibilité d'écouler la production indonésienne en Extrême-Orient, un marché stratégique pour la CFP. En troisième lieu, si un risque de nationalisation existe, les conseillers diplomatiques français rappellent que l'Indonésie « n'a jamais maltraité les compagnies pétrolières »[1299] mais que, en revanche, elle essaie d'effacer « [les] velléités du passé par une politique du sourire »[1300].

Nommé ambassadeur de France à Jakarta, Claude Cheysson est chargé de faciliter l'installation des sociétés pétrolières dans le pays pour mettre en place une politique « de présence aussi active que possible »[1301]. Ancien

---

1297 Tengku Nathan Machmud, *The Indonesian Production Sharing Contract: An Investor's Perspective*, La Haye, Kluwer Law International, 2000. AH TotalEnergies, 83ZY354/21, The Mining of Mineral, Oil and Gas, Government regulation in-the-place-of-a-law, n° 44, 1960.

1298 AH TotalEnergies, 83ZY354/21, Lettre de Guy Nebot, conseiller commercial de l'ambassade de France en Indonésie, à la DICA, « Politique pétrolière indonésienne – présence française », Jakarta, 9 novembre 1966.

1299 *Ibid.*

1300 *Ibid.*

1301 AH TotalEnergies, 83ZY354/21, Note de Germes à Labouret « Indonésie », Paris, 25 juillet 1966.

chef de cabinet de Pierre Mendès France et secrétaire de la commission de coopération technique en Afrique, il avait été directeur général de l'Organisme saharien entre 1962 et 1966, ce qui lui avait permis de se familiariser aux enjeux de la diplomatie pétrolière. Cheysson propose aux entreprises françaises de structurer leurs interactions autour d'un dispositif de coopération et d'assistance, une solution qui aurait permis à l'Indonésie de montrer son indépendance tout en se rapprochant d'un pays du bloc occidental[1302]. En novembre 1966, lors de l'ouverture des pourparlers avec le gouvernement indonésien, la CFP propose de s'engager dans la recherche *offshore* et de signer un accord qui prévoit de lourds investissements en contrepartie d'une perspective de remboursement en huile[1303].

Photo 40. Signature du premier *production sharing contract* entre Total Indonésie et la société d'État Pertamina, 1968 – Photothèque historique TotalEnergies, 101354, Droits réservés Total©

1302 Les informations sur la situation dans le pays et sur les opportunités du terrain indonésien sont transmises par correspondance privée de Cheysson au secrétaire général Vincent Labouret. Le ton informel utilisé dans cette correspondance («Mon cher Vincent» ou «Mon cher ami») laisse imaginer que les deux interlocuteurs se connaissent bien. Cf. AH TotalEnergies, 83ZY354/21, Lettre de Cheysson à Labouret, Jakarta, 29 novembre 1966.

1303 AH TotalEnergies, 83ZY354/21, Note de Labouret à Germes et Bénézit, 29 décembre 1966.

Après avoir confirmé son intérêt pour les terrains indonésiens, la CFP envoie une mission sur le terrain pour identifier les zones d'intérêt prioritaire. Assistés par les fonctionnaires du Quai d'Orsay, les négociateurs commencent à définir un dispositif contractuel adapté au contexte d'activités. Après avoir exclu le partage à 50/50 privilégié par les pays de l'OPEP et le modèle de *joint-venture* adopté en Iran, la CFP propose un système de management conjoint avec participation minoritaire[1304]. En raison du contrat de partage signé en 1968, l'entreprise française prend en charge les dépenses pour la recherche et le développement des gisements et obtient un droit de 35 % sur l'huile, des conditions extrêmement avantageuses pour Pertamina qui reste le propriétaire des permis et doit rembourser les investissements uniquement en cas de découverte[1305]. À cause des difficultés, la SNPA est exclue du périmètre de l'accord. Le président de Pertamina, le général Ibnu Sutowo, propose de signer un partenariat exclusif avec la CFP et un accord de coopération technique avec l'IFP[1306]. Ancien médecin militaire qui avait fait sa carrière dans le secteur nationalisé des mines, Sutowo a une profonde admiration pour le système de formation des cadres de l'industrie pétrolière mis en place par l'IFP[1307]. Pour cette raison, il demande aux experts français d'assister l'Institut indonésien du pétrole dans la formation de l'élite pétrolière locale et la définition d'une politique énergétique nationale.

La fin des négociations permet de démarrer les activités sur les permis obtenus en mer de Java mais les recherches se révèlent infructueuses. Deux ans après, des indices encourageants sont identifiés sur les permis *offshores* détenus par JAPEX dans le delta du fleuve Mahakam et au large de la côte du Kalimantan. La nouvelle filiale Total Indonésie s'associe alors à la société japonaise pour réaliser des forages d'exploration. Selon Pierre Orieux, responsable du développement de la production à Total

1304 AH TotalEnergies, 83ZY354/21, Note Indonésie, comparaison entre la formule indonésienne (CFP/PERTAMIN) et un cinquante/cinquante classique OPEC et une joint-venture du style Iran-District I, sdnl.

1305 AH TotalEnergies, 83ZY354/21, Note DIRE, Total Indonésie « Informations complémentaires recueillies localement », avril 1977.

1306 AH TotalEnergies, 83ZY354/21, Note de Claude Cheysson au ministre des Affaires étrangères, « Le pétrole algérien sera plus propre et plus abondant », Jakarta, 14 décembre 1968

1307 AH TotalEnergies, 83ZY354/21, Lettre de Cheysson à Labouret, Jakarta, 4 novembre 1966 (transmise à de Metz le 7 novembre).

Indonésie, cette décision est le fruit d'une grande intuition des géologues de la CFP :

> « On a repris les permis parce que nos géologues pensaient que les Japonais n'étaient pas allés au bout dans leur recherche : ils ont eu raison ! Quand on a trouvé Bekapaï, ça a été un grand choc culturel et d'amour propre pour les Japonais. Nous, on a trouvé Bekapaï au cinquième puits, grâce au savoir-faire des techniciens et des foreurs et parce qu'on avait un budget à respecter… À l'époque notre patron c'était De Lapparent, le chef de zone qui avait les cordons de la bourse, et au-dessus il y avait les patrons de Total. Il y en avait beaucoup qui ne croyaient pas à l'Indonésie […] avec les foreurs – tous des bons – on a foré quatre puits et il nous restait encore de l'argent donc on a pu faire dans l'enveloppe budgétaire le cinquième puits qui a été celui de la découverte »[1308].

Pierre Orieux explique que l'expertise cumulée sur d'autres terrains permet d'arriver à des résultats satisfaisants en très peu de temps. Devenu superintendant de forage sur le permis de Bekapaï, Jean-Pierre Strobel confirme que la maîtrise de la technique de turboforage en mer réduit considérablement les temps d'exécution et le budget d'activités, ce qui permet de découvrir un nouveau gisement :

> « En Indonésie on a réalisé nos premières découvertes seuls en dehors de Messaoud, puisque Messaoud c'est quand même la Repal qui a fait le premier puits et ensuite on s'est branchés dessus, d'accord… mais ici… c'est Total qui est devenu le plus gros producteur en Indonésie. On avait un budget de cinq puits, partagés avec JAPEX. Le contrat était de forer cinq puits avec "tant" de millions de dollars, et à l'époque l'appareil de forage était sur le bateau Katamaran EW101 […] Avec le budget on fore cinq puits, et il nous reste de l'argent. Qu'est-ce qu'on fait ? On fait un autre puits…On fait le sixième puits[1309], le sixième puits c'est Bekapaï 1, le puits de production, un puits qu'on a fait parce qu'on n'avait pas consommé le budget pour les cinq puits. Là déjà on a foré en turboforage en *offshore*… 800 mètres dans la journée, dans les 24 heures. C'est ce qui a permis en forant vite d'économiser de l'argent »[1310].

1308 AH TotalEnergies, AO011922, Archives orales de la Compagnie française des pétroles Algérie (CFP-A), Récit de carrière de Pierre Orieux, Paris, 23 octobre 2019.

1309 Il s'agit du cinquième puits foré sur un programme d'opération qui prévoyait initialement la réalisation de quatre puits d'exploration.

1310 AH TotalEnergies, AO011901, Archives orales de la Compagnie française des pétroles Algérie (CFP-A), Récit de carrière de Jean-Pierre Strobel, La-Celle-Saint-Cloud, 18 avril 2018.

Résultat de plus de trente années de recherche et de développement de savoir-faire industriel, cette découverte vaut à la société une nouvelle réputation sur le plan international : le surnom « Can't Find Petroleum » attribué à la CFP à partir des années 1940 n'est plus d'actualité.

Les perspectives de développement des gisements indonésiens

La découverte de Bekapaï ouvre une nouvelle phase de développement pour la CFP : de nouveaux forages sont réalisés et le gisement est mis en production en 1974. L'année suivante, la société met en fonction une première plateforme *offshore* qui permet de forer un puits vertical et 8 puits déviés[1311]. Mis au point aux États-Unis et perfectionné en mer du Nord, le forage dévié permet d'incliner la trajectoire du trépan jusqu'à 70° pour atteindre des couches productives décalées par rapport à la verticale de l'appareil[1312]. Tout en assurant un meilleur drainage du réservoir, cette technique permet à Total Indonésie d'extraire plus de 1,5 million de tonnes de brut par an à partir de 1976. Le développement rapide de la production impose de compléter l'architecture du champ *offshore* de Bekapaï. Les installations de stockage construites à Balikpapan sont reliées à une plateforme de production qui assure la séparation de l'eau, le dégazage de l'huile et la production de l'électricité nécessaire au fonctionnement des installations. En même temps, la construction d'un quartier de vie sur plateforme permet d'héberger plus de cinquante travailleurs, dont une partie est recrutée parmi la population indonésienne.

1311 AH TotalEnergies, « Indonésie », *Total Information*, n° 85, 1981.

1312 AH TotalEnergies, Florence Elman, *Forage Horizontal le virage à 90° : Histoire d'une révolution industrielle*, 2016.

Photo 41. Ouvriers indonésiens sur la barge de forage Morgan à Bekapaï, 1973 – Photothèque historique TotalEnergies, 155, Watung Max F – Total©

Au moment de la mise en production de Bekapaï, les géologues de Total Indonésie identifient un autre gisement, situé entre le fleuve et la mer, dans l'estuaire de la Mahakam. Le forage de cinq puits d'exploration permet de déceler Handil, un champ pétrolier qui assure une production de 2 millions de tonnes de brut par an à partir de 1976. Toutefois, les contraintes de l'environnement fluvial imposent d'envisager des solutions provisoires pour assurer la collecte et l'expédition de la production. Une unité de production sur barge est installée dans un bras de la rivière, à proximité d'un quartier d'habitation et d'un centre opérationnel. Successivement, la structure du champ est complétée par la construction d'un réseau de collecte qui relie les puits producteurs à un centre de traitement flottant composé d'une unité de séparation, de fours de réchauffage et de pomperies de transfert[1313]. En dépit de la complexité du projet, les perspectives de valoriser la production d'Handil sont très encourageantes, ce qui motive un investissement de plus de 600 millions de dollars.

1313 AH TotalEnergies, « Indonésie », *Total Information*, n° 85, 1981.

Malgré les bonnes relations entre la CFP et Pertamina, le gouvernement indonésien annonce vouloir s'aligner à la politique fiscale des pays de l'OPEP[1314]. L'imposition d'un système similaire à celui adopté au Moyen-Orient détermine une réduction de la valeur réelle de la production destinée à la CFP qui passe de 35 % à 25 % du total. Si l'objectif d'un tel resserrement fiscal est de sauver Pertamina d'une situation financière compliquée[1315], cette décision remet en cause la rentabilité des investissements et les projets de développement lancés au début des années 1970[1316]. Au-delà du relèvement de la fiscalité, l'augmentation du taux d'amortissement se révèle très dommageable pour Total Indonésie en raison des dépenses déjà réalisées pour mettre en production les champs pétroliers du Kalimantan. Après avoir dénoncé la violation du principe de *pacta sunt servanda*, le directeur de la TEP Pierre Germes décide de ne pas négocier les nouvelles conditions d'activité mais de présenter les conséquences de cette décision unilatérale sur le long terme[1317]. En effet, le remplacement du général Ibnu Sutowo par le général Piet Haryono à la tête de Pertamina impose d'adopter un positionnement plus accommodant puisque l'objectif du nouveau président est de redresser l'entreprise nationale grâce à l'apport des sociétés étrangères[1318].

L'acceptation de nouvelles conditions assure à Total Indonésie la continuité des opérations. Alors que les actifs des entreprises qui s'opposent à l'augmentation de la fiscalité sont réquisitionnés, le groupe français rouvre les négociations avec Pertamina[1319]. En 1977, Pierre Germes et le général Haryono signent un accord qui prévoit trois conditions d'activité : la réduction de la durée des amortissements de 14 à 7 ans, la révision du prix préférentiel de cession de l'huile et la participation de la CFP à la formation des cadres et techniciens indonésiens[1320]. La signature

1314 AH TotalEnergies, 83ZY354/21, CFP aide-mémoire, 20 juillet 1976.

1315 Bruce Glassburner, « In the Wake of General Ibnu : Crisis in the Indonesian Oil Industry », *Asian Survey*, n° 16, 1976/12, p. 1099-1112.

1316 AH TotalEnergies, 83ZY354/21, Note DIRE, Total Indonésie « Informations complémentaires recueillies localement », avril 1977.

1317 AH TotalEnergies, 83ZY354/21, Note de Bruin à Germes, « Revendication indonésiennes, approche proposée », Paris, 11 mai 1976.

1318 B. Glassburner, « In the Wake of General Ibnu », art. cit., p. 1101.

1319 AH TotalEnergies, 83ZY354/21, Note TEP/EX/DIR, Conversation téléphonique de Le Maignan avec Jean-Paul Drouhin, 26 juin 1976.

1320 AH TotalEnergies, 83ZY354/21, Lettre de Germes à Haryono, 9 août 1977.

du nouvel accord garantit le redémarrage des projets de développement de la production. En 1978, un nouveau terminal de traitement est construit à proximité du village de Senhipal et relié par deux conduites sous-marines aux champs de Bekapaï et d'Handil. Pour faire face aux contraintes environnementales, la production est ensuite expédiée vers une bouée installée à 15 kilomètres de la côte, un système qui permet le chargement de navires pétroliers de plus de 150 000 tonnes pour exporter la production vers le Japon et les États-Unis[1321]. La structuration de cette nouvelle chaîne de distribution permet d'écouler une production qui augmente de 110 000 tonnes par an en 1974 à 10 millions de tonnes en 1980.

Au début des années 1980, l'évolution du système de partage garantit un taux de répartition réel de la production de 79 % en faveur de Pertamina et de 21 % pour Total Indonésie et JAPEX. Sur ce pourcentage, 12 % de la production est destiné à rembourser les investissements tandis que 4,5 % revient directement à la société française. Forte d'un budget opérations de 480 millions de dollars par an et de plus de 1000 agents mobilisés, l'activité de Total Indonésie commence à s'orienter vers plusieurs directions. Après les résultats satisfaisants des essais pilotes, la société envisage de réaliser des projets de récupération secondaire par réinjection d'eau afin de stabiliser la production sur le long terme. En même temps, la contestation du gouvernement vis-à-vis du gaz torché encourage la construction d'une usine de liquéfaction et la poursuite du développement des gisements de gaz de Nilam et Terentag. Ces projets contribuent à renforcer le savoir-faire de la société et sa capacité d'adaptation aux contraintes des environnements deltaïques, ce qui ouvre des perspectives dans des contextes géographiques similaires à Irian Jaya, aux îles Natuna et en mer de Chine méridionale[1322].

Le plan d'indonésianisation : formation des travailleurs et naissance d'une élite pétrolière

Le début de la phase de développement détermine une forte augmentation de l'effectif de Total Indonésie. Au moment de sa création,

1321 AH TotalEnergies, « Indonésie », *Total Information*, n° 85, 1981.

1322 *Ibid.*

la filiale comptait 22 personnes, dont 10 Français et 12 Indonésiens, alors qu'en 1976 le nombre total d'agents s'élève à 312 personnes, dont 92 expatriés[1323]. Comme le contrat de partage de la production impose de recruter et former des travailleurs locaux, la CFP fait appel à EUREQUIP pour mettre en œuvre un plan de gestion prévisionnelle du personnel et une stratégie d'indonésianisation sur le court terme. En suivant le même schéma adopté en Algérie huit ans plus tôt, l'entreprise lance une importante campagne de recrutement et commence à sélectionner de jeunes diplômés qui seront intégrés au nouveau dispositif de formation pétrolière. Pierre Orieux est alors chargé d'identifier les meilleurs profils grâce aux visites réalisées dans les organismes de formation supérieure :

> « J'ai été l'un des premiers à embaucher, à faire la tournée des universités indonésiennes à partir de Bandung qui est une université de très haute nommée sur les hauteurs de Jakarta. Et puis aussi dans les écoles à Bornéo. J'ai sélectionné des gens qui ont été envoyés à l'École des pétroles[1324] ».

Après la sélection, les jeunes indonésiens suivent des cours de langue française avant d'être transférés en France à l'IFP pour participer à un cycle de formation qui dure un ou deux ans[1325]. Encore une fois, l'indonésianisation des cadres et des techniciens est un enjeu stratégique pour assurer la continuité des activités. Comme l'explique Michel Naylies, nommé directeur de la production de Total Indonésie entre 1979 et 1982, l'évolution rapide de la société impose de faire face à une forte augmentation de la demande de personnel technique à tous les niveaux :

> « En Indonésie, on s'est donc retrouvés à [devoir] développer à grande vitesse et avec un besoin de faire venir du monde alors qu'on est à l'autre bout du monde ! Il y avait beaucoup d'Australiens et des choses comme ça parmi les contractés [...] et puis Pertamina, la société nationale, ne mettait pas de gens de Pertamina... il n'y en avait déjà pas assez pour faire leur boulot à eux ! [Alors] on devait former en permanence des Indonésiens et embaucher

---

1323 AH TotalEnergies, 85ZW534/1, Total Indonésie, Rapport assemblée générale du 18 juin 1969 ; Total Indonésie, Rapport assemblée générale du 25 mai 1977.

1324 AH TotalEnergies, AO011922, Archives orales de la Compagnie française des pétroles Algérie (CFP-A), Récit de carrière de Pierre Orieux, Paris, 23 octobre 2019.

1325 AH TotalEnergies, « Indonésie », *Total Information*, n° 85, 1981.

> des Indonésiens. C'était un grand programme qui pouvait marcher autant qu'on pouvait trouver des gens »[1326].

En dépit des ambitions initiales, le recrutement de personnel se révèle très complexe en raison de l'isolement géographique du Kalimantan et de l'île de Bornéo. Tout comme au Sahara quelques années auparavant, les contraintes démographiques imposent de réaliser des études pour identifier des profils compatibles aux besoins d'intégration industrielle. Une enquête réalisée par EUREQUIP en 1975 montre que la population du Kalimantan n'offrirait pas de garanties suffisantes en termes d'adaptation industrielle. En revanche, les Indonésiens originaires de Jakarta et du nord de l'île de Java seraient « aptes » à intégrer le secteur en raison de leur sensibilité aux exigences « de respect des délais, de souci de production et de goût de l'action »[1327]. Cela encourage Total Indonésie à organiser un déplacement de population vers la nouvelle province pétrolière. L'embauche massive de personnel javanais modifie les équilibres démographiques du Kalimantan oriental. À Balikpapan, une ville portuaire de moins de 200 000 habitants, Total Indonésie construit un district pétrolier avec un centre opérationnel, des quartiers d'habitations, des écoles et des installations sanitaires qui permettent d'héberger plus de 800 travailleurs en 1981, dont 95 expatriés[1328]. La création d'une école professionnelle qui permet de former entre 1976 et 1984 « plus de 100 opérateurs et chefs opérateurs de production, 130 superviseurs et techniciens de maintenance, 40 techniciens et opérateurs radio, 60 techniciens de sécurité, des grutiers, des turbiniers, des instrumentistes, des foreurs, des mécaniciens des conducteurs d'engins, de pilotes de petite marine, des dactylos, des opérateurs télex, des spécialistes en télécommunication, des cuisiniers, des logisticiens, des informaticiens »[1329]. En même temps, l'inauguration de la première Total business school en 1978 permet de décentraliser la formation des cadres locaux tout en limitant le déplacement de personnel indonésien vers le siège parisien de la TEP.

1326 AH TotalEnergies, AO011921, Archives orales de la Compagnie française des pétroles Algérie (CFP-A), Récit de carrière de Michel Naylies, Argeliers, 29 mars 2019.

1327 AH TotalEnergies, « Indonésie », *Total Information*, n° 83, 1981.

1328 *Ibid.*

1329 *Ibid.*

Photo 42. Formation du personnel indonésien, 1978 – Photothèque historique TotalEnergies, 17V00550-168-2, Droits réservés TotalEnergies©

Le programme d'indonésianisation se révèle une grande réussite. En l'espace de quelques années, Total Indonésie peut presque complètement s'appuyer sur les ressources humaines locales, ce qui permet de réduire le nombre d'expatriés sur les chantiers. Lors de la mise en place du programme quinquennal pour la période 1980–1984, la société compte 128 expatriés sur un total de 845 personnes[1330]. Les Français restés sur place sont principalement des cadres polyvalents chargés d'assurer la continuité des activités d'exploration, la maintenance des sites d'exploitation et la formation[1331]. Au-delà de la participation de Total Indonésie à la formation du personnel local, l'implication de TCI dans plusieurs projets de coopération contribue au développement de filières industrielles nationales dans plusieurs secteurs d'activités. Le recours aux contracteurs locaux encourage la multiplication des entreprises de transports, de génie civil et de production industrielle. En même

1330 AH TotalEnergies, 04AH025/65, Total Indonésie, Plan à 5 ans développement-production 1980-1984, sdnl.

1331 AH TotalEnergies, 04AH025/65, Total Indonésie, Notes sur le plan d'exploration quinquennal 1979-1983, sdnl.

temps, cela favorise la circulation de technologie française et permet de généraliser l'adoption des standards de qualité et de sécurité adoptés par le groupe CFP[1332].

Tableau 16. Effectif de Total Indonésie par service et par catégorie (1974–1982)

	Forage	Production	Services généraux	Travaux neufs	Sécurité	Admin	Géologie	Total
Cadres expatriés	10	38	43	11	3	16	7	128
Cadres indonésiens	9	32	36	6	4	27	6	120
Personnel non-cadre	4	110	234	20	125	93	11	597
Total	23	180	313	37	132	136	24	845

Source: AH Total, 04AH025/65, Total Indonésie, Plan à 5 ans développement-production 1980–1984.

Les résultats obtenus par le programme de formation du personnel local confirment le besoin de généraliser le dispositif de régionalisation à l'ensemble du secteur amont. Après avoir élaboré des dispositifs adaptés aux besoins de l'Algérie, de l'Indonésie et de la coopération industrielle, la valorisation des ressources humaines locales devient un axe prioritaire de la nouvelle politique de développement de la TEP. En 1983, la direction décide de créer au sein de la direction du personnel une direction de développement des ressources humaines locales (DRHL)[1333]. Celle-ci est chargée de mettre à disposition des filiales l'expertise acquise en matière de régionalisation et d'élaborer des politiques adaptées aux différents contextes d'activités. En ce sens, la DRHL est chargée de réaliser des études de marché et des études de population pour accompagner la définition de plans de recrutement et de programmes de formation. En même temps, la nouvelle direction doit accompagner les directions locales dans la mise en œuvre et le suivi du dispositif.

1332 AH TotalEnergies, « Ces échanges qui font changer, les effets du transfert de technologie en Indonésie », *Total Information*, n° 98, 1984.

1333 AH TotalEnergies, 09AH0482/50, Compagnie française des pétroles – Total exploration production, « développement des ressources humaines locales », 1983.

La mission principale de la DRHL est d'assister les organismes opérationnels tout au long du cycle de régionalisation, dès la définition du plan jusqu'à la réalisation. Ce mode de fonctionnement impose de centraliser les compétences et les outils existants en matière de gestion du personnel local afin de construire une offre de service adaptable aux contextes opérationnels. Les résultats sont intégrés par la suite dans une « banque de données régionalisation » qui est mise à jour au fil de l'avancement des projets. Au-delà de cet aspect de planification, la DRHL est également chargée de sensibiliser les équipes techniques de la TEP au rôle que celles-ci doivent jouer dans le cadre des programmes de régionalisation. En effet, selon la conception initiale : « tous les ingénieurs, techniciens et gestionnaires des filiales participent activement à la régionalisation : dès la conception technique du projet en aménageant les structures d'accueil des nationaux ; lors de l'implantation de la filiale en créant toutes les fonctions recrutement, formation, planification ; au cours de son développement en restant attentifs au transfert de compétence vers les nationaux »[1334].

Dans un contexte caractérisé par une profonde internationalisation des structures organisationnelles, la formation du personnel étranger devient un enjeu majeur pour l'ensemble des entreprises industrielles. Pour cette raison, à la fin des années 1980, la CFP offre son expertise en matière de gestion des ressources humaines aux sociétés du secteur pétrolier et parapétrolier. Malheureusement, la raréfaction des sources d'archives sur l'activité de conseil en gestion ressources humaines de la CFP ne permet pas d'avoir une vision exhaustive de cette stratégie de développement. Néanmoins, les plaquettes de présentation et le matériel publicitaire produit par la DRE montrent qu'en 1986 la société met en place une véritable offre commerciale dans le domaine de l'accompagnement à la régionalisation[1335]. Forte de son expérience dans le domaine de la formation aux métiers du pétrole, la CFP propose d'accompagner les potentiels clients tout au long du processus de décentralisation de la fonction des ressources humaines. Cela concerne la mise en place de programmes de gestion prévisionnelle destinés aux cadres et aux techniciens étrangers et le détachement de personnel dans le cadre de l'assistance technique ou de la coopération industrielle.

1334 *Ibid.*

1335 AH TotalEnergies, 91ZZ438/1, Total et le développement des ressources humaines, 1986.

L'offre d'assistance en matière de régionalisation des ressources humaines est déclinée en trois domaines d'intervention. En premier lieu, les experts de la TEP et d'EUREQUIP réalisent un diagnostic et formulent des recommandations en matière d'organisation, de formation, de gestion prévisionnelle du personnel et de transfert de technologie. En deuxième lieu, ils suggèrent de mettre en place des méthodes de sélection du personnel basées sur des outils informatiques. En troisième lieu, ils accompagnent le client dès la conception du dispositif jusqu'à l'évaluation des résultats. Si le concept de régionalisation est volontairement effacé des documents pour sa connotation péjorative, celui-ci reste au cœur de l'offre de service. En ce sens, le matériel publicitaire conservé dans les archives met en valeur l'effort de la CFP pour former chaque année plus de 12 000 hommes et femmes originaires de 25 sociétés différentes, notamment dans le secteur de l'exploration-production. En somme, ce qui au temps de l'Algérie était perçu comme une stratégie nécessaire pour assurer la continuité opérationnelle, devient dans les années 1980 un véritable domaine d'expertise que le groupe CFP propose d'adapter aux différents contextes géographiques.

B. La chute des prix du pétrole et le lancement des plans sociaux : une réorganisation nécessaire

Les effets de la baisse du prix du pétrole sur l'équilibre financier de la société

L'augmentation des prix du pétrole continue durant toute la décennie avec deux pics enregistrés au moment du choc pétrolier de 1973 et de la révolution iranienne de 1979. Après avoir atteint 40 dollars le baril, le cours du brut s'effondre et les prix se stabilisent autour de 10 dollars après la signature des accords entre l'ARAMCO et les États-Unis en 1986[1336]. Connu sous le nom de contre-choc pétrolier, cet événement montre les effets combinés de la surproduction et de la dévaluation monétaire sur le marché international des hydrocarbures et sur l'équilibre financier des entreprises pétrolières. Après avoir réalisé de lourds investissements pour développer des gisements situés en dehors des pays de l'OPEP, les sociétés sont contraintes à revoir leurs plans de développement et à adapter leur

1336 AH TotalEnergies, 92.71/15, Comité groupe, réunion du n° 5 du 23 juillet 1986.

structure aux nouvelles conditions du marché. Compte tenu d'une valeur de surproduction estimée entre 2 et 4 millions de barils par jour en 1986, la CFP doit réduire ses dépenses d'activités de plus d'un tiers, même si la perspective d'une remontée des prix impose d'imaginer des stratégies pour préserver l'outil industriel et protéger les investissements déjà réalisés[1337].

Nommé président-directeur général de la CFP en 1984, François-Xavier Ortoli est chargé de guider la société à travers une des phases les plus délicates de son histoire. Énarque, ancien ministre d'État et président de la Commission européenne, Ortoli est le premier président qui n'est pas issu du Corps des mines. Fortement soutenu par François Mitterrand, il imagine une structure opérationnelle fondée sur le principe d'équilibre financier afin d'assurer la permanence de la CFP dans les marchés stratégiques et le ravitaillement énergétique national. Pour atteindre ces objectifs, le nouveau président suggère de sauvegarder les intérêts acquis en mer du Nord et dans les nouvelles zones d'activités, tout en poursuivant la stratégie de diversification commencée dans les années 1970. En même temps, il estime nécessaire de réduire les investissements, redimensionner la structure et les effectifs de la société[1338]. Pour mettre en place cette stratégie, il commande une étude d'organisation et une feuille de route pour la gestion des ressources humaines à Peat Marwick Mitchell & Co et EUREQUIP, deux cabinets de conseil spécialisés[1339]. L'objectif est de comprendre l'adéquation des ressources aux besoins prévisionnels des directions en perspective de la réduction des investissements prévue pour la période 1986–1988[1340].

Les résultats de cette étude montrent un quasi-équilibre entre les besoins et les ressources pour la catégorie des cadres ainsi qu'un déficit de 130 agents de maîtrise et des techniciens[1341]. Cette situation ne permet pas d'envisager un renouvellement de population mais suggère de stabiliser les effectifs pour accompagner le déclin naturel

1337 AH TotalEnergies, 00TF145/86, Conséquences sociales de la crise pétrolière à T.CFP, 25 juin 1986.

1338 AH TotalEnergies, 92.71/15, Comité groupe, réunion du n° 5 du 23 juillet 1986.

1339 AH TotalEnergies, 00TF145/63, DPA (G)/DIR, Note d'information, 17 juillet 1986.

1340 AH TotalEnergies, 00TF145/86, Étude des ressources humaines Total CFP, Perspectives 1986-1987-1988, mai 1985.

1341 *Ibid.*

de la population. Néanmoins, le rapport final attire l'attention sur l'impact qui pourrait avoir l'interruption de recrutement sur les capacités techniques de la société. Si le gel du recrutement des agents de maîtrise peut être contrecarré par l'externalisation de certaines activités, l'embauche de jeunes ingénieurs est une condition essentielle pour accompagner le redémarrage de l'activité au moment où les prix du pétrole commenceront à augmenter de nouveau[1342]. En somme, l'étude propose de renouveler les équipes à travers la définition de plans de départ anticipé, l'encouragement des départs volontaires et la mise en place de dispositifs de suspension contractuelle, comme les congés sabbatiques et les congés pour la création d'entreprises[1343].

Le recours aux méthodes informatiques permet de mesurer les données collectées durant le recensement des effectifs et de répartir le personnel en fonction de l'âge et de l'appartenance aux familles de métier. Ces projections mettent en évidence un certain équilibre au sein des familles de l'administration, du raffinage et de la construction, mais elles identifient un surplus de 8 % et 6 % dans les métiers de la finance et des ressources humaines[1344]. Toutefois, le déséquilibre le plus important est observé au sein de la TEP où les familles des explorateurs et des producteurs comptent un excédent d'environ 10 %[1345]. L'analyse des données en fonction de la tranche d'âge permet d'évaluer l'impact d'un gel des recrutements sur la pyramide démographique de la branche amont. Selon les hypothèses retenues, la catégorie de personnel de moins de 32 ans aurait un déficit de plus de 50 % en l'espace de trois ans, tandis que les catégories 42–50 ans et plus de 51 ans auraient un excédent de 15 % et 33 %[1346]. Les données confirment que le recrutement massif du personnel réalisé entre les années 1950 et 1960 continue à avoir un impact majeur sur l'organisation de la branche amont. Si la

---

1342 *Ibid.*

1343 *Ibid.*

1344 Le surplus de personnel enregistré au sein des services de gestion du personnel n'est pas seulement un effet direct de la réduction des investissements. Le besoin de redimensionner la fonction du personnel est déterminé par l'informatisation de l'entreprise et l'automatisation des process administratifs. AH TotalEnergies, 00TF145/63, Instituts d'études et développement, F.P. 2000. Essai de réflexion prospective sur le devenir de la fonction du personnel du fait de l'évolution du NTI, février 1986.

1345 *Ibid.*

1346 *Ibid.*

circulation des techniciens sur les nouveaux terrains opérationnels avait permis d'absorber le surplus d'agents après les nationalisations, cette stratégie n'est plus applicable dans les années 1980[1347]. La réduction des investissements en mer du Nord, au Moyen-Orient et en Indonésie, ainsi que le blocage des projets de développement des nouveaux gisements, comme le champ *offshore* d'Hydra en Argentine, imposent de réduire le personnel spécialisé et de faire appel davantage aux travailleurs locaux[1348]. En somme, la transition entre la phase de développement industriel et celle de stabilisation a pour conséquence la réduction quantitative et qualitative du capital humain de la société.

Au-delà des études pour la réduction des effectifs, la direction de la CFP commence à envisager une nouvelle organisation du secteur amont. Confié au vice-président Louis Deny, le projet de restructuration de la TEP vise à améliorer la coordination entre les services centraux, les directions des zones géographiques et les filiales. Dans ce contexte, on assiste à la création d'une nouvelle direction chargée de centraliser la conception et la réalisation des projets de développement de la production. Créée en 1986, la direction du développement de la production (DDP) se présente comme une « un prestataire de services interne pour les filiales et la coopération industrielle »[1349]. Comme l'explique le nouveau directeur de la TEP Pierre Vaillaud, cette direction intègre des compétences en matière de performance technique et de gestion contractuelle, ce qui permet de mettre en place une offre de service intégrée destinée à l'ensemble des projets pétroliers[1350]. La création de la DDP permet, d'une part, de « resserrer les boulons »[1351] et, d'autre part, de valoriser les acquis technologiques de la TEP. En effet, au cours de la décennie précédente, les investissements en recherche et innovation ont permis à la CFP d'accumuler une grande expertise dans plusieurs domaines, notamment dans l'amont pétrolier. Entre 1975 et 1985, la TEP dépose 111 brevets qui apportent un bénéfice de 10 millions de francs par an en royalties en 1985[1352]. La DDP est donc chargée de déployer les nouvelles

1347 *Ibid.*

1348 AH TotalEnergies, 00TF145/86, Conséquences sociales de la crise pétrolière à T.CFP, 25 juin 1986

1349 AH TotalEnergies, 04AH025/65, Compte rendu de la réunion du comité central du groupe restreint de vendredi 17 janvier 1986, 10 juillet 1986.

1350 *Ibid.*

1351 *Ibid.*

1352 AH TotalEnergies, 04AH025/15, Comité groupe, réunion du 24 janvier 1986.

techniques de modélisation informatique appliquées aux études de réservoirs, les outils de forage au diamant et les matériaux pour le transport dysphasique d'effluents liquides et gazeux par pipeline[1353]. En même temps, elle continue à conduire des recherches dans le domaine de la robotisation des installations de production et à faciliter la circulation de savoir-faire dans le secteur industriel.

Tableau 17. Investissements en recherche et dévéloppement et situation des brevets de la CFP (1975–1985)

Budget R&D en MF 1985	Domaines	Total brevets	Brevets en 1985	Extensions	Coût entretien portefeuille	Royalties perçues en 1985
350	Raffinage et pétrochimie	108	18	X3	2.8 MF	8.2 MF
160	Exploration et production	111	10	X10	1.6 MF	10 MF
65	Matériaux élastomères (Hutchinson)	76	19	X4	1.4 MF	
21	Énergie solaire	39	5	X3		

Source: AH Total, 04AH025/15, Comité groupe, réunion du 24 janvier 1986.

La mise en place du premier plan social : entre concertation et contestation

Le contre-choc pétrolier de 1986 entraîne des conséquences immédiates sur l'ensemble du secteur industriel. Les entreprises comme Esso et Mobil Oil commencent à redimensionner leurs structures et à lancer des plans de licenciements et de retraite anticipée, mais cela n'est guère une prérogative des entreprises étrangères[1354]. Après de longues négociations avec les syndicats, en 1986, Elf-Aquitaine annonce un plan social qui anticipe la retraite de 450 agents âgés de plus de 57 ans et impose la mobilité géographique de 245 collaborateurs. Le départ des effectifs est présenté

[1353] *Ibid.*

[1354] AH TotalEnergies, 00TE145/86, Dépêche AFP « Pétrole : Occidental supprime 150 emplois à cause de la baisse des prix », mai 1986 ; Dépêche AFP « ESSOREP va supprimer une centaine d'emplois en France », mai 1986 ; Fiches de renseignement DPA-G/ service retraite et prévoyance dossiers par société.

comme une mesure nécessaire à garantir la continuité opérationnelle en prévision d'une réduction de 80 % du budget destiné aux activités d'exploration et production prévue en 1987[1355]. Selon le président-directeur général Michel Pecqueur, le groupe d'État doit redimensionner son train de vie tout en en préservant les capacités techniques. Pour dessiner les contours de cette situation difficile, Pecqueur trace un parallèle avec les « [grandes épreuves] surmontées notamment après le départ du Sahara »[1356], quand les actifs de la SN Repal avaient été nationalisés par le gouvernement algérien laissant la société sans terrain opérationnel[1357].

En suivant l'exemple de ses consœurs, la CFP commence à élaborer un plan social pour accompagner la réduction des effectifs. En mai 1986, une note de la direction présente aux comités d'entreprise les grands principes de la réorganisation des branches et des filiales, ainsi que les catégories d'âge qui seront touchées par les mesures de départ[1358]. Pour faciliter la concertation, la société se dote d'une commission des effectifs composée de cadres de la DPA(G) et de trois représentants de chaque organisation syndicale. Entre juin et juillet 1986, plus de 20 heures de discussions sont nécessaires pour négocier une première proposition de plan social qui sera soumise au comité d'entreprise. En même temps, des mobilisations sont lancées par la CFDT, la CGT et FO devant les sièges de l'entreprise à La Défense pour dénoncer celle qui est définie comme une stratégie d'augmentation des profits[1359].

Les comptes rendus des séances de la commission des effectifs montrent une progressive crispation des syndicats. Les représentants des travailleurs dénoncent l'incohérence des décideurs puisque la réduction du personnel serait incompatible avec l'ambition de préserver les capacités techniques pour faire face aux futurs besoins de développement[1360]. Si la direction estime nécessaire de supprimer 350 postes, principalement

1355 AH TotalEnergies, 00TF145/86, Allocution de M. Pecqueur séminaire DGEP, La Baule, 15 mai 1986.

1356 *Ibid.*

1357 AH TotalEnergies, 00TF145/86, SNPA, Communiqué au personnel, Courbevoie, 4 juin 1986.

1358 AH TotalEnergies, 91ZZ227/316, Avis du comité Total CFP (G-GR) sur la réduction des effectifs d'une part et sur le plan social d'autre part, Paris, 24 juillet 1986.

1359 AH TotalEnergies, 91ZZ227/316, CGT et UGICT, « Histoire d'y voir clair », La Défense, 6 juin 1986 ; CGT et UGICT, « Le virus des licenciements frappe à la CFP », La Défense, 30 juin 1986.

1360 AH TotalEnergies, 91ZZ227/316, Compte rendu de la commission effectifs du 21 juillet 1986.

au sein de la TEP, les arguments utilisés dissimulent la volonté de viser principalement le personnel recruté par la CFP-A à partir des années 1950. Embauchés sous le régime du personnel de recherche, ces cadres et techniciens bénéficient de salaires disproportionnés au nouveau contexte d'activités. En même temps, leur ancrage à une culture désormais révolue et leur appartenance à un groupe social peu intégré à la structure de l'entreprise font de ces agents des cibles privilégiées. Autrement dit, le plan social représente une opportunité pour remettre en cause l'organisation de la branche amont et pour empêcher la perpétuation du système de féodalité qui caractérise l'organisation de la TEP depuis sa création[1361].

Présenté officiellement le 8 juillet 1986, le plan social de la CFP vise principalement trois catégories de travailleurs : la cohorte des plus de 55, celle des 50–54 ans et tous les collaborateurs prêts à accepter une résiliation à l'aimable de leur contrat de travail[1362]. Pour dresser la liste des personnes concernées par les mesures de départ, le plan fait référence à des quotas de réduction pour chaque famille professionnelle, tout en laissant aux collaborateurs la possibilité de demander un départ volontaire. Du point de vue contractuel, ces agents sont principalement rattachés à la holding, à la TEP ou à certaines filiales de l'exploration-production comme la CFP-G, la CFP-GR et la CFP-A puisque des mesures spécifiques sont adoptées pour les branches transport et raffinage[1363]. La Compagnie française de navigation, filiale chargée du transport pétrolier, continue de mettre en œuvre sa politique de réduction du personnel et de désarmement de ses navires, tandis que la CFR lance une étude pour rééquilibrer les effectifs des raffineries et des centres de recherche. Les seules exceptions à cette tendance sont Totalgaz et Hutchinson, deux filiales dont l'activité est considérée comme stratégique pour le développement du groupe dans les années à venir.

Pour assurer le départ du personnel, des mesures d'encouragement sont prévues pour chaque catégorie d'âge. Les collaborateurs de plus de 55 ans sont soumis à un régime de préretraite qui garantit 80 % du salaire sur une période de 5 ans avant d'accéder à la retraite à taux plein. Les collaborateurs de plus de 50 ans quant à eux sont engagés par un

---

1361 AH TotalEnergies, 91ZZ227/316, Total CFP (G-GR), Compte rendu de la réunion extraordinaire du comité d'entreprise du 22 juillet 1986.

1362 AH TotalEnergies, 91ZZ227/316, DPA-G, Plan social TCFP, 8 juillet 1986

1363 AH TotalEnergies, 04AH025/15, Comité groupe, réunion du n° 5 du 23 juillet 1986.

groupement d'intérêt économique qui assure la gestion du dossier des retraites et garantit une rémunération comprise entre 60 % et 80 % du salaire en fonction de l'ancienneté. En même temps, pour faciliter les départs volontaires, la société met en place des dispositifs d'aide à la création d'entreprise et de collaboration en sous-traitance qui permettent d'assister l'ancien salarié dans la définition de son avenir professionnel. Pour mieux adapter les effectifs aux besoins de chaque service, le plan social est complété par d'autres mesures de mobilité et de conversion professionnelles. La CFP encourage la réorientation et la mobilité géographique au sein du groupe, ainsi que la possibilité de partager un poste à temps plein sur base hebdomadaire, mensuelle ou annuelle avec un autre salarié[1364]. La mise en place du plan impose donc de créer trois nouvelles structures au sein de la DPA(G) : une cellule mobilité qui réunit les représentants des filiales et des unités opérationnelles pour assurer la mise en œuvre du plan ; une cellule-conseil qui assiste l'ensemble des collaborateurs dont le poste a été supprimé dans la recherche d'un nouvel emploi ; une cellule d'orientation qui accompagne les agents dans la définition d'un plan de formation complètement financé par la société.

Les conséquences de la réorganisation et le lancement du deuxième plan social

Le plan social de 1986 entraîne des conséquences majeures sur la structure et sur le sentiment d'appartenance des salariés. Selon les statistiques de la société, les mesures de mutation touchent en 1986 plus de 1302 agents, dont 691 ingénieurs et 611 agents de maîtrise. Même si le taux du mouvement du personnel en dehors de l'unité opérationnelle reste inférieur à 35 %, une condition de fort dépaysement est recensée auprès des agents en raison de leur perception de la politique de mobilité interne[1365]. En dépit des opportunités de reconversion, la majorité du personnel est très liée à sa profession, à son département et à son unité, une tendance particulièrement accentuée au sein de la TEP[1366]. La mise en œuvre du plan social se traduit en une crise de confiance et une

1364 *Ibid.*

1365 AH TotalEnergies, 04AH025/16, Procès-verbal de la réunion du comité central du groupe restreint, 20 janvier 1987.

1366 *Ibid.*

démobilisation du personnel[1367] à l'égard de la direction et de la hiérarchie. La structure d'autorité est en effet considérée comme le principal obstacle au développement de la société et à l'évolution des carrières. Ces orientations sont confirmées également par le COFREMCA, une société spécialisée dans l'analyse des comportements. Cette étude met en évidence l'incapacité des dirigeants et des cadres de la société de fournir au personnel « les informations et les commentaires nécessaires pour comprendre les décisions et les événements qui jalonnent la vie du groupe »[1368]. Autrement dit, l'absence d'une politique de communication interne et le manque de sensibilité des managers contribuent à l'émergence d'une image négative de la société et au manque de confiance dans le futur[1369]. Les travailleurs ne perçoivent pas les efforts faits par la direction pour forger une nouvelle identité collective. Au contraire, ils perdent le sentiment d'appartenance à la société, ce qui confirme la rupture du pacte social entre le salariat et le patronat. Si les salariés estiment que la puissance industrielle et technologique de la CFP repose sur l'expertise du personnel, le discours porté par la direction est très différent. La force de la société reposerait d'abord sur son ancrage territorial et sa stabilité financière, ce qui imposerait de rendre compte des choix stratégiques aux actionnaires, aux clients et aux gouvernements des pays producteurs[1370]. Selon les représentants des travailleurs, cette vision confirme la persistance au sein de l'entreprise de « castes, féodalités, rois et courtisanes »[1371], autrement dit d'une structure organisationnelle fondée sur le mandarinat où le pouvoir des chefs et des élites compterait plus que les travailleurs.

Au-delà du sentiment de frustration ressenti par l'ensemble des salariés, le plan social provoque de graves conséquences sur le plan technique. La réduction du budget destiné à l'innovation contribue à clôturer un cycle d'innovation qui avait débuté au milieu des années 1970. Si la direction souhaite garantir la continuité de l'activité de recherche scientifique durant cette phase de transition, la rentabilité des brevets se réduit à tel point que certains investissements ne sont plus réalisables. D'une part,

---

1367 *Ibid.*

1368 AH TotalEnergies, 92AA060/171, Projet de mise en place d'une politique de communication interne, avril-mai 1987.

1369 *Ibid.*

1370 AH TotalEnergies, 04AI1025/65, Procès-verbal de la réunion du Comité central du groupe restreint du mardi 20 janvier 1987.

1371 *Ibid.*

le redimensionnement des programmes de production ne permet pas à la CFP de déployer les innovations introduites, en particulier dans le domaine des techniques *offshore*. D'autre part, le départ de plusieurs cadres du secteur amont ayant contribué à ces inventions réduit drastiquement le capital technique de la société. Pour contraster les effets d'un tel phénomène, la direction envisage d'échelonner les départs et de favoriser la transmission des connaissances aux nouvelles générations. Chaque départ doit être alors compensé par le recrutement de jeunes pour assurer la transmission des connaissances[1372].

En dépit de la réduction du capital technique, le départ des techniciens de la branche amont favorise la circulation des connaissances au sein de l'industrie pétrolière puisque les régimes de préretraite et de congé de fin de carrière permettent le libre exercice de la profession de consultant. Cela est le cas de Jean-Pierre Strobel qu'après une longue carrière commencée à Péchelbronn dans les années 1940 décide de devenir consultant pour les autres entreprises du secteur :

> « J'ai quitté Total à 55 ans, ils nous offraient un plan social [...] de 55 jusqu'à 60, l'âge de la retraite. On vous payait pendant 5 ans à 80 % de votre salaire à faire ce que vous vouliez. La seule interdiction dans ma lettre – je peux faire du sport, du golf, assister à tous les trucs – la seule interdiction, c'était écrit noir sur blanc, c'était de venir manger à la cantine ! [...] J'ai arrêté chez Total en avril et j'ai travaillé [...] pour Elf – on n'était pas fusionné encore – dans l'*offshore* en Italie... Donc pour vous dire : le pot qu'ils nous ont offert ! Vous étiez payé pendant cinq ans et vous pouviez travailler comme consultant, faire ce que vous vouliez ! [...] Je suis retourné en Tunisie à travailler pour Total comme consultant »[1373].

Après avoir participé à la découverte du champ d'Hassi Messaoud, de Bekapaï et d'Hydra en Argentine, Strobel contribue au développement du champ de Rospo Mare, le premier gisement *offshore* mis en production avec la technique du forage horizontal. Son témoignage met en évidence l'enjeu de la circulation des savoirs dans l'industrie pétrolière et confirme que la TEP continue à faire appel à l'expertise de ses anciens agents

---

[1372] *Ibid.*

[1373] AH TotalEnergies, AO011901, Archives orales de la Compagnie française des pétroles Algérie (CFP-A), Récit de carrière de Jean-Pierre Strobel, La-Celle-Saint-Cloud, 18 avril 2018.

même après leur départ. Cela confirme que le plan social ne se limite pas a une simple réduction des effectifs. Au contraire, il vise à externaliser les fonctions non stratégiques de l'entreprise et à introduire un nouveau modèle de relations sociales. En raison du statut de consultants, les anciens salariés deviennent alors de véritables ambassadeurs du groupe et facilitent la diffusion de technologies et de brevets français dans les autres entreprises du secteur.

En dépit des tentatives de relance de l'activité d'exploration, l'instabilité du marché international qui caractérise la fin des années 1980 impose de poursuivre la réduction des effectifs pour consolider les comptes de la société. En février 1988, la direction annonce un deuxième plan social qui prévoit la suppression de 203 postes supplémentaires, dont 150 dans le secteur amont[1374]. Les fluctuations du cours du dollar et du prix du brut imposent une nouvelle réduction des dépenses et des investissements pour aligner les prix de la production à ceux des concurrents internationaux, ce qui remet en cause le futur des métiers de l'exploration et de la production. Une étude sectorielle sur l'emploi réalisée par le Bureau of Labor Statistics du département du Travail des États-Unis montre en effet une forte corrélation entre l'augmentation des prix du brut, la réduction des effectifs et celle des mètres forés entre 1947 et 1987[1375]. Plus précisément, les statistiques mettent en évidence la « décroissance brutale » qui a touché l'ensemble des entreprises du secteur entre 1982 et 1987, quand le personnel des sociétés de services passe de 434 000 à 221 000 et les grandes entreprises pétrolières enregistrent une réduction des effectifs de 25 %[1376].

1374 AH TotalEnergies, 00TF145/63, Coût du plan social 1988, 17 février 1989.

1375 AH TotalEnergies, 00TF145/63, La situation de Total exploration production et ses conséquences sociales, 22 novembre 1988.

1376 *Ibid.*

Tableau 18. Impact du deuxième plan social sur l'effectif de Total exploration production

	Opérations	Exploration	Administration	Informatique	Total
Réduction des effectifs	100	5	35	10	150
Adhésion ou mutation ciblées	91	4	13	5	113
Spontanées ou mutés non ciblés	45	9	33	5	92
Total brut	136	13	46	10	205
Vetos	13	5	10	1	29
Départs prévus	123	8	36	9	176

Source: AH TotalEnergies, 00TF145/63, Coût du plan social 1988, 17 février 1989

Avec plus de 640 personnes touchées, les plans sociaux permettent de réaliser plus de 5 milliards de francs d'économies entre 1986 et 1999[1377]. La diminution de la masse salariale est par ailleurs accompagnée par une réduction des frais de fonctionnement de l'entreprise. Mais en dépit de tous ces efforts, en 1989, l'effectif figurant sur l'organigramme de la TEP s'élève encore à 1348 agents, un chiffre qui impose de réaliser de nouveaux ajustements[1378]. La direction définit de nouveaux critères pour identifier le personnel en surnombre sans aucune concertation préalable avec les parties sociales. Cette décision provoque une forte réaction de la part des syndicats et des cadres des sociétés qui critiquent le manque de responsabilité et la communication défaillante de la hiérarchie. Le manque d'informations sur les mesures en cours de définition a un fort impact sur l'équilibre de l'entreprise, à tel point que les agents détachés dans les filiales à l'étranger commencent à s'inquiéter pour la stabilité de leurs postes[1379]. Pour s'opposer à cette situation d'incertitude, les syndicats convoquent une assemblée générale, réclament la participation du CE

1377 AH TotalEnergies, 00TF145/63, Note DPA(G) coût du plan social 1986, 20 octobre 1988.

1378 AH TotalEnergies, 00TF145/63, Organigramme de la TEP, sdnl.

1379 AH TotalEnergies, 00TF145/63, Lettre de Pierre Fabiani (Total Indonésie) à Monsieur Bizot DPA(G), Jakarta 14 novembre 1988.

aux décisions sur les licenciements et annoncent de nouvelles grèves du personnel[1380]. Pour limiter le risque de contestation publique, François-Xavier Ortoli annonce que la célébration de la Sainte-Barbe n'aura pas lieu le 4 décembre 1988 comme chaque année[1381]. Pour la première fois dans l'histoire de l'entreprise, la direction supprime la fête des pétroliers, une décision à haute valeur symbolique qui confirme l'envergure des changements en cours.

C. De la CFP au groupe Total : la fin du mythe de l'or noir

L'ère de Serge Tchuruk et la modernisation de la « vieille dame d'Auteuil »

Au début des années 1990, le marché international du pétrole montre des signes de reprise. La réorganisation mise en œuvre les années précédentes permet d'améliorer les marges de bénéfice dans le secteur du raffinage, tandis que la reprise de la consommation en Europe et aux États-Unis offre au réseau de distribution Total de nouvelles opportunités d'expansion à l'international[1382]. Si la direction poursuit sa stratégie de diversification dans les mines et la chimie, la stabilisation du cours du brut autour de 15 dollars le baril permet de redémarrer un certain nombre de projets dans l'amont pétrolier. En prévision d'une augmentation des prix, la société obtient de nouveaux permis en mer du Nord, au Gabon, en Algérie et en Angola et se tourne vers d'autres zones d'activités. La mise en production du champ *offshore* d'Hydra en Argentine renforce la position du groupe français en Amérique latine, tandis que le démarrage de l'exploration en Syrie, au Yémen du Sud et en Union soviétique inaugure de nouveaux théâtres d'opérations[1383].

En dépit d'un optimisme modéré, la stratégie adoptée pour faire face au contre-choc pétrolier commence à montrer des effets positifs

---

1380 AH TotalEnergies, 00TF145/63, CFDT, CGC, FO, Tract « Pourquoi une assemblée générale ? », sdnl.

1381 AH TotalEnergies, 00TF145/63, François Xavier Ortoli, Note d'information, Paris, 21 novembre 1988 ; Note de Jean Michel Holtz (DPA-G/ Relations sociales) Holtz à Bizot, 15 novembre 1988.

1382 AH TotalEnergies, 10AH0639/5, Rapport annuel Total, 1989.

1383 *Ibid.*

en termes de fonctionnement de l'organisation. Toutefois, la société doit améliorer son image à l'intérieur comme à l'extérieur pour assurer la relance de ses activités. Entre novembre 1989 et février 1990, Serge Tchuruk est nommé administrateur, puis président-directeur général de la CFP Total, ce qui montre un véritable changement d'orientation[1384]. Diplômé de l'École polytechnique Tchuruk arrive dans la société après une longue carrière dans le secteur pétrolier. Après avoir travaillé aux États-Unis pour la Mobil Oil Company, il devient en 1986 président de la branche chimie de la Société chimique des charbonnages de France et il est chargé de sauver la société de la faillite[1385]. Dans ce contexte, il met en œuvre un programme de restructuration de plus de 4 ans qui prévoit la suppression de milliers d'emplois et le recentrage des activités dans la chimie de spécialité, la production d'encres et celle d'adhésifs, une stratégie permet de réabsorber plus de 3 milliards de francs de dettes et d'augmenter la rentabilité de la société[1386].

L'arrivée de Serge Tchuruk à la tête du groupe pétrolier français est saluée par la presse française et internationale. Le nouveau président est présenté comme un « gagnant » et un « fonceur », une image en décalage avec celle de François-Xavier Ortoli qui incarne aux yeux de l'opinion publique l'esprit du « commis de l'État »[1387]. Cet événement permet de rassurer les investisseurs internationaux dans un moment où la capacité d'autofinancement de la CFP est considérablement réduite et la société doit faire appel à la capitalisation boursière. Serge Tchuruk est alors présenté comme la personne idéale pour redresser une image progressivement détériorée sous le poids des plans sociaux mis en place par Ortoli. En somme, l'arrivée du nouveau président provoque un véritable effet électrochoc qui remet totalement en cause la persistance d'un modèle d'entreprise trop traditionaliste et dépassé[1388].

Au démarrage de son mandat, Tchuruk déclare son ambition de réorganiser le groupe et de l'adapter au nouveau contexte international par

---

1384 AH TotalEnergies, 00TE013/1, La cote Desfossés, 17 février 1990.

1385 AH TotalEnergies, 00TE013/1, « Serge Tchuruk prend la tête de Total », in AFP, 15 février 1990.

1386 Ibid.

1387 AH TotalEnergies, 00TE013/1, « Une meilleure image boursière pour la CFP », *Les Échos*, 15 février 1990.

1388 AH TotalEnergies, 00TE013/1, « L'aristocratique CFP a besoin d'un électrochoc », L'Usine nouvelle, n° 2255, 15 février 1990.

la redéfinition des objectifs industriels et la décentralisation des activités opérationnelles[1389]. En même temps, il évoque le besoin de moderniser le modèle de gouvernance à travers la nomination de jeunes managers et l'introduction d'un âge limite pour siéger au comité exécutif[1390]. La retraite anticipée de l'ancienne génération de patrons et la nomination de Jean-Pierre Halbron, Alain Madec et Thierry Desmarest permettent de porter à 50 ans l'âge moyen des hauts dirigeants et de réformer profondément le modèle de gouvernance de la société. Michel Naylies présente cette stratégie comme une véritable révolution :

> « Tchuruk, il est arrivé et il a tout foutu à plat ! Les structures… Tout, y compris la CFP-A ! [En ce moment] on avait encore un conseil d'administration et je touchais des jetons comme directeur général de la CFP-A ! Il y avait des microstructures qui étaient restées et des micropouvoirs qui étaient beaucoup plus importants… D'ailleurs, le Moyen-Orient était un monde qui était inaccessible, il rapportait directement au président. […] Donc Tchuruk est arrivé et a fait table rase ! […] Il faut reconnaître qu'il a créé le Total actuel »[1391].

Cette réorganisation se fonde sur la réforme de la structure centrale et la création d'une holding qui regroupe l'ensemble des fonctions stratégiques. Au sommet de l'organisation, le comité exécutif se configure comme « une instance décisionnelle qui traite toutes les questions et les engagements importants pour l'ensemble du groupe [et] prépare en outre les décisions qui sont du ressort du conseil d'administration »[1392]. Le comité directeur assure la coordination entre les entités opérationnelles et centralise les informations sur les résultats des activités, tandis que le secrétariat général et trois directions fonctionnelles – la direction financière, la direction stratégie et planning et la direction ressources humaines et coordination – assurent la liaison entre la holding et les structures opérationnelles. Dans ce nouveau système, on assiste au renforcement de l'activité de la direction stratégie et planning. Chargée d'assister le comité exécutif et les unités opérationnelles dans la prise de décision, l'activité de cette direction s'articule autour de

---

1389 AH TotalEnergies, 00TE013/1, « Correspondance économique », Les Hommes et les Affaires, 7 mars 1990.

1390 *Ibid.*

1391 AH TotalEnergies, AO011921, Archives orales de la Compagnie française des pétroles Algérie (CFP-A), Récit de carrière de Michel Naylies, Argeliers, 29 mars 2019.

1392 AH TotalEnergies, 00TE013/1, *Total Flash*, n° 6/90, Paris, 5 mars 1990.

trois fonctions principales : le *corporate planning*, les analyses conjoncturelles et les études des environnements économiques[1393]. Ce système permet de centraliser l'information stratégique et de renforcer la coordination entre les plans de développement des unités opérationnelles et les décisions-cadres de la direction.

Si la réforme de la holding confirme la volonté de créer une structure pouvant assurer la collégialité et la rapidité de décision, la véritable révolution concerne les directions opérationnelles. La création de nouvelles entités montre l'ambition de s'adapter à un contexte d'activités de plus en plus mondialisé. En ce sens, la création de Total raffinage distribution (TRD) permet de rassembler les activités de raffinage, d'approvisionnement et de commercialisation et de rééquilibrer ainsi les relations entre la CFP et la CFR. La nouvelle unité opérationnelle est organisée sur base géographique : TRD Europe est chargée de gérer l'approvisionnement des raffineries françaises, anglaises et hollandaises, tandis que TRD international et TRD outre-mer s'occupent des autres zones d'activité. Toutefois, la véritable innovation introduite avec la réforme de 1990 est la création de la direction trading Moyen-Orient (TMO), ce qui confirme la centralité de l'activité de négoce dans la vision de l'entreprise[1394]. Le noyau central de la nouvelle structure demeure la direction Moyen-Orient, organisme chargé de préserver les intérêts de l'entreprise et de superviser l'activité des filiales dans cette région du monde. Au-delà de cette mission, TMO garde d'importantes compétences en matière d'écoulement de la production et de ravitaillement des marchés stratégiques en Asie du Sud-Est et en Europe de l'Est. Basée à Londres, la direction trading dispose de bureaux à New York, Singapour, Tokyo et Paris et s'appuie sur l'expertise juridique et logistique des autres directions du groupe. La réforme de la structure est complétée par un renforcement de la direction gaz qui est désormais chargée de commercialiser les ressources gazières du Moyen-Orient et d'assister la TEP sur tous les projets de développement de la chaîne de production gazière[1395].

1393 AH TotalEnergies, 00TE013/1, Organisation de la direction stratégie et planification DSP, 17 avril 1990.

1394 AH TotalEnergies, 00TE013/1, Communiqué, Total internationalise son organisation, 20 avril 1990.

1395 *Ibid.*

La réforme de 1990 contribue à révolutionner la culture de l'entreprise. Depuis le début de son mandat, Serge Tchuruk se démarque de ses prédécesseurs en proposant un modèle de management moderne qui s'appuie davantage sur la communication interne et externe, des fonctions essentielles pour la conduite du changement. Pour répondre aux critiques avancées dans la presse et dans les médias, les cadres de la société reçoivent un document expliquant les raisons et les périmètres de la réforme[1396]. En même temps, plusieurs choix symboliques qui tranchent avec le passé de l'entreprise sont annoncés pour répondre aux attentes de l'opinion publique. À titre d'exemple, Tchuruk supprime des événements emblématiques dans la vie de la société comme la *garden-party* du printemps, qui réunissait plus de 4000 cadres autour d'un buffet signé Lenôtre. En même temps, il décide de vendre l'Hôtel des Verreries, le siège historique situé dans le 16e arrondissement qui avait donné à la CFP le surnom anecdotique de « vieille dame d'Auteuil ».

La vision de Tchuruk confirme la volonté d'internationaliser l'entreprise tout en limitant son rôle diplomatique, mais aussi de recentrer son activité sur les objectifs industriels. En abandonnant la mission « d'outil au service de la politique nationale du pétrole » évoqué par Raymond Poincaré en 1924, la CFP-Total enregistre une nette amélioration des résultats financiers[1397]. La rationalisation du portefeuille minier, la réforme du secteur aval et la spécialisation dans le domaine du gaz permettent d'augmenter les réserves, de renforcer la présence dans les marchés de distribution et d'augmenter la rentabilité des investissements entre 8,4 % et 14,3 % en l'espace d'un an. Pour consolider la nouvelle image, Tchuruk propose aussi de changer le nom de la société en suivant la même stratégie de communication mise en œuvre lors de la réforme de Orkem. Pendant l'assemblée générale du 17 juin 1991, il demande aux actionnaires d'adopter le nom « Total » et de franchir ainsi la dernière étape d'une lente métamorphose commencée avec l'introduction du nom de la célèbre marque de carburants dans la raison sociale de la Compagnie française des pétroles[1398]. L'adoption de la nouvelle dénomination

---

1396 AH TotalEnergies, 90ZZ478/68, « Baptême du feu pour Serge Tchuruk », Entretien au journal *L'Expansion*, 20 septembre-3 octobre 1990.

1397 AH TotalEnergies, 00TF145/105, Groupe Total CFP, Conférence des Syndicats CGT, Montreuil, 7-8 mars 1991.

1398 AH TotalEnergies, 92ZZ500/129, Allocution du président Serge Tchuruk à l'assemblée générale ordinaire et extraordinaire, 17 juin 1991.

confirme la volonté d'abandonner toute référence à l'origine française pour construire l'image d'une entreprise à vocation globale, dont l'ambition dépasse largement les frontières nationales. Quelques mois plus tard, le lancement de « l'opération céréales » – ainsi appelée en référence à la célèbre marque de céréales « Total » commercialisée aux États-Unis par General Mills – permet de préparer, dans le plus grand secret, l'introduction des actions de Total à la bourse de Wall Street.

Le redimensionnement de Total exploration production : la fin des chercheurs d'or noir ?

La réorganisation du groupe Total qui commence au début des années 1990 concerne également la branche exploration-production. Fortement redimensionnée par les plans sociaux des années précédentes, la structure de la TEP doit être adaptée aux nouveaux besoins opérationnels dans cette phase de redémarrage industriel. Avec l'arrivée de Serge Tchuruk à la présidence de Total, Thierry Desmarest remplace Pierre Vaillaud comme directeur de la TEP. Si la nomination de ce dernier à vice-président et directeur général est perçue comme une sorte de continuité avec la gestion Ortoli, le choix de Desmarest marque une forte inversion de tendance[1399]. Polytechnicien, Desmarest avait commencé sa carrière en 1971 à la direction des mines, avant d'être nommé conseiller technique au cabinet du ministre de l'Industrie et du ministre de l'Économie. Arrivé à la CFP en 1981, il suit un parcours initiatique assez typique : il est nommé directeur général de Total Algérie, directeur de zone en Amérique latine-Afrique de l'Ouest, puis directeur de la France et de l'Extrême-Orient[1400]. À 44 ans, au moment de sa prise de fonction, il incarne l'ambition du nouveau président de renouveler les équipes, « casser les baronnies »[1401] et congédier « les vieilles barbes »[1402].

1399 AH TotalEnergies, 00TE013/1, « Total un groupe déjà en mutation », *Les Échos*, 15 février 1990.

1400 AH TotalEnergies, 00TE013/1, « Biographies du COMEX », *Correspondance économique*, 7 mars 1990.

1401 AH TotalEnergies, 90ZZ478/68, « Baptême du feu pour Serge Tchuruk », *L'Expansion*, 20 septembre-3 octobre 1990.

1402 AH TotalEnergies, AO011921, Archives orales de la Compagnie française des pétroles Algérie (CFP-A), Récit de carrière de Michel Naylies, Argeliers, 29 mars 2019.

La structure de la TEP imaginée en 1990 est beaucoup plus légère par rapport à celle des années 1970. Dans le nouvel organigramme, la direction générale est assistée par quatre organisations fonctionnelles chargées d'assurer la liaison avec les services centraux de la holding. Confiée à Christian Redron, la direction développement des techniques reprend les missions de l'ancienne direction scientifique dans le domaine des projets d'innovation technologique propres au secteur amont. La direction des ressources humaines de la TEP quant à elle est responsable de former les ressources humaines locales dans les pays d'implantation et partage avec la direction ressources humaines et coordination de la holding la gestion de carrière des cadres. La direction stratégie, plan et contrôle de gestion assure la centralisation et la transmission des informations stratégiques au centre décisionnel, tandis que la direction développement des affaires patrimoniales est chargée de la gestion des actifs de la TEP pour les contrats pétroliers qui engagent la société.

La réforme de la TEP contribue aussi à effacer le modèle introduit par McKinsey dans les années 1970. La nouvelle structure du secteur amont s'articule autour de six grandes directions opérationnelles. Pilotées respectivement par Bernard Duval et Jacques Verdier, la direction exploration et la direction développement de la production sont chargées de la réalisation de projets dans leurs domaines d'intervention. En revanche, la direction mer du Nord, la direction France et Extrême-Orient, la direction Amériques et la direction Afrique Méditerranée – cette dernière dirigée par François Castellani – doivent développer les intérêts de la société dans ces zones prioritaires. Dans cette organisation, la mer du Nord demeure le centre névralgique de l'activité de la société bien que la création d'une direction Amériques confirme les visées expansionnistes vers le « nouveau continent ». Si l'unification de la France et de l'Extrême-Orient souligne l'importance attribuée à ces deux zones, l'unification de l'Afrique et de la Méditerranée permet d'intègre l'activité des nouvelles filiales au Yémen et en Syrie, deux territoires exclus de la définition du Moyen-Orient adoptée par Total.

Fortement voulue par Tchuruk, cette réorganisation est initialement perçue comme un désengagement de l'activité du groupe dans le secteur amont. D'après Michel Naylies, cela serait dû à une initiale incompréhension des opportunités de développement dans cette phase de transition :

> « Tchuruk avait une culture pétrolière *downstream*. Il n'a pas compris l'*upstream* pendant deux ans. [...] Il avait une expérience de pétrole puisqu'il a été vingt ans chez Mobil, quand CDF Chimie a fusionné il a fait de la chimie... Il a fait du raffinage et de la chimie, donc de petites structures. Tchuruk adorait les petits trucs, donc l'exploration-production il ne l'a pas comprise. Heureusement venait d'arriver à l'exploration-production Desmarest »[1403].

En revanche, l'objectif du nouveau président est double : redimensionner la TEP pour mieux maîtriser le cycle de production et modifier l'orientation stratégique de la branche grâce au développement de l'activité gazière[1404]. Constituant environ 70 % des réserves de la société, le gaz est considéré comme la ressource du futur puisque l'augmentation de la demande de consommation permet de valoriser l'expertise acquise depuis la découverte d'Hassi R'Mel dans le domaine de la liquéfaction, du transport et de la commercialisation de condensats. Toutefois, cette orientation impose de réimaginer complètement les métiers du secteur amont et de remettre ainsi en cause l'image du « pétrolier français » née dans les sables sahariens.

La réforme de la TEP détermine un véritable bouleversement dans la conception des métiers de l'exploration-production. En premier lieu, l'internationalisation de la structure de Total et le recrutement de personnel dans les zones d'activités remettent en cause l'identité « française » de la société. La décentralisation des responsabilités opérationnelles vers les filiales permet par ailleurs de réduire le nombre de cadres français du siège et de favoriser la progression des cadres étrangers. En deuxième lieu, le recours massif à la sous-traitance éloigne les ingénieurs de la TEP des préoccupations quotidiennes des chantiers en recentrant leurs activités sur l'encadrement général des projets. Autrement dit, l'image du chercheur d'or noir, stéréotype de l'aventurier et de l'homme de terrain, est progressivement remplacée par celle du *petroleum manager*, un individu ayant comme mission la gestion des budgets, la négociation des contrats et le pilotage des prestations de services. En troisième lieu, le recours massif aux technologies de l'information et la dématerialisation des processus marquent un profond changement dans la conception du

---

1403 AH TotalEnergies, AO011921, Archives orales de la Compagnie française des pétroles Algérie (CFP-A), Récit de carrière de Michel Naylies, Argeliers, 29 mars 2019.

1404 *Ibid.*

métier au quotidien. L'ingénieur qui s'appuie sur des assistants et des dactylos pour réaliser les tâches bureautiques est remis en cause par l'arrivée de jeunes formés aux technologies informatiques et imprégnés par une nouvelle conception de la division du travail.

L'évolution des métiers du secteur amont est bien illustrée dans les revues du personnel de la TEP, des outils de communication utilisés pour créer une nouvelle identité professionnelle[1405]. Lancé en janvier 1992, *UpStream Magazine* est une publication trimestrielle destinée à l'ensemble des collaborateurs de la branche. Il s'agit de la première revue du secteur amont publiée en français et en anglais puisque, comme le rappelle l'éditorial du premier numéro, « plus de deux tiers des effectifs de la TEP et des filiales ne sont pas issus de France et donc ne sont pas forcément francophones »[1406]. La mission d'*UpStream Magazine* est de partager des informations sur l'activité du groupe Total ainsi que de présenter l'activité des filiales géographiques et les plus récentes innovations dans le domaine des techniques industrielles. Par ailleurs, une rubrique spécifique présente dans chaque numéro un « métier de l'EP » en mettant en évidence les activités, les modalités de travail, les qualités nécessaires pour occuper le poste et les possibilités d'évolution de carrière[1407]. Les différents numéros décrivent le métier de superviseur – la personne chargée d'encadrer les équipes de prestataires sur les chantiers – de financier, de géochimiste et de négociateur des affaires nouvelles. En revanche, aucune référence n'est faite aux métiers traditionnels tels que celui de foreur ou de producteur, qui ont marqué l'histoire du secteur amont.

La publication d'*UpStream Magazine* fait partie d'un plus vaste projet qui vise à fédérer autour d'une identité commune « les hommes et les femmes qui construisent l'amont de Total »[1408]. À travers les contenus rédigés par l'équipe éditoriale, la direction montre une sensibilité accrue pour l'égalité de genre et pour le besoin de reformer un métier considéré comme traditionnellement masculin[1409]. Loin d'être une spécificité de la

1405 AH TotalEnergies, 00TE013/1, Note d'organisation de la direction de la communication, 17 avril 1990.

1406 AH TotalEnergies, 09AH0518/1, *UpStream Magazine*, n°1, janvier 1992.

1407 *Ibid.*

1408 *Ibid.*

1409 Gloria E. Miller, « Frontier Masculinity in the Oil Industry : The Experience of Women Engineers », *Gender, Work & Organization*, n° 11, 2004/1, p. 47-73 ; Sarah Kunz, « Invisible no more : women's work in the oil and gas industry », *Journal of Energy History/Revue d'histoire de l'énergie*, 9, 2022, http://energyhistory.eu/node/327, consulté le 9 juin 2023.

CFP, la sous-représentation des femmes dans l'histoire de la recherche pétrolière est commune à l'ensemble du secteur industriel. Cela est certes lié à la conception du rôle des femmes dans la société du XXe siècle, mais également aux inégalités scolaires et aux restrictions d'accès à certaines institutions comme le Corps des mines et les écoles d'ingénieurs. Dans les archives consultées, nous n'avons pas retrouvé des statistiques de genre pour les années qui précèdent 1984, quand nous savons que les femmes représentent 26 % des effectifs du groupe CFP-Total[1410].

En l'absence de sources écrites, ce sont les archives orales qui donnent un aperçu du rôle joué par les femmes dans l'histoire de la recherche pétrolière française. Les entretiens réalisés avec Sylvianne Loste et Odette Casalta-Ribès permettent d'interroger les relations entre les anciennes secrétaires, les cadres de la CFP-A et ceux de la TEP. En parallèle, elles permettent de reconstruire la vie quotidienne de l'entreprise, d'approfondir la connaissance des métiers, des procédures administratives et des relations informelles entre les différentes entités. À ce titre, l'entretien réalisé avec Francine Rimbert, la première « chercheuse d'or noir » de l'histoire la CFP, donne un aperçu d'un parcours singulier qui confirme l'exceptionnalité du recrutement des femmes à des positions d'encadrement. À l'instar de Monique Fischer, ingénieure en micropaléontologie recrutée par la SNPA en 1958[1411], Francine Rimbert intègre la CFP en raison de sa spécialisation dans le domaine de la gravimétrie et du magnétisme[1412]. Ces deux ingénieures ont un parcours assez similaire puisque, après leur doctorat à la Faculté des sciences de l'Université de Paris, elles s'orientent vers l'industrie pétrolière sur suggestion du professeur Jean Cuvillier. Le témoignage de Francine Rimbert confirme que le directeur exploration Henri Vautrin est plus intéressé à ses compétences qu'à son appartenance de genre :

> « À ce moment-là, Monsieur Vautrin avait dans son équipe des géophysiciens qui ne faisaient de la sismique et personne ne connaissait la gravimétrie

1410 Questionné par un représentant du syndicat sur les actions de formation, le directeur de la DPA(G) explique que le groupe compte 23 900 employés, dont 17 600 hommes et 6300 femmes. AH TotalEnergies, 04AH025/15, Comité groupe, réunion du 24 janvier 1986.

1411 AH TotalEnergies, AO012011, Archives orales Elf-Aquitaine. Entretien avec Monique Fischer, 7 mai 1996.

1412 AH TotalEnergies, AO011920, Archives orales de la Compagnie française des pétroles Algérie (CFP-A), Récit de carrière de Francine Rimbert, 26 février 2019.

> et le magnétisme. Alors, je suis allée me présenter chez Monsieur Vautrin et j'ai dit voilà, moi j'ai suivi un peu l'enseignement, j'ai fait une thèse de magnétisme […] Monsieur Vautrin parlait peu… Il m'a posé quelque question et il a constaté qu'après tout j'avais fait des études de gravimétrie et de magnétisme et que je pouvais peut-être m'adapter à la recherche pétrolière »[1413].

Au-delà de la volonté de son ancien patron, Francine Rimbert explique que l'acceptation de son rôle de « femme cadre » est facilitée par le jeune âge de ses collègues. Néanmoins, elle évoque un traitement discriminatoire en matière de gestion de carrière :

> « Quand Monsieur Vautrin a trouvé que c'était très bon de m'embaucher, il m'a dit "vous allez être convoquée à la DRH"… Il fallait bien mettre les choses en l'état. Donc la DRH à l'époque était dirigée par un ancien officier de marine – comme on disait en blaguant, on avait l'impression qu'il y avait de quoi armer un cuirassier avec tous les anciens officiers de marine qui étaient à la retraire – […] Ce monsieur d'abord, j'arrive devant lui dans son bureau, moi j'étais debout, je vois qu'il est en train de feuilleter mon dossier et à un moment il me dit : "ah vous êtes docteur ès sciences ? bah asseyez-vous !"… Du moment que j'étais une femme, j'étais la dactylo, donc on ne fait pas asseoir la dactylo ! Je ne blague pas ! Je ne blague pas du tout ! Il faut me croire parce qu'il n'y avait pas de témoins… Et puis après, une fois que c'était fini, que j'ai su tout ce qui était le règlement et comment ça se passerait, il me dit : "Maintenant, il faut que vous le sachiez, puisque vous êtes une femme vous n'aurez jamais d'avancement hiérarchique !" Bon, c'est ça et on ne discute pas. Ils n'auraient jamais dit ça à quelqu'un qui sortait de Polytechnique ou de l'École des mines ! Effectivement je n'ai jamais eu d'avancement hiérarchique, mais un avancement d'expert, c'est tout… parce qu'il n'y avait personne au-dessus de moi pour le travail d'expertise… Je n'ai pas regretté parce que je ne pense pas que j'avais le caractère à commander rien que des hommes »[1414].

L'histoire de Francine Rimbert est une exception qui confirme une règle bien ancrée dans le milieu industriel de l'après-guerre : en dépit des compétences techniques, la hiérarchisation se fonde autant sur l'appartenance de genre que sur l'appartenance ethnique. À l'instar de l'ingénieur étranger, la figure de l'ingénieure se normalise grâce au changement de perspectives et à l'évolution des mentalités. Toutefois,

---

1413 *Ibid.*

1414 *Ibid.*

à la fin des années 2000, l'égalité de gendre c'est loin d'être d'actualité dans l'industrie pétrolière.

La création de TotalFinaElf et le regard vers le futur

La réforme organisationnelle et l'évolution des métiers de l'amont contribuent à modifier profondément l'orientation stratégique du groupe. En 1995, au moment de la nomination de Thierry Desmarest à la présidence de Total, une nouvelle réorganisation accompagne l'absorption de la direction Trading Moyen-Orient dans la structure de la TEP[1415]. Le besoin de rééquilibrer la répartition des ressources humaines pour faire face aux exigences opérationnelles redevient alors d'actualité. L'augmentation des résultats de la société de 52 % et l'amélioration de la conjoncture du marché des hydrocarbures ouvrent des perspectives intéressantes en termes de développement industriel. Dans ce contexte, Total commence à étudier l'introduction de nouvelles stratégies de management pour optimiser les coûts et améliorer la performance industrielle. En effet, la société française se place en première position en ce qui concerne le taux de renouvellement des réserves et deuxième pour la croissance de la production selon une étude comparative réalisée sur 9 entreprises pétrolières internationales. En revanche, les coûts opérationnels de Total sont très supérieurs à la moyenne en raison d'un effectif beaucoup plus élevé que celui de ses concurrents[1416].

La prise de conscience des forces et des faiblesses de l'organisation contribue à orienter la nouvelle stratégie de la direction. Le groupe Total doit devenir le principal fournisseur d'énergie sur les marchés émergents et un des leaders mondiaux de la production, de la transformation et de la commercialisation de gaz naturel[1417]. Pour ainsi faire, la TEP doit renforcer son ancrage dans quatre régions principales : le Moyen-Orient, l'Asie du Sud-Est, l'Amérique latine et l'Europe-Méditerranée. En même temps, elle doit s'ouvrir vers la Russie et les territoires de l'ancienne Union soviétique, une région stratégique en raison de la présence de ressources gazières et de possibilités de développement des marchés de

---

1415 AH TotalEnergies, 10AH0639/6, Rapport annuel Total, 1996.

1416 AH TotalEnergies 00TF145/35, Booz-Allen & Hamilton, Analyse comparative d'organisations dans le secteur amont de l'industrie pétrolière, séminaire des cadres dirigeants de la TEP, Saint-Rémy-lès-Chevreuse, 22 janvier 1996.

1417 *Ibid.*

consommation. Quant au mode d'action, la société décide de privilégier le partenariat avec les gouvernements et les sociétés nationales, un modèle qui avait déjà permis de renforcer sa présence à l'étranger. La somme de ces éléments confirme la volonté de Total de se positionner comme la principale alternative aux majors de l'énergie mondiale comme BP, Shell Chevron et ExxonMobil.

Au cours du printemps 1996, une étude sur l'organisation de la TEP est réalisée par le cabinet-conseil américain Booz Allen. Le rapport met en évidence un fort changement dans la structure de l'amont pétrolier de Total. D'une part, la majorité de la production est désormais assurée par Total Indonésie, Total oil marine et Total Austral, ce qui confirme le nouvel ancrage géographique du groupe. D'autre part, le jeu de générations et le départ des anciens cadres ont affaibli la structure des familles professionnelles et modifié l'organisation des métiers de l'exploration et de la production. Comme précise le rapport : « Certains métiers qui travaillaient de façon très séparée autrefois tendent aujourd'hui, sous la pression des techniques et des nécessités, à travailler ensemble »[1418]. Cela est le cas des géologues, des géophysiciens et des ingénieurs de réservoir, des métiers ayant une identité très spécifique et un esprit de corps très prononcé. La fin de la coopération industrielle contribue aussi à la généralisation du dispositif des *production sharing contracts* et à l'émergence des spécialistes des affaires nouvelles qui sont chargés de négocier les contrats de partage avec les pays producteurs.

À l'aube du XXIe siècle, le besoin d'adapter l'organisation au nouveau contexte économique et financier devient un enjeu majeur pour l'ensemble des sociétés pétrolières. Le recours massif aux nouvelles technologies de traitement de l'information et la généralisation d'internet est accompagné par la simplification de la structure, la réduction des lignes hiérarchiques et le développement des fonctions d'intelligence stratégique. À titre d'exemple, Shell introduit une direction *business development* pour assister l'activité des filiales, tandis que la société américaine Unocal décide de fusionner les activités de l'amont à l'aval au sein d'une *operations division* assistée par les équipes de développement commercial de la nouvelle *growth division*. Dans le même esprit, Total complète l'unification de la TEP et de TMO au sein d'une seule et puissante direction, ce qui

1418 AH TotalEnergies 00TF145/35, Organisation et méthodes de travail à la TEP, 20 mai 1996.

permet d'envisager une véritable réorganisation des autres structures[1419]. La société se dote d'une direction centrale de *business development* pour centraliser la prise de décision en matière d'affaires nouvelles, les études et la recherche et développement. En même temps, elle constitue une direction exploration-géosciences chargée du support technique des filiales et une direction des opérations qui coordonne l'ensemble des activités de forage, de service et de suivi des projets.

La réorganisation de la branche amont de Total est caractérisée par une forte décentralisation qui vise à attribuer davantage de responsabilités aux filiales dans le cadre des budgets et de la stratégie générale. Cette délégation de pouvoir est accompagnée par un effort de responsabilisation des équipes qui se traduit en la définition d'objectifs opérationnels et la mise en place de systèmes d'évaluation des performances. Selon les mots du directeur général de la TEP Daniel Valot, l'introduction de cette nouvelle démarche reflète la volonté « d'institutionnaliser la confiance » comme mode principal de management[1420]. Le besoin de rationaliser les dépenses encourage également à mettre en œuvre une nouvelle stratégie d'innovation et de recherche technologique dans le domaine de l'exploration et de la production d'hydrocarbures. Celle-ci se résume dans l'idée que le groupe ne doit « jamais être en retard ni en avance d'une guerre technologique »[1421]. En raison de l'évolution des techniques de sismique 3D et de production *offshore* la société externalise les cycles d'innovation pour adopter un positionnement de *quick follower.* Autrement dit, Total préfère s'appuyer sur un réseau d'entreprises de recherche et développement pour introduire rapidement les nouvelles technologies pouvant apporter un avantage commercial[1422].

En juin 1996, le projet de réforme de la TEP est approuvé par le comité d'entreprise, ce qui permet de lancer les chantiers de réorganisation et montrer les effets positifs de ces initiatives. En raison de la conjoncture favorable, la production de brut dépasse 800 000 barils par jour tandis que la découverte de nouveaux gisements dans le Bloc 14 en Angola, au Venezuela, en Bolivie et au Moyen-Orient assure le renouvellement des réserves estimées à plus de 5,1 milliards de barils en 1998. Dans

---

1419 *Ibid.*

1420 AH TotalEnergies, 09AH0518/1, Daniel Valot, « Mes quatre vérités », *UpStream Magazine*, juin 1996.

1421 *Ibid.*

1422 *Ibid.*

un contexte dominé par le mouvement de concentration industrielle, Thierry Desmarest annonce le 1er décembre 1998 la fusion entre Total et Petrofina. L'entreprise devient alors la 6e major pétrolière mondiale et la 4e à l'échelle européenne. La création de TotalFina permet de renforcer la position de Total dans les secteurs du raffinage, de la distribution et de la pétrochimie. En effet, Petrofina apporte de nombreux actifs, comme un réseau de distribution largement implanté en Europe, un secteur pétrochimique très compétitif et d'importants sites de raffinage à l'instar de la plateforme d'Anvers[1423]. En somme, cette opération garantit une présence plus importante sur le marché international même si elle représente un défi remarquable en matière d'intégration des équipes et des structures.

La création de TotalFina est la première grande étape d'un parcours qui confirme l'ambition de devenir une entreprise européenne à vocation internationale. Dans un contexte caractérisé par l'introduction de la monnaie unique, l'État réduit sa participation au capital de TotalFina avant que cette dernière lance une offre publique pour l'achat d'Elf-Aquitaine le 5 juillet 1999. Cet événement est totalement inattendu par les observateurs du marché international de l'énergie. Privatisé à partir de 1995, Elf-Aquitaine avait fait l'objet d'une importante restructuration tout au long des années 1990 à l'instar de son principal concurrent. Cependant, si un rapprochement entre les deux sociétés avait été évoqué à plusieurs reprises, la possibilité d'un rachat de l'ancien groupe d'État par le nouveau groupe franco-belge n'avait guère été anticipée. En dépit des vagues d'oppositions et de contestation, cette offre initialement jugée « hostile » par l'ancien président-directeur général d'Elf-Aquitaine Philippe Jaffré est finalement acceptée[1424]. Après avoir obtenu l'accord de la Commission européenne, la fusion est réalisée et le nouveau comité exécutif de TotalFinaElf s'installe au 47e étage de l'ancienne Tour Elf. Comme le rappelle une expression très répandue parmi les anciens salariés du groupe, c'est ainsi que « la supérette a bouffé le supermarché ».

Malgré une communication très rassurante, ayant l'objectif de calmer les marchés financiers, cette fusion met en évidence plusieurs limites opérationnelles. TotalFinaElf se présente comme une société de

1423 AH TotalEnergies, Fonds audiovisuel n° 3897, TotalFina, Total Vidéo spécial : interview de Thierry Desmarest dans « L'invité de l'économie » (8 décembre 1998), 1999.

1424 AH TotalEnergies, « Total lance un raid surprise sur Elf », *Le Monde*, 6 juillet 1999.

130 000 salariés et devient le 4e groupe pétrolier international en termes de production et de chiffre d'affaires. La mise en commun des actifs de TotalFina et d'Elf-Aquitaine permet donc d'envisager une nouvelle réduction des frais opérationnels pour augmenter la compétitivité de la nouvelle société. Cependant, la fusion entre deux sociétés au passé conflictuel impacte directement la culture d'entreprise et le sentiment d'appartenance des salariés. D'une part, l'ancienne CFP, une société de raffineurs créée par une élite d'industriels privés pour gérer la part française du brut du Moyen-Orient et qui a fait sa fortune grâce aux grandes découvertes sahariennes et au réseau de distribution à marque Total. D'autre part, Elf-Aquitaine, le groupe d'État qui a assuré la continuité de l'épopée gazière du Sud-Ouest et qui a été le domaine de prédilection des hauts fonctionnaires des grands corps de l'État en suivant le chemin tracé par Pierre Guillaumat.

Les témoignages collectés et l'expérience professionnelle que nous avons vécue au sein du groupe Total confirment la complexité des processus d'intégration et de fusion des équipes. Le choix du nom TotalFinaElf ne se justifie pas par la volonté de garder la référence à deux marques historiques connues par le consommateur, mais vise à limiter les oppositions des collaborateurs dans la période de transition[1425]. Dix ans après l'unification de la société sous le nom de Total en 2003, la société se compose encore de « rouges » et de « bleus », puisqu'une partie des salariés continue à s'identifier avec les couleurs des logos de leurs anciennes entreprises. Ces personnes, qui font les mêmes métiers et qui sont sorties des mêmes écoles, partagent peut-être la même vision du futur du secteur industriel mais continuent à afficher leur appartenance à Total ou à Elf-Aquitaine pendant plusieurs années. Aujourd'hui, vingt ans après la fusion, le jeu des générations et l'orientation stratégique de TotalEnergies vers les énergies nouvelles, le GNL et l'*offshore* profond ont contribué à fédérer les travailleurs autour d'un projet nouveau. Toutefois, les questions « que sommes-nous ? » et « d'où venons-nous ? » restent encore sans réponse.

[1425] AH TotalEnergies, Fonds audiovisuel n° 1452, TotalFina, *Total Vidéo spécial : Projet d'organisation du Groupe TotalFinaElf*, 1999.

CONCLUSION GÉNÉRALE

En 2024, dans un contexte caractérisé par le bouleversement des équilibres économiques et géopolitiques, TotalEnergies demeure un acteur incontournable de l'industrie des hydrocarbures. Présent dans 130 pays, le groupe compte plus de 100 000 collaborateurs de 160 nationalités différentes et affirme avec fierté son implantation dans les cinq continents[1426]. Pour faire face à l'effondrement des prix du pétrole qui a accompagné la récession mondiale pendant la crise de la Covid-19, le président-directeur général de la société Patrick Pouyanné a annoncé le lancement d'un nouveau programme stratégique. TotalEnergies abandonne donc sa vocation pétrolière pour devenir une entreprise multi-énergies qui vise la neutralité carbone à l'horizon 2050. Ce changement de cap confirme, d'une part, le besoin de s'aligner aux demandes des représentants politiques et de la société civile et, d'autre part, le désir de répondre aux attentes d'une catégorie de consommateurs de plus en plus sensibles à l'impact de l'activité industrielle sur la planète. La réorientation est par ailleurs accompagnée par une nouvelle identité visuelle qui doit matérialiser la conscience écologique et sociale de l'entreprise. En effet, le XXIe siècle a contribué à donner « une nouvelle couleur » aux images des marées noires, aux incendies des plateformes et à la pollution des sites industriels. Autrefois perçues comme des icônes de la modernité, les photographies en noir et blanc des pipelines et des derricks jaillissant du pétrole n'évoquent plus l'idée de progrès du monde industriel comme c'était le cas au début du siècle dernier.

Mais alors que notre société continue de repenser sa relation aux énergies fossiles, qu'en est-il des chercheurs d'or noir ? Si l'image du pétrolier idéalisée à partir des années 1950 est encore vive dans notre imaginaire, celle-ci a dû être adaptée au temps présent. Ainsi, le « chercheur d'or noir » se transforme en « chercheur d'énergies », un personnage qui incarne les valeurs de réussite économique, d'innovation technologique

1426 Total, Document d'enregistrement universel 2019, incluant le Rapport financier annuel, 20 mars 2020, https://www.total.com/sites/g/files/nytnzq111/files/atoms/files/total_document_enregistrement_universel_2019.pdf, consulté le 17 mars 2021.

et de solidarité humaine pour accompagner la transition énergétique en cours[1427]. Celui qui était considéré comme la personnification du rapport de domination entre les compagnies pétrolières et les pays producteurs est devenu aujourd'hui le symbole de l'ancrage global de TotalEnergies, de son pluralisme et de sa culture de l'innovation. Cette révision du mythe fondateur confirme l'influence de la dimension culturelle sur l'orientation générale du changement technique et montre à quel point l'entreprise souhaite se positionner comme un élément de continuité à l'intérieur d'un modèle technique[1428]. En effet, l'adaptation des images et des messages aux sensibilités du temps présent rappelle les stratégies adoptées dans les années 1950, quand le mythe du « pionnier » était utilisé pour dresser un parallèle entre le pétrolier qui doit « mettre en valeur » le sous-sol saharien et l'ingénieur des mines ou l'agronome colonial, qui doivent quant à eux « mettre en valeur » les ressources abritées dans les territoires de l'Empire français[1429].

Au-delà de la persistance des schémas conceptuels fondés sur la maîtrise des techniques, la différence entre le chercheur d'or noir et le chercheur d'énergies se trouve dans l'effacement de tout principe d'appartenance et d'ancrage territorial. Si l'opinion publique considère TotalEnergies comme l'une des plus importantes entreprises françaises, aujourd'hui ses agents semblent avoir perdu leur attribut de nationalité. Cela est la conséquence d'une stratégie fondée sur l'abandon du bleu-blanc-rouge figurant sur les stations-service pour s'identifier avec des formes et des couleurs qui évoquent le mouvement et la transition entre différentes formes d'énergie. À l'instar des points de vente du réseau de distribution, la direction et les services centraux perdent également leur apparence française. Il suffit de se promener aujourd'hui dans les couloirs de la tour TotalEnergies à La Défense pour s'apercevoir que la langue française n'est plus le seul vecteur de communication des salariés et que les frontières culturelles du groupe dépassent largement la dimension nationale.

1427 Tristan Gaston-Breton, *Total, un esprit pionnier*, Paris, Textuel, 2019.

1428 François Caron, *La dynamique de l'innovation: changement technique et changement social, XVIe-XXe siècle*, Paris, Gallimard, 2010, p. 436 et ss.

1429 Éric Gobe (dir.), *L'ingénieur moderne au Maghreb, XIXe-XXe siècles*, Paris, Maisonneuve et Larose, 2004 ; Élisabeth Longuenesse et Groupe de recherches et d'études sur le Moyen-Orient (dir.), *Bâtisseurs et bureaucrates: ingénieurs et société au Maghreb et au Moyen-Orient. Table ronde CNRS tenue à Lyon du 16 au 18 mars 1989*, Lyon, Maison de l'Orient, 1991.

Le chercheur d'or noir et l'invention du pétrole français

Soutenir que la Compagnie française des pétroles, ancêtre de TotalEnergies, a réussi à construire une des plus puissantes industries d'exploration et de production d'hydrocarbures au monde grâce à sa politique de formation et d'accumulation des savoirs peut sembler réducteur. En effet, les théories économiques dominantes nous ont habitués à penser que la possession de matières premières et de capitaux financiers est de loin plus importante que la disponibilité de technologies et de capital humain. Néanmoins, dans les chapitres précédents, nous avons démontré à quel point l'acquisition et la transmission de connaissances techniques ont été au cœur des projets de développement et d'expansion industrielle de la CFP depuis 1924. Les archives écrites, orales et audiovisuelles ont révélé dans quelle mesure l'innovation, l'adaptation et la résilience ont garanti la continuité opérationnelle et l'implantation de la société dans plusieurs contextes d'activités. Nous avons en effet constaté qu'au lendemain de la Première Guerre mondiale, la France était dépourvue de technologies et de savoir-faire dans le domaine de la recherche et de la production de pétrole. Durant la première moitié du XXe siècle, aucun gisement opéré par les entreprises françaises ne pouvait fournir une production suffisante pour accompagner une transition énergétique à grande échelle. Dans ce contexte, les entreprises, l'administration et les corps d'État n'avaient ni les compétences ni les moyens pour former le personnel spécialisé et assurer la création d'une industrie nationale. À l'instar d'autres industries du secteur énergétique, comme l'électricité, le gaz et les mines, le besoin d'application industrielle encourage l'émergence d'une élite technique chargée d'accompagner le développement de la nouvelle filière.

Dans l'entre-deux-guerres, l'entente entre l'État et la CFP facilite la circulation vers la Roumanie des premiers ingénieurs et techniciens français pour se former à la recherche et à la production de pétrole[1430]. La Seconde Guerre mondiale interrompt le démarrage de projets d'exploration pétrolière mais à la Libération une véritable politique de développement à grande échelle est mise en place. Le gouvernement et les entreprises françaises fondent alors le nouveau programme d'indépendance énergétique sur la recherche de gisements en territoire

1430 François Pelletier, *Ernest Mercier, le pétrole et la France*, Thèse de doctorat, Université Paris I, Université de Montréal, 2016.

national. Pour réaliser ce programme d'exploration, ils mettent en place des dispositifs pour assurer la « francisation » des ingénieurs, des agents de maîtrise et des ouvriers de l'industrie pétrolière. En même temps, ils fabriquent un discours – ou, plus justement, un récit épique – pour fédérer les jeunes générations autour d'un projet de reconstruction nationale fondé sur la suprématie technique et sur le progrès industriel.

Au début des Trente Glorieuses, le Sahara devient donc le centre d'un projet de renaissance politique, économique et culturelle fondé sur la maîtrise de l'énergie et le développement de la consommation de masse[1431]. Loin d'être inattendue, la découverte du gisement d'Hassi Messaoud en 1956 est donc le résultat de la convergence de plusieurs dynamiques d'innovation qui ont permis de s'approprier des techniques et des savoirs nécessaires à transformer le Sahara en province pétrolière. En premier lieu, le développement des méthodes de prospection géophysique, comme la sismique réflexion et la gravimétrie[1432], permet d'appréhender la stratigraphie et la conformation géologique du Sahara tout en réduisant le nombre de forages nécessaires à identifier les couches productives. En deuxième lieu, l'apprentissage des techniques de production pétrolière et l'amélioration des modes d'organisation des chantiers permettent de réduire sensiblement les coûts opérationnels. L'introduction des plus modernes technologies de transport et de communication facilite la conduite des activités, tandis que les innovations dans le domaine de la climatisation de l'air et de la réfrigération des denrées alimentaires augmentent la productivité du personnel. En troisième lieu, l'introduction de nouvelles méthodes de gestion et théories de management importées des États-Unis permet de rationaliser les structures et d'optimiser les ressources disponibles[1433]. La bureaucratisation administrative, la formalisation des principes de discipline budgétaire et comptable, tout comme l'introduction de méthodes de formation et de gestion des

---

1431 Dominique Lejeune, *La France des Trente Glorieuses : 1945-1974*, Paris, Armand Colin, 2015 ; Céline Pessis, Sezin Topçu et Christophe Bonneuil, *Une autre histoire des Trente Glorieuses*, Paris, La Découverte, 2016 ; Kristin Ross et Sylvie Durastanti, *Rouler plus vite, laver plus blanc : modernisation de la France et décolonisation au tournant des années soixante*, Paris, Flammarion, 2006.

1432 R. Cantoni, *Oil exploration, diplomacy, and security in the early Cold War*, *op. cit.*

1433 Jean Fourastié, *La productivité*, Paris, Presses universitaires de France, 1957 ; Régis Boulat, *Jean Fourastié, un expert en productivité : la modernisation de la France*, Besançon, Presses universitaires de Franche-Comté, 2008.

ressources humaines accompagnent l'évolution des sociétés françaises vers un stade de maturité industrielle.

Entre les années 1950 et 1960, les nouvelles méthodes de management, de formation et de gestion du personnel jouent en effet un rôle essentiel dans la création du Corps des pétroliers. Figure hybride entre l'aventurier et l'inventeur-savant, le chercheur d'or noir a longtemps été considéré comme l'archétype du héros colonial qui trouve sa raison d'être dans le rapport d'altérité avec les territoires qu'il explore, les individus qu'il encadre et les richesses qu'il découvre. Toutefois, notre étude démontre qu'au-delà de la propagande, le concept de « chercheur d'or noir » identifie l'ensemble des individus ayant participé à l'expansion de ce secteur industriel dans la deuxième moitié du XXe siècle indépendamment de leur groupe social d'origine. Les chercheurs d'or noir sont les ingénieurs issus des Grandes Écoles ayant abandonné leur famille d'origine pour contribuer à créer un nouveau corps de métiers[1434]. Polytechniciens, mineurs, centraliens, gadz'arts, mais également géologues, juristes, financiers ou mathématiciens : toutes ces catégories apportent les compléments d'expertise nécessaires au développement d'un nouveau savoir industriel complexe. Les chercheurs d'or noir sont les agents de maîtrise chargés d'assurer le bon fonctionnement des chantiers et des outils industriels et de faciliter la circulation des savoirs grâce à la formation de nouvelles générations de travailleurs du pétrole. Les chercheurs d'or noir sont également les travailleurs autochtones qui ont contribué au développement industriel et ont porté les revendications sur la décolonisation et l'émancipation du secteur durant la période des indépendances. En somme, les interactions entre ces groupes et l'identification de ces individus avec des personnages créés par la propagande accompagnent la naissance de l'industrie française d'exploration et production.

L'expansion de l'industrie pétrolière française : une adaptation humaine, technique et organisationnelle

La découverte d'immenses gisements d'hydrocarbures au Sahara est présentée comme une véritable aubaine pour la jeune industrie pétrolière

1434 Pierre MUSSO, *La religion industrielle : monastère, manufacture, usine. Une généalogie de l'entreprise*, Paris, Fayard, 2017, p. 199 et ss.

française. Néanmoins, en dépit des perspectives de développement, les investissements imposés par le gouvernement français dans les années 1950 ont un impact remarquable sur la stabilité financière de la CFP. Moins de dix ans après le début des recherches sahariennes, en pleine guerre d'indépendance, la société est appelée à s'équiper massivement en capital humain et outils industriels. Alors que les marchés de consommation et les réseaux de distribution peinent à se développer en France, l'immense disponibilité de ressources se présente comme un problème majeur pour l'équilibre d'un groupe industriel qui intègre tous les maillons de la chaîne pétrolière, du secteur amont jusqu'au secteur aval. En partant de ce constat, nous pouvons mieux comprendre toute la spécificité du « paradoxe du pétrole saharien ». Si certains auteurs soutiennent que durant la guerre d'Algérie la stratégie de la CFP reposait sur l'augmentation de la production et l'accélération du pillage des ressources[1435], la lecture que nous proposons est bien différente. En 1962, la perspective d'un départ définitif d'Algérie était, certes, réelle, mais les dirigeants de la CFP considéraient la continuité opérationnelle comme la seule possibilité pour protéger les investissements et sauvegarder les intérêts stratégiques de l'entreprise. Ainsi, si l'indépendance modifie les rapports de force entre les anciens colonisateurs et les anciens colonisés, cet événement devient une véritable opportunité pour inaugurer une phase de lente transition et préparer la diversification de l'activité de l'entreprise vers d'autres terrains d'activités.

La stratégie de continuité industrielle de la CFP repose sur le transfert de technologie et la formation du personnel local. La mise en place d'une politique d'algérianisation confirme la volonté de signer un nouveau pacte industriel avec les Algériens, à l'image de la politique de francisation vingt ans auparavant. Ce choix est la conséquence de l'adaptation d'un modèle de gestion du personnel qui commence à se généraliser dans plusieurs secteurs de l'industrie coloniale. Après les expériences pionnières de certaines entreprises pétrolières[1436], les dispositifs d'« indigénianisation », mieux connus en français avec le terme plus neutre de « régionalisation », se diffusent rapidement en Afrique, en Asie et au Moyen-Orient entre

---

[1435] H. Malti, *Histoire secrète du pétrole algérien*, *op. cit.* Cette idée est par ailleurs partagée par un grand nombre d'historiens qui ont mentionné la question du pétrole saharien dans leurs travaux d'histoire coloniale.

[1436] Dans les chapitres précédents, nous avons vu notamment le cas de l'Anglo Persian Oil Company et de l'ARAMCO.

les années 1960 et 1970. Le remplacement des Européens par les travailleurs locaux est conçu comme une alternative au démantèlement de la structure industrielle créée durant la période coloniale. Si peu de recherches historiques se sont intéressées à ce phénomène jusqu'à présent, les sources à notre disposition confirment l'importance de ces dispositifs de formation et de transfert de technologie dans la structuration du nouveau modèle de relations industrielles[1437].

Dans ce nouveau contexte politique, l'adaptation humaine, technique et organisationnelle devient un véritable enjeu pour les chercheurs d'or noir français qui doivent désormais justifier leur présence sur les terrains d'activités. Toutefois, en dépit du volontarisme des dirigeants de la société, ce changement ne se fait guère sans difficulté. La culture, les symboles et les liens de solidarité qui ont façonné l'identité du Corps des pétroliers pendant plusieurs années doivent être remis en cause pour se conformer au modèle de relations industrielles instaurées au lendemain de l'indépendance. Les méthodes de gestion prévisionnelle des ressources humaines se révèlent des outils essentiels pour accompagner le changement et pour réduire l'opposition des travailleurs à la nouvelle orientation de l'entreprise. Si les mémoires de guerre et d'exil conditionnement profondément les relations entre les travailleurs français et les travailleurs algériens, la définition de plans de remplacement et de rotation des agents expatriés accompagne la transition vers une nouvelle phase de l'histoire de la recherche pétrolière française.

L'algérianisation de la CFP garantit la continuité opérationnelle du secteur amont, mais cette stratégie ne peut pas être considérée comme une forme de conciliation avant l'heure. Au contraire, il est important de mettre en évidence l'opportunisme qui sous-tend les choix stratégiques de l'entreprise tout au long de cette phase de transition. Au-delà de la sécurisation de l'accès aux sources de brut, l'algérianisation permet à la CFP de réduire les coûts de revient du pétrole saharien tout en

[1437] Notre recherche sur l'histoire de l'industrie du phosphate au Maroc et au Sahara occidental a mis en évidence le rôle joué par la politique de « sahariennisation » pour assurer la domination hispano-française sur la région. Par ailleurs des ouvrages spécialisés dans le transfert de technologie ont souligné l'importance de la gestion des ressources humaines comme volet essentiel de ces stratégies de continuité industrielle. Cf. Silvère Seurat, *Réalités du transfert de technologie*, 2e éd., Paris, Masson, 1978, Radouan Andrea Mounecif, « La diplomatie du phosphate et le conflit du Sahara occidental », Mémoire de Master 2, Université Paris 8, 2015.

préservant les capacités techniques de l'entreprise. Les chercheurs d'or noir français, embauchés massivement lors de la grande expansion, sont chargés de surveiller le bon fonctionnement des installations et d'assurer la formation des chercheurs d'or noir algériens, en attendant d'être transférés vers de nouvelles zones d'activités. Malgré le lancement de la politique de diversification, le gisement d'Hassi Messaoud continue d'offrir un terrain idéal pour la poursuite des programmes de recherche et d'innovation technologique. Le Sahara permet de former de jeunes ingénieurs et techniciens français et offre une vitrine exceptionnelle pour montrer au monde entier la fiabilité du modèle de coopération mis en place par la CFP. Alors que les pays du tiers-monde essaient de réduire leur dépendance à l'égard des grandes entreprises internationales, la réhabilitation de l'image du chercheur d'or noir français permet de déployer un véritable réseau de diplomatie technique.

Durant toute la période des Trente Glorieuses, le Sahara est ainsi le centre névralgique de l'industrie française d'exploration et de production de pétrole. Mais si dans cette période la CFP commence à s'intéresser à d'autres provinces pétrolières, aucune région du monde ne contribue autant au développement de ce secteur industriel. L'acquisition de savoir-faire, le perfectionnement des méthodes de gestion et l'accumulation de capital qui ont lieu au Sahara dans les années 1960 jouent un rôle crucial dans les projets d'expansion de l'entreprise tout au long du XXe siècle. Dans une période où le choc pétrolier de 1973 et les crises économiques bouleversent l'équilibre financier des compagnies internationales, cette stratégie permet de renforcer la position de la société française sur le marché. Alors que les restrictions annoncées par l'OPEP dans les années 1970 remettent en cause la présence des étrangers[1438], la CFP continue de renforcer ses liens avec les gouvernements des pays producteurs grâce aux dispositifs d'assistance technique et de coopération industrielle.

Les nouvelles entreprises nationales se transforment en partenaires industriels de premier plan et deviennent les principaux clients de l'industrie pétrolière et parapétrolière française. Le renforcement des réseaux de diplomatie technique permet donc d'ouvrir de nouveaux marchés pour la cession de brevets, d'équipements et d'expertise dans les

1438 Giuliano Garavini, *The Rise and Fall of OPEC in the Twentieth Century*, Oxford, Oxford University Press, 2019.

domaines de l'organisation, de la gestion industrielle et de la formation des ressources humaines. C'est ainsi que le chercheur d'or noir français devient le principal conseiller des pays du tiers-monde qui souhaitent construire et développer une industrie pétrolière nationale à la fin des années 1970. En contrepartie, la CFP reçoit un « paiement en huile », ce qui permet de limiter les risques d'investissements et de sécuriser l'accès aux sources d'approvisionnement. En somme, l'expertise technique cumulée devient la principale monnaie d'échange pour une entreprise qui souhaite assurer sa continuité opérationnelle durant cette période d'incertitudes.

L'ambition d'expansion internationale et le nouveau positionnement vis-à-vis des pays producteurs permettent de « décoloniser » l'image du chercheur d'or noir. Dans un contexte caractérisé par l'émergence de « l'idéologie du développement »[1439], ce processus est accéléré par le jeu de générations, la généralisation du travail temporaire et la circulation du modèle de transfert de technologie véhiculé par les grands cabinets-conseil. En premier lieu, le recrutement massif de jeunes issus des écoles d'ingénieurs et des instituts techniques permet de former aux métiers du pétrole une nouvelle génération de cadres et de techniciens. Celle-ci est moins marquée par la pensée coloniale et le modèle impérialiste, mais reste imprégnée par l'esprit de corps et l'image de l'aventure pétrolière. En deuxième lieu, la multiplication des sociétés de prestation de services et des entreprises de recrutement en intérim permet de faire face aux besoins opérationnels de l'assistance technique et de la coopération industrielle tout en réduisant progressivement le nombre d'agents directement employés par la CFP. En troisième lieu, le pacte conclu avec EUREQUIP contribue à la conception et à la mise en œuvre des politiques de transfert de technologie. Cela facilite donc la formation d'un grand nombre de travailleurs locaux et la circulation du savoir-faire pétrolier français dans le monde entier.

1439 William Easterly, *The Elusive Quest for Growth: Economists' Adventures and Misadventures in the Tropics*, Cambridge, MIT Press, 2001 ; William Easterly, *The White Man's Burden : Why the West's Efforts to Aid the Rest Have Done So Much Ill and So Little Good*, London, Penguin, 2006 ; William Easterly, *The Tyranny of Experts: Economists, Dictators, and the Forgotten Rights of the Poor*, Hachette UK, 2014.

La régionalisation de l'ensemble des filiales d'exploration et de production de la CFP change complètement le visage de l'entreprise au cours des dernières décennies du XXe siècle. En Algérie, au Sénégal, en Indonésie tout comme aux Émirats arabes unis, en Norvège, ou encore en Argentine, la formation de personnel local accompagne la mondialisation du groupe pétrolier français. En même temps, la décentralisation, l'expansion territoriale et l'externalisation des activités contribuent à redimensionner les services centraux de la CFP, ce qui réduit le besoin de personnel français. En effet, durant la période de récession inaugurée par les contre-chocs pétroliers des années 1980, la CFP commence à diminuer l'effectif du secteur amont à travers des plans sociaux et des actions de réorganisation. Cela permet de limiter les coûts opérationnels tout en remettant en cause le positionnement technique dans certains secteurs stratégiques comme la recherche et la production de pétrole. En somme, les chercheurs d'or noir français commencent à sortir de scène sans faire trop de bruit au tournant du siècle, remplacés par des *traders* spécialisés dans le négoce d'énergies. Mais si les personnes disparaissent peu à peu des terrains d'activités, le personnage, quant à lui, survit dans l'imaginaire du consommateur où il continue de guider le trépan du derrick qui s'enfonce dans le ventre de la terre.

«Le pétrole, il n'y a pas de futur dans cette industrie!» Cette idée largement partagée pendant les crises des années 1970. Elle est encore d'actualité au début du XXIe siècle. Si les métiers de l'industrie d'exploration et de production d'hydrocarbures ne font plus rêver les jeunes générations, il nous semble difficile d'imaginer un monde sans pétrole et sans chercheurs d'or noir. Les besoins des consommateurs, les contraintes de l'économie mondialisée et l'importance des énergies fossiles en tant qu'attribut de la souveraineté étatique ont imposé une adaptation du modèle industriel. Les géologues, les foreurs, les producteurs, les techniciens plongeurs n'ont certes pas disparu. Ils sont été progressivement remplacés par des drones, des robots, des algorithmes et des intelligences artificielles. Les pétroliers existent encore et continuent à guider la transformation d'une machine industrielle complexe et incompréhensible aux yeux des observateurs extérieurs. En ce sens, l'image du chercheur d'or noir n'est pas encore destinée à trouver sa place uniquement dans les livres d'histoire. L'idée que cet héritage du passé n'a plus rien à voir avec le présent nous a empêchés de saisir l'enjeu de l'adaptation des entreprises pétrolières au nouveau contexte. Trop occupés à satisfaire nos besoins de consommation, nous ne nous sommes pas aperçus que le chercheur d'or noir, fantasme de notre passé, était en train de se transformer en chercheur de nouvelles énergies.

SOURCES

AVANT-PROPOS

Le présent travail a été réalisé en s'appuyant sur trois typologies de sources différentes : les archives écrites, les archives audiovisuelles et les archives orales. Pour les archives écrites, nous nous sommes basés majoritairement sur les dossiers conservés aux Archives historiques de TotalEnergies où nous avons participé directement au classement de certains fonds. Notre corpus s'appuie également sur d'autres sources conservées aux Archives nationales de Pierrefitte-sur-Seine, aux Archives nationales d'outre-mer d'Aix-en-Provence et aux Archives diplomatiques de La Courneuve. En même temps, des visites ponctuelles à la Bibliothèque nationale de France et au Centre de documentation de l'Institut français du pétrole ont permis d'avoir accès à d'autres sources imprimées, revues et journaux spécialisés. Pour les archives orales, nous avons utilisé principalement les entretiens réalisés durant la campagne qui s'est déroulée entre 2018 et 2020. Les enregistrements audio et vidéo, ainsi que les fiches chronothématiques des entretiens, sont aujourd'hui conservés et accessibles aux Archives historiques de TotalEnergies. *In fine*, les archives audiovisuelles proviennent également des collections de l'entreprise. Entre 2019 et 2021, nous avons travaillé à la mise en place du Digital Asset Management eTraces Multimédia, un projet qui a permis de favoriser l'accessibilité de ces sources et, en même temps, de compléter notre corpus.

SOURCES ÉCRITES

ARCHIVES NATIONALES DE PIERREFITTE-SUR-SEINE (AN)

F/60/4001–4072, Archives du plan de Constantine, (1953–1966).

AG/5(1)/1-AG/5(1)/2806, Archives de Charles de Gaulle, président de la République, (1959–1969).

19820750, Ministère de l'Industrie, Direction générale de l'énergie et des matières premières; Direction des hydrocarbures; Service prospection, production, (1940–1977).

19890566, Ministère de l'Industrie, Direction générale énergie et Matières premières, direction hydrocarbures, Secrétariat général, (1911–1981).

1977143, Industrie; Direction générale de l'énergie et des matières premières; Directeur et services rattachés; Observatoire des matières premières, 1890–1970.

19790802, Éducation nationale, (1950–1969).

19800284, Archives CNRS, (1914–1974).

19870072, Agence pour les économies d'énergie (AEE) ; Commissariat à l'énergie solaire (COMES) ; Agence française pour la maîtrise de l'énergie (AFME), (1971–1984).

20050139, Agence française pour la maîtrise de l'énergie (AFME) et organismes antérieurs (AEE, COMES), (1948–1990).

20150184, Agence pour les économies d'énergie (AEE), (1974–1983).

Archives nationales d'outre-mer d'Aix-en-Provence (ANOM)

FM/81F/1–1476, Ministère d'État chargé des Affaires algériennes, (1873–1964).

Archives diplomatiques de La Courneuve (AMAE)

260QO/1–216, Secrétariat d'État aux Affaires algériennes / Affaires politiques et économiques, (1955–1967).

ARCHIVES HISTORIQUES DE TOTALENERGIES (AH TOTALENERGIES)

00AH001, Historique du groupe Compagnie française des pétroles-Total Présentation, chronologies historiques et revues internes du groupe Total, (1923–2000).

00AH003, Historique du groupe Compagnie française des pétroles-Total Comptes rendus de conférences et documentation relative à l'histoire du groupe, (1920–1992).

00AH004, Filiales et participations par zone géographique – Abu Dhabi Marine Aeras Company (ADMA) : activités de la CFP-Total et d'ADMA sur les puits de Zakoum et d'Umm Shaif dans les Émirats arabes unis, (1953–1982).

00TE013, Communication et relations publiques : activités internationales, résultats financiers, nomination de Serge Tchuruk à la présidence du groupe, (1990–1993).

00TF145, Direction des ressources humaines documents sociaux concernant la gestion du personnel et les organismes du groupe Compagnie française des pétroles-Total, (1957–2000).

04AH025, Filiales et participations par zone géographique : Total Indonésie, (1964–1983).

04AH026, Filiales et participations par zone géographique – Iraq Petroleum Company (IPC) et compagnies associées, (1911–1974).

05ZZ1001, Fonds direction ressources humaines de Total exploration production, (1962–1983).

07AH0008, Bureau de recherches de pétrole (BRP), (1942–1966).

07AH0024, Direction des carburants (DICA), (1947–1995).

07AH0138, Régie autonome des pétroles (RAP), (1955–1978).

07AH0179, Société nationale des matériels pour la recherche et l'exploitation du pétrole (SN MAREP), 1945–1967).

07AH0168, Filiales et participations par zone géographique – Société nationale de recherches et d'exploitation des pétroles en Algérie (SN REPAL), (1946–1970) ;

08AH0129, Total compagnie française de distribution (TCFD), (1903–2000)

09AH0429, Communication interne – Chaud Froid, revue d'entreprise de la Compagnie française des pétroles (CFP), (1972–1973)

09AH0482, Communication interne – Brochures : Exploration-Production Revues internes sur l'Exploration-Production, (sd-sd).

10AH0449, Communication interne – Le Petit Messaoudien – La Torche – L'Éruptif. Revues internes de la Compagnie française des pétroles Algérie (CFP-A), 1957–1971.

10AH0853, Société nationale de recherches et d'exploitation des pétroles en Algérie (SN REPAL) Rapports annuels d'activités, (1949–1978).

11AH0166, Archives pour l'Histoire du groupe Elf-Aquitaine, (1920–1995)

18V01807, Archives de la Compagnie française des pétroles Algérie (CFP-A) Activités de la filiale algérienne de la Compagnie française des pétroles, (1946–1978).

50ZZ496, Compagnie française des pétroles (CFP) : documents de société, (1924–1990).

50ZZ507, Archives de Vincent Labouret, secrétaire général de la CFP, (1950–1977).

50ZZ600, Total coopération industrielle (TCI), (1978–1984).

83ZW528, Consortium de compagnies pétrolières en Iran. Activités et relations de la Compagnie française des pétroles en Iran, (1948–1980).

83ZW529, Secrétariat général du groupe Total – Vincent Labouret, secrétaire général Comptes rendus de réunions concernant les cadres, gestion du personnel et documentation sur l'opinion publique en France, (1969–1985).

83ZW544, Relations de la Compagnie française des pétroles avec la Steaua Romana, (1910–1948).

83ZX903, Organisation interne : études d'organisation McKinsey sur la Compagnie française des pétroles (CFP), (1969–1974).

83ZX913, Direction développement production archives de Louis le Thérisien, directeur de la direction développement production à Total Exploration, (1965–1976).

83ZX915, Société de la raffinerie d'Alger (SAR) gestion administrative, relation et construction de la raffinerie de la Société de la raffinerie d'Alger, (1963–1970).

83ZY354, Secrétariat général administratif: Dossiers des relations extérieures de la Compagnie française des pétroles (CFP), (1931–1982).

85WZ626, Compagnie française des pétroles Algérie (CFP-A) et Total Algérie, (1956–1982).

85ZW243, Société de prospection géophysique (SPG) Comptes rendus assemblée générale et conseil d'administration, relation et dissolution de la Société de prospection géophysique (SPG), (1927–1952).

85ZW245, Syndicat d'etudes et de recherches pétrolières (SERP) – AEF, Gabon, Madagascar, Maroc, Syndicats coloniaux, Tunisie. Comptes rendus assemblée générale, dossiers administratifs, financiers et du personnel, (1924–1965).

85ZW246, Compagnie chérifienne des pétroles, (1929–1956).

85ZW523, Total assistance technique (TAT) : Comptes rendus assemblée générale et conseil d'administration, (1979–1983).

85ZW534, Filiales et participation par zone géographique : Total Indonésie, (1969–1984).

85ZW666, Archives direction générales méditerranée – Afrique de l'Ouest : négociations franco-algériennes, accords, ASCOOP, (1969–1978).

85ZW887, Total assistance technique (TAT) Comptes rendus assemblée générale et conseil d'administration, (1974–1978).

86ZW282, Compagnie française des pétroles – gestion et recherche comptes rendus assemblée générale et rapports d'activités.

86ZW284, Direction générale archives d'Étienne Dalemont, (1950–1981).

87ZY357, Secrétariat Permanent : dossiers sur l'économie pétrolière mondiale

89ZY240, Politique pétrolière de la Compagnie française des pétroles-Total et relations avec les gouvernements, (1952–1976).

89ZY444, Organisation interne organigrammes de la Compagnie française des pétroles, (1969–1978).

90ZZ049, Total agrosystems international : construction du centre agricole d'Al Aïn, (1969–1986).

91ZZ226, Archives de Pierre Capoulade, président de Total chimie, (1924–2000).

91ZZ227, Total chimie et pétrochimie archives de Pierre Capoulade, président de Total chimie, (1932–1988).

91ZZ419, Documentation – Compagnie française des pétrole Algérie, (1935–1987).

91ZZ425, Centre de documentation et de synthèse (CDS) : économie et politique dans le monde, (1947–1983).

91ZZ438, Documentation – Brochures de notoriétés et dépliants publications sur l'activité du groupe Compagnie française des pétroles-Total dans le monde, (1977–1990)

92AA060, Communication et relations publiques dossiers de la direction de l'information et des relations extérieures (DIRE), (1920–2003).

92AA091, Direction de l'information et des relations extérieures (DIRE) : revue de presse et études économiques, (1904–2003).

92ZQ001, Activités de la Compagnie française des pétroles (CFP) en Iran : relations avec le gouvernement iranien pour la mise en place et la gestion de l'exploitation des gisements en hydrocarbures en Iran, (1948–1974).

92ZZ500, Versement sans continuité 1992, (sd-sd).

SOURCES IMPRIMÉES ET REVUES SPÉCIALISÉES

Annales de l'Office national des combustibles liquides

Bulletin de l'industrie pétrolière

Bulletin d'information du réseau de distribution

CFP Information

Deep Sea Research

Échos Elf

Énergies

Fina Information

La revue pétrolifère

Le nouvel explorateur

Le raffineur français

Pétrole information
Petroleum Press Service
Rapport annuel de l'IFP
Rapport sur l'exercice annuel de la CFP (puis du groupe Total)
Révolution et travail [UGTA]
Revue française de l'énergie
Total News

SOURCES ORALES

Archives orales de la Compagnie française des pétroles Algérie (CFP-A)

AO011901, Récit de carrière de Jean-Pierre Strobel, La-Celle-Saint-Cloud, 18 avril 2018.

AO011902, Récit de carrière de Jean Picard, Versailles, 9 mai 2018.

AO011903, Récit de carrière de Aziz Ait Saïd, Paris, 19 décembre 2019.

AO011904, Récit de carrière de Jacques Verdier, La Défense, 21 juin 2018.

AO011905, Récit de carrière de René Gourgouillon, Aix-en-Provence, 27 juin 2018.

AO011906, Récit de carrière de René Gourgouillon, Aix-en-Provence, 29 juin 2018.

AO011907, Récit de carrière de Guy Faure, La Celle-Saint-Cloud, 13 septembre 2018.

AO011908, Récit de carrière de Pierre Maréchal, Paris, 19 septembre 2018.

AO011909, Récit de carrière de Jean Manceron, Paris, 19 décembre 2019.

AO011910, Récit de carrière de Gérard Marion, Paris, 12 octobre 2018.

AO011911, Récit de carrière de Jean-Pierre Dequeker, Sèvres, 18 octobre 2018.

AO011912, Récit de carrière de Odette Casalta-Ribès, Paris, 23 octobre 2018.

AO011913, Récit de carrière de Ali Friha, Paris, 22 novembre 2018.

AO011914, Récit de carrière de Henri Desbordes, La Défense, 11 décembre 2018.

AO011915, Récit de carrière de Jean-Pierre Bouju, La Défense, 12 décembre 2018.

AO011916, Récit de carrière de Sylvianne Loste, Paris, 24 janvier 2019.

AO011917, Récit de carrière de Guy de Lombarès, Paris, 1er février 2019.

AO011918, Récit de carrière de Jean Laherrere, La Défense, 7 février 2019.

AO011919, Récit de carrière de Alain Perrodon, 15 février 2019.

AO011920, Récit de carrière de Francine Rimbert, 26 février 2019.

AO011921, Récit de carrière de Michel Naylies, Argeliers, 29 mars 2019.

AO011922, Récit de carrière de Pierre Orieux, Paris, 23 octobre 2019.

SOURCES AUDIOVISUELLES

Archives audiovisuelles de TotalEnergies

2, Compagnie française des pétroles, *À la découverte du pétrole*, sdnl.

3, Compagnie française des pétroles Algérie, *Dix ans de CFP-A (1953–1963)*, 1963.

17, Compagnie française des pétroles Algérie, *Maison Verte*, réalisation Sidney Jezquel, 1969.

20, Compagnie française des pétroles Algérie, *Le Briquet du Diable*, réalisation Léopold Tixier,1962.

24, Compagnie française des pétroles, *Le Groupe aujourd'hui*, 1974.

2525, American Petroleum Institute, *Born in freedom – The story of Colonel Drake*, réalisation Arthur Pierson, 1954.

112, Compagnie française des pétroles Algérie, *Sahara Parallèle 32*, réalisation Louis-Émile Galey et Alain Pol, 1957.

113, Compagnie française des pétroles Algérie, *Rencontre à Ghardaïa*, réalisation Yves Allan, 1960.

125, Compagnie française des pétroles, *Objectif Forage au Spitzberg*, réalisation Jean-Jacques Languepin, 1973.

137, Compagnie française des pétroles-Total, *Les récoltes du désert*, réalisation François Duperon, 1982.

138, Société Pétrolière de Gérance, *Sahara Brut 58*, réalisation Carlos Vilardébo, 1959.

139139, Abu Dhabi Marine Areas, *Beneath the water of Abu Dhabi*, 1960

234, Compagnie Française des Pétroles, *Le défi des grandes profondeurs*, réalisation de Paul de Roubaix, 1985.

1452, TotalFina, *Total Vidéo spécial: Projet d'organisation du Groupe TotalFinaElf*, 1999.

1519, Compagnie de recherche et d'exploitation du pétrole au Sahara, *Les pétroliers des sables*, réalisation Carlos Vilardébo, 1957.

1618, Elf-Aquitaine, *Frigg le grand rendez-vous*, réalisation Jean Leduc, 1979.

1710, Régie autonome des pétroles, *Pétrole des Pyrénées*, réalisation Marcel Vallette, 1952.

1711, Société nationale des pétroles Aquitaine, *Les hommes du pétrole*, réalisation Robert Courtot, 1958.

2843, Iraq Petroleum Company, *Le troisième fleuve*, réalisation Michael Clarke, 1953.

6052, Total oil marine, L*es sept îles de Frigg*, réalisateurs Robert Enrico et Paul de Roubaix, 1978.

3897, TotalFina, *Total Vidéo spécial: interview de Thierry Desmarest dans « l'invité de l'économie » (8 décembre 1998)*, 1999.

4366, Compagnie française des pétroles, *Les grands succès: lire aujourd'hui 1*, 1972.

4505, Elf-Aquitaine, *Supercarburant Elf Moins – En ville*, 1977.

4506, Elf-Aquitaine, *Supercarburant Elf Moins – Les embouteillages*, 1977.

4507, Elf-Aquitaine, *Frigg*, réalisation Georges Pessis, 1973.

4672, Compagnie française des pétroles, *Les grands succès: lire aujourd'hui 2*, 1972.

4766, Compagnie française des pétroles, *Total confort: la baignoire*, 1972.

Histoire générale du pétrole et de l'énergie

Laurie Adkin, *First World Petro-Politics: The Political Ecology and Governance of Alberta*, Toronto, University of Toronto Press, 2016.

Farah Al-Nakib, *Kuwait Transformed: A History of Oil and Urban Life*, Palo Alto, Stanford University Press, 2016.

Pierre d'Amarzit, *Les entreprises publiques pétrolières et l'approvisionnement en énergie de la Communauté économique européenne*, Paris, Technip, 1978.

Ian Angus, *Facing the Anthropocene: Fossil Capitalism and the Crisis of the Earth System*, NYU Press, 2016.

Hannah C. Appel, « Walls and white elephants : Oil extraction, responsibility, and infrastructural violence in Equatorial Guinea », *Ethnography*, n° 13, 2012/4, p. 439-465.

Reza Ariankia, « La technique de la joint-venture au sein de l'industrie pétro-gazière internationale : contribution à l'étude juridique sur les architectures contractuelles pratiquées par les principaux acteurs pétro-gaziers en amont », Thèse de doctorat, Université Panthéon-Sorbonne, 2016.

Touraj Atabaki, Elisabetta Bini et Kaveh Ehsani (dir.), *Working for Oil: Comparative Social Histories of Labor in the Global Oil Industry*, New York, Palgrave Macmillan, 2018.

Matthieu Auzanneau, *Or noir: la grande histoire du pétrole*, Paris, La Découverte, 2016.

James Bamberg, *British Petroleum and Global Oil, 1950–1975: The Challenge of Nationalism*, Stated First Edition., Cambridge, Cambridge University Press, 2000.

James Bamberg, *The History of the British Petroleum Company*, vol. 2, *The Anglo-Iranian Years, 1928–1954*, Cambridge, Cambridge University Press, 1982.

James Barr, *A line in the sand: Britain, France and the struggle for the mastery of the Middle East*, London, Simon & Schuster, 2011.

Ross Barrett et Daniel Worden, *Oil Culture*, Minneapolis, University of Minnesota Press, 2014.

Andrew Barry, *Material Politics: Disputes Along the Pipeline*, Hoboken, John Wiley & Sons, 2013.

Charles Carpenter Bates, Thomas Frohock Gaskell et Robert B. Rice, *Geophysics in the affairs of man : a personalized history of exploration geophysics and its allied sciences of seismology and oceanography*, Oxford, 1982.

Marloes Beers, « Le choc pétrolier, nouvelle impulsion ou ralentissement pour la politique énergétique commune? Les politiques énergétiques de la Communauté européenne autour du premier choc pétrolier », Thèse de doctorat, Université de Cergy-Pontoise, 2015.

Alain Beltran (dir.), *A comparative history of national oil companies*, Bruxelles, Peter Lang, 2010.

Alain Beltran, « Introduction : Energy in History, the History of Energy », *Journal of Energy History/Revue d'histoire de l'énergie* [en ligne], n° 1, 2018.

Alain Beltran, *La vie électrique. Histoire et imaginaire (XVIIIe-XXIe siècle)*, Paris, Humensis, 2017.

Alain Beltran, « L'histoire d'entreprise, pour la connaissance et l'efficacité », *Communication et organisation*, n° 7, 1995.

Alain Beltran, « Gaz de France et le secteur gazier depuis 1940 », *FLUX, Cahiers scientifiques internationaux Réseaux et Territoires*, n° 8, 1992/8, p. 29–38.

Alain Beltran (dir.), *Oil producing countries and oil companies: from the nineteenth century to the twenty-first century*, Bruxelles, Peter Lang, 2011.

Alain Beltran (dir.), *Oil routes*, Bruxelles, Peter Lang, 2016.

Alain Beltran, « Quelle approche "culturelle" de l'histoire de l'électricité ? », *Annales historiques de l'électricité*, n° 2, 2004/1, p. 139–145.

Alain Beltran, Christophe Bouneau et Yves Bouvier, *État et énergie: XIXe-XXe siècle. Séminaire 2002–2006*, Paris, Comité pour l'histoire économique et financière de la France, 2009.

Alain Beltran et Jean-Pierre Williot, *Gaz: du gaz en France à Gaz de France, deux siècles de culture gazière*, Paris, Le Cherche midi, 2009.

Alain Beltran et Jean-Pierre Williot, *Le noir et le bleu: 40 ans d'histoire de Gaz de France*, Paris, Belfond, 1992.

Alain Beltran, Jean-Pierre Williot, Michel Chapon, Günther Oettinger et Philippe Boucly, *Les routes du gaz: histoire du transport de gaz naturel en France*, Paris, Le Cherche midi, 2012.

Jean-Jacques Berreby, « Le pétrole en question », *Politique étrangère*, n° 29, 1964/1, p. 62–73.

Elisabetta Bini et Francesco Petrini, « Labor politics in the oil industry : new historical perspectives », *Labor History*, n° 60, 2019/1, p. 1–7.

Julien Brault, « Technip ou l'émergence d'un champion national de l'ingénierie pétrolière », *Entreprises et histoire*, n° 71, 2014/2, p. 39-61.

Yves Bouvier, *L'Europe en transitions: énergie, mobilité, communication, XVIIIe-XXIe siècles*, Paris, Nouveau Monde, 2016.

Geoffrey C. Bowker, *Science on the run: information management and industrial geophysics at Schlumberger, 1920–1940*, Cambridge, MIT Press, 1994.

Louis Cagniard, *La prospection géophysique*, Paris, Presses universitaires de France, 1950.

Roberto CANTONI, *Oil exploration, diplomacy, and security in the early Cold War : the enemy underground*, New York, Taylor & Francis, 2017.

Jonathan CONLIN, *Mr Five Per Cent : The many lives of Calouste Gulbenkian, the world's richest man*, London, Profile Books, 2019.

Thomas CORLEY, *A History of the Burmah Oil Company*, London, Heinemann, 1983.

J. CRAIG, F. GERALI, F. MACAULAUY et R. SORKHABI, *History of the European Oil and Gas Industry*, London, Geological Society of London, 2018.

Étienne DALEMONT, *L'Industrie du pétrole*, Paris, Presses universitaires de France, 1982.

Étienne DALEMONT, *Le pétrole*, Paris, Presses universitaires de France, 1979.

Étienne DALEMONT et Jean CARRIÉ, *L'économie du pétrole*, Paris, Presses universitaires de France, 1994.

Christopher R. W. DIETRICH, *Oil Revolution : Anticolonial Elites, Sovereign Rights, and the Economic Culture of Decolonization*, Cambridge, Cambridge University Press, 2017.

Mona DJAMULI, « The Image World of Middle Eastern Oil », *in Hannah Appel, Arthur Mason, Michael Watts (dir.) Subterranean Estates : Life Worlds of Oil and Gas*, Cornell University Press, 2015.

Stéphane DUBOIS, *Les hydrocarbures dans le monde*, Paris, Ellipses, 2007.

Mark MAU et Henry EDMUNDSON, *Groundbreakers : The story of oilfield technology and the people who made it happen*, Peterborough, FastPrint Publishing, 2015.

Kaveh EHSANI, « The social history of labor in the Iranian oil industry : the built environment and the making of the industrial working class (1908–1941) », Thèse de doctorat, Leiden University, 2014.

Ebtissam El KAILANI-CHARIAT, « La stabilisation des contrats pétroliers », Thèse de doctorat, Université Panthéon-Sorbonne, 2017

F. William ENGDAHL, *A Century of War : Anglo-American Oil Politics and the New World Order*, Progressive Press, 2012.

Ronald W. FERRIER, *The History of the British Petroleum Company*, Vol. 1, *The Developing Years, 1901–1932*, Cambridge, Cambridge University Press, 1982.

Robert James FORBES et Denis R. O'BEIRNE, *The Technical Development of the Royal Dutch/Shell : 1890–1940*, Brill Archive, 1957.

Pierre Fontaine, *Le Pétrole du Moyen-Orient et les trusts*, Paris, Les Sept couleurs, 1960.

Nelida Fuccaro, *Histories of City and State in the Persian Gulf: Manama since 1800,* Cambridge, Cambridge University Press, 2009.

Giuliano Garavini, *The Rise and Fall of OPEC in the Twentieth Century*, Oxford, Oxford University Press, 2019.

Giuliano Garavini, « Completing Decolonization : The 1973 'Oil Shock' and the Struggle for Economic Rights », *The International History Review*, n° 33, 2019/3, p. 473–487.

Frederik Carel Gerretson, *History of the Royal Dutch*, Leiden, Brill, 1953.

Patrick Gilbert, *La gestion prévisionnelle des ressources humaines*, Paris, La Découverte, 2012.

Bruce Glassburner, « In the Wake of General Ibnu : Crisis in the Indonesian Oil Industry », *Asian Survey*, n° 16, 1976/12, p. 1099–1112.

Roger Goetze, Florence Descamps et Agathe Georges-Picot, *Entretiens avec Roger Goetze, haut fonctionnaire des Finances. 1, Rivoli-Alger-Rivoli, 1937–1958*, Paris, Comité pour l'histoire économique et financière de la France, 1997.

Rüdiger Graf, *Oil and Sovereignty : Petro-Knowledge and Energy Policy in the United States and Western Europe in the 1970s*, New York, Berghahn Books, 2018.

Rüdiger Graf, « Expert Estimates of Oil-Reserves and the Transformation of "Petroknowledge" in the Western World from the 1950s to the 1970s », *in* Frank Uekötter et Uwe Lübken (dir.), *Managing the Unknown*, New York, Berghahn Books, 2022, p. 140-167.

Gabrielle Hecht, *The Radiance of France : Nuclear Power and National Identity after World War II*, Cambridge, MIT Press, 2009.

Carola Hein (dir.), *Oil Spaces : Exploring the Global Petroleumscape*, New York, Routledge, 2021.

Carola Hein, « Oil spaces : The global petroleumscape in the Rotterdam/ The Hague area », *Journal of Urban History*, n° 44, 2018/5, p. 887-929.

Carola Hein et Mohamad Sedighi, « Iran's Global Petroleumscape : The Role of Oil in Shaping Khuzestan and Tehran », *Architectural Theory Review*, n° 21, 2016/3, p. 349-374.

Ralph Hidy et Muriel E. Hidy, *History of Standard Oil Company*, New York, Ayer Co Pub, 1955.

Peyman JAFARI, « Oil, labour and revolution in Iran : a social history of labour in the Iranian oil industry, 1973–1983 », Thèse de doctorat, Leiden University, 2018.

Toby Craig JONES, *Desert Kingdom – How Oil and Water Forged Modern Saudi Arabia*, Cambridge, Harvard University Press, 2010.

Joost JONKER, Stephen HOWARTH, Jan Luiten Van ZENDEN, Keetie SLUYTERMAN et Jan Luiten van ZANDEN, *The History of Royal Dutch Shell*, Oxford University Press, 2007.

Terry Lynn KARL, *The Paradox of Plenty : Oil Booms and Petro-States*, Berkeley, University of California Press, 1997.

Giulio LATINI, *L'energia e lo sguardo : il cinema dell'Eni e i documentari di Gilbert Bovay*, Roma, Donzelli, 2011.

Jules LEVEUGLE, « Le prix du pétrole dans le monde », *Politique étrangère*, n° 40, 1975/4, p. 417–445.

Henry LONGHURST, *Adventure in oil : The story of British Petroleum*, London, Sidgwick and Jackson, 1959.

Germán MASSABIÉ, *Venezuela : A Petro-State Using Renewable Energies : A Contribution to the Global Debate about New Renewable Energies for Electricity Generation*, Berlin, Springer Science & Business Media, 2009.

Leonardo MAUGERI, *The Age of Oil : The Mythology, History, and Future of the World's Most Controversial Resource*, Westport, Greenwood Publishing Group, 2006.

Timothy MITCHELL, *Carbon Democracy : le pouvoir politique à l'ère du pétrole*, Paris, La Découverte, 2017.

Radouan Andrea MOUNECIF et Natasha PESARAN, « Hydrocarbons and human resources : histories of labor, social relations, and industrial culture in the oil and gas industry », *Journal of Energy History/Revue d'histoire de l'énergie*, 9, 2022.

Franck NASSER, *Gestion prévisionnelle de l'ingénierie*, Paris, Technip, 1985.

Petter NORE et Terisa TURNER, *Oil And Class Struggle*, London, Zed Books, 1980.

André NOUSCHI, *Pétrole et les relations internationales depuis 1945*, Paris, Armand Colin, 1999.

André NOUSCHI, *Luttes pétrolières au Proche-Orient*, Paris, Flammarion, 1970.

David S. PAINTER, « Oil and the American Century », *The Journal of American History*, n° 99, 2012/1, p. 24-39.

Stephen C. PELLETIÈRE, *America's Oil Wars*, Westport, Praeger Publishers Inc, 2004.

Alain PERRODON, *Quel pétrole demain ?*, Paris, Technip, 1999.

Alain PERRODON, *L'Homme et le pétrole*, Paris, Le Léopard d'or, 1990.

Alain PERRODON, *Profession géologue pétrolier*, Pau, Société Nationale Elf-Aquitaine, 1987.

Alain PERRODON, *Dynamics of oil and gas accumulations*, Pau, Société Nationale Elf-Aquitaine, 1983.

Alain PERRODON, *Géodynamique pétrolière : genèse et répartition des gisements d'hydrocarbures*, Pau, Société Nationale Elf-Aquitaine, 1980.

Alain PERRODON, *Cours de géologie du pétrole*, Nancy, École nationale supérieure des Mines et de la Géologie, 1960.

Alain PERRODON, Société géologique de France et Association française des techniciens du pétrole (dir.), *Les techniques pétrolières : 5 novembre 1985*, Paris, Société géologique de France, 1987.

Philippe PÉTRIAT, *Aux pays de l'or noir : une histoire arabe du pétrole*, Illustrated edition, Paris, Gallimard, 2021.

Daniele POZZI, *Dai gatti selvaggi al cane a sei zampe : tecnologia, conoscenza e organizzazione nell'Agip e nell'Eni di Enrico Mattei*, Venezia, Marsilio, 2009.

Tyler PRIEST, « Shrimp and Petroleum : The Social Ecology of Louisiana's Offshore Industries », *Environmental History*, n° 21, 2016/3, p. 488-515.

Stephen J. RANDALL, *United States Foreign Oil Policy Since World War I : For Profits and Security*, 2nd ed., Montréal, McGill-Queen's University Press, 2007.

Miguel Tinker SALAS, *The Enduring Legacy : Oil, Culture, and Society in Venezuela*, Duke University Press, 2009.

Myrna I. SANTIAGO, *The Ecology of Oil : Environment, Labor, and the Mexican Revolution, 1900–1938*, Cambridge, Cambridge University Press, 2009.

Vaclav SMIL, *Energy and civilization : a history*, Cambridge, MIT Press, 2017.

Andrew T. PRICE-SMITH, *Oil, Illiberalism, and War : An Analysis of Energy and US Foreign Policy*, Cambridge, MIT Press, 2015.

Pierre Edmond SCHMITZ et Louis PINEAU, *Épopée du pétrole : enfance et destins d'un géant*, Paris, R. Pichon et Durand-Auzias, 1947.

Xavier Boy de La Tour, *Le pétrole : au-delà du mythe*, Paris, Technip, 2004.

Philippe Tristani, « L'Iraq Petroleum Company de 1948 à 1975 : stratégie et déclin d'un consortium pétrolier occidental pour le contrôle des ressources pétrolières en Irak et au Moyen-Orient », Thèse de doctorat, Université Paris-Sorbonne, 2014.

Barry Turner, *Suez 1956: The Inside Story of the First Oil War*, Hachette UK, 2012.

Michel Valais et Michel Durand, *L'industrie du gaz dans le monde*, Paris, Technip, 1975.

Léon Vasseur, *Pétrole et gaz naturel dans le monde*, Paris, Armand Colin, 1965.

Fiona Venn et Wouter de Been, *Oil Diplomacy in the Twentieth Century*, Basingstoke, Palgrave HE, 1986.

Robert Vitalis, *America's Kingdom : Mythmaking on the Saudi Oil Frontier*, London, Verso, 2009.

Edward Ward, *Le pétrole dans le monde : ses hommes et ses techniques*, Paris, Payot, 1960.

Michael Watts, « Resource curse? Governmentality, oil and power in the Niger Delta, Nigeria », *Geopolitics*, n° 9, 2004/1, p. 50-80.

Sheena Wilson, Adam Carlson et Imre Szeman (dir.), *Petrocultures : Oil, Politics, Culture*, Montréal, McGill-Queen's University Press, 2017.

Daniel Yergin, *The Prize : The Epic Quest for Oil, Money & Power*, New York, Simon and Schuster, 2012.

Histoire de l'industrie du pétrole en France et en Algérie

Belaïd Abdesselam, *Le pétrole et le gaz naturel en Algérie*, Alger, ANEP, 2012.

Marcie Agapé, « L'édification d'un réseau moderne de distribution d'essence Total 1955–1985 », Mémoire de master 1, Université Paris-Sorbonne, 2012.

Azzedine Ali Benali, « Les ingénieurs de l'Institut algérien du pétrole : formation et parcours professionnels », *in* Éric Gobe (dir.), *Les ingénieurs maghrébins dans les systèmes de formation*, Rabat, Institut de recherche sur le Maghreb contemporain, 2014, p. 133–145.

Marcel Amphoux, « Une nouvelle industrie française : le raffinage du pétrole », *Annales de géographie*, n° 44–251, 1935, p. 509–533.

Laurence BADEL, *Les administrations nationales et la construction européenne: une approche historique (1919–1975)*, Bruxelles, Peter Lang, 2005.

Jean-Louis BEFFA, Christian STOFFAËS, et INSTITUT D'HISTOIRE DE L'INDUSTRIE, *Pierre Guillaumat: la passion des grands projets industriels*, Paris, Institut d'histoire de l'industrie, Éditions Rive droite, 1995.

Madjid BENCHIKH et Jean TOUSCOZ, *Les instruments juridiques de la politique algérienne des hydrocarbures*, Paris, Librairie générale de droit et de jurisprudence, 1973.

Henry Victor BÉRENGER, *Le pétrole et la France*, Paris, Flammarion, 1920.

Gisela BLANC (dir.), *Elf-Aquitaine: des origines à 1989*, Paris, Fayard, 1998.

Jean-Marie BOUGUEN, *Le pétrole en France: genèse et stratégies d'influence*, Paris, L'Harmattan, 2013.

Inga BRANDELL, *Les rapports franco-algériens depuis 1962: du pétrole et des hommes*, Paris, L'Harmattan, 1981.

Jacques BRITSCH et Octave MEYNIER, *Perspectives sahariennes*, Paris, Charles-Lavauzelle, 1956.

Willy BRUDERER, *La Chasse aux bougies: né avec le siècle, un géologue pétrolier raconte l'aventure de sa vie*, Paris, ILEM, 1985.

Willy BRUDERER, *Pétroles de Mésopotamie et d'Afrique du Nord: journal d'un géologue, 1947–1975*, Paris, Beaulieu, 1976.

Éric BUSSIÈRE, «La France et les affaires pétrolières au lendemain de la Première Guerre mondiale: la politique des groupes financiers à travers celle de la banque de l'Union parisienne», *Histoire, économie & société*, n° 1–2, 1982, p. 313–328.

Valérie CARAYOL, Bruno CHAUDET et Alexandre FRAME, «Quelques jalons pour une histoire des relations publiques en France, des années 1900 jusqu'au début des années 1980», *Recherches en communication*, n° 41, 2014.

Emmanuel CATTA, *Victor de Metz: de la CFP au groupe Total*, Paris, Total Éditions, 1990.

Jean CHAUMELY et Denis HUISMAN, *Les relations publiques*, Paris, Presses universitaires de France, 1997.

Congrès national des sociétés historiques et scientifiques. Section d'histoire des sciences et des techniques, *La recherche pétrolière française: actes du*

118e Congrès national des sociétés historiques et scientifiques, Pau, 25–29 octobre 1993, Paris, CTHS, 1994.

Pierre Cornet, *Du mirage au miracle: pétrole saharien*, Paris, Nouvelles Éditions latines, 1960.

Pintilie Dan, « Istoricul societății petroliere Foraky Românească 1922–1942 », *Administratia Romaneasca Aradean*, vol. VIII, 2014.

Marie-Bénédicte Desjuzeur, « La compagnie française des pétroles en Algérie (1950–1971) », Mémoire de maîtrise, Université Paris I, Paris, 1992.

Benoît Doessant, « Le transport maritime d'hydrocarbures. Les compagnies pétrolières françaises entre impératifs économiques et obligation de pavillon (1918–1998) » Thèse de doctorat, Université Paris-Sorbonne, 2016.

Papa Dramé et Samir Saul, « Le projet d'Eurafrique en France (1946–1960) : quête de puissance ou atavisme colonial ? », *Guerres mondiales et conflits contemporains*, n° 216, 2004/4, p. 95114.

Albert Fitte, « La crise pétrolière franco-algérienne de 1970–1971 », *Cahiers de la Méditerranée*, n° 4, 1972/1, p. 36–48.

J. Flandrin, « Le pétrole et l'eau dans le Sahara septentrional algérien », *Géocarrefour*, n° 3, 1957/2–4, p. 293–306.

Pierre Fontaine, *Alerte au pétrole franco-saharien*, Paris, Les Sept couleurs, 1961.

Pierre Fontaine, *La mort étrange de Conrad Kilian, inventeur du pétrole saharien*, Paris, Les Sept couleurs, 1959.

Pierre Fontaine, *La nouvelle course au pétrole*, Paris, Les Sept couleurs, 1957.

Pierre Fontaine, *La guerre froide du pétrole*, Paris, Je Sers, 1956.

Robert Fosset, « Pétrole et gaz naturel au Sahara », *Annales de géographie*, n° 71–385, 1962, p. 279–308.

Vianney Gardey de Soos, « L'Affirmation de la marque Total à partir de l'évolution de son logo de 1954 à nos jours (2003) », Mémoire de master 2, Université Paris IV Sorbonne, Paris, 2010.

Tristan Gaston-Breton, *Total, un esprit pionnier*, Paris, Textuel, 2019.

Nicole Grimaud, « Le conflit pétrolier franco-algérien », *Revue française de science politique*, n° 22, 1972/6, p. 1276–1307.

Takashi Hotta, *L'industrie du pétrole en France des origines à 1934 : l'etat et les entreprises pétrolières*, Thèse de doctorat, Université Paris Nanterre, 1990.

Constance HUBIN, « Stratégie industrielle de la Compagnie Française des Pétroles (1945–1975) », Thèse de doctorat, Université Paris X, 2012.

Hervé L'HUILLIER, « La stratégie de la Compagnie Française des Pétroles durant la Seconde Guerre mondiale : sauvegarder l'essentiel », *Histoire, économie & société*, n° 11, 1992/3, p. 463–478.

Maurice BROGINI, « L'exploitation des hydrocarbures en Algérie de 1956 à 1971 », Thèse de doctorat, Université de Nice, 1973.

Jad KABBANJI, « La stratégie pétrolière de la France en Algérie, 1962–1971 », Thèse de doctorat, Université de Montréal, 2017.

Jean-Jacques LACOUR (dir.), *Terre d'innovations : 1944–2000 : histoire de l'IFP des origines… à nos jours*, Rueil-Malmaison, Institut français du étrole, 2001.

Bernard LARIVIÈRE et Francisco BATET, *Chercheur de pétrole au Sahara*, Paris, Hachette, 1958.

Jean LARTÉGUY, *Sahara an I*, Paris, Gallimard, 1958.

Lee C. LAWYER, Charles Carpenter BATES et Robert B. RICE, *Geophysics in the Affairs of Mankind : A Personalized History of Exploration Geophysics*, SEG Books, 2001.

Morgan LE DEZ, « Le commerce et l'industrie des pétroles dans la basse vallée de la Seine : 1860–1940 : la naissance d'un complexe énergétique, entre interventions étatiques et initiatives locales » Thèse de doctorat, Université du Havre, 2009.

Dominique LEJEUNE, *La France des Trente Glorieuses : 1945–1974*, Paris, Armand Colin, 2015.

Serge LERAT, « Hassi Messaoud », *Les Cahiers d'Outre-Mer*, n° 24–93, 1971, p. 16–31.

Tengku Nathan MACHMUD, *The Indonesian Production Sharing Contract : An Investor's Perspective*, The Hague, Kluwer Law International, 2000.

Maurice MAINGUY, *Le pétrole et l'Algérie*, Paris, Cerf, 1958.

Hocine MALTI, « Le gaspillage de l'or noir », *Confluences Méditerranée*, n° 81, 2012/2, p. 103–116.

Hocine MALTI, *Histoire secrète du pétrole algérien*, Paris, La Découverte, 2012.

Philippe MANIN, « Le différend franco-algérien relatif aux hydrocarbures », *Annuaire français de droit international*, n° 17, 1971/1, p. 147–169.

Philippe Marguerat et Lubor Jílek, *Banque et investissement industriel : Paribas, le pétrole roumain et la politique française, 1919–1939*, Neuchâtel, Faculté des lettres, 1987.

Radouan Andrea Mounecif, « La prudence et la prise de décision : la Compagnie Française des Pétroles Algérie et l'algérianisation du personnel (1962–1971) », *Entreprises et histoire*, n° 92, 2018/3, p. 43–58.

Daniel Murat, *L'intervention de l'État dans le secteur pétrolier en France*, Paris, Technip, 1969.

Marta Musso, « Towards an independent European energy policy : the oil industry in the aftermath of the Algerian War », Thèse de doctorat, University of Cambridge, 2016.

Roberto Nayberg, « La politique française du pétrole à l'issue de la Première Guerre mondiale : perspectives et solutions », *Guerres mondiales et conflits contemporains*, n° 224, 2006, p. 111–133.

Roberto Nayberg, « Qu'est-ce qu'un produit stratégique ? L'exemple du pétrole », *Défense nationale*, 1997, p. 77–86.

Georges Nely et Chambre syndicale de la recherche et de la production du pétrole et du gaz naturel *Méthodes géophysiques*, Paris, Technip, 1986.

Jean-Baptiste Noé, « Total. Comment associer responsabilité sociale de l'entreprise et réussite économique de l'entreprise (1946–2003) », Thèse de doctorat, Sorbonne Université, 2018.

André Nouschi, *La France et le pétrole : de 1924 à nos jours*, Paris, Picard, 2014.

André Nouschi, *Les origines de la C.F.P. jusqu'en 1924*, Université de Nice, 2001.

Nacer Ouarem, « Sonatrach entre institution et organisation : analyse institutionnaliste du secteur des hydrocarbures en Algérie (1958–2006) », Thèse de doctorat, École des hautes études en sciences sociales, 2010.

François Pelletier, *Ernest Mercier, le pétrole et la France*, Thèse de doctorat, Université Paris I, Université de Montréal, 2016.

Alain Perrodon, *Histoire des grandes découvertes pétrolières : un certain art de l'exploration*, Pau, Elf-Aquitaine, 1985.

Alain Perrodon, André Morange et Francis Héritier (dir.), *Les grandes heures de l'exploration pétrolière du Groupe Elf-Aquitaine*, Boussens, Elf-Aquitaine, 1992.

Bernard Pierre, *Pétrole français*, Paris, Hachette, 1960.

François ROCHE, *TotalFinaElf: une major française*, Paris, Le Cherche Midi, 2003.

Jean RONDOT, *La Compagnie française des pétroles: du franc-or au pétrole-franc*, Paris, Plon, 1962.

Alain ROUSSET, David HABIB, Vincent BERJOT, *Le bassin de Lacq: métamorphoses d'un territoire*, Pessac, MSH Aquitaine, 2014.

Christian ROUXEL, *D'Azur à Total: Desmarais Frères, le premier grand pétrolier français*, Toulouse, Drivers, 2007.

Yves SALGUES, *L'or noir du Sahara: la pathétique aventure de Conrad Kilian*, Paris, Fayard, 1958.

Mohamed SASSI, *La politique pétrolière de la France de 1861 à 1974: à travers le rôle de la compagnie privée Desmarais Frères*, Paris, SPM, 2018.

Samir SAUL, *Intérêts économiques français et décolonisation de l'Afrique du Nord*, Genève, Droz, 2016.

Samir SAUL, « Politique nationale du pétrole, sociétés nationales et "pétrole franc" », *Revue historique*, n° 638, 2006, p. 355–388.

Jacques SCHOEFFLER, *Gravimétrie appliquée aux recherches structurales et à la prospection pétrolière et minière*, Paris, Technip, 1975.

Vaclav SMIL, *Energy and civilization: a history*, Cambridge, MIT Press, 2017.

Patrice TEISSERENC, *Mon aventure pétrolière: Le témoignage d'un géologue en Afrique et au Moyen-Orient (1955–1975)*, Paris, L'Harmattan, 2019.

Michel VILAIN, *La politique de l'énergie en France: de la Seconde Guerre mondiale à l'horizon 1985*, Paris, Cujas, 1969.

René WALTHER, « Les activités pétrolières de Pechelbronn (1735–1970) », Thèse de doctorat, Université Marc Bloch, 2005.

Jean-Pierre WILLIOT, *Naissance d'un service public: le gaz à Paris*, Paris, Rive droite, 1999.

Douglas A. YATES, *The French oil industry and the Corps des mines in Africa*, Trenton, Africa World Press, 2009.

Histoire des techniques, histoire sociale et histoire de l'innovation

Marsha ACKERMANN, *Cool Comfort: America's Romance with Air-Conditioning*, Washington, Smithsonian Institution, 2013.

Franco Amatori et Andrea Colli, « Strategies and Structures of European Enterprise », *Revue économique*, n° 58, 2007/1, p. 37–57.

Laurence Badel et Éric Bussière, *François-Xavier Ortoli : l'Europe, quel numéro de téléphone ?*, Paris, Descartes & Cie, 2011.

Dominique Barjot, « Histoire économique et historiographie française : crise ou renouveau ? », *Histoire, économie & société*, n° 31, 2012/2, p. 5–27.

Dominique Barjot, Isabelle Lescent-Giles et Marc de Ferrière (dir.), *L'américanisation en Europe au XXe siècle : économie, culture, politique*, vol. 1, Lille, Publications de l'Institut de recherches historiques du Septentrion, 2018.

Saïd Belahcene, *Industrialisation et transferts technologiques : l'exemple algérien*, Thèse de doctorat, Université Grenoble 2, 1989.

Henry Béranger, *Rapport sur le recrutement et l'emploi de la main-d'œuvre indigène, coloniale et étrangère*, 1916.

Philippe Bernoux, *La sociologie des organisations : initiation théorique suivie de douze cas pratiques*, Paris, Seuil, 1990.

Isabelle Berrebi-Hoffmann, *À quoi servent les experts ?*, Paris, Presses universitaires de France, 2009.

Luc Boltanski, « America, America… », *Actes de la recherche en sciences sociales*, n° 38, 1981/1, p. 19-41.

Wiebe E. Bijker, Thomas P. Hughes et Trevor J. Pinch (dir.), *The social construction of technological systems : new directions in the sociology and history of technology*, Cambridge, MIT Press, 1987.

Françoise Birck et André Grelon, *Un siècle de formation des ingénieurs électriciens : ancrage local et dynamique européenne, l'exemple de Nancy*, Paris, Éditions de la MSH, 2006.

Luc Boltanski, *Les cadres : la formation d'un groupe social*, Paris, Les Éditions de Minuit, 1982.

Luc Boltanski, « America, America… », *Actes de la recherche en sciences sociales*, n° 38, 1981/1, p. 19–41.

Gérard Bossuat, *La France, l'aide américaine et la construction européenne 1944–1954*, vol. I, Vincennes, Institut de la gestion publique et du développement économique, 2013, p. 231–251.

Régis Boulat, *Jean Fourastié, un expert en productivité : la modernisation de la France*, Besançon, Presses universitaires de Franche-Comté, 2008.

André Burguière, «Histoire d'une histoire: la naissance des Annales», *Annales*, n° 34, 1979/6, p. 1347–1359.

Ludovic Cailluet, «Mckinsey, Total-CFP et la M-form. Un exemple français d'adaptation d'un modèle d'organisation importé», *Entreprises et histoire*, n° 25, 2000/2, p. 26–45.

François Caron, *La dynamique de l'innovation: changement technique et changement social, XVIe-XXe siècle*, Paris, Gallimard, 2010.

François Caron, *Les deux révolutions industrielles du XXe siècle*, Paris, Albin Michel, 1997.

François Caron, «La naissance d'un système technique à grande échelle. Le chemin de fer en France (1832–1870)», *Annales*, n° 53, 1998/4, p. 859–885.

Jean-Marc Chaduc, «L'informatique, levier du changement dans l'organisation», *Réseaux. Communication – Technologie – Société*, n° 49, 1991/9, p. 119–127.

Alfred D. Chandler, «L'évolution historique de la grande entreprise industrielle: structures et capacités organisationnelles», *Entreprises et histoire*, n° 10, 1995, p. 13–19.

Alfred D. Chandler, *La Main invisible des managers: une analyse historique*, Paris, Economica, 1988.

Alfred D. Chandler, *Strategy and structure: chapters in the history of the industrial enterprise*, Cambridge, MIT Press, 1969.

Christophe Charle, «Contemporary French Social History: Crisis or Hidden Renewal?», *Journal of Social History*, n° 37, 2003/1, p. 57–68.

Christophe Charle, *Histoire sociale, histoire globale? Actes du colloque des 27–28 janvier 1989*, Paris, Éditions de la MSH, 1993.

Francis Louis Closon, *Un homme nouveau: l'ingénieur économiste*, Paris, Presses universitaires de France, 1961.

Congrès international d'histoire économique, *Catching up with America: productivity missions and the diffusion of American economic and technological influence after the Second World War: proceedings of the Caen Preconference, 18–20 sept. 1997*, Paris, Presses de l'Université Paris-Sorbonne, 2002.

David Colon, *Propagande: la manipulation de masse dans le monde contemporain*, Paris, Belin, 2019.

Edward W. Constant, « Science in Society: Petroleum Engineers and the Oil Fraternity in Texas, 1925–1965 », *Social Studies of Science*, n° 19, 1989/3, p. 439–472.

Gail Cooper, *Air-conditioning America: engineers and the controlled environment, 1900–1960*, Baltimore, Johns Hopkins University Press, 1998.

Michel Cotte et Laboratoire de recherche sur les choix industriels, *Circulations techniques: en amont de l'innovation*, Besançon, Presses universitaires de Franche-Comté, 2004.

Jean-Claude Daumas, *La révolution matérielle: une histoire de la consommation*, Paris, Flammarion, 2018.

Peter Ferdinand Drucker, *La pratique de la direction des entreprises*, Paris, Éditions d'Organisation, 1957.

Albert Douillet, *De l'organisation à la gestion prévisionnelle*, Paris, Éditions d'Organisation, 1970.

Bernard Étienne, *Les relations publiques des entreprises privées*, Paris, Le Prat, 1950.

Jean Fombonne, *Personnel et DRH: l'affirmation de la fonction personnel dans les entreprises: France, 1830–1990*, Paris, Vuibert, 2001.

Jean Fourastié, *La productivité*, Paris, Presses universitaires de France, 1957.

Anne-Françoise Garçon, Bruno Belhoste et Institut de la gestion publique et du développement économique (dir.), *Les ingénieurs des Mines: cultures, pouvoirs, pratiques : colloque des 7 et 8 octobre 2010*, Paris, Comité pour l'histoire économique et financière de la France, 2012.

Bertrand Gille, « La notion de système technique », *Milieux*, n° 6, 1981.

Bertrand Gille, *Histoire des techniques: technique et civilisations, technique et sciences*, Paris, Gallimard, 1978.

Pascal Griset et Yves Bouvier, « De l'histoire des techniques à l'histoire de l'innovation. Tendances de la recherche française en histoire contemporaine », *Histoire, économie & société*, n° 31, 2012/2, p. 29–43.

Éric Gobe (dir.), *Les ingénieurs maghrébins dans les systèmes de formation*, Tunis, Institut de recherche sur le Maghreb contemporain, 2014.

Éric Gobe (dir.), *L'ingénieur moderne au Maghreb, XIXe-XXe siècles*, Paris, Maisonneuve et Larose, 2004.

André Gueslin, *Les hommes du pneu: les ouvriers Michelin à Clermont-Ferrand de 1940 à 1980*, Paris, Éditions de l'Atelier, 1999.

Odile HENRY, « Un savoir en pratique : les professionnels de l'expertise et du conseil », Thèse de doctorat, École des hautes études en sciences sociales, 1993.

Ray ELDON HIEBERT, « Ivy Lee : "Father of Modern Public Relations" », *The Princeton University Library Chronicle*, n° 27, 1966/2, p. 113–120.

Ronald JAUBERT, « La désertification : slogan et impasse », in Jean-Pierre JACOB (dir.), *Sciences sociales et coopération en Afrique : les rendez-vous manqués*, Genève, Graduate Institute Publications, 2016, p. 175–190.

Jean Marcel JENNANEY, *La politique de coopération avec les pays en voie de développement*, Paris, La Documentation française, 1964.

Aïssa KADRI et Mohamed BENGUERNA (dir.), *Ingénieurs en Algérie dans les années 1960 : une génération de la coopération*, Paris, Karthala, 2014.

Mathias KIPPING (dir.), *Americanization in 20th Century Europe : business, culture, politics*, vol. 2, Lille, Publications de l'Institut de recherches historiques du Septentrion, 2018.

Matthias KIPPING et Ove BJARNAR (dir.), *The Americanization of European business : the Marshall Plan and the transfer of US management models*, London, Routledge, 1998.

Matthias KIPPING et Lars ENGWALL, *Management Consulting : Emergence and Dynamics of a Knowledge Industry*, Oxford, OUP, 2002.

Richard F. KUISEL, *Ernest Mercier : French technocrat*, Berkeley, University of California Press, 1967.

Yves LACOSTE, *Aventures d'un géographe*, Paris, Éditions des Équateurs, 2018.

Albert LAURENT, « Deux missions transafricaines modernes : Berliet-Ténéré (1959- 1960) et Berliet-Tchad (1960) », *Le Globe. Revue genevoise de géographie*, n° 102, 1962/1, p. 13–14.

Muriel LE ROUX, « Un exemple d'utilisation des dossiers de personnel : les ingénieurs de recherche de Pechiney », *La Gazette des archives*, n° 186, 1999/1, p. 171–174.

Muriel LE ROUX, « Évolution des stratégies de recherche d'une grande entreprise française : Péchiney, 1886–1975 : le cas de l'aluminium », Thèse de doctorat, Université Paris-Sorbonne, 1994.

Frédéric LEROY, *Les stratégies de l'entreprise*, Paris, Dunod, 2001.

Élisabeth LONGUENESSE et Groupe de recherches et d'études sur le Moyen-Orient (dir.), *Bâtisseurs et bureaucrates : ingénieurs et société au Maghreb et au Moyen-Orient. Table ronde CNRS tenue à Lyon du 16 au 18 mars 1989*, Lyon, Maison de l'Orient, 1991.

Daniel Loubet, « Les enjeux communicationnels dans la normalisation des savoir-faire opératoires pour la prévention des risques : le cas de la méthode OPERGUID en raffineries chez TOTAL », Thèse de doctorat, Université Bordeaux Montaigne, 2013.

Catherine Malaval, « L'histoire de l'entreprise à travers sa presse. Organisation et développement de l'information », *Entreprises et histoire*, n° 11, 1996/1, p. 49–60.

Lucien Matrat et Fondation Nationale des Entreprises Publiques. *Gestion prévisionnelle et valorisation des ressources humaines : politique, méthode, procédures, outils*, Paris, Éditions d'Organisation, 1982.

Philippe Mioche, *Le Plan Monnet : genèse et élaboration, 1941–1947*, Paris, Publications de la Sorbonne, 1987.

Radouan Andrea Mounecif, « La diplomatie du phosphate et le conflit du Sahara occidental », Mémoire de master 2, Université Paris 8, 2015.

Pierre Musso, *La Religion industrielle : monastère, manufacture, usine. Une généalogie de l'entreprise*, Paris, Fayard, 2017.

Franck Nasser, *Gestion prévisionnelle de l'ingénierie*, Paris, Technip, 1985.

Gérard Noiriel, « Naissance du métier d'historien », *Genèses. Sciences sociales et histoire*, n° 1, 1990/1, p. 58–85.

Gérard Noiriel, « Pour une approche subjectiviste du social », *Annales*, n° 44, 1989, p. 1435–1459.

Pascal Ory, *L'histoire culturelle*, Paris, Presses universitaires de France, 2015.

Serge Perrot et Patrice Roussel, « La socialisation par l'organisation : entre tactiques et pratiques », *Revue de gestion des ressources humaines*, n° 73, 2009/3, p. 2.

Céline Pessis, Sezin Topçu et Christophe Bonneuil, *Une autre histoire des Trente Glorieuses*, Paris, La Découverte, 2016.

Laure Pitti, « Ouvriers algériens à Renault-Billancourt, de la guerre d'Algérie aux grèves d'OS des années 1970 : contribution à l'histoire sociale et politique des ouvriers étrangers en France », Thèse de doctorat, Université Paris 8, 2002.

Thibert Raymond-Bertrand, *La gestion prévisionnelle et contrôlée de l'entreprise*, Paris, Dunod, 1958.

Robert Rochefort, *La société des consommateurs*, Paris, Odile Jacob, 1995.

Leslie L. Rood, « Nationalisation and Indigenisation in Africa », *The Journal of Modern African Studies*, n° 14, 1976/3, p. 427–447.

Wendy E. A. Ruona, « The Foundational Impact of the Training within Industry Project on the Human Resource Development Profession », *Advances in Developing Human Resources*, n° 3, 2001/2, p. 119–126.

Andre Sauvage, « Centralisation ou décentralisation administrative? La solution IBM », *La Revue administrative*, n° 48, 1955/8, p. 669–672.

Edmond Sergent, « Le peuplement humain du Sahara », *Journal d'agriculture traditionnelle et de botanique appliquée*, n° 33–369, 1953, p. 285–306.

Edmond Sergent et Louis Parrot, *Contribution de l'Institut Pasteur d'Algérie à la connaissance humaine du Sahara : 1900–1960*, Alger, Institut Pasteur d'Algérie, 1961.

Silvère Seurat, *Réalités du transfert de technologie*, Paris, Masson, 1978.

André Thépot, *L'Ingénieur dans la société française : études*, Paris, Éditions ouvrières, 1985.

Oumelkhir Touati, « Les ingénieurs en Algérie de l'époque coloniale à la crise des années 1990 : approche socio-historique d'un métier », *L'Année du Maghreb*, 2009, p. 589–611.

Oumelkhir Touati, « Rapport au travail et dynamique de transformation du métier d'ingénieur dans le contexte algérien : le cas de l'entreprise Sonatrach » Thèse de doctorat, École des hautes études en sciences sociales, 2007.

Vincent Troger, « L'histoire de l'enseignement technique : entre les entreprises et l'État, la recherche d'une identité », *Histoire, économie & société*, n° 8, 1989/4, p. 593–611.

John Van Maanen et Edgar Schein, « Toward a Theory of Organizational Socialization », *Research in Organizational Behavior*, n° 1, 1979, p. 209–264.

Henri Verdier, *Les Relations publiques : information et action*, Paris, Éditions de l'Entreprise moderne, 1959.

Irwin M. Wall, « Jean Monnet, les États-Unis et le plan français », *Vingtième Siècle. Revue d'histoire*, n° 30, 1991/1, p. 3–21.

Pierre Zémor, *Un bon conseil: incursions chez les décideurs*, Paris, FeniXX, 1986.

Histoire coloniale et histoire de la décolonisation

Charles-Robert AGERON, *De l'Algérie « française » à l'Algérie algérienne*, Paris, Bouchene, 2005.

Charles-Robert AGERON, « Les supplétifs algériens dans l'armée française pendant la guerre d'Algérie », *Vingtième Siècle. Revue d'histoire*, n° 48, 1995/1, p. 3–20.

Charles-Robert AGERON, *Les Archives de la révolution algérienne*, Paris, Jeune Afrique, 1981.

Lydia AIT SAADI BOURAS, « L'histoire nationale algérienne à travers ses manuels scolaires d'histoire », *in* Charles HEIMBERG, Olivier LOUBES et Benoît FALAIZE (dir.), *L'école et la nation : Actes du séminaire scientifique international.* Lyon, ENS, 2015, p. 445–453.

Ardavan AMIR-ASLANI, *L'âge d'or de la diplomatie algérienne*, Paris, Éditions du Moment, 2015.

Warwick ANDERSON, *Colonial Pathologies : American Tropical Medicine, Race, and Hygiene in the Philippines*, Durham, Duke University Press, 2006.

François d'ARCY, Annie KRIEGER et Alain MARILL, *Essais sur l'économie de l'Algérie nouvelle*, Paris, Presses universitaires de France, 1965.

Bruna BAGNATO, *L'Italia e la guerra d'Algeria (1954–1962)*, Soveria Mannelli, Rubbettino, 2012.

Jean-Pierre BAT, *Le syndrome Foccart: la politique française en Afrique, de 1959 à nos jours*, Paris, Folio, 2012.

Amar BENAMROUCHE, *Grèves et conflits politiques en Algérie*, Paris, Karthala, 2000.

Arnaud BERTHONNET, « L'industrie électrique en Algérie : le rôle des sociétés électriques et plus particulièrement d'EGA à partir de 1947 », *Outre-Mers. Revue d'histoire*, n° 89–334, 2002, p. 331–352.

Jean BISSON, Pierre ROGNON et Françoise GRIVOT, « Robert Capot-Rey (1897–1977) : trente ans de géographie saharienne », *Annales de géographie*, n° 87–479, 1978, p. 59–77.

Louis BLIN, *L'Algérie, du Sahara au Sahel : route transsaharienne, économie pétrolière et construction de l'État*, Paris, L'Harmattan, 2000.

Raphaëlle BRANCHE, *La torture et l'armée pendant la guerre d'Algérie : 1954–1962*, Paris, Gallimard, 2001.

Raphaëlle BRANCHE (dir.), *La guerre d'indépendance des Algériens : 1954–1962*, Paris, Perrin, 2009.

Christophe BOUTIN, Charles SAINT-PROT et Jean-Yves de CARA, *Sahara marocain*, Paris, Cerf, 2016.

Robert CAPOT-REY, *L'Afrique blanche française*, tome 2, *Le Sahara français*, Paris, Presses universitaires de France, 1953.

Pierre CORNET et Albert SARRAUT, *Sahara : terre de demain*, Paris, Nouvelles Éditions latines, 1956.

Alain COTTA, « Les perspectives décennales du développement économique de l'Algérie et le plan de Constantine », *Revue économique*, n° 10, 1959/6, p. 913–946.

Paul-Marie DE LA GORCE, « La coopération franco-algérienne », *Politique étrangère*, n° 31, 1966/3, p. 276–290.

Philippe DELISLE, *Bande dessinée franco-belge et imaginaire colonial : des années 1930 aux années 1980*, Paris, Karthala, 2008.

Sébastien DENIS, *Le cinéma et la guerre d'Algérie : la propagande à l'écran (1945–1962)*, Paris, Nouveau Monde, 2009.

Gérard DESTANNE DE BERNIS, « Les industries industrialisantes et les options algériennes », *Tiers-Monde*, n° 47, 1971/12, p. 545–563.

Biswajit DHAR, « Technology Indigenization and External Influences : Case of the Fertilizer Industry in India », *Social Scientist*, n° 13, 1985/3, p. 32–48.

Laurent DORNEL, « Les usages du racialisme. Le cas de la main-d'œuvre coloniale en France pendant la Première Guerre mondiale », *Genèses. Sciences sociales et histoire*, n° 20, 1995/1, p. 48–72.

Anne DULPHY, *L'Algérie des pieds-noirs : entre l'Espagne et la France*, Paris, Vendémiaire, 2014.

William EASTERLY, *The Tyranny of Experts : Economists, Dictators, and the Forgotten Rights of the Poor*, London, Hachette UK, 2014.

William EASTERLY, *The White Man's Burden : Why the West's Efforts to Aid the Rest Have Done So Much Ill and So Little Good*, London, Penguin, 2006.

William EASTERLY, *The Elusive Quest for Growth : Economists' Adventures and Misadventures in the Tropics*, Cambridge, MIT Press, 2001.

Harald FISCHER-TINÉ, *Anxieties, Fear and Panic in Colonial Settings : Empires on the Verge of a Nervous Breakdown*, Berlin, Springer, 2017.

Anaïs Fléchet, « L'exotisme comme objet d'histoire », *Hypothèses*, n° 11, 2008/1, p. 15–26.

René Gallissot, « Sous l'identité, le procès d'identification », *L'Homme et la société*, n° 83, 1987/1, p. 12–27.

René Gallissot, « Syndicalisme et nationalisme : la fondation de l'Union générale des travailleurs algériens, ou du syndicalisme C.G.T. au syndicalisme algérien (1954–1956-1958) », *Le Mouvement social*, n° 66, 1969, p. 7–50.

René Gallissot (dir.), *Les Accords d'Évian : en conjoncture et en longue durée*, Paris, Karthala, 1997.

Marceau Gast, « Le désert saharien comme concept dynamique, cadre culturel et politique », *Revue des mondes musulmans et de la Méditerranée*, n° 32, 1981/1, p. 77–92.

André Gauthier, *L'Algérie : décolonisation, socialisme, industrialisation*, Paris, Bréal, 1976.

Mohammed Harbi, *Le FLN : mirage et réalité*, Paris, Éditions J.A., 1980.

Mohammed Harbi et Gilbert Meynier, *Le FLN, documents et histoire : 1954–1962*, Paris, Fayard, 2004.

Damien Helie, *Les débuts de l'autogestion industrielle en Algérie*, Toulouse, Éditions de l'Asymétrie, 2018.

Damien Helie, « L'autogestion industrielle en Algérie », *Revue des mondes musulmans et de la Méditerranée*, n° 6, 1969/1, p. 113–126.

Jean-Robert Henry, « Littérature de jeunesse et décolonisation », in *De l'Indochine à l'Algérie*, Paris, La Découverte, 2003, p. 311–324.

Ankie Hoogvelt, « Indigenization and foreign capital : industrialization in Nigeria », *Review of African Political Economy*, n° 14, 1979/6, p. 56–68.

Jean-Jacques Jordi, *De l'exode à l'exil : rapatriés et pieds-noirs en France : l'exemple marseillais, 1954–1992*, Paris, L'Harmattan, 1993.

Charles-André Julien et Charles-Robert Ageron, *Histoire de l'Algérie contemporaine*, Paris, Presses universitaires de France, 1979.

Aïssa Kadri, *Instituteurs et enseignants en Algérie, 1945–1978 : histoire et mémoires*, Paris, Karthala, 2014.

Aïssa Kadri et Mohamed Benguerna (dir.), *Ingénieurs en Algérie dans les années 1960 : une génération de la coopération*, Paris, Karthala, 2014.

Ali el-Kenz, *Le Complexe sidérurgique d'El Hadjar : une expérience industrielle en Algérie*, Paris, Éditions du CNRS, 1987.

Tahar Khalfoune et Gilbert Meynier, *Histoire de l'Algérie à la période coloniale, 1830–1962*, Paris, La Découverte, 2014.

Eric Kocher-Marboeuf, *Le Patricien et le Général. Jean-Marcel Jeanneney et Charles de Gaulle 1958–1969*, vol. I, Vincennes, Institut de la gestion publique et du développement économique, 2013.

Serge Koulytchizky, *L'autogestion, l'homme et l'État: l'expérience algérienne*, Berlin, De Gruyter Mouton, 1974.

Marcel Larnaude, « La géographie du Sahara et l'institut de recherches sahariennes », *Annales de géographie*, n° 55–300, 1946, p. 294–299.

Roger Lequy, « L'agriculture algérienne de 1954 à 1962 », *Revue des mondes musulmans et de la Méditerranée*, n° 8, 1970/1, p. 41–99.

Christine Levisse-Touzé, *L'Afrique du Nord dans la guerre, 1939–1945*, Paris, Albin Michel, 1998.

Rédha Malek, *L'Algérie à Évian: histoire des négociations secrètes, 1956–1962*, Paris, Seuil, 1995.

Jacques Marseille, *Empire colonial et capitalisme français: histoire d'un divorce*, Paris, Albin Michel, 2015.

René Mayer, *Français d'Afrique du Nord: ce qu'ils sont devenus. Dictionnaire biographique*, Saint-Cloud, R. Mayer, 2007.

Gilbert Meynier et Mohammed Harbi, *Histoire intérieure du F.L.N., 1954–1962*, Paris, Fayard, 2002.

Georges Mercier (1902–1991), *L'avenir humain du Sahara*, Paris, Études sociales nord-africaines, 1954.

Amar Mohand-Amer et Belkacem Benzenine, *Le Maghreb et l'indépendance de l'Algérie*, Paris, Karthala, 2012.

Marie Muyl, « Les Français d'Algérie : socio-histoire d'une identité », thèse de doctorat, Université Paris 1, 2007.

Phillip Chiviges Naylor, *France and Algeria: A History of Decolonization and Transformation*, Gainesville, University Press of Florida, 2000.

Wilfred A. Ndongko, « Indigenisation Policy and the Development of Private Enterprise in Nigeria », *Africa Spectrum*, n° 15, 1980/1, p. 53–71.

Pierre Nora, *Les Français d'Algérie*, Paris, Christian Bourgois, 2012.

Guy Pervillé, *La guerre d'Algérie, 1954–1962*, Paris, Presses universitaires de France, 2015.

Guy Pervillé, « Historiens de la guerre d'Algérie : quels engagements ? », *Les Cahiers d'EMAM. Études sur le monde arabe et la Méditerranée*, n° 23, 2014, p. 105–118.

Guy Pervillé, « De Gaulle et le problème algérien en 1958 », *Outre-Mers. Revue d'histoire*, n° 95–358, 2008, p. 15–27.

Guy Pervillé, *Les étudiants algériens de l'université française, 1880–1962 : populisme et nationalisme chez les étudiants et intellectuels musulmans algériens de formation française*, Paris, Éditions du CNRS, 1984.

Julien Rocherieux, « L'évolution de l'Algérie depuis l'indépendance », *Sud/Nord*, n° 14, 2001/1, p. 27–50.

Kristin Ross, *Rouler plus vite, laver plus blanc : modernisation de la France et décolonisation au tournant des années soixante*, Paris, Flammarion, 2006.

Samir Saul, *Intérêts économiques français et décolonisation de l'Afrique du Nord*, Genève, Droz, 2016.

Éric Savarese, *L'invention des pieds-noirs*, Paris, Séguier, 2002.

Edmond Sergent et Louis Parrot, *Contribution de l'Institut Pasteur d'Algérie à la connaissance humaine du Sahara : 1900–1960*, Alger, Institut Pasteur d'Algérie, 1961.

Catherine Simon-Goulletquer, *Algérie, les années pieds-rouges : des rêves de l'indépendance au désenchantement, 1962–1969*, Paris, La Découverte, 2009.

Jean-François Staszak, « Qu'est-ce que l'exotisme ? », *Le Globe. Revue genevoise de géographie*, n° 148, 2008/1, p. 7–30.

Benjamin Stora, *Histoire de l'Algérie coloniale : 1830–1954*, Paris, La Découverte, 1999.

Benjamin Stora, *Histoire de l'Algérie depuis l'indépendance*, Paris, La Découverte, 1994.

Benjamin Stora, *La gangrène et l'oubli : la mémoire de la guerre d'Algérie*, Paris, La Découverte, 1998.

Benjamin Stora, *Le mystère De Gaulle : son choix pour l'Algérie*, Paris, Robert Laffont, 2010.

Daniel Strasser et Eirik Labonne, *Réalités et promesses sahariennes : aspects juridiques et économiques de la mise en valeur industrielle du Sahara français*, Paris, Encyclopédie d'outremer, 1956.

John TALBOTT, *The War without a name: France in Algeria, 1945–1962*, London, Faber & Faber, 1981.

Maurice VAÏSSE, *De Gaulle et l'Algérie: 1943–1969*, Paris Armand Colin, 2012.

Claude VEILLOT et Maurice-Robert BATAILLE, *Caméras sous le soleil*, Alger, Heintz, 1956.

Jeannine VERDÈS-LEROUX, *Les Français d'Algérie: de 1830 à aujourd'hui*, Paris, Fayard, 2015.

Pierre VERMEREN, *Misère de l'historiographie du « Maghreb » postcolonial (1962–2012)*, Paris, Publications de la Sorbonne, 2014.

William ZARTMAN, « Les relations entre la France et l'Algérie depuis les accords d'Évian », *Revue française de science politique*, n° 14, 1964/6, p. 1087–1113.

Méthodologie, sources et archives

Association des archivistes français, *Les archives dans l'entreprise: guide des durées de conservation*, Paris, Association des archivistes français, 1997.

Antoine de BAECQUE et Christian DELAGE (dir.), *De l'histoire au cinéma*, Bruxelles, Complexe, 2009.

Daniel BERTAUX, *L'enquête et ses méthodes. Le récit de vie*, Paris, Armand Colin, 2010.

Jean-Pierre BERTIN-MAGHIT, *Une histoire mondiale des cinémas de propagande*, Paris, Nouveau Monde, 2011.

Pierre BOURDIEU, « L'illusion biographique », *Actes de la recherche en sciences sociales*, n° 62, 1986/1, p. 69–72.

Marie-France CHAMBAT-HOUILLON et Évelyne COHEN, « Archives et patrimoines visuels et sonores », *Sociétés Représentations*, n° 35, 2013/1, p. 7–14.

Christophe CHARLE, « La prosopographie ou biographie collective: bilans et perspectives », *Homo historicus. Réflexions sur l'histoire, les historiens et les sciences sociales*, Paris, Armand Colin, 2013, p. 98–102.

Leo CHARNEY et Vanessa SCHWARTZ, *Cinema and the invention of modern life*, Berkeley, University of California Press, 1996

Frédéric CLAVERT, *L'histoire contemporaine à l'ère numérique – Contemporary History in the Digital Age*, Bruxelles, Peter Lang, 1993.

Benedetto Croce, *La storia come pensiero e come azione*, Bari, Laterza, 1952.

Anette Davison, « Music That Works. Listening to Prestige British industrial Films », in *The Routledge Companion to Screen Music and Sound*, New York, Taylor & Francis, 2017.

Christian Delage et Vincent Guigueno, *L'historien et le film*, Paris, Gallimard, 2018.

Christian Delage, Nicolas Roussellier *et al.*, « Cinéma, le temps de l'histoire », *Vingtième siècle. Revue d'histoire*, n° 46, 1995/1.

Bruno Delmas, « Donner à l'image et au son le statut de l'écrit : pour une critique diplomatique des documents audiovisuels », *Bibliothèque de l'École des chartes*, n° 161, 2003/2, p. 553–601.

Pierre-Marie Delpu, « La prosopographie, une ressource pour l'histoire sociale », *Hypothèses*, n° 18, 2015/1, p. 263–274.

Florence Descamps, *Archiver la mémoire : de l'histoire orale au patrimoine immatériel*, Paris, Éditions EHESS, 2019.

Florence Descamps, François Monnier et Dominique Schnapper, *L'historien, l'archiviste et le magnétophone : de la constitution de la source orale à son exploitation*, Paris, Comité pour l'histoire économique et financière de la France, 2001.

Jack Dougherty et Kristen Nawrotzki, *Writing History in the Digital Age*, Ann Arbor, University of Michigan Press, 2013.

Vincent Duclert, « Archives orales et recherche contemporaine, Abstract », *Sociétés & Représentations*, n° 13, 2002, p. 69–86.

Umberto Eco, « Sémiologie des messages visuels », *Communications*, n° 15, 1970/1, p. 11–51.

Marc Ferro, *Cinéma et histoire*, Paris, Gallimard, 1993.

Véronique Fillieux, Aurore François et François Hiraux, *Archiver le temps présent : les fabriques alternatives d'archives*, Louvain-la-Neuve, Presses universitaires de Louvain, 2021.

Elio Frescani, *Il cane a sei zampe sullo schermo : la produzione cinematografica dell'Eni di Enrico Mattei*, Napoli, Liguori Editore, 2014.

Mats Fridlund, Mila Oiva et Petri Paju, *Digital Histories : Emergent Approaches within the New Digital History*, Helsinki, Helsinki University Press, 2020.

Nicolas Hatzfeld, Alain P. Michel et Gwenaële Rot, « Filmer le travail au nom de l'entreprise ? Les films Renault sur les chaînes de production (1950–2005) », *Entreprises et histoire*, n° 44, 2006/3, p. 25–42.

Nicolas Hatzfeld, Gwenaële Rot et Alain P. Michel, « L'ouvrier en personne, une irruption dans le cinéma documentaire (1961–1974) », *Le Mouvement social*, n° 226, 2009/1, p. 67–78.

Philippe Joutard, *Histoire et mémoires, conflits et alliance*, Paris, La Découverte, 2015.

Jean-Claude Kaufmann et François de Singly, *L'entretien compréhensif*, Paris, Nathan, 1999.

Giulio Latini, *L'energia e lo sguardo : il cinema dell'Eni e i documentari di Gilbert Bovay*, Roma, Donzelli, 2011.

Yves Lequin et Jean Métal, « À la recherche d'une mémoire collective : les métallurgistes retraités de Givors », *Annales*, n° 35, 1980/1, p. 149–166.

Robert Lifset et Brian C. Black, « Imaging the "Devil's Excrement" : Big Oil in Petroleum Cinema, 1940–2007 », *Journal of American History*, n° 99, 2012/1, p. 135–144.

Pierre de Longuemar, « La constitution de sources orales au sein d'un service d'archives historiques : l'expérience de Paribas », *Entreprises et histoire*, n° 20, 1998/3, p. 133–142.

Giusi Furnari Luvarà, *Sei studi su Benedetto Croce*, Soveria Mannelli, Rubbettino, 2004.

Serge Noiret, « La digital history : histoire et mémoire à la portée de tous », in Pierre Mounier (dir.), *Read/Write Book 2 : une introduction aux humanités numériques*, Marseille, OpenEdition Press, 2012, p. 151–177.

Roger Nougaret et Association des archivistes français (dir.), *Guide des services d'archives des entreprises et organismes du monde du travail*, Paris, Éditions du CNRS, 1998.

Georges Pessis, *Entreprise et cinéma : cent ans d'images*, Paris, La Documentation française , 1997.

Robert A. Rosenstone et Constantin Parvulescu, *A Companion to the Historical Film*, Hoboken, John Wiley & Sons, 2012.

Hannu Salmi, *What is Digital History ?*, Hoboken, John Wiley & Sons, 2020.

Romy Sauvayre, *Les méthodes de l'entretien en sciences sociales*, Paris, Dunod, 2013.

Dominique SCHNAPPER et Danièle HANET, « D'Hérodote au magnétophone : sources orales et archives orales », *Annales*, n° 35, 1980/1, p. 183–199.

Peter STOCKINGER (dir.), *Les archives audiovisuelles : description, indexation et publication*, Paris, Hermès-Lavoisier, 2011.

Guy THUILLIER, « Pour la création d'archives orales », *Gazette des archives*, n° 92, 1976/1, p. 28–32.

Henri ZUBER, « Les archives d'entreprise en France : bilan et perspectives », *Gazette des archives*, n° 213, 2009/1, p. 43–51.

TABLE DES MATIÈRES

Collection « Histoire de l'énergie »

La collection « Histoire de l'énergie » est née du constat de l'éparpillement des publications sur le thème de l'énergie, au moment même où le champ est en profond renouvellement. Le projet scientifique de la collection consiste à rendre compte, par la publication de thèses, d'actes de colloques ou de travaux de recherche, de la diversité des approches scientifiques. Proposer une vaste réflexion sur les différentes énergies, tant pour ce qui est de leur production que de leur consommation, étudier au plus près les acteurs (entreprises, États, consommateurs), les marchés, les modes de vie : l'ambition est de privilégier une mise en perspective historique globale dans laquelle les différentes énergies sont tout à la fois concurrentes et complémentaires. En ouvrant cette voie volontairement large, la collection « Histoire de l'énergie » entend faire circuler et se rencontrer des travaux académiques venus d'horizons variés.

*

Le Comité d'histoire de l'électricité est l'héritier de l'Association pour l'histoire de l'électricité en France, créée en 1982 par Marcel Boiteux, alors PDG d'EDF, Maurice Magnien et François Caron, professeur à l'Université Paris-Sorbonne. Grâce au concours de la Fondation Groupe EDF, la mission qu'il se donne est double : soutenir la recherche sur l'histoire et le patrimoine de l'électricité et en diffuser les résultats.

Titres parus

Vol. 13 – Radouan Andrea Mounecif, *Chercheurs d'or noir : une histoire de la recherche pétrolière française au XXe siècle*, 2024.

Vol. 12 – Williams Pokam Kamdem, *L'énergie au Cameroun au XXe siècle. Entre la puissance publique et les entreprises, une histoire intriquée*, 2021.

Vol. 11 – François Pelletier, *D'une guerre à l'autre : Itinéraire pétrolier d'Ernest Mercier*, 2020.

Vol. 10 – François-Mathieu Poupeau, *L'électricité et les pouvoirs locaux en France (1880-1980). Une autre histoire du service public*, 2017.

Vol. 9 – Caroline Suzor, *Le Groupe Empain en France. Une saga industrielle et familiale*, 2016.

Vol. 8 – Alain Beltran, Léonard Laborie, Pierre Lanthier, Stéphanie Le Gallic (eds.), *Electric Worlds / Mondes électriques. Creations, Circulations, Tensions, Transitions (19th-21th C.)*, 2016.

Vol. 7 – Marcela Efmertová et André Grelon (dir.), avec la collaboration de Jan Mikeš, *Des ingénieurs pour un monde nouveau. Histoire des enseignements électrotechniques (Europe, Amériques), XIXe-XXe siècle*, 2016.

Vol. 6 – Yves Bouvier, *Connexions électriques. Technologies, hommes et marchés dans les relations entre la Compagnie générale d'électricité et l'État, 1898-1992*, 2014.

Vol. 5 – Renan Viguié, *La traversée électrique des Pyrénées. Histoire de l'interconnexion entre la France et l'Espagne*, 2012.

Vol. 4 – Christophe Bouneau, Yves Bouvier, Léonard Laborie, Denis Varaschin and Renan Viguié (dir.), *Les paysages de l'électricité. Perspectives historiques et enjeux contemporains (XIXe-XXIe siècles)*, 2012.

Vol. 3 – Cyrille Foasso, *Atomes sous surveillance. Une histoire de la sûreté nucléaire en France*, 2012.

Vol. 2 – Yves Bouvier (dir.), *Les défis énergétiques du XXIe siècle. Transition, concurrence et efficacité au prisme des sciences humaines*, 2012.

Vol. 1 – Yves Bouvier, Robert Fox, Pascal Griset and Anna Guagnini (eds.), *De l'atelier au laboratoire. Recherche et innovation dans l'industrie électrique, XIXe-XXe siècles / From Workshop to Laboratory. Research and Innovation in Electric Industry, 19-20th Centuries*, 2011.

www.ingramcontent.com/pod-product-compliance
Ingram Content Group UK Ltd.
Pitfield, Milton Keynes, MK11 3LW, UK
UKHW021921290926
8980IPUK00016B/1390

9 783034 349253